黄河下游河道观测

霍瑞敬 孙 芳 马 勇 刘凤学 尚俊生 等 编著

黄河水利出版社

·郑州·

内 容 提 要

　　本书参考了有关的测绘书籍、国家规范和行业规范的有关要求,是根据各观测单位的有关技术补充规定以及有关的比测试验数据和成果撰写的。它从原理、方法、要求等方面对河道观测进行了较完整的描述,内容包括黄河下游河道的基本情况、河道观测内容和观测方法、测绘仪器原理与操作、河道观测业务管理以及观测资料审查验收等内容。

　　本书可以作为各有关观测单位制定技术要求的参考书和河道观测作业人员的专业用书,同时也可作为测绘行业的业务参考书和职工培训教材。

图书在版编目(CIP)数据

黄河下游河道观测/霍瑞敬等编著 . —郑州:黄河水利出版社,2010.10
ISBN 978 - 7 - 80734 - 902 - 0

Ⅰ.①黄…　Ⅱ.①霍…　Ⅲ.①黄河－下游河段－水文观测－研究　Ⅳ.①TV882.1

中国版本图书馆 CIP 数据核字(2010)第 181187 号

出　版　社:黄河水利出版社
　　　　地址:河南省郑州市顺河路黄委会综合楼14层　　邮政编码:450003
发行单位:黄河水利出版社
　　　　发行部电话:0371－66026940、66020550、66028024、66022620(传真)
　　　　E-mail:hhslcbs@126.com
承印单位:河南省瑞光印务股份有限公司
开本:787 mm×1 092 mm　1/16
印张:25.75
字数:595 千字　　　　　　　　　　　　印数:1—1 000
版次:2010 年 10 月第 1 版　　　　　　　印次:2010 年 10 月第 1 次印刷

定价:65.00 元

《黄河下游河道观测》编著人员

主　　编：霍瑞敬

主要作者：霍瑞敬　孙　芳　马　勇　刘凤学

　　　　　尚俊生　郭立新　苏建国　李　玲

　　　　　郝喜旺　高国勇　马为民　赵宏欣

　　　　　杨利忠

前　言

　　河道观测是收集河道形态变化和河床组成最有效及最常用的方法之一。河道观测方法的正确与否直接关系到测验资料的精度,关系到黄河防汛和黄河治理。加强测绘业务知识和规范的学习,切实提高河道观测的质量是一个不容忽视的问题。

　　由于测绘技术的发展,河道观测也正处在一个变革的时代,传统测量方法、GPS、全站仪测量方法以及各种河道资料处理软件都应用到生产中,但对于河道观测规范来说,目前还是采用黄河水利委员会 1964 年编制的《黄河下游河道观测试行技术规定》。40 多年来,测绘技术发生了翻天覆地的变化,河道观测技术也发生了很大的变化,《黄河下游河道观测试行技术规定》远远不能适应目前河道观测的需要。于是,在实际的河道观测作业中,观测单位在参考该技术规定的同时,还参考了国家和行业制定的各种规范与标准,以及本单位根据自身和测区的具体情况而制定的补充规定。这些规范、标准和补充规定在一定程度上保证了河道观测的顺利进行和观测成果的精度。但是,国家和行业规范针对的是整个测绘行业,而黄河河道观测具体情况的规定又是观测单位自己制定的,这就造成了河道观测中操作规程的不一致和观测数据格式的不统一,给观测成果精度和使用带来较大的不便。

　　本书是在参考了有关的测绘书籍、国家规范和行业规范的有关要求,各观测单位的有关技术补充规定以及有关的比测试验数据和成果的基础上撰写的,它根据国家规范并结合河道测验的实际情况,从原理、方法、要求等方面对河道观测进行了较完整的描述,是一部完整叙述河道观测的综合性图书。其内容不但包括了黄河下游河道的基本情况,还包括了河道观测的观测内容和观测方法;不但包括了传统的光学仪器测绘技术,还包括了目前先进的卫星定位技术、红外光测距技术以及计算机数据处理技术;不但包括了测绘原理的讲解,还包括了常用仪器操作说明和成果的数据格式;不但包括了河道观测对观测人员的基本要求,还包括了河道观测业务管理以及观测资料审查验收的方法和内容。本书的编著出版,将有效地降低河道观测规范内容陈旧、编制零散等原因给河道测验带来的不利影响。本书可以作为各有关观测单位制定技术要求的参考书和河道观测作业人员的专业用书,同时也是一本测绘行业的业务参考书和职工培训教材。

　　该书主要由霍瑞敬、孙芳、马勇、刘凤学、尚俊生、郭立新、苏建国、李玲、郝喜旺、高国勇、马为民、赵宏欣、杨利忠撰写。其中霍瑞敬撰写前言、第三章、第四章及附录四中的第三部分,孙芳撰写第九章,马勇撰写第一章、第七章,刘凤学撰写第十章,尚俊生撰写第十一章、第十二章及参考文献,郭立新撰写第五章、第八章,苏建国撰写第二章、第六章,李玲撰写附录一,郝喜旺撰写附录三、附录五,高国勇撰写附录二中的第一、二、三、四部分,马为民撰写附录二中的第五、六、七部分,赵宏欣撰写附录四中的第一部分,杨利忠撰写附录四中的第二部分。全书由霍瑞敬统稿。

　　在本书的编写过程中,杨凤栋、陈纪涛、田中岳等同志提供了大量资料并提出了宝贵意见,在此表示感谢。

编　者

2010 年 4 月

目 录

第一章　概　述

黄河下游河道观测是一项重要的工作,它不仅是研究河床演变规律的基本方法,也是进行河道整治、汛期防洪必不可少的基础性工作,同时也是今后更好地管好黄河、让黄河在祖国社会主义建设中更好地发挥作用的重要一环。因此,它不单可以直接为河道整治和防汛服务,还可以通过各种计算和河床演变分析,为今后的河道治理提供长远的指导性意见,具有巨大的社会效益。

第一节　黄河下游河道的基本情况

黄河下游河道为典型的冲积型平原河道,以东西偏北贯穿豫鲁大地,自小浪底大坝到河口河道全长 900 余 km。在黄河下游河道中,一般的划分是铁谢以上河段为山区河道向平原河道过渡河段,铁谢至高村河道为典型的游荡型河道,高村到陶城铺河道为游荡型河道向弯曲型河道的过渡段,陶城铺至利津河道为受工程控制的弯曲型河道,利津至河口河道为河口型河道。

小浪底水库坝下至铁谢的河段:长约 30 km,河床由窄变宽、散,河底卵石较多,水流湍急,一般的机动船只难以行进。

铁谢至高村断面的河段:长约 280 km,河道宽浅,水流散乱,河势变化较大,属于黄河河床变化最为频繁的游荡性河段。水面宽在 200~3 000 m 不等,河水深浅变化大,机动船只容易搁浅。滩地较平缓,分布有串沟、老河沿、生产堤以及控导工程等,近河部分树木较少,远河部分有树木及村庄,对施测工作造成了一定的困难。

高村至陶城铺河段:长 161 km,两岸堤距 1.5~8.5 km,河槽宽度 350~1 750 m,纵比降 1.2‰,设防标准为 10 000~20 000 m³/s,河槽多靠南行水,水流归于一槽,主流有一定的摆动;河弯较多,弯曲率在 1.29 左右,平滩水位下宽深比相对于高村以上较小,在高村以下 60 km 范围内,主槽明显高于滩地,是典型的二级悬河地段。

陶城铺至利津河段:为受控制的弯曲性河段,河段长 298 km,两岸堤距 0.45~5 km,河槽宽度 250~1 000 m,纵比降 1‰左右,设防标准为 10 000 m³/s,该河段由于受两岸工程和山峦的控制,水流弯曲自由度受到限制,弯曲率在 1.2 左右,主流横向摆动不大,主槽槽型明显,位置也比较稳定,滩槽差相对较大。河势的变化主要表现在水流顶冲滩岸线的位置不同而引起的溜势上提下挫现象,一般是小水上提大水下挫。

利津以下为河口段,河段长 125 km,堤距渐渐展宽,为 0.6~15 km,近海无堤,槽宽为 500~1 000 m。该河段受上游来水来沙和海洋动力的综合影响,流路变化相对频繁,同时,该河段的冲淤受流路延伸改道的影响较大,具有明显的河口段冲淤特性。

为了了解黄河下游河道的淤积情况,在小浪底大坝以下布设了 373 个固定河道观测断面,其中 1998 年以前 114 个,1998 年小浪底水库运用下游河道监测项目加密 45 个,

2002 年在高村以上河段增加 46 个,2004 年黄河下游河道测验体系建设项目在小浪底以下河段又加密 168 个。主槽最大断面间距 7.63 km,最小断面间距为 1.26 km,断面平均间距 2.5 km;断面宽度最宽为河口段的清 4 断面,断面宽度 12.6 km,最窄断面为曹家圈断面的 480 m,断面平均宽度 3.7 km。

第二节　河道观测的基本概念

黄河下游河道观测是通过利用有关水文测量仪器和规定的测量方法对黄河下游河道的河床形态进行如实地量测和描绘来收集及提供正确和完整的水文、泥沙及河床形态资料的手段。

河道观测的目的在于,通过对各种地形地貌元素的观测,如实地反映近期河道地形、地貌的特征,反映河道水流、水道河岸以及各种测验布置、地物的正确位置,反映河道河床各种泥沙的分布,并通过计算,得出所测河段的冲淤变化分布、河底高程的变化、河势水流的变化、塌岸变化以及河床冲淤泥沙的粒径变化,为黄河防汛、黄河治理、黄河规律分析研究以及黄河的开发提供准确、连续、翔实的资料和成果。

河道观测的主要内容为河道地形监测、塌岸观测、河势测绘和河床质测验。

河道地形监测以大断面法为主,在大断面间距比较大的测验河段再辅以加密的水道断面和滩上碎部散点。塌岸观测以断面法为主,以地形法为辅。河势测绘以测绘仪器为主,个别河段使用断面测验数据目估测绘河势。河床质测验采用人工取样,泥沙颗分仪分析泥沙。

目前的监测手段为传统的光学测绘仪器测绘和电子测绘仪器混合使用。

河道观测的主要成果为:河道大断面实测成果表、河道断面实测成果图、河道纵断面成果表、河段冲淤计算成果表、固定断面冲淤计算表、塌岸观测成果表、塌岸观测变化图、河势图、河床质颗粒级配成果表以及河道监测分析报告等。

第三节　河道观测的基本内容

河道观测的主要内容为河道地形监测、塌岸观测、河势测绘和河床质测验。

河道地形监测的主要内容为滩上地形监测和水下地形监测。滩上地形监测的主要内容为测点的平面位置和高程,使用断面法监测时则采集测点的起点距和测点高程,同时记录测点属性,如麦地、田埂、生产堤顶、生产堤根、大堤堤肩、大堤堤脚等;水下地形监测的主要内容为该断面水位、测点水深和测点起点距。

塌岸观测的主要内容为测定塌岸观测范围内水边或老滩沿测点的位置,并根据历次监测情况计算塌岸的坍塌量。

河势测绘的主要内容为测定老滩沿、水边、主流线、分流、串沟的位置和走向,测定汊沟、支流汇入口、引水口、沙洲、心滩、边滩、河口沙以及入海岔道的位置,并将其准确地标绘在河势图上。

河床质测验的主要内容为通过采集的水道各个部位的沙样,使用泥沙粒度分析仪器分析各沙样泥沙各粒径所占的比例,从而掌握各粒径泥沙在河床上的分布。

第四节　河道观测的基本方法

河道观测根据测验内容的不同和测验仪器的不同,可采用不同的观测方法,下面就目前黄河下游河道观测中常用的观测方法作一简单介绍。

一、河道地形监测的观测方法

(一)断面法

断面法是河道观测中河道冲淤监测最常用的方法之一,是通过施测布设垂直于主流的河道横断面来监测河道变化的测量方法。它的观测方法是首先在所测范围的河道内每隔一定距离布设一个河道横断面,然后每隔一定的时间沿断面方向进行测量(见图1-1),一般分陆地测量和水道测量,所测内容均为测点的起点距和高程。陆地部分采用作业人员沿断面线按照一定的要求每隔一定的距离在地形变化转折处布设测点;水道部分将用测船沿断面线实测水深和测点起点距,根据当时的水道水位,计算出水道内各测点的起点距和高程。陆地部分和水道部分结合,就得到断面线上测点的高程和起点距,从而取得断面线上河道地形的情况。

断面法施测河道地形具有以下特点:

(1)断面法河道观测能详细地表现河道断面线上地形的变化。由于断面法施测河道需要在河道横断面线上布设较密集的测点,特别是在地形变化转折处还要加密测点,因此断面法具有充分详细的表现断面线上地形变化的特点,能够满足有关河段特殊的需要。

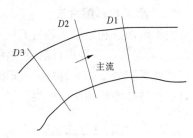

图1-1　断面法观测方法示意

(2)断面法河道观测具有操作简单、对测绘仪器要求低的特点。由于断面的河道测验是沿着断面线测量,只需要测定测点的起点距和高程,因此有时候河道测验只需要一套水准仪就可以了,对测绘仪器的要求非常简单,同时,由于只进行了起点距和高程的测验,测验中的操作和数据处理也就相对简单了。

(3)断面法河道观测的观测资料和成果能够进行精度较高的冲淤计算,特别是能够进行不同水位级的断面面积计算。

(4)河道横断面套绘图能够直观地反映河道地形和河道冲淤的变化。

(5)断面法河道观测的河道冲淤结果受断面代表性影响很大。由于受河道断面布设密度的限制,要求观测断面的冲淤能够代表断面附近河道的冲淤,当断面代表性较差时,由断面法算得的河段冲淤结果与实际的河道冲淤将有较大的差异。

(6)断面法河道观测需要设置一定的断面设施,并需要经常对其进行维护。

(7)断面法河道观测受通视影响较大。由于断面法河道观测是沿着一条直线测量,光学仪器测绘需要各相邻测点之间必须通视,电子测绘仪器也要求测点附近无树木遮挡,以免遮挡电子信号。

（二）地形法

地形法河道观测也是河道测验中常用的方法之一。它是通过用散点法测绘河道地形图的办法来获得河道的地形数据。它是在具有较好的图根控制的基础上，通过对图根点附近测点的平面位置和高程位置的测量，绘制河道地形图，然后在其地形图上进行相关的分析和计算的一种方法。

地形法河道观测同样分为陆地测量和水道测量。陆地测量将按照测图比例尺的要求合理布置测点，利用有关的测绘仪器测定其测点的平面位置和高程位置；水道测量则采用测船跑线测定测点的平面位置和高程位置，测船的水道跑线一般采用斜线法跑线，如图1-2所示。

地形法河道观测的特点如下：

（1）地形法河道观测能够代表河道的实际情况。

图1-2　斜线法跑线示意

（2）地形法河道观测工作量大。

（3）地形法河道观测冲淤成果精度不高，无法满足特殊河段的特殊需要。

（4）地形法河道观测需要的测绘仪器较高级。

（5）地形法河道地形图反映河道冲淤不直观。

（三）断面地形配合法

由于断面法和地形法各有其优点，同时又都存在缺点，因此使用断面法和地形法互相配合，来满足某些工程项目对某些河段的特殊需要。常见的配合就是在一定比例尺地形法河道地形图的基础上，按照不同要求进行加密断面测量，从而满足既有河段的代表性又有对工程特殊需要的测验成果。

二、塌岸观测方法

塌岸观测一般是在河槽变化较大的河段进行，观测的时间一般选在汛期或来水较大的时候，常用的塌岸观测方法有测绘仪器测定法和控制桩量距法两种。

（一）测绘仪器测定法

使用测绘仪器测定河槽边沿测点的平面位置，根据测量数据绘制河槽岸边线，根据多次测量成果计算河岸坍塌量和坍塌分布以及坍塌速率。该方法需要在塌岸观测范围内设立平面控制点，并使用一定的测绘仪器，适用于观测时间较长、观测河段较长的塌岸观测。

（二）控制桩量距法

控制桩量距法是在塌岸观测河段距岸边一定距离顺着岸边走势设置一排控制桩，使用测绘仪器测定控制桩的平面位置。塌岸观测时，直接从控制桩量算至岸边的距离，多次量算结果，计算出岸边坍塌的基本情况。该方法适用于塌岸量不大、观测时间不长的塌岸观测任务。

三、河势测绘方法

河势测绘一般有目估测绘河势和实测河势。

(一)目估测绘河势

顾名思义,目估测绘河势采用目测估算来绘制河势图,一般先制定河势图底图,然后河势测量人员在测船上沿河流方向前进,根据水边距岸边特殊地物、断面上水边起点距以及汊沟等其他河势元素距有关地物的相对位置,在图上标出各河势元素的位置和趋势,进而清绘出河势图。

(二)实测河势

实测河势图一般有经纬仪测绘法、经纬仪测记法、六分仪测记法以及平板仪测绘法,有条件的还可以利用无线电定位仪或 GPS 卫星定位系统进行测绘。

实测河势的方法如下:

(1)河势图宜在事先晒制好的控制底图上进行测绘,图上应包括各三角点、导线点、水准点、断面线、水尺位置、断面标志桩、基线标志杆,历年较固定的老滩,还应有险工坝头、堤防系统及有定位意义的固定地物,如高烟囱、独立大树、防汛屋、滩地上的生产屋子等。图上应注明各高程控制点的高程,以备使用。

(2)按地形测量的方法施测各测点,用经纬仪测绘地物平面位置时,一般情况下最大视距不准超过 1 000 m,当遇串沟或软泥滩,出入极为困难时,亦可酌情放宽,但不得超过 1 200 m。如用无线电定位仪或 GPS 卫星定位系统进行测绘,则按该仪器的测量方法进行施测。

(3)最后绘制河道河势图。

四、河道观测的基本要求

(一)水下部分和陆上部分的观测

河道观测分水下和陆上两部分,两部分最好同期施测,如因人力设备关系不能同时进行,也可分别进行,但应特别注意水边部分成图的衔接问题,不能产生空白现象,可在水边处打标记桩,作为水下和滩上的接测标志,测量时最好重叠一二个测点。对于滩上部分,如果过去已有实测资料,而至今未经洪水淹没或未经严重风沙堆积和移运者,则将没有变形部分的上次实测资料直接利用,不必重测;局部发生变形的地方须进行部分补测(除规定施测大断面的年份外)。

(二)河道观测的基本控制

凡属整个测验河段性的河道地形图的平面控制,应连测于高一级的国家大地控制网上。平面控制统一采用 1954 北京坐标系。河道地形图的高程可采用大沽基面、1956 黄海高程系统或国家 85 基准。高程基面,一经选定,在没有上级特别要求的情况下,一律不得改变。

地形测图的平面控制测量以整个测验河段内的大断面为基础,在 1:10 000 及小于 1:10 000 比例尺的测图中,还可在两大断面之间以量距或视距导线的方法加密,作为测碎部散点的依据,视距导线点不能再作为加密其他测站点的依据。在局部河段需进行 1:10 000 以上的大比例尺地形测图时,需在两大断面平面控制的基础上以小三角锁、交会法、量距导线、视距导线等方法加密控制,以作为碎部散点测量的图根点,此种图根点尚不能满足测图需要时,可以从图根点上以视距导线法转放一个支点,但此种支点不能再作为加密其他测站点的依据。

地形测量中的高程控制点(包括各大断面的控制点及在其间加密的控制点)均应以三、四等水准测定之,测量方法按第六章的规定办理。测量水下部分时所用的水尺及临时水尺的零点高程的测量按第七章的有关规定执行。

在使用 GPS 进行测量时,可以直接用 GPS – RTK 技术进行碎部散点的测量。

(三)河道地形图的比例和图幅

河道地形图的比例尺一般定为 1:10 000、1:25 000 及 1:50 000 三种,在某些河段如进行冲淤数量的研究或满足某项工程需要也可采用 1:5 000 或 1:10 000 的大比例尺进行测图。河道地形图图幅可不采用国际分幅法进行分幅和编号,可按河道的形势将其所测绘的地形图布置在图幅中的适当位置,方向不一定为正北。各种比例尺的图幅大小见表 1-1。

表 1-1 各种比例尺的图幅大小 （单位:mm）

类别	外 框		内 框		边 宽	
	长	高	长	高	上、右、下	左
1	1 060	750	1 000	700	25	35
2	750	540	700	500	20	30
3	750	490	700	450	20	30
4	550	390	500	350	20	30
5	390	270	350	240	15	25
6	540	270	500	240	15	25
7	195	270	155	240	15	25

(四)河道观测中的其他注意事项

(1)滩上地形测量的等高线最好在现场按照实测地形点并结合实际地形情况进行草勾,内业整理时再进行校核修整。

(2)地形图图幅拼接时,在两图幅之间应各有 5 mm 的重叠拼接部分。如发现不相接,应查明原因,必要时应进行补测。

地形图绘制可采用电子软件进行。

(3)滩上地形测量。滩上地形测量以大断面法为基本方法,在相邻大断面间,应根据地形变化及测图比例尺的需要,增测地形散点。

碎部散点的实测应用经纬仪测绘法,但同时应作记录,以便在内业工作中进行校核。施测较大心滩(指中高水浸没,低水裸露的滩地)时,其测点高程可用水位反求,与水下测点同精度处理。对于高程在中高水位以上的沙洲,则应以水准过河法控制其高程(详见第六章)。

(4)水下地形测量。水下地形测量的布置,除按综合性测验中的大断面分布外,还应根据不同比例尺辅以加密水下断面。根据用横断面法测出的成果,进行地形图的绘制。不采用水下斜交断面、水下地形散点等其他方法。

横断面测量资料不仅作为绘制地形图的依据,而且也可单独作为冲淤计算研究的重要数据。因此,不论横断面的滩上部分或水下部分,其实测点的数目都远比在地形图上选用的测点要多,不论采用何种比例绘制地形图,其横断面的测深垂线数都是重要的观测数据。

黄河下游水下地形依时间而发生的变化比较迅速,因而整个测验河段的水下地形施测历时应力求缩短,以保证资料在时间上的代表性及河段上的一致性。不论是进行整个测验河段的水下地形测量还是进行局部河段的大比例尺水下地形测量,都应在人力、物力上集中抢测,尽量缩短测验历时。

水下地形测量应布置在水力泥沙因子变化比较稳定,河床冲淤比较缓慢的时期进行,一般可安排在汛前及汛后施测。

整个测验河段的水下地形测量是集中性、突击性的工作,应由勘测局负责组织。勘测局根据所属责任河段的情况,事先做好河段的控制布设,测验标志的检查、修补,人力、船只、设备、仪器的调配与检查及一切必要的准备工作,将船只、人员预先布置于责任段的首端,一旦接到上级通知,各测站同时自上游向下游顺序施测。施测时应测出两岸水边。感潮河段应将水下部分布置在落潮或低潮时施测,河口沙嘴部分可用陆地测量方法施测,测至海岸一般高潮水痕所到之处。高潮线以下之潮间带部分需要利用航空测量方法专门进行。

进行水下地形测量时,应在每一个横断面上观测水位,作为推算河底高程的依据。水位观测与计算的方法要求详见第四章。

各断面实测的水位宜在现场推算出高程,并与上下游水位进行比较,当发现有不合理现象时应及时查明原因并加以处理,必要时应对观测水位高程的水尺及引测水尺零点高程的木桩进行校测。

断面测量的方法及记载计算整理方法将在后面章节专门讲解。

第五节　河道观测的基本依据

《黄河下游河道观测试行技术规定》,黄河水利委员会 1964 年颁发。

《国家三、四等水准测量规范》(GB/T 12898—2009)。

《全球定位系统(GPS)测量规范》(GB/T 18314—2009)。

《水位观测标准》(GBJ 138—90),1991 年发布。

《河流泥沙颗粒分析规程》(SL 42—92),1993 年发布。

《水文资料整编规范》(SL 247—1999),1999 年发布。

《水利水电工程测量规范(规划设计阶段)》(SL 197—97)。

《河南黄河河道统测技术规程》,河南勘察测绘局 1998 年编制。

《黄河下游河道测验补充技术规定》,山东水文水资源局 1988 年颁发。

第六节　河道测量对观测人员的要求

（1）因河道测量不同于一般的地形测量，它实际上是陆地地形测量和水下地形测量的综合，因此从事河道测量的观测人员不单要具备测绘方面的知识，而且还要学习和掌握一些水文测验及测深仪器等方面的知识。

（2）河道规范是河道观测的基本法规和工作指南，所有工作人员必须认真不断地学习，并熟悉文中的规定。尤其是属于自己职责范围以内的各项规定，更应深刻了解，熟练掌握。

（3）由于目前河道测量以 GPS、全站仪测量为主，因此在掌握了解一般测绘仪器的基础上，作为河道测量作业人员，还应掌握新仪器的维护与使用，掌握计算机知识和有关的软件操作。

（4）在工作和学习过程中，观测人员应该逐渐由浅入深地摸透本测区的基本布设情况、水文变化和河道演变的特性，如各种断面、三角点和水准点的位置，浅滩、深槽、潜洲、回流旋涡的变化，水位、流量、泥沙变幅等情况，以便正确主动地掌握测验布置，提高工作效率和精度。

（5）在船上或在陆地上工作时，工作人员应集中精力，专心操作，不得打闹嬉戏，以免出错或发生危险。

（6）观测人员不得擅自变动观测设备。当原观测设备位置发生问题，不改变位置就无法施测或施测结果将失去代表性时，应经实验站（队）批准后才得改设或迁移。但断面线的变动必须经黄河水利委员会水文局批准。

第二章　黄河下游河道观测的发展

第一节　黄河下游河段断面变化情况

黄河下游河道断面观测始于1951年,由于黄河下游河道包括了河南和山东两段河道,现分别叙述。

一、河南河段的河道观测断面情况

黄河河南河段一般是指小浪底大坝至高村河段,该河段全长320 km,河道观测断面变化大体分为以下六个阶段。

(1)1951～1956年。为河道观测初始阶段,测验范围仅为秦厂至马寨,河段长度154.9 km,包括花园口、夹河滩水文站共8个观测断面,断面平均间距19.26 km。

(2)1957～1961年。观测范围上延至秦厂以上的铁谢,下延至杨小寨,河段长度增加到252.47 km,河道观测断面增加到21个,断面平均间距12 km。

(3)1962～1969年。从1962年开始,黄河下游河道实行统一性测验(简称统测),观测范围扩展为铁谢至河道断面,河段长度281.9 km,河道观测断面总数增加到27个,断面平均间距10.44 km。

(4)1970～1990年。1969年对河南河段河道观测断面进行了调整,施测断面总数没有变化,仍然为27个,调整后断面平均间距10.81 km,最大断面间距19.57 km,最小断面间距4.9 km。

(5)1991～2002年。1997年由于小浪底水库的建设和运用,为了研究小浪底水库运用对黄河下游河道的影响,1998年在小浪底大坝至铁谢河段增加河道观测断面7个,在铁谢至高村河段加密河道观测断面27个;2002年,为了观测小浪底水库调水调沙对黄河下游河道的影响,在该河段布设河道观测断面46个,至此,河南观测河段长度为320 km,河道观测断面总数为107个,断面平均间距2.99 km。

(6)2003～2008年。为了提高河道观测的精度,黄河水利委员会实施了河道测验体系建设项目,该项目在小浪底大坝至高村河段增加了48个断面,断面总数达到155个,断面平均间距为2.06 km。

二、山东河段的河道观测断面情况

黄河山东河段的河道为高村至河口,观测河段长度530 km,其中高村至利津河段为山东河道,利津以下河段为进口段河道。

(一)高村至利津河段河道观测断面的变化

1951年,在高村至利津河段布设河道观测断面13个,观测河段长度459.2 km,断面平均间距 35.3 km。

1965 年,在艾山以下窄深河段增加观测断面 16 个,然后逐年增加,至 1983 年每年施测断面达到 61 个,平均断面间距 7.53 km。

为了加强东平湖分洪后的河道观测,1984 年在孙口至陶城铺河段增加 4 个河道观测断面,断面总数为 65 个,断面平均间距 7.06 km,断面最大间距 20.3 km,最小间距 1.75 km。

1998 年,为了加强小浪底运用对下游河道的影响,在该河段增加了 16 个加密观测断面,断面总数达到 77 个,断面间距缩为 5.96 km。

2003 年,黄河下游河道测验体系建设,在该河段增加 95 个加密观测断面,断面总数达到 172 个,断面平均间距 2.67 km。

(二)黄河下游进口段河道观测断面变化情况

黄河河口入海流路变化频繁,近期入海流路曾有 1953 年 7 月改道神仙沟,1964 年 1 月改走钓口河以及 1976 年 5 月改走清水沟的变化,为此河道观测断面也随流路的摆动而变化。

1957 年开始进行河道断面基本设施建设,1958 年在前左至神仙沟口布设水道观测断面 46 个(1—46),观测范围仅为河道的过水部分,此时,前左以下河道全长 70.0 km,平均断面间距 1.52 km。

1961 年,黄河河口在 4 号桩(27 断面)以下改走岔河,27 断面以下停测,在岔河布设 6 个断面。

1964 年 1 月,人工改道钓口河,河口段河道观测范围上延至利津,1964~1966 年在利津至河口布设了 20 个河道大断面,1968 年 6 月增设 2 个断面,至此,在 91.35 km 的河段内,布设了 22 个河道观测断面,断面平均间距 4.15 km。1971 年以后,由于口门摆动频繁,其河道观测断面也相应地进行了调整。

1976 年 5 月,在西河口人工改道清水沟,在保持西河口以上原有观测断面以外,停测钓口河流路断面,布设 3 个河道观测断面,以后随着流路的延伸,观测断面逐步增加,到 1990 年,利津至河口观测断面达到 16 个。

1996 年,河口入海流路在清 8 断面上游 950 m 处实施人工出汊工程,原清水沟流路清 8 断面以下不再行水,故清 8、清 9 两断面停止观测。

1998 年,在黄河小浪底水库运用方式研究下游河道冲淤变化监测项目中,利津以下河段增设 2 个加密断面。

随着清 8 出汊后新河口的淤积延伸,2000 年在出汊点以下又增设了汊 1、汊 2 两个河道观测断面。

为了进一步提高河道测验的精度,2003 年黄河水利委员会实施了黄河下游河道测验体系建设项目,在利津以下河段新增加 118 个河道断面,对断面方向偏差较大或断面位置代表性不强的 3 个原有河道观测断面进行了调整,截至 2003 年,黄河下游利津以下河段河道观测断面总数为 46 个,断面平均间距 2.3 km。

第二节 断面观测设施

为了保证河道断面观测的顺利进行,在河道断面上布设了一些观测设施,这些设施根据观测方法的不同而有所差异。

一、断面端点

断面端点是标示断面位置的标志,埋设在断面的起、终点位置,断面端点的位置就是断面位置。一般断面端点还兼作 GPS 基准点和三等水准点。

二、断面标志杆和基线标志杆

为了测量方便和保证测量精度,规定每个断面设立断面标志杆 2 个,以示断面方向;为了水道测量定位,在主槽附近的断面上游或下游设立基线标志杆 1 个,为六分仪后方交会提供测量基准标志。自 20 世纪 80 年代起,断面标志和基线标志均用 10 m 或 12 m 高水泥杆代替,在少数断面上曾架设钢标进行试验,钢标目标大而且醒目,但最容易遭到人为破坏,此方法很快放弃,仍采用水泥杆。1990 年以前各断面标志和基线标志比较齐全,1990 年以后由于人为破坏比较严重,加之观测经费紧张,每年丢失的断面标志、基线标志无力及时补缺,测量时只能临时插标杆代替。

1997 年,国家加大了水文观测经费投入,先后实施了“黄河流域水文设施设备专项投资建设”以及“黄河小浪底水库运用方式研究下游河道冲淤变化监测项目”,加大了对河道观测断面设施整顿的投入。按照上级批准的计划,对黄河下游河道观测断面设施进行了全面整顿。到 2000 年底,经过整顿,每个断面的断面标志杆和基线标志杆达到了 3 根,满足了规范规定的要求。

三、水准点

在每个河道观测断面的两侧埋设断面端点桩,并以三等水准测量方法施测其高程,作为河道观测断面的首级高程控制点。为了洪水漫滩后滩地测量方便,在滩地每隔 500 ~ 1 000 m 设立一滩地桩,用四等水准测量方法测定其高程;在河道主槽的老滩滩唇每岸设置三个水准点,用四等水准测定其高程。

1990 年以后,河道观测所需的水准点,有的由于大堤淤培将水准点深埋,有的因破除生产堤使其附近的水准点遭受破坏,有的是被滩地农民种地破坏,2000 年,对河道断面的水准点进行全面整顿时,将这些缺损的水准点全部补设。

通过 2000 年的整顿建设,河道观测断面水准点的数量及其分布满足了《黄河下游河道观测试行技术规定》的要求。

四、GPS 基准点

随着卫星定位系统的不断普及,1997 年河道观测开始引进 GPS 定位系统。经过黄河水利委员会水文局批准,1997 年在河口地区开始建设 GPS 网,从道旭断面至河口 23 个断面,每断面左右岸各设立一个 GPS 主基点,共计 46 个;GPS 主基点以国家 E 级标准测定其坐标位置。

1998 年,"黄河小浪底水库运用方式研究下游河道冲淤变化监测项目",下游河段增设 45 个加密断面,每个断面左右岸各设一组 GPS 点(1 个主基点,2 个辅助基点),由黄河水利委员会勘测规划设计研究院进行了平面测量和高程测量。

2000 年,河道断面设施整顿时,黄河下游所有的断面均埋设了主基点(每断面 2 个)和辅助基点(每断面 4 个)。

2003 年,黄河下游河道测验体系建设,对新加密的河道断面均埋设了 GPS 基准点,对原有断面缺少的 GPS 基准点进行了补设,并重新布设了平面高程控制网。

第三节 平面高程控制及测次的布置

一、高程控制

黄河下游河道高程采用大沽基面,高程控制网是河道观测的最后重要测量基准,高程控制采用分时分段进行。

大沽高程系统是以天津大沽海滩的 HH/55 为零点的高程系统,该点由海河工程局 1897 年在位于天津海河口北炮台院内设置,标石类型为花岗岩标石;其零点高程为 1902 年春由英国海军驻华舰队"兰勃勃"号承担天津地方政府测量大沽浅滩时测定。

黄河上采用的大沽高程分两种,1933 年以前采用陇海铁路大沽基面,简称老大沽高程;1933 ~ 1948 年,用精密二等水准引测大沽高程后,黄河上就采用新引测的大沽高程,称新大沽高程。

老大沽高程引测资料无从查考,新大沽高程的起始点有两个,一个是位于新乡的 $YYBM_{600}$,一个是位于德州的 YBM_{290},1933 年分别由黄河水利委员会和华北水利委员会自天津大沽零点用精密水准引测,1934 ~ 1948 年由该两引据点分别沿黄河向上下游引测(简称黄河二等Ⅰ线和黄河二等Ⅱ线),其中黄河二等Ⅰ线测至临清以上,黄河二等Ⅱ线测至保合寨以下,两条线在保合寨和临清段进行了校测,保合寨 PM_{249} 高程相差 0.358 m,根据校测结果分析确定校测后的保合寨 PM_{249} 新高程作为黄河新大沽的起算高程;1953 年,国家进行了大量的水准测量工作,根据保合寨 PM_{249} 及 PLPBM1L 起算点推算了新的校测高程。

河南河段 1955 ~ 1962 年,裴峪、洛河口、孤柏嘴、枣树沟、马寨等断面采用 PM_{249} 的大沽高程,其余断面采用黄河水利委员会 1959 年出版的《黄河中下游地区三、四等水准成果表》第十二册上的 1955 ~ 1957 年的大沽高程。1963 年对全河段用三等水准补测了两岸干线水准点,于 1964 ~ 1965 年又用三等或四等水准补测了各断面桩的高程。

山东河段大沽高程的来源不一,苏泗庄至王坡河段采用以梁山县杨庄二等点 PBM_{57} 为黄海基面的高程引据点,以测算所得的黄海与大沽基面的高程之差,两岸采用同一差值改正为大沽高程,其中南小堤、双河岭及南桥至张家滩的老断面所采用的大沽高程多数是从黄河两岸大堤公里桩高程上引测的,南桥以下 1965 年新设断面是从沿岸二等水准线引测的黄海高程,然后加黄海大沽差得大沽高程,1976 年、1977 年汛前大断面测量时,对各断面进行了三等水准联测,其中洺口以上断面采用 1964 年所测的二等水准网成果,洺口以下采用 1974 年新编的鲁黄Ⅰ、Ⅱ线的二等成果。各断面端点高程、基本水准点、滩地加密断面控制桩及水准点均以四等水准测定。以后,每逢测量大断面的年份,均对断面端点进行三等校测。

2003 年,黄河下游河道测验体系建设,整个下游三等水准网均进行了重新布设,并采用黄河水利委员会 2002 年最新发布的二等水准成果作为高程引据点,对所有断面均进行了三等联测。

二、平面控制

在 20 世纪 90 年代以前,由于测绘技术的限制,各断面平面位置的测定均单独进行,主要以三角测量和导线测量两种方法进行,测角精度以 5″小三角控制,断面定位的精度比较低。1997 年以后,随着测绘技术的发展,特别是随着 GPS 定位技术的日益成熟,首先在河口地区建立了 D 级 GPS 控制网。2003 年,在整个下游建立了两级 GPS 控制网,首级控制为 D 级控制网,加密控制为 E 级控制网,并在各个观测断面埋设了用于 GPS 观测的GPS 基准点。

三、测验项目设置与测次布置

每年年初进行断面设施整顿,对各种桩、牌、点进行维修和测量。统测期间,测量水道断面及滩地断面,同时测量当时水位,在部分重点断面上采取河床质泥沙样品并做颗粒分析。渔洼以下河势图测绘。

1962 年起全河执行黄河水利委员会统测的要求,即整个黄河下游按照黄河水利委员会的统一要求,根据水沙情况,按照水流的传播时间自上而下依次布置测次,并按照一定的期限完成,一般每年汛前、汛后分别进行一次统测,个别水沙量较丰的,洪峰过后增加测次。

测量范围为主槽水下部分及水上部分的滩地。统测时,测验河段内的水文站进行输沙率测验。每次测验有 23 个断面采取河床质颗粒分析,统测时渔洼至河口段进行河势图测绘。

大断面测量测次:平常年份仅测水道及其水上部分的滩地,整个断面的测量一般安排在公历逢"0"及"5"的年份进行,由于经费原因有时推迟进行。

四、观测技术及方法

黄河下游的河道观测方法根据时间的不同和测绘技术的发展,采用了不同的测验方法。

20 世纪 50 年代,河道断面观测以木帆船作为测验运载工具,水道测量采用人工拉船放锚定点的办法,即一锚一点法或一锚多点法,测验仪器均为经纬仪、水准仪、六分仪,测深工具为测深杆或测深锤等。20 世纪 60 年代后应用机船作为测量运载工具,大大提高了测验速度,减轻了劳动强度,测量资料的计算方法为人工计算。在 20 世纪 80 年代,资料的处理初步采用了计算机,即采用了 PC - 1500 计算机进行河道测验资料的处理。

2000 年以后,随着测绘技术和计算机技术的发展,河道观测的技术也发生了较大变化。目前,河道测验实现了滩地 GPS 数据自动采集、水道 GPS 定位测深杆测深,测验数据全部采用计算机处理并自动输入到数据库中。

五、技术标准

20 世纪 50 年代初,河道测验没有统一的测验技术规范。1956 年以前主要以黄河水利委员会《黄河下游大断面测量修正实施办法》和《水文测站暂行规范》为技术依据,1957年 4 月黄河水利委员会颁发了《黄河下游河道普遍观测工作暂行管理办法(初稿)》,1964年 10 月 26 日黄河水利委员会颁发了《黄河下游河道观测试行技术规定》。此后,山东、河南在总结经验的基础上,结合河道的实际情况,又分别制定了各自的补充技术规定,如济南水文总站 1978 年编印的《黄河下游河道测验补充意见汇编》,1986 年 2 月制定、1988年 2 月修订的《黄河下游河道测验技术补充规定》,2005 年山东水文水资源局颁发的《黄河下游河道测验手册(修订版)》,1988 年 3 月黄河水利委员会水文局制定的《黄河下游河道测验技术补充意见》等。

第三章　测绘的基础知识

第一节　测量常用的度量单位

要量测某量(长度、角度等)的大小,就需要有相应的度量单位。这些度量单位有的是经国际会议制定的,有的是根据各国自己的习惯制定的。

测量学中常用的是长度、角度、面积等度量单位,也要用到质量、温度、时间等度量单位。下面分别介绍测量上常用的三种度量单位。

一、长度单位

自 1959 年起,我国规定计量制度统一采用国际单位制。计量制度的改变,需要有一个适应过程,所以在一定时期内许可使用我国原有惯用的计量单位,叫做市制,并规定了市制与国际单位制之间的关系。

国际单位制中,常用的长度单位的名称和符号如下:基本单位为米(m),还有千米(km)、分米(dm)、厘米(cm)、毫米(mm)、微米(μm)。换算关系为

$$1 \text{ m} = 10 \text{ dm} = 100 \text{ cm} = 1\,000 \text{ mm}$$

$$1 \text{ mm} = 1\,000 \text{ μm}$$

$$1 \text{ km} = 1\,000 \text{ m}$$

长度的市用制单位有里、丈、尺、寸,换算关系为

$$1 \text{ 里} = 150 \text{ 丈} = 1\,500 \text{ 尺} = 15\,000 \text{ 寸}$$

$$1 \text{ m} = 3 \text{ 尺}$$

长度的市制单位规定用到1990 年。

二、角度单位

我国采用的角度单位为国际单位制的度(°)、分(′)、秒(″),即将一圆周角作 360 等分,每一等分为$1°$,$1° = 60′$,$1′ = 60″$。

在电子计算中,一般采用以上角度为单位的十进制(DEC),如57°354。

有些军用仪器上,角度单位采用密位制,即将一圆周角分成 6 000 等份,每一等份叫 1密位。

有些国家采用百进制的度(^{g})、分(^{c})、秒(^{cc}),即将一圆周角作 400 等分,每一等份为1^g,$1^g = 100^c$,$1^c = 100^{cc}$。

测量计算工作中,在推导公式和进行运算时,较小的角度经常需要用另一种度量角度的单位,即用与半径等长的弧所对的圆心角作为量角的单位,叫做弧度制。

如果圆角上一段弧长 MM' 与该圆半径 OM 的长度相等,则此时 MM' 所对应的圆心角

α 的大小,就叫做1 rad,通常以 ρ (rad) 表示,即

$$\alpha = \frac{MM'}{OM} = 1$$

因为圆的周长是 $2\pi R$,所以一个圆周角的弧度值是: $2\pi R/R = 2\pi$,平角是 π,直角是 $\pi/2$ 等。这样,圆周角的国际单位制与弧度制之间的换算关系式为

$$180° = \pi \text{ 弧度(rad)}$$

$$1° = \frac{\pi}{180} \text{ 弧度} \approx 0.017\ 453\ 3 \text{ 弧度}$$

反之

$$1 \text{ 弧度} (\rho°) = \frac{180°}{\pi} = 57°17'45'' \approx 57.295\ 78°$$

$$1 \text{ 弧度} (\rho') = 3\ 437.747' \approx 3\ 438'$$

$$1 \text{ 弧度} (\rho'') = 206\ 264.8'' \approx 206\ 265''$$

三、面积单位

国际采用的面积主单位是平方米(m^2),我国大面积单位可用平方千米(km^2)、公顷(hm^2)。农业上习惯用市亩、分、厘作面积单位。

$$1 \text{ km}^2 = 100 \text{ hm}^2 = 1\ 000\ 000 \text{ m}^2 = 1\ 500 \text{ 市亩}$$

$$1 \text{ hm}^2 = 10\ 000 \text{ m}^2 = 15 \text{ 市亩}$$

$$100 \text{ m}^2 = 0.15 \text{ 市亩}$$

$$1 \text{ 市亩} = 10 \text{ 分} = 100 \text{ 厘}$$

$$1 \text{ 市亩} = 60 \text{ 平方丈} = 666.6 \text{ m}^2$$

第二节　地球形状和大小

测量工作的主要研究对象是地球的自然表面,但地球表面形状十分复杂。通过长期的测绘工作和科学调查,了解到地球表面上海洋面积约占71%,陆地面积约占29%,世界第一高峰珠穆朗玛峰高达 8 848.13 m,而在太平洋西部的马里亚纳海沟深达 11 022 m。尽管有这样大的高低起伏,但相对地球庞大的体积来说仍可忽略不计。因此,测量中把地球总体形状看做是由静止的海水面向陆地延伸所包围的球体。

地球上的任一点,都同时受到两个作用力,其一是地球自转产生的离心力,其二是地心引力。这两种力的合力称为重力,重力的作用线又称为铅垂线(见图 3-1(a))。

铅垂线是测量工作的基准线,用细绳悬挂一个垂球,其静止时所指示的方向即为悬挂点的重力方向,也称为铅垂线方向(见图 3-1(b))。

处于自由静止状态的水面称为水准面。由物理学知道,这个面是一个重力等位面,水准面上各点处处与点的重力方向(铅垂线方向)垂直。在地球表面上、下重力作用的范围内,通过任何高度的点都有一个水准面,因而水准面有无数个。

在测量工作中,把一个假想的、与静止的海水面重合并向陆地延伸且包围整个地球的

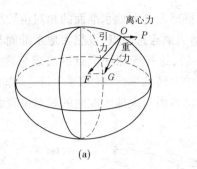

(a)　　　　　(b)

图 3-1　铅垂线示意

特定重力等位面称为大地水准面。通常用平均海水面代替静止的海水面。大地水准面所包围的形体称为大地体。

大地水准面和铅垂线是测量外业所依据的基准面和基准线。

由于地球引力的大小与地球内部的质量有关,而地球内部的质量分布又不均匀,致使地面上各点的铅垂线方向产生不规则的变化,因而大地水准面实际上是一个略有起伏的不规则曲面,无法用数学公式精确表达(见图 3-2)。

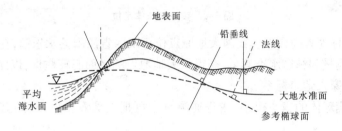

图 3-2　大地水准面

经过长期测量实践研究表明,地球形状极近似于一个两极稍扁的旋转椭球,即一个椭圆绕其短轴旋转而成的形体(见图 3-3)。而其旋转椭球面是可以用较简单的数学公式准确地表达出来的。在测量工作中就是用这样一个规则的曲面代替大地水准面作为测量计算的基准面。

世界各国通常采用旋转椭球代表地球的形状,并称其为地球椭球。测量中把与大地体最接近的地球椭球称为总地球椭球;把与某个区域如一个国家大地水准面最为密合的椭球称为参考椭球,其椭球面称为参考椭球面。由此可见,参考椭球有许多个,而总地球椭球只有一个。

椭球的形状和大小是由其基本元素决定的。椭球

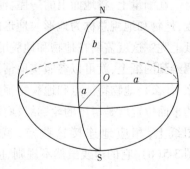

图 3-3　旋转椭球体

体的基本元素是:长半轴 a、短半轴 b、扁率 $\alpha = \dfrac{a-b}{a}$。

我国 1980 年国家大地坐标系采用了 1975 年国际椭球,该椭球的基本元素是: $a = 6\ 378\ 140$ m, $b = 6\ 356\ 755.33$ m, $\alpha = 1/298.257$。

根据一定的条件,确定参考椭球面与大地水准面的相对位置所做的测量工作,称为参考椭球体的定位。在一个国家适当地点选一点,设想大地水准面与参考椭球面相切,切点位于点的铅垂线方向上(见图3-4),这样椭球面上点的法线与该点对大地水准面的铅垂线重合,并使椭球的短轴与地球的自转轴平行,且椭球面与这个国家范围内的大地水准面差距尽量得小,从而确定了参考椭球面与大地水准面的相对位置关系,这就是椭球的定位工作。

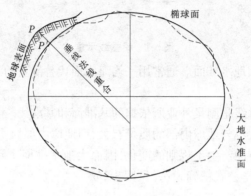

图3-4　参考椭球体定位

这里,P 点称为大地原点。我国大地原点位于陕西省泾阳县永乐镇,在大地原点上进行了精密天文测量和精密水准测量,获得了大地原点的平面起算数据,以此建立的坐标系称为 1980 年国家大地坐标系。

由于参考椭球体的扁率很小,在普通测量中可把地球看做圆球体,其平均半径 $R \approx$ 6 371 km。

第三节　地面点位置确定的原理

在测量上,将地面上的房屋、河流、道路等称为地物,将地面上高低起伏的形态称为地貌,地物和地貌总称为地形。地形的变化是多种多样、十分复杂的。如何将地形测绘到图纸上呢? 这就需要在地物和地貌的轮廓线上选择一些具有特征意义的点,只要将这些点测绘到图纸上,就可以参照实地情况比较准确地将地物、地貌描绘出来而获得地形图。那么,什么是地物特征点和地貌特征点呢? 现举例说明如下:从图3-5(a)中可以看出,房屋的平面位置就是房屋的轮廓线,而房屋的轮廓线则是 1、2、3、4、5、6 点的平面位置测绘到图纸上,相应地连接这些点,就可以获得房屋在图上的平面位置。一条河流,见图3-5(b),它的边线虽然不规则,但弯曲部分仍可以看成是由许多短直线所组成的,只要确定了 7、8、9…这些点在图上的位置,那么,这条河流的平面位置也就确定了。上例中的 1、2、3…这些点即为地物特征点。

同理,如图 3-6 所示,地面的起伏形态(地貌)也可以用地面坡度变化点 1、2、3、4…这些点所组成的线段来表示,因为各线段内的坡度是一致的,所以测量工作只要把 1、2、3、4…这些点的平面位置和高程确定下来,地貌的形态也就容易描绘出来了。图3-6 中的 1、

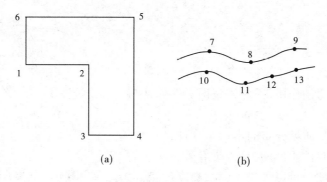

(a)   (b)

图 3-5　地面位置的确定

2、3、4…这些点即为地貌特征点。

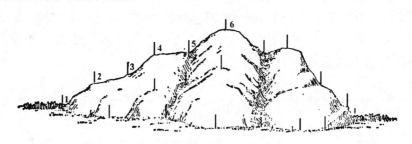

图 3-6　地貌图线段表示法

由此可见,测量工作的根本任务就是确定地面点的位置。无论是地形图的测绘还是建(构)筑物的放样,都可以归结为确定点位的问题。

所谓确定地面上某一点的点位,就是确定它的平面位置和高程。如图 3-7 所示,首先要确定一个投影基准面(简称基准面)及投影基准线(简称基准线)。地面点 A、B 沿基准线投影到基准面上的位置 a、b 即为相应点的平面位置;沿基准线量出的高度 Aa、Bb 即为相应点的高程,这样就可以把地面点的空间位置确定下来。

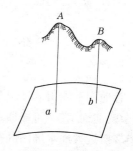

图 3-7　地面平面位置和高程的确定

第四节　测量上的基准线和基准面

一、基准线

任何地面点都受地球上各种力的作用,其中主要的有地球质心的吸引力和地球自转所产生的离心力,这两个力的合力称为重力,如图 3-8(a)所示。如果在地面点上悬一个垂球,其静止时所指的方向就是重力方向,这时的垂球线称为铅垂线,如图 3-8(b)所示。

在测量上,以通过地面上某一点的铅垂线作为该点的基准线。所谓铅垂线就是地面上一点的重力方向线。

二、基准面

地球重力场中处处与重力方向垂直的面,叫做水准面。如静止的水表面,见图 3-9(a),它的每一个质点都受到重力的作用,因此该表面必然处处与重力方向垂直,这就是一个水准面。

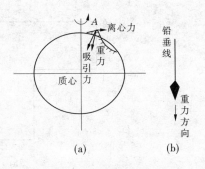

图 3-8 重力的表示方法

由于地球内部质量分布的不均匀,所以作为处处与重力方向垂直的水准面,是一个有微小起伏的复杂的曲面。水准面可以处于不同的高度位置,可以有无穷多个。

所谓大地水准面,如图 3-9(a)所示,就是设想将静止的海水面延伸,穿过整个大陆和岛屿所形成的一个闭合曲面。由大地水准面包围起来的椭球体叫大地体。显然,大地水准面具有水准面的特性,是一个表面处处与重力方向垂直的、有微小起伏的、复杂的曲面。

在测量上,作为计算点位高度的基准面就是大地水准面。

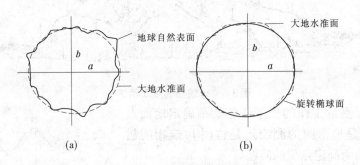

图 3-9 水准面的确定

尽管地面上测得的结果是以大地水准面为基准的,但由于大地水准面是一个不规则的、复杂的曲面,它不可能通过一个数学式子精确地表达出来,因此在测图工作中,通常用一个非常接近大地水准面的规则的几何表面,即参考椭球体(又称旋转椭球面)来代替大地水准面作为计算和制图的基准面。图 3-9(b)为大地水准面与旋转椭球面的差别示意图。

旋转椭球面是一个数学表面,如图 3-10 所示,它的大小可由长半径 a、短半径 b 和扁率 α 来表示。我国 1980 年以后采用 1975 年国际大地测量协会(IGG)推荐的全球坐标系的数值为

$$a = 6\ 378\ 140\ \text{m}$$

$$\alpha = \frac{a-b}{a} \approx \frac{1}{298.257}$$

由于地球的扁率很小,接近于圆球,因此在要求精度不高的情况下,可以近似的将其当做一个圆球体,半径 $R = 6\ 371\ \text{km}$。

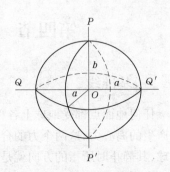

图 3-10 旋转椭球面

第五节 地理坐标、高斯直角坐标及平面直角坐标

测量上确定地面点平面位置的坐标系统有地理坐标、高斯直角坐标及平面直角坐标三种。

一、地理坐标

地面上一点的平面位置在椭球面上通常用经度和纬度来表示,称为地理坐标。

如图 3-11 所示。O 为地心,PP' 为旋转椭球体的旋转轴,又称地轴,它的两端点为北南两极。过地轴的平面称为子午面。子午面与旋转椭球体面的交线称为子午线或经线。过地轴中心且垂直于地轴的平面称为赤道面。赤道面与旋转椭球面的交线称为赤道。

世界各国统一将通过英国格林尼治天文台的子午面作为经度起算面,称为首子午面。

首子午面与旋转椭球面的交线,称为首子午线。地面上某一点的经度,就是过该点的子午面与首子午面的夹角,以 λ 表示。经度从首子午线起向东 180°称东经,向西 180°称西经。M 点的纬度,就是该点的法线与赤道平面的交角,以 φ 表示。纬度从赤道起,向北 0°~90°称北纬,向南 0°~90°称南纬。例如,北京的地理坐标,经度是东经 116°28′,纬度是北纬39°54′。

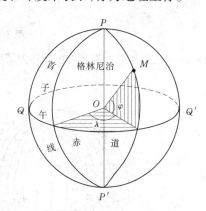

图 3-11 地理坐标示意

二、高斯直角坐标

地理坐标只能用来确定地面点在旋转椭球面上的位置,但测量上的计算和绘图,要求最好在平面上进行。众所周知,旋转椭球面是个闭合曲面,要建立一个平面直角坐标系统主要应用的是各种投影方法。我国采用横切圆柱投影——高斯—克吕格投影的方法来建立平面直角坐标系统,称为高斯—克吕格直角坐标系,简称为高斯直角坐标系。高斯—克吕格投影就是设想用一个横椭圆柱面,套在旋转椭球体外面,并与旋转椭球体面上某一条子午线(POP')相切,如图 3-12(a)所示,同时使椭圆柱的轴位于赤道面内并通过椭圆体的中心,相切的子午线称为中央子午线。然后将中央子午线附近的旋转椭球面上的点、线投影至横切圆柱面上去,如将旋转椭球体面上的 M 点投影到椭圆柱面上得 m 点,再顺着过极点的母线,将椭圆柱面剪开,展成平面,如图 3-12(b)所示,这个平面称为高斯—克吕格投影平面,简称高斯投影平面。

高斯投影平面上的中央子午线投影为直线且长度不变,其余的子午线均为凹向中央子午线的曲线,其长度大于投影前的长度,离中央子午线愈远长度变形愈长。为了将长度变化限制在测图精度允许的范围内,通常采用六度分带法,即从首子午线起每隔经度差为一带。将旋转椭球面由西向东等分为 60 带,即 0°~6°为第 1 带,3°线为第 1 带的中央子

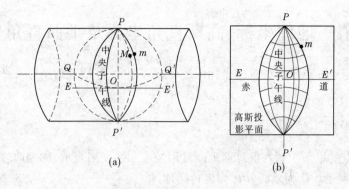

(a)　　　　　　　　(b)

图 3-12　高斯直角坐标

午线;6°~12°为第 2 带,9°线为第 2 带的中央子午线……每一带单独进行投影,如图 3-13 所示。

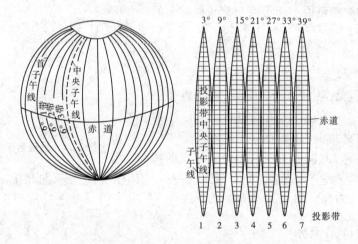

图 3-13　高斯投影面

　　有了高斯投影平面后,怎样建立平面直角坐标系呢? 如图 3-14 所示,测量上以每一带的中央子午线的投影为直角坐标系的纵轴 x,向上(北)为正、向下(南)为负;以赤道的投影为直角坐标系的横轴 y,向东为正、向西为负,两轴的交点 O 为坐标原点。由于我国领土全部位于赤道以北,因此 x 值均为正值,而 y 值则有正有负,为了避免计算中出现负值,故规定每带的中央子午线各自西移 500 km,同时为了指示投影是哪一带,还规定在横坐标值前面要加上带号,如

$$x_m = 347\ 218.97$$
$$y_m = 19\ 667\ 214.556$$

上述 y_m 等号右边的 19 表示第 19 带。

　　采用高斯直角坐标来表示地面上某点的位置时,需要通过比较复杂的数学(投影)计算才能求得该地面点在高斯投影平面上的坐标值。高斯直角坐标系一般用于大面积的测区。

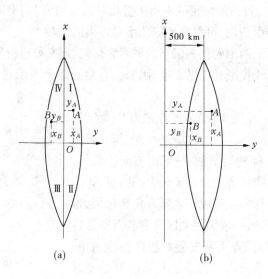

图 3-14　平面直角坐标系的建立

三、平面直角坐标系

当测区面积较小时,可不考虑地球曲率而将其当做平面看待。如图 3-15 所示,地面上 A、B 两点在球面 P 上的投影为 a、b。今设球面 P 与水平面 P' 在 a 点相切,则 A、B 两点在球面上的投影长度 $ab = d$,在水平面上投影的水平距离 $ab' = t$,其差值为

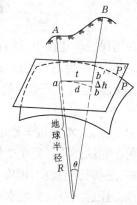

$$\Delta d = t - d = R\tan\theta - R\theta = R(\tan\theta - \theta) \quad (3\text{-}1)$$

用三角级数公式展开取主项得

$$\Delta d = \frac{R\theta^3}{3}$$

因

$$\theta = \frac{d}{R}$$

则

$$\Delta d = \frac{d^3}{3R^2}$$

所以

$$\frac{\Delta d}{d} = \frac{d^2}{3R^2} \quad (3\text{-}2)$$

图 3-15　水平面代替水准面的影响

以 $R = 6\ 371$ km 和不同的 d 值代入式(3-2)可得表 3-1 中的数值。

表 3-1　用水平面代替水准面的距离误差和相对误差

d(km)	Δd(cm)	$\dfrac{\Delta d}{d}$(相对误差)
10	0.82	1:1 200 000
20	6.57	1:304 000
50	102.65	1:49 000

由表 3-1 可知,当 d 为 10 km 时,以切平面上的相应线段代替,其误差不超过 1 cm,相

对误差1:1 200 000,而目前最精密的距离丈量相对误差约为1:1 000 000,因此可以确认,在半径为 10 km 的圆面积内,可忽略地球曲率对距离的影响。

如果将地球表面上的小面积测区当做平面看待,就不必要进行复杂的投影计算,可以直接将地面点沿铅垂线投影到水平面上,用平面直角坐标来表示它的投影位置和推算点与点之间的关系。

平面直角坐标系(见图3-16)的原点记为 O,规定纵坐标轴为 x 轴,与南北方向一致,自原点 O 起,指北者为正,指南者为负;横坐标轴为 y 轴,与东西方向一致,自原点起,指东者为正,指西者为负。象限Ⅰ、Ⅱ、Ⅲ、Ⅳ按顺时针方向排列。坐标原点可取用高斯直角坐标值,也可以根据实地情况安置,一般为使测区所有各点的纵横坐标值均为正值,坐标原点大都安置在测区的西南角,使测区全部落在第Ⅰ象限内。如地面上某点 M 的坐标可写为

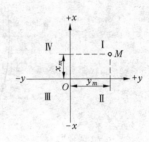

图 3-16　平面直角坐标系

$$x_m = 314.285 \text{ m}$$
$$y_m = 511.284 \text{ m}$$

第六节　地面点的高程

在国民经济建设中,地面点的高程常采用海拔高度,即从地面点沿铅垂线到大地水准面的距离,也称为绝对高程,记为 H。点到任意水准面的距离,称为相对高程或假定高程,用 H' 表示。地面上两点间的高程差称为高差,用 h 表示,如图3-17所示。

$$h_{AB} = H_B - H_A = H'_B - H'_A \tag{3-3}$$

由于受潮汐、风浪等影响,海水面是一个动态的曲面。它的高低时刻在变化,通常是在海边设立验潮站,进行长期观测,取海水的平均高度作为高程零点。通过该点的大地水准面称为高程基准面。新中国成立前,我国采用的高程基准面十分混乱。新中国成立后,以设在山东省青岛市的国家验潮站收集的 1950～1956 年的验潮资料,推算的黄海平均海水面作为我国高程起算面,并在青岛市观象山建立了水准原点。水准原点到验潮站平均海水面

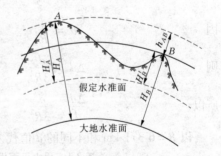

图 3-17　高程和高差

的高程为 72.289 m,这个高程系统称为"1956 年黄海高程系"。全国各地的高程都是依此而得到的。

20 世纪 80 年代初,国家又根据 1953～1979 年青岛验潮站的观测资料,推算出新的黄海平均海水面作为高程零点。由此测得青岛水准原点高程为 72.260 4 m,称为"1985 年国家高程基准",并从 1985 年 1 月 1 日起执行新的高程基准。

第四章　测绘的基本工作

对于传统的光学仪器测绘来说,测绘的基本工作为距离测量与直线定向、水准测量和角度测量;对于 GPS 来说,测绘的主要工作为静态测量和动态测量。

第一节　距离测量与直线定线

距离测量是确定地面点的三项基本测量工作之一,测量学中所测定的距离是指地面上两点之间的水平距离。按照所使用的测量仪器和测量方法的不同,距离测量可分为钢尺量距、视距测量和电磁波测距等方法。

一、钢尺量距的一般方法

(一)量距的工具

钢尺量距所用的主要工具有钢尺、标杆、测钎和垂球。钢尺一般分为 20 m、30 m、50 m 等几种,其基本分划为厘米,在整米、分米和厘米处都有注记,钢尺的最小分划为毫米,如图 4-1 所示。钢尺按尺上零点位置的不同,又分为端点尺和刻线尺。端点尺是以尺拉环的最外边缘作为尺的零点,如图 4-2(a)所示;刻线尺是以尺前端零点刻线作为尺的零点,如图 4-2(b)所示。

标杆一般长为 1~3 m,其上每隔 20 cm 间隔涂以红、白漆,用来标定直线的方向,如图 4-3(a)所示。测钎主要用来标定所测尺段的起点和终点位置,平坦地区还用来计算量过的整尺段数,如图 4-3(b)所示。垂球主要用于倾斜地面量距时的投点定位。

图 4-1　钢尺

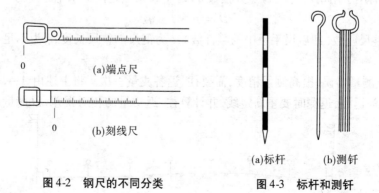

图 4-2　钢尺的不同分类

(a)端点尺

(b)刻线尺

(a)标杆　　(b)测钎

图 4-3　标杆和测钎

(二)直线定线

当两待测点之间距离较长或地面高低起伏较大时,就必须分成若干段来进行测量。

即在两待定点连线方向上确定若干个分段点,由竖立标杆或插测钎来标定直线的方向,同时也作为分段测量的依据。测量中将直线方向上标定若干个分段点的工作,称为直线定线。直线定线通常可分为目估定线和经纬仪定线两种方法。对于精度要求不高的一般量距方法,通常采用目估定线;精度要求较高的精密量距方法就必须用经纬仪定线。

目估定线法如图4-4所示,要在待测距离的 A、B 两点之间确定1、2…分段点,首先在 A、B 两点上竖立标杆,由测量员甲在 A 点以外1~2 m处指挥测量员乙手持标杆在 AB 方向线附近左、右移动标杆,直到 A、1、B 三点在一条直线上,并在地面上作标记,确定分段点。然后按此法依次确定2、3…分段点。定线时要求相邻两分段点之间要小于或等于一个整尺段。目估定线法一般应由远而近来进行。

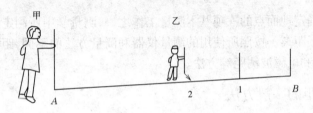

图 4-4　目估定线法

(三)量距方法

1.平坦地区的距离丈量

丈量前,首先清除直线方向上的障碍物,在两端点 A、B 处各钉一木桩,同时钉一小钉作标记,然后在 A、B 点处各竖立一标杆即可开始丈量。丈量时,后尺手拿一测钎并将尺的零点端置于 A 点,前尺手携带一束测钎,同时手持尺的末端沿 AB 方向前进,到一整尺段处停下,由后尺手指挥将钢尺拉直,并位于 AB 方向线上,这时后尺手将尺的零点对准 A 点,两人同时用力将钢尺拉平,前尺手在尺的末端处插一测钎作为标记,确定分段点,这样就完成了第一尺段的丈量工作,如图4-5所示。然后后尺手持测钎与前尺手一起抬尺前进,依次丈量第2个、第3个…第 n 个整尺段,到最后不足一整尺段时,后尺手以尺的零点对准测钎,前尺手用钢尺对准 B 点并读数 q,则 A、B 两点之间的水平距离为

$$D = n \times l + q \tag{4-1}$$

式中:n 为整尺段数(即后尺手手中的测钎数);l 为钢尺的整尺长度;q 为不足一整尺段的余长。

为防止测量错误,提高测量精度,需要往、返各丈量一次。将上述由 $A \rightarrow B$ 称为往测,由 $B \rightarrow A$ 称为返测,返测时要重新定线,并计算往、返丈量的相对误差,以衡量观测结果的

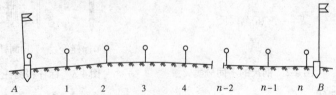

图 4-5　平坦地区的距离丈量

精度。如果相对误差满足要求,则取往、返测平均值作为最后的丈量结果。往、返测丈量距离之差 ΔD 的绝对值除以往、返测平均值,并化为分子为1、分母为整数的分数形式,即为距离丈量的相对精度,通常用 k 表示,即

$$k = \frac{|D_{往} - D_{返}|}{D_{平均}} = \frac{|\Delta D|}{D_{平均}} = \frac{1}{D_{平均}/|\Delta D|} = \frac{1}{N} \tag{4-2}$$

N 值越大,丈量结果的精度越高。对于平坦地区 $k \leqslant 1/3\ 000$,量距困难地区 $k \leqslant 1/2\ 000$。

2. 倾斜地面的距离丈量

根据地势的情况,倾斜地面的距离丈量有如下两种方法。

1)平量法

当地面高低起伏变化不大,但坡度变化不均匀时,可分段将钢尺拉平进行丈量,丈量时两次均由高到低进行,如图4-6中两次均由 A 到 B 进行丈量。丈量时后尺手甲立于 A 点,并指挥前尺手将钢尺拉在 AB 方向线上,然后后尺手甲将钢尺的零点对准 A 点,乙将钢尺抬高,并目估使钢尺水平,同时用垂球将尺端点投于地面,再插上测钎。测完第一尺段后,两人抬尺前进,继续下一尺段的测量。当地面高低起伏较大,整尺拉平有困难时,可将一整尺段分成几个尺段来进行丈量,如图4-6中的 MN 段。平量法,由于采用目估法使钢尺拉平,钢尺弯曲及投点误差的影响很大,所以测量的精度不高,两次丈量的相对误差 $\leqslant 1/1\ 000$。

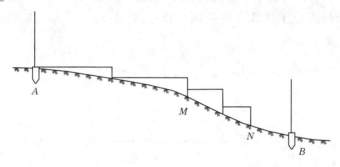

图 4-6　倾斜地面的平量法

2)斜量法

当地面高低起伏变化比较均匀时,可沿倾斜地面丈量出 A、B 两点之间的倾斜距离 L,然后计算出水平距离 D。计算方法有如下两种:

(1)用过 A、B 两点的竖直角进行计算。

用经纬仪测定过 A、B 两点的竖直角 α,如图4-7(a)所示,则水平距离 D 为

$$D = L\cos\alpha \tag{4-3}$$

(2)用两点之间的高差进行计算。

用水准仪测定 A、B 两点之间的高差,如图4-7(b)所示,则水平距离 D 为

$$D = \sqrt{L^2 - h^2} \tag{4-4}$$

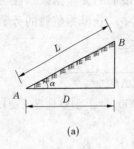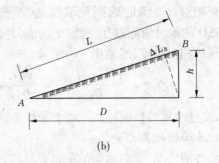

(a)　　　　　　　　　　　　　(b)

图 4-7　倾斜地面的斜量法

二、钢尺量距的精密方法

当量距精度要求达到 1/10 000 ~ 1/40 000 时,就要用精密方法进行丈量。

(一)钢尺精密量距的方法

1. 经纬仪定线

丈量前,首先要清除直线方向上的障碍物,然后将经纬仪安置于 A 点,在 B 点竖立标杆,用经纬仪瞄准 B 点标杆,进行经纬仪定线,在视线方向上标定出略短于整尺段的分段点 1、2…,并在各分段点处钉一木桩,桩顶高出地面 3 ~ 5 cm,如图 4-8(a)所示,同时在木桩顶沿视线方向和垂直于视线方向各画一条直线,形成"+"形,作为丈量的标志,如图 4-8(b)所示。

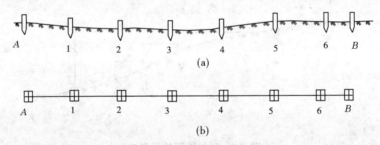

(a)

(b)

图 4-8　经纬仪定线

2. 量距

用检定过的钢尺在相邻两木桩之间进行丈量,一般由两人拉尺,两人读数,一人记录。拉尺人员将钢尺置于相邻两木桩顶,并使钢尺的一侧对准"+"字线,后尺手同时用弹簧秤施加以标准拉力(30 m 钢尺 10 kg,50 m 钢尺 15 kg),准备好后,两读数人员同时读取钢尺读数(一般由后尺手或前尺手对准一整数时读数),要求估读至 0.5 mm,记录人员将两读数记入手簿。同样方法变换钢尺位置丈量三次,三次丈量结果的较差一般不得超过 2 ~ 3 mm,如在容许范围内,则取三次丈量结果的平均值作为该尺段的最后成果。在尺段丈量期间要记录一次温度,估读至 0.5 ℃,用来计算温度改正。

3. 桩顶间高差测量

上述方法测得的相邻桩之间的距离是桩顶之间的倾斜距离,为计算水平距离,需要知道各相邻桩顶之间的高差。高差测量应用水准测量按双仪高法或往、返各测一次均可。

相邻桩顶两次高差之差的绝对值不应超过 10 mm,若满足要求,则取其平均值作为最后的高差。

4.尺段长度计算

精密丈量时,每一尺段所测倾斜距离 l 都要进行尺长改正、温度改正和倾斜改正,最后计算出尺段的实际水平距离 D。

(1)尺长改正。设钢尺在标准温度($t_0 = 20$ ℃)、标准拉力(30 m 钢尺 10 kg,50 m 钢尺 15 kg)下的实际长度为 l',钢尺的名义长度(标定长度)为 l_0,两者之差 $\Delta l = l' - l_0$ 为整尺段的尺长改正数,则每尺段的尺长改正数为

$$\Delta l_l = \frac{\Delta l}{l_0} \times l \tag{4-5}$$

(2)温度改正。设钢尺检定时的温度(或标准温度)为 t_0,丈量时的温度为 t,钢尺的膨胀系数为 $\alpha(\alpha = 1.25 \times 10^{-5})$,则温度改正数

$$\Delta l_t = \alpha \times (t - t_0) \times l \tag{4-6}$$

(3)倾斜改正。设尺段两端点的高差为 h,则倾斜改正数

$$\Delta l_h = -\frac{h^2}{2l} \tag{4-7}$$

(4)尺段水平距离。

$$D = l + \Delta l_l + \Delta l_t + \Delta l_h \tag{4-8}$$

(5)计算全长。将各尺段改正后的水平距离相加,即为 A、B 两点间往测水平距离 $D_{往}$。同样方法观测,计算 A、B 两点间返测水平距离 $D_{返}$,则相对精度

$$k = \frac{|D_{往} - D_{返}|}{D_{平均}} = \frac{|\Delta D|}{D_{平均}} = \frac{1}{D_{平均}/|\Delta D|} = \frac{1}{N}$$

若相对精度满足要求,取平均值作为 A、B 两点之间的实际水平距离,否则应重新丈量。

(二)量距误差

钢尺量距误差主要包括定线误差、尺长误差、温度误差、倾斜误差、丈量误差和拉力误差。

1.定线误差

定线时,各分段点位置偏离直线方向,这时丈量的距离是折线距离而不是直线距离,使得丈量结果总是偏大,这种误差称为定线误差,如图 4-9 所示。

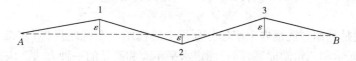

图 4-9 定线误差

定线误差与倾斜地面丈量时的影响相类似,不同之处在于前者是在水平面上偏离直线方向,后者则是在竖直面上的倾斜,因此倾斜改正公式(4-7)也适用于定线误差的计算,但定线误差左、右均存在,其误差较大,是式(4-7)的 4 倍,即定线误差为

$$\Delta l^{\cdot} = -\frac{2 \times \varepsilon^2}{l} \qquad (4\text{-}9)$$

2. 尺长误差

钢尺的实际长度与名义长度不一致,对丈量结果产生的误差称为尺长误差。尺长误差属于系统误差,具有累积性。因此,丈量前必须对钢尺进行检定,给出钢尺的尺长方程式。在计算时就可根据尺长改正数 Δl_i 进行改正。对于精度要求相对较低的丈量,检定的误差应小于 1 ~ 3 mm;精密丈量时,尺长改正数的检定误差应小于 0.1 mm。

3. 温度误差

丈量时如温度发生变化,则使得钢尺的长度随之发生变化,其对丈量结果产生的误差称为温度误差。因此,量距时要测定温度。

例如,丈量距离为 30 m,温度变化为 1 ℃,则温度改正数为

$$\Delta l_t = 1.25 \times 10^{-5} \times 1 \times 30 \text{ m} = 0.000 4 \text{ m}$$

丈量距离越长,温度变化越大,则温度误差也就越大。

4. 倾斜误差

沿倾斜地面丈量时,所测距离为倾斜距离,而不是水平距离,因此必须测定竖直角或高差来进行倾斜改正。将公式 $\Delta l_h = -\dfrac{h^2}{2l}$ 同时除以 l,并取绝对值,则

$$\frac{\Delta l_h}{l} = \frac{h^2}{2l^2} \approx \frac{h^2}{2D^2}$$

设地面坡度 $i = \dfrac{h}{D}$

则
$$\frac{\Delta l_h}{l} = \frac{i^2}{2} \qquad (4\text{-}10)$$

当丈量精度为 1/3 000 时,地面坡度小于 1.4%,可以不考虑倾斜误差的影响;但当丈量精度要求较高或地面坡度 $i \geqslant 1.4\%$ 时,应进行倾斜改正。

5. 丈量误差

丈量误差主要包括三方面:丈量时每尺段端点所插测钎位置是否正确、丈量时每段标志是否对准及零尺段的读数误差。

此外,还有拉力误差、风力使尺子弯曲误差等。

第二节　视距测量

视距测量是利用望远镜内十字丝分划板上的视距丝在视距尺(或水准尺)上进行读数,根据几何光学和三角学原理,同时测定水平距离和高差的一种方法。该方法具有操作简便、速度快、不受地形起伏变化限制等优点,但相对精度较低,一般为 1/200 ~ 1/300,只能满足碎部测量的精度要求,因此广泛应用于碎部测量工作中。

目前,国内外生产的经纬仪、水准仪,其十字丝分划板上均刻有上、下两条水平的短丝,称为视距丝。用视距丝配合视距尺(或水准尺)即可进行视距测量。本节主要介绍视距测量的原理、应用实例及注意事项。

一、视距测量的原理

(一)视线水平时计算水平距离和高差的公式

1.水平距离的计算公式

如图4-10所示,欲测定A、B两点之间的水平距离D和高差h。首先在A点安置经纬仪,在B点竖立视距尺(或水准尺),用望远镜瞄准B点的视距尺(或水准尺),设置水平视线,这时水平视线与视距尺(或水准尺)相互垂直,视距丝m、n在视距尺(或水准尺)上的读数为M、N。M与N两点读数之差,即为两视距丝在视距尺(或水准尺)上读数之差,称为尺间隔,用l表示。

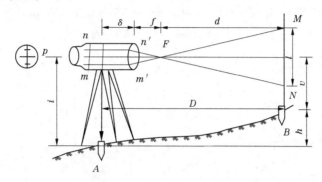

图4-10 视线水平时的视距测量原理

设p为视距丝间隔,f为望远镜物镜焦距,δ为物镜中心至仪器中心的距离。图4-10中三角形$Fm'n'$和三角形FMN为相似三角形,则

$$\frac{f}{d} = \frac{p}{l} \qquad d = \frac{f}{p}l$$

水平距离
$$D = d + f + \delta = \frac{f}{p}l + f + \delta$$

令$K = \dfrac{f}{p}$,$c = f + \delta$,则水平距离为

$$D = Kl + c \tag{4-11}$$

式中:K为视距乘常数,$K = 100$;c为视距加常数,目前生产的经纬仪望远镜均为内对光望远镜,$c \approx 0$。

所以

$$D = Kl$$

2.高差的计算公式

从图4-10可知

$$h + v = i$$
$$h = i - v$$

式中:i为仪器高,是指地面点到经纬仪横轴中心的高度;v为中丝在视距尺(或水准尺)上的读数。

(二) 视线倾斜时计算水平距离和高差的公式

1. 水平距离的计算公式

当地面高低起伏较大时，必须使经纬仪视线倾斜才能在视距尺（或水准尺）上读数，如图4-11所示。为求得计算水平距离的公式，可以先将视距尺（或水准尺）以中丝读数点为转点旋转 α 角，使视距尺（或水准尺）由 I 位置旋转到 II 位置，这时的视线与视距尺（或水准尺）相互垂直，视距丝在视距尺（或水准尺）上的读数也由 M、N 变为 M'、N'，即在 II 位置时的尺间隔为 l'，则倾斜距离为

$$L = Kl'$$

由于 φ 很小，约为 $34'43''(34.72')$，故 $\angle GM'M$ 和 $\angle GN'N$ 近似等于 $90°$，则

$$l' = M'N' = M'G + GN' = MG\cos\alpha + GN\cos\alpha = MN\cos\alpha = l\cos\alpha$$

即

$$l' = l\cos\alpha \quad L = Kl\cos\alpha$$

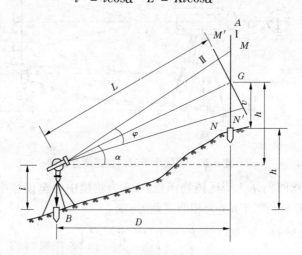

图 4-11　视线倾斜时的视距测量原理

所以，A、B 两点之间的水平距离为

$$D = L\cos\alpha = Kl\cos^2\alpha \tag{4-12}$$

当 $\alpha = 0$ 时，$D = Kl$，即为视线水平时计算水平距离的公式。

2. 高差的计算公式

从图4-11可知

$$D\tan\alpha + i = h + v$$
$$h = D\tan\alpha + i - v$$

或者

$$L\sin\alpha + i = h + v$$
$$h = L\sin\alpha + i - v = Kl\sin\alpha\cos\alpha + i - v$$

即

$$h = \frac{1}{2}Kl\sin2\alpha + i - v \tag{4-13}$$

式(4-13)中，当 $\alpha = 0$ 时，$D = KL$，$h = i - v$，即为视线水平时计算水平距离和高差的公式。因此，$D = L\cos\alpha = Kl\cos^2\alpha$、$h = \frac{1}{2}Kl\sin2\alpha + i - v$ 是视距测量的基本公式。

二、视距测量的观测与计算

视距测量的一般步骤如下：

（1）在测站点 A 安置经纬仪，量取仪器高 i，在 B 点竖立视距尺（或水准尺）。

（2）转动照准部，瞄准 B 点视距尺（或水准尺），分别读取中丝、上丝、下丝读数，读至毫米级，要求 $(M+N)/2-v \leqslant \pm 3$ mm，同时计算尺间隔

$$l = |M - N|$$

（3）调节竖盘水准管气泡，调节螺旋使水准管气泡居中，或打开竖盘自动补偿开关，使竖盘指标线处于正确位置，读取竖盘读数 L（或 R），计算竖直角

$$\alpha = 90° - L \qquad (\alpha = R - 270°)$$

（4）按基本公式（4-12）、式（4-13）计算水平距离和高差。

三、视距测量的误差及注意事项

视距测量的精度较低，一般为 $1/200 \sim 1/300$，只能满足地形测量的精度要求。

（一）视距测量的误差

1. 读数误差

用视距丝在水准尺上读数的误差与水准尺的最小分划线的宽度、经纬仪至水准尺的距离及望远镜的放大倍率等因素有关，因此读数误差的大小由所使用的经纬仪及作业条件而定。

2. 水准尺倾斜所引起的误差

当水准尺倾斜时，设引起竖直角的偏差为 $\Delta\alpha$，则距离误差为

$$\Delta D = -2Kl\cos\alpha\sin\alpha \frac{\Delta\alpha}{\rho} \tag{4-14}$$

用相对误差表示为

$$\frac{\Delta D}{D} = -2\tan\alpha \frac{\Delta\alpha}{\rho} \tag{4-15}$$

由式（4-15）可知，水准尺倾斜的影响与竖直角 α 有关，当 α 增大时，水准尺倾斜对视距测量结果的影响也越大，所以在山区测量时，应特别注意水准尺的倾斜问题。

3. 垂直折光的影响

地球表面上高度不同的区域其空气密度不同，对光线的折射影响也不一样，视线越接近地面，垂直折光的影响就越大，因此应采用抬高视线或选择有利的气象条件进行视距测量。

4. 竖直角观测误差对视距测量的影响

竖直角观测误差对水平距离影响不大，主要影响高差测量。

在视距测量时，一般只用盘左（或盘右）一个位置进行测量，且竖直角又不加指标差改正，因此在进行测量之前必须先进行竖盘指标差的检验与校正，使其满足要求。

此外，视距乘常数，水准尺的分划误差，中丝、上丝、下丝的估读误差及风力使水准尺抖动等，对视距测量的精度都有影响。

（二）注意事项

（1）观测时应抬高视线，使视线距地面在 1 m 以上，以减少垂直折光的影响。

（2）为减少水准尺倾斜误差的影响，在立尺时应将水准尺竖直，尽量采用带有水准器的水准尺。

（3）水准尺一般应选择整尺，如用塔尺，应注意检查各节的接头处是否正确。

（4）竖直角观测时，应注意将竖盘水准管气泡居中或将竖盘自动补偿开关打开，在观测前，应对竖盘指标差进行检验与校正，确保竖盘指标差满足要求。

（5）观测时应选择在风力较小、成像较稳定的情况下进行。

第三节　电磁波测距

钢尺量距是一项十分繁重的工作，劳动强度大、工作效率低，在地形复杂的地区（山区、沼泽区）尤其困难。20 世纪五六十年代，随着激光技术的出现及电子技术的发展，一些发达国家相继研制了各种类型的光电测距仪，其中以红外测距仪发展更为迅速，在测量实际工作中已得到普遍应用。本节主要对红外测距仪测量原理进行介绍。

一、测距原理

如图 4-12 所示，在待测距离 AB 一端 A 安置测距仪，另一端 B 安置反光镜。测距仪发出光束由 A 至 B，经反射镜反射后又返回仪器。设光速 c 为已知，若光束在待测距离上往返传播的时间 t 已知，则距离可由下式求出

$$D = \frac{1}{2}ct \tag{4-16}$$

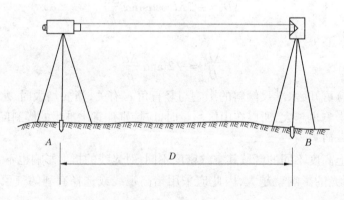

图 4-12　测距原理

由式（4-16）可知，测定距离的精度主要取决于时间 t 的量测精度。时间 t 的测量方法通常有以下两种。

（一）脉冲式测距

由测距仪的发射系统发出光脉冲，经被测目标反射后，再由测距仪的接收系统接收，测出这一光脉冲往返所需的时间间隔 t，以求得距离 D，而时间 t 的量测精度，由于受电子

元件性能的限制,目前很难达到很高的时间测量精度。例如,要达到 ±1 cm 的测距精度,时间 t 的量测值必须精确到 6.7×10^{-11} s。所以,脉冲式测距一般只能达到米级精度,精度较低。

(二)相位式测距

相位式测距是对测距仪的光源砷化镓发光管加上了频率为 f 的交变电流,使发光管发射的光强随注入的电流的大小发生变化,这种光称为调制光,如图 4-13 所示。当测距仪发出调制光频率的 f,在待测距离上传播,经反射镜反射后被接收器接收,然后用相位计将发射信号与接受信号进行相位比较,由显示器显示调制光在待测距离往、返传播所引起的相位移 φ_c。为方便说明,具体见图 4-14。

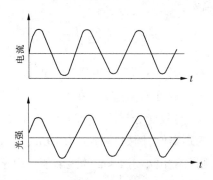

图 4-13 调制光原理

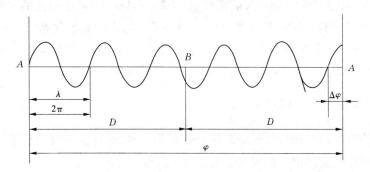

图 4-14 相位式测距原理

设调制光波长为 λ,其光强变化一个周期的相位差为 2π。接收时相位比发射时相位延迟 φ 角,则

$$\varphi = 2\pi f t$$

$$t = \frac{\varphi}{2\pi f}$$

将 t 代入式(4-16)得

$$D = \frac{1}{2} \frac{c}{f} \frac{\varphi}{2\pi} \tag{4-17}$$

由图 4-14 可知,φ 可表示为 N 个相位变化的整周期和不足一个整周期的相位差尾数 $\Delta\varphi$ 之和,即

$$\varphi = 2\pi N + \Delta\varphi \qquad\qquad (4\text{-}18)$$

将 φ 代入式(4-17)得

$$D = \frac{c}{2f}\left(N + \frac{\Delta\varphi}{2\pi}\right) = \frac{\lambda}{2}\left(N + \frac{\Delta\varphi}{2\pi}\right)$$

令 $u = \dfrac{\lambda}{2}, \Delta N = \dfrac{\Delta\varphi}{2\pi}$,则

$$D = u(N + \Delta N) \qquad\qquad (4\text{-}19)$$

将式(4-19)与钢尺量距公式相比,我们可以把 $\dfrac{\lambda}{2}$ 当做"光尺"长度,则距离 D 也可看成整光尺长度与不足一个整光尺长度之和。

光尺长度 u 可由下式确定

$$\frac{\lambda}{2} = \frac{c}{2f} = \frac{C_0}{2nf} \qquad\qquad (4\text{-}20)$$

式中: C_0 为光在真空中的传播速度,取 $C_0 = (299\,792\,458 \pm 1.2)$ m; n 为大气折射率,与测距仪使用光源波长 λ、大气压 p、温度 t、温差 e 有关。

仪器上的测相装置(相位计)只能分辨出 $0 \sim 2\pi$ 的相位变化,故只能测出不足 2π 的相位差,相当于不足整测尺的距离值,例如"测尺"为 10 m,则可测出小于 10 m 的距离值。同理,若采用 1 km 的测尺,则可测出小于 1 km 的距离值。由于仪器测相系统的测相精度一般为 1/1 000,测尺越长,测距误差越大。为解决扩大测程与提高精度的矛盾,测距仪大多选用几个测尺配合测距。用较长的测尺(如 1 km、2 km 等)测定距离的大数,以满足测程需要,称为粗尺;用较短的测尺(如 10 m、20 m 等)测定距离的尾数,以保证测距的精度,称为精尺。例如,对于测程为 1 km 的测距仪,精尺为 10 m,粗尺为 1 000 m。如实测距离为 586.763 m,则精测显示 6.763,粗测显示 580,仪器显示的距离为 586.763。

二、测距仪测量步骤及其他

目前,国内外生产的短程红外测距仪型号有几十种,各种仪器由于其结构不同,操作也各不相同,使用时应严格按照仪器使用手册来操作。

一般测距仪测量步骤如下:

(1)安置仪器(包括对中、整平等内容),接通电源。

(2)安置常数或观测记录竖直角、气压、气温等项。

(3)距离观测。

(4)成果计算(仪器可自动进行气象及各种常数改正的则无此项)。

测距仪在使用时应注意以下几点:

①在阳光下作业(或雨天作业),一定要打伞保护,以防损坏。

②仪器应在大气比较稳定和通视良好的条件下使用。

③测距结束立即关机,迁站时要拔掉电源线。

④测距仪在运输过程中要注意防潮、防震和防高温。

第四节　水准测量

测量地面点高程的工作,称为高程测量,即通过测定地面点与点之间的高差,并根据已知点的高程,求得未知点的高程。由于所使用的仪器和施测方法的不同,高程测量可分为水准测量、三角高程测量和气压高程测量。工程上常用的是水准测量和三角高程测量。本节主要介绍水准测量的原理、水准测量的施测方法、水准仪的检验与校正、水准测量的误差内容。

一、水准测量的原理

水准测量是测定地面点间高差的一种基本方法。其原理是:利用水准仪提供一条水平视线,借助水准尺来测定地面两点间的高差,从而由已知点的高程和测得的高差,求出待定点的高程。如图 4-15 所示,A、B 为地面上的两点,现欲测定 A、B 两点间的高差 h_{AB},根据 A 点的高程 H_A 确定 B 点的高程 H_B。

(一)高差测量

如图 4-15 所示,将水准仪安置在 A、B 两点之间,在 A、B 两点分别立水准尺,利用水准仪提供的水平视线,分别读 A 点水准尺的读数 a 和 B 点水准尺的读数 b,则 A、B 点间的高差为

$$h_{AB} = a - b$$

若水准测量是由 A 点到 B 点进行的,即前进方向为 $A \rightarrow B$,此时规定 A 点为后视点,A 点尺上的读数为后视读数,B 点为前视点,B 点尺上的读数为前视读数,高差计算公式可写成

$$\text{高差} = \text{后视读数} - \text{前视读数} \tag{4-21}$$

高差有正负,当后视读数 a 大于前视读数 b 时,高差 h_{AB} 为正,说明 A 点高于 B 点;反之,高差 h_{AB} 为负,说明 A 点低于 B 点。在测量和计算中应特别注意高差的正负号,且有 $h_{AB} = -h_{BA}$。

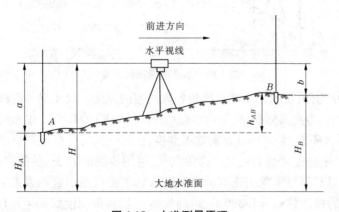

图 4-15　水准测量原理

(二)高程计算

已知 A 点高程 H_A 和测定的高差 h_{AB}，便可算出 B 点的高程 H_B。

1. 高差法

$$H_B = H_A + h_{AB} = H_A + (a - b) \tag{4-22}$$

此法适用于根据一个已知点确定单个点高程的情况。

2. 视线高法(视高法)

$$H_B = (H_A + a) - b = H_i - b \tag{4-23}$$

式中：H_i 为视线高程。

二、水准测量的外业

水准测量通常是从一个已知高程的水准点开始，按照一定的水准路线而引测出所需各点的高程。当两个水准点相距较远或高差较大时，若只安置一次仪器，就不能测出该两点间的高差，为此就需要连续多次安置仪器以测出两点间的高差。如图 4-16 所示，在 A、B 两点之间设立若干个中间立尺点，这些中间立尺点称为转点，将 AB 分成 n(图上 $n = 5$) 段，分别测出每段的高差 $h_1, h_2, \cdots, h_n$，则 A、B 两点间的高差就是各高差之和，即

$$h_1 = a_1 - b_1$$
$$h_2 = a_2 - b_2$$
$$\vdots$$
$$h_n = a_n - b_n$$

$$h_{AB} = h_1 + h_2 + \cdots + h_n = \sum h = \sum a - \sum b \tag{4-24}$$

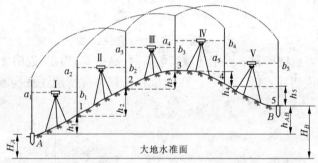

图 4-16　水准测量施测方法

现以图 4-16 为例，说明用水准仪测量各段高差的方法。设 A 点的高程为 132.815 m，试求 B 点的高程。为此，必须首先测出各段(图中为 5 段)的高差。在 A 点立水准尺，离 A 点 50～80 m(最大不超过 100 m)处安置水准仪，让另一扶尺员在观测前进方向选转点 1，在 1 点上安放尺垫并在尺垫上立尺。选转点时，可用步测的方法，尽量使前视距离、后视距离大致相同(这样可以消除因视准轴与水准管轴不平行而引起的误差)。然后，后视 A 点水准尺，得到后视读数 $a_1 = 1.890$ m，再前视转点 1，得前视读数 $b_1 = 1.145$ m，把它们均记入水准测量外业记录手簿中，后视读数减去前视读数，即得到高差为 +0.745 m，亦记入高差栏内。上述步骤即为一个测站上的工作。

保持转点 1 上的水准尺不动,把 A 点上的水准尺移到转点 2,仪器安置在转点 1 和转点 2 之间,同法进行观测和计算并依次测到 B 点。在计算过程中,点 1、2、3、4 仅起传递高程的作用,由于地面无固定标志,所以无需算出其高程。

三、水准测量的检核

为了防止测量错误,提高测量精度,在观测过程中要进行测站检核。测站检核通常采用变更仪器高法和双面尺法。

(一)变更仪器高法

在同一个测站上采用不同的仪器高度而测得两次高差以相互比较进行检核。即测得第一次高差后,变更仪器高,仪器变更的高度应大于 10 cm,重新安置仪器再测一次高差。对于等外水准测量,两次所测高差之差应不大于 6 cm。如符合要求,可取两次高差的平均值作为两点之间的最终高差,否则必须分析原因并重新进行测量。

(二)双面尺法

仪器的高度保持不变,而立在后视点和前视点上的水准尺分别用黑面和红面各进行一次读数,测得两次高差以相互进行检核。对于等外水准测量,若同一水准尺的红面与黑面读数(加尺常数后)之差不超过 4 mm,黑、红面高差之差(在红面所测高差上加或减 100 mm)又不超过 6 mm,则取其平均值作为该测站的观测高差;否则,成果不合格,应重新观测。

用双面尺法进行水准测量,有一套严密的计算检核方法,它操作方便、计算规范,所以在水准测量中得到了广泛应用。

四、水准测量的内业

水准测量外业工作结束后,要检查记录手簿,计算各点间的高差。经检核无误,才进行计算和调整高差闭合差,最后计算各点的高程,以上工作,称为水准测量的内业。

(一)附合水准路线的内业计算

图 4-17 是根据外业测量手簿整理得出的数据,A、B 为已知水准点,下面分述其计算步骤。

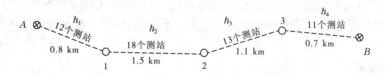

图 4-17 附合水准路线外业测量

1. 高差闭合差的计算与调整

$$f_h = \sum h - (H_B - H_A) \tag{4-25}$$

如果 f_h 小于规范要求,说明成果符合精度要求,可进行闭合差调整。

在同一条水准路线上,假设观测条件是相同的,可认为各测站产生误差的机会是相等的,故闭合差的调整按与测站数(或距离)成正比例反符号分配的原则进行,则第 i 测段高

差改正数按下式计算

$$V_i = \frac{f_h}{\sum n} n_i \quad \text{或} \quad V_i = \frac{f_h}{\sum l} l_i \qquad (4\text{-}26)$$

式中：$\sum n$ 为总测站数；n_i 为第 i 测段测站数；$\sum l$ 为路线总长；l_i 为第 i 测段路线长。

改正数总和绝对值应与闭合差的绝对值相等。各实测高差分别加改正数后，便得到改正后的高差，改正后的高差代数和，其值应与 A、B 两点的高差（$H_B - H_A$）相等；否则，说明计算有误。

2. 高程的计算

根据检核过的改正后的高差，由起始点 A 开始，按 $H_{i+1} = H_i + h_{i,i+1}$ 逐点推算出各点的高程。最后算得的 B 点高程应与已知的高程 H_B 相符；否则，说明高程计算有误。

（二）闭合水准路线的内业计算

闭合水准路线高差闭合差按 $f_h = \sum h$ 计算，如闭合差在容许范围内，按上述附合水准路线相同的方法进行调整，并计算各点高程。

（三）支水准路线的内业计算

支水准路线高差闭合差按 $f_h = \sum h_{往} + \sum h_{返}$ 计算，如闭合差在容许范围内，取往、返高差绝对值的平均值作为两点间的高差，其符号与所测方向高差的符号一致。

五、水准测量的误差分析

水准测量的误差包括仪器误差、观测误差和外界条件的影响三个方面。

（一）仪器误差

1. 仪器校正后的残余误差

仪器校正后的残余误差主要是水准管轴与视准轴不平行，虽经校正但仍然残存少量误差，而且由于望远镜调焦或仪器温度变化都可引起 i 角发生变化，使水准测量产生误差。所以，在观测过程中，要注意使前、后视距离相等，打伞避免仪器受日光暴晒，以消除或减弱此项误差的影响。

2. 水准尺误差

由于水准尺刻划不准确、尺长变化、弯曲等影响，会影响水准测量的精度，因此水准尺必须经过检验才能使用。至于尺的零点差，可在一水准测段中使测站为偶数的方法予以消除。

（二）观测误差

1. 水准管气泡居中误差

设水准管分划值为 τ，居中误差一般为 $\pm 0.15\tau$，采用符合式水准器时，气泡居中精度可提高一倍，故居中误差为

$$m_\tau = \pm \frac{0.15\tau}{2\rho} D \qquad (4\text{-}27)$$

式中：D 为水准仪到水准尺的距离。

若 $D = 100$ m，$\rho = 206\ 265''$，$\tau = 20''/2$ mm，则 $m_\tau = 1$ mm，因此为消除此项误差，每次读

数前,应严格使气泡居中。

2. 读数误差

在水准尺上估读毫米数的误差,与人眼的分辨能力、望远镜的放大倍率以及视线长度有关,通常按下式计算

$$m_v = \frac{60''}{V} \frac{D}{\rho} \tag{4-28}$$

式中:V 为望远镜的放大倍率;$60''$ 为人眼的极限分辨能力。

设望远镜放大倍率 $V = 26$,视线长 $D = 100$ m,$\rho = 206\ 265''$,则 $m_v = \pm 1.1$ mm。

3. 视差影响

当存在视差时,十字丝平面与水准尺影像不重合,若眼睛观察的位置不同,便读出不同的读数,因而也会产生读数误差。

4. 水准尺倾斜影响

水准尺倾斜将使尺上读数增大。当水准尺倾斜读数为 1.5 m,倾斜 2°时,将会产生 1 mm 误差;倾斜 4°时,将会产生 4 mm 误差。因此,在高精度水准测量中,水准尺上要安置圆水准器。

(三)外界条件的影响

1. 仪器下沉或尺垫下沉

由于仪器下沉或在转点发生尺垫下沉,使视线降低,从而引起高差误差。这类误差会随测站数增加而积累,因此观测时要选择在土质坚硬的地方安置仪器和设置转点,且要注意踩紧脚架,踏实尺垫。若采用"后、前、前、后"的观测程序或采用往返观测的方法,取成果的中数,可以减弱其影响。

2. 地球曲率及大气折光影响

如图 4-18 所示,用水平视线代替大地水准面在尺上读数产生的误差为 Δh,此处用 c 代替 Δh,则

$$c = \frac{D^2}{2R} \tag{4-29}$$

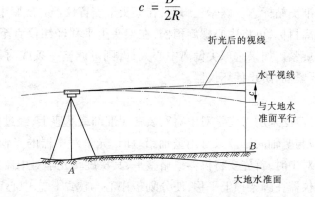

图 4-18 地球曲率及大气折光影响

式中:D 为仪器到水准尺的距离;R 为地球的平均半径,为 6 371 km。

实际上,由于大气折光,视线并非是水平的,而是一条曲线(见图 4-18),曲线的曲率半径为地球半径的 7 倍,其折光量的大小对水准尺读数产生的影响为

$$r = \frac{D^2}{2 \times 7R} = \frac{D^2}{14R} \qquad\qquad (4\text{-}30)$$

大气折光影响与地球曲率影响之和为

$$f = c - r = \frac{D^2}{2R} - \frac{D^2}{14R} = 0.43\frac{D^2}{R} \qquad\qquad (4\text{-}31)$$

如果使前后视距离 D 相等,由式(4-31)计算的 f 值则相等,地球曲率和大气折光的影响将得到消除或大大减弱。

3. 温度影响

温度的变化不仅引起大气折光的变化,而且当烈日照射水准管时,由于水准管本身和管内液体温度的升高,气泡向着温度高的方向移动,从而影响仪器水平,产生气泡居中误差,观测时应注意撑伞遮阳。

此外,大气的透视度、地形条件以及观测者的视觉能力等,都会影响测量精度,由于这些因素而产生的误差与视线长度有关,因此通常规定高程精度水准测量的视线长为 40~50 m,普通水准测量视线长为 50~70 m,精度要求不太高时,视线长度可增大到 100~120 m。

第五节　水平角测量

一、经纬仪的基本操作

(一)对中

对中是为了使仪器中心与测站的标志中心位于同一铅垂线上。对中分垂球对中和光学对中两种方式。

1. 垂球对中

对中时,先将三脚架打开,并架设在测站上。通过调整架腿使高度适中,架头大致水平,其中心大致对准测站标志。踩紧三脚架,在架头上安置仪器并旋紧中心螺旋。挂上垂球后,若垂球尖偏离目标,可将中心螺旋稍松,在架头上平移经纬仪直至垂球尖对准测站目标中心,再将其旋紧。如果垂球尖偏离中心太远,则可调整一条或两条架腿的位置,注意中心螺旋一定要紧固,防止摔坏仪器。

2. 光学对中

光学对中现已广泛采用。光学对中器安装在照准部或基座上,经过检修后的仪器,光学对中器的光轴应与竖轴同轴。只有当竖轴铅垂时,光学对中器的光轴才是铅垂的。所以,用光学对中器对中时,首先要将仪器概略整平,其次旋转光学对中器目镜,使分划板清晰后再调焦,并将仪器在脚架顶上平移,使分划板中心与测站标志中心重合,再次精确整平,最后平移仪器头,如此反复,最后旋紧中心螺旋。

(二)整平

整平的目的是使水平度盘水平,它是通过调整脚螺旋使照准部上的水准管气泡居中实现的。整平时,先旋转照准部,使水准管气泡与任意两个脚螺旋平行,同时相向旋转此两脚螺旋,使气泡居中,再将照准部旋转,旋转另外一个脚螺旋,使水准管气泡同样居中,再将仪器旋转回原位置,检查气泡是否还居中,若有偏离,再旋转相应的脚螺旋,反复进行,直至照准部旋转到任一位置时,气泡都居中。

在整平过程中,光学对中器会因脚螺旋位置变化而偏离中心,所以整平与对中应交替进行,直至二者均合乎标准。整平误差应控制在一格之内,即不大于一个水准管格值。

(三)瞄准

首先松开望远镜制动螺旋,将望远镜指向天空或在物镜前放置一张白纸,旋转目镜,使十字丝分划板成像清晰;其次用望远镜上的粗瞄装置找到目标,再旋转调焦螺旋,使被测目标影像清晰;最后旋紧照准部制动螺旋,并旋转水平微动螺旋,精确对准目标,使目标位于十字丝分划板中心或与竖丝重合。瞄准时应尽量对准目标底部,以防止由于目标倾斜而带来的瞄准误差。

(四)读数

先将采光镜张开成适当角度,调节镜面朝向光源并照亮读数窗。调节读数显微镜的对光螺旋,使度盘和测微尺影像清晰,然后按测微装置类型和前述的读数方法读数。有时在测水平角时,需将某个目标的读数配置成某一指定值,这项工作叫做配置度盘。由于仪器构造不同,配置度盘的方法有如下两种:

(1)采用复测器扳手。将扳手扳上,旋转照准部,当读数为 0 时将扳手扳下,然后去瞄准第一个目标,再把扳手扳上。

(2)采用拨盘手轮,先瞄准好第一个目标,打开拨盘手轮护盖,转动手轮使读数变为0,再盖上护盖。

二、水平角测量方法

水平角观测方法根据观测目标的多少及工作要求的精度而定,最常用的是测回法和方向观测法。

(一)测回法

用测回法测角只适用于观测两个方向之间的角度。如图 4-19 所示,观测水平角∠AOB 时,在点 A、B 上设置观测目标,点 O 上安置经纬仪。通常采用盘左和盘右进行读数,盘左也称正镜,即瞄准目标时,竖盘在望远镜左边;盘右也称倒镜,即瞄准目标时,竖盘在望远镜右边。

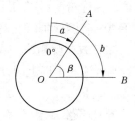

图 4-19　测回法

具体操作方法如下:

(1)盘左位置。松开水平制动螺旋,粗略瞄准目标 A,锁紧制动螺旋,再旋转水平微动螺旋精确瞄准目标 A。读取水平度盘读数 $a_左$(见表 4-1 中的 0°12′00″),记入观测手簿。注意:在观测第一个测回盘左的第一个目标点时,必须将水平度盘读数配置在 0°附近。

(2)松开水平制动螺旋,顺时针方向转动照准部,瞄准目标 B,读取水平度盘读数左(见表 4-1 中的 91°45′00″),记入观测手簿。以上称为上半测回。

（3）盘右位置。按上述方法，先照准点 B，读取读数 $b_右$，再逆时针旋转照准部，照准点 A，读取读数 $a_右$。以上称为下半测回。

表 4-1　测回法观测手簿

测站	测回	度盘位置	目标	度盘度数 （°　′　″）	半测回角值 （°　′　″）	一测回角值 （°　′　″）	各测回平均角值 （°　′　″）	说明
1	2	3	4	5	6	7	8	9
O	第一测回	左	A	0　12　00	91　33　00	91　33　15	91　33　12	
			B	91　45　00				
		右	A	180　11　30	91　33　30			
			B	271　45　00				
O	第二测回	左	A	90　11　48	91　33　06	91　33　09		
			B	181　44　54				
		右	A	270　12　12	91　33　12			
			B	1　45　24				

两个半测回合在一起，作为一测回，测得的角值互差若不超限，则取两个半测回的平均值。

当精度要求较高时，需增加测回数。在下一个测回开始之前，为了减少度盘分划误差的影响，应变换度盘位置。各个测回起始读数按 $180°/n$ 变换（其中 n 为总的测回数）。例如，要测两个测回，第一测回时，盘左起始读数应设置在 $0°$ 或稍大于 $0°$ 的读数位置，第二测回应配置在 $90°$ 或稍大于 $90°$ 的读数位置。

测回法观测的误差有两项限定：上下两半测回角值之差；各测回角值互差，由于使用仪器的标称精度不同，其限差要求也相应不同，DJ_6 级经纬仪的上下两半测回角值之差应小于 $40''$，各测回角值互差应小于 $24''$。

（二）方向观测法

当观测三个以上的方向时，可以用方向观测法，亦称全圆方向法，如图 4-20 所示。操作方法如下：

（1）安置仪器于 O 点，首先用盘左，水平度盘设置在比 $0°$ 略大一点的位置，瞄准起始方向 A，又称为零方向，读取水平度盘读数 $a_左$，记入观测手簿（见表 4-2）。

（2）顺时针方向转动仪器，分别观测点 B、C、D，并得到读数，记入手簿。

（3）继续顺时针再次瞄准点，读取读数 a'，称为归零。A 与 a' 之差叫做归零差。以上称

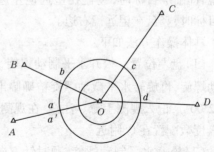

图 4-20　方向观测法

为上半测回。

（4）盘右位置。仍从点 A 开始,逆时针转动仪器,依次观测 A、D、C、B、,读数并记入手簿。以上称为下半测回。

表 4-2 方向观测法观测手簿

测站	测回	目标	读数		$2c=$左$-$(右$\pm180°$)（"）	平均读数$=\frac{1}{2}$[左$+$(右$\pm180°$)]（° ′ ″）	归零后方向值（° ′ ″）	各测回归零方向值的平均值（° ′ ″）	略图及角值
			盘左（° ′ ″）	盘右（° ′ ″）					
1	2	3	4	5	6	7	8	9	10
O	第一测回	A	0 02 12	180 02 00	+12	(0 02 10) 0 02 06	0 00 00	0 00 00	
		B	37 44 15	217 44 05	+10	37 44 10	37 42 00	37 42 04	
		C	110 29 04	290 28 52	+12	110 28 58	110 26 48	110 26 52	
		D	150 14 51	330 14 43	+8	150 14 47	150 12 37	150 12 33	
		A	0 02 18	180 02 08	+10	0 02 13			
O	第二测回	A	90 03 30	270 03 22	+8	(90 03 24) 90 03 26	0 00 00		
		B	127 45 34	307 45 28	+6	127 45 31	37 42 07		
		C	200 30 24	20 30 18	+6	200 30 21	110 26 57		
		D	240 15 57	60 15 49	+8	240 15 53	150 12 29		
		A	90 03 25	270 03 18	+7	90 03 22			

如果要测多个测回,每测回开始时,也要变换度盘起始位置,起始读数按 $180°/n$ 设置（n 为总的测回数）。

计算方法如下:

（1）两倍照准差 $2c$,有

$$2c = 盘左读数 - (盘右读数 \pm 180°) \tag{4-32}$$

（2）各方向的平均读数有

$$平均读数 = \frac{1}{2}[盘左读数 + (盘右读数 \pm 180°)] \tag{4-33}$$

（3）归零后方向值有

$$归零方向值 = 方向平均读数 - 起始方向平均读数(括号内) \tag{4-34}$$

（4）各测回归零后方向值的平均值。

（5）将相邻两方向值相减,得到水平角值。

方向观测法有三项限差规定:半测回归零差、一测回内互差和同一方向值各测回互差。表 4-3 列出了相应限差。

表 4-3　方向观测法限差规定

仪器	半测回归零差(″)	一测回内互差(″)	同一方向值各测回互差(″)
DJ_2	12	12	12
DJ_6	18		24

三、水平角的测量误差

(一)仪器误差

仪器误差主要来源于两个方面,即制造的不完善和检校的不完善,诸如水平度盘的分划误差、偏心误差、水平度盘不垂直于竖轴等均是由这两方面原因造成的。其中,水平度盘的分划误差可用变换度盘位置减小其影响,度盘偏心可采用度盘对径读数的方法解决。经检校后的仪器,不可避免地存在一些残差,如视准轴不垂直于横轴,横轴不垂直于竖轴,竖轴与照准部水准管轴不垂直等。这些误差在仪器检校后都应在限差范围之内,另外还可采用一定的观测方法来消除,如采用盘左盘右观测,并取平均值的方法,可以消除以上前两项误差的影响。

(二)对中误差

仪器的对中误差对水平角观测的影响与三个因素有关,即观测距离 D、偏心角 θ 及偏心距 e。如图 4-21 所示,A、C 为两个目标,B 为测站点,B' 为仪器中心,β 为正确观测角值,β' 为实际观测角值。

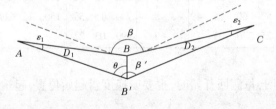

图 4-21

从图 4-21 中可得知

$$\beta = \beta' + (\varepsilon_1 + \varepsilon_2)$$

仪器对中误差的影响为

$$\beta - \beta' = \varepsilon_1 + \varepsilon_2$$

因 ε_1 和 ε_2 都很小,故有

$$\left.\begin{array}{l} \varepsilon_1 = \dfrac{\rho}{D_1}e\sin\theta \\[2mm] \varepsilon_2 = \dfrac{\rho}{D_2}e\sin\theta(\beta-\theta) \end{array}\right\} \tag{4-35}$$

式(4-35)中 $\rho = \dfrac{180°}{\pi} \times 3\ 600'' = 206\ 265''$,所以

$$\varepsilon = \varepsilon_1 + \varepsilon_2 = \rho e\left[\frac{\sin\theta}{D_1} + \frac{\sin(\beta - \theta)}{D_2}\right] \tag{4-36}$$

由此可看出:此项误差与偏心距 e 成正比,与测站点到目标的距离 D 成反比。当 β 为 $180°$,偏心角 θ 为 $90°$ 时,ε 值最大,这时式(4-36)变成

$$\varepsilon = \rho e\left(\frac{1}{D_1} + \frac{1}{D_2}\right)$$

例如,当 $D_1 = D_2 = 100$ m, $\varepsilon = 3$ mm 时

$$\varepsilon = 206\,265'' \times \frac{3 \times 2}{100 \times 10^3} = 12.4''$$

(三)瞄准误差

影响瞄准误差主要有两个因素:望远镜的放大率及人眼的判别能力。另外,目标的影像及亮度也有影响。通常,望远镜的瞄准误差公式为

$$\Delta\beta'' = \frac{p''}{V} \tag{4-37}$$

式中:p'' 为人的裸眼在理想状态下的鉴别角,一般约为 $60''$;V 为望远镜放大率。

例如,当放大倍率 V 为 25 时,$\Delta\beta'' = 60''/25 = 2.4''$。

(四)读数误差

除人为因素外,读数误差主要取决于仪器读数系统的精度。例如,使用带有分微尺读数设备的仪器,可估读到分微尺最小格值的 $1/10$,即 $\pm 6''$。

(五)外界条件的影响

测量总是在一定的外界条件下进行的,因此外界条件如风力或不坚实地面均会影响仪器的稳定性,气温将影响仪器的使用性能,而地面的热辐射则会引起影像跳动或折光等。在测量时,应根据规范要求操作,尽量避免这些不利因素,使其影响达到最小。

第六节　竖直角测量

一、竖直度盘

光学经纬仪的竖盘中心固定在横轴的一端,随望远镜一起在竖直面内旋转。竖盘分划的注记分顺时针和逆时针两种,其起始读数的位置也有 $0°$、$90°$、$180°$、$270°$ 四种状况(见图 4-22(b)、(c)),竖盘系统包括竖盘、测微尺、指标水准管和水准管的微动螺旋。

二、竖直角观测与计算

如图 4-22 所示,竖直角观测与计算的方法如下。

(1)安置仪器,使仪器处于盘左位置,旋松望远镜制动螺旋,粗略瞄准目标 M,旋紧制动螺旋,用竖直微动螺旋使十字丝中心或横丝精确瞄准目标 M。

(2)旋转竖盘指标水准管微动螺旋使气泡居中,读取盘左读数 L,记入手簿(见表4-4)。

(3)将仪器置于盘右位置,再重复上述瞄准过程,并使竖盘指标水准管气泡居中,读

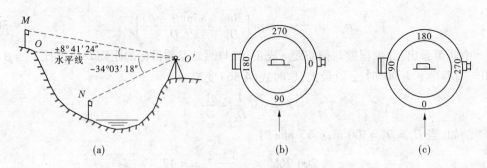

图 4-22　竖直角观测示意

取盘右读数 R，记入手簿。

（4）计算竖直角 α 时，由于望远镜水平时的竖盘读数不为零，需将目标 M 的读数与水平方向读数相减。竖直角计算时的减数和被减数用下述方法来确定：当望远镜由水平方向向上旋转，读数增大时，用目标读数减去水平方向读数，即得竖直角；反之，当望远镜向上旋转，读数减小时，则用水平方向读数减去目标读数。其计算式为

$$\left.\begin{matrix} \text{盘左} \quad \alpha_{左} = 90° - L \\ \text{盘右} \quad \alpha_{右} = R - 270° \end{matrix}\right\} \tag{4-38}$$

平均角值
$$\alpha = \frac{1}{2}(\alpha_{左} + \alpha_{右}) = \frac{1}{2}(R - L - 180°) \tag{4-39}$$

表 4-4　竖直角观测手簿

测站	目标	竖盘位置	竖盘读数 (° ′ ″)	半测回竖直角 (° ′ ″)	指标差 (″)	一测回竖直角 (° ′ ″)
1	2	3	4	5	6	7
O	M	左	81 18 42	+8 41 18	+6	+8 41 24
		右	278 41 30	+8 41 30		
	N	左	124 03 30	-34 03 30	+12	-34 03 18
		右	235 56 54	-34 03 06		

三、竖盘指标差

理论上当竖盘气泡居中时，指标应处在正确的位置（即 0°、90°、180°、270°），但实际上并不一定能达到这一要求。这样，指标与其正确位置之间就存在一个差值，称为指标差，如图 4-23（a）所示，x 为指标差。

盘左时，正确的竖直角为

$$\alpha_{左} = 90° - (L - x) = \alpha + x \tag{4-40}$$

盘右时，正确的竖直角为

$$\alpha_{右} = (R - x) - 270° = \alpha - x \tag{4-41}$$

将式（4-40）、式（4-41）相加，并整理得

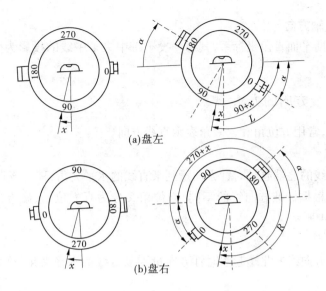

图 4-23　竖盘指标差示意

$$\alpha = \frac{1}{2}(\alpha_{左} + \alpha_{右}) = \frac{1}{2}(R - L - 180°) \qquad (4\text{-}42)$$

可见,经过盘左与盘右观测取平均后,指标差 x 完全消除掉了。所以,在观测竖直角时,采用盘左盘右观测,取其平均值的方法,一方面检核了观测的质量,另一方面也消除了竖盘指标差带来的影响。

将式(4-40)、式(4-41)相减得指标差计算公式为

$$x = \frac{1}{2}(L + R - 360°) \qquad (4\text{-}43)$$

第七节　直线定向

确定地面上两点的相对位置时,除知道两点的水平距离外,还必须确定该直线与标准方向之间的水平夹角,以确定直线的方向。把确定直线与标准方向线之间的水平角度的关系,称为直线定向。

一、标准方向的种类

(一)真子午线方向

将通过地球表面上一点的真子午线的切线方向称为该点的真子午线方向,用 N 表示。真子午线方向通过天文观测方法进行测定,通常用指向北极星的方向来表示近似的真子午线方向。

(二)磁子午线方向

通过地球表面上一点的磁子午线的切线方向称为该点的磁子午线方向,用 N′表示。磁针自由静止时其 N′极所指的方向即为磁子午线方向,磁子午线方向可用磁针或罗盘仪测定。

(三)坐标纵轴方向

我国采用高斯平面直角坐标系,其每一投影带中央子午线的投影为坐标纵轴方向即 X 轴方向。

二、表示直线方向的方法

测量工作中,常用方位角和象限角表示直线方向。

(一)方位角

由标准方向线的北端起顺时针方向量到某直线的水平夹角,称为该直线的方位角,角值为 $0° \sim 360°$。根据标准方向线的不同,方位角又分为真方位角、磁方位角和坐标方位角三种,如图4-24所示。

1. 真方位角

由真子午线方向线的北端起顺时针方向量到某直线的水平夹角,称为该直线的真方位角,用 A 表示。

2. 磁方位角

由磁子午线方向线的北端起顺时针方向量到某直线的水平夹角,称为该直线的磁方位角,用 A_m 表示。

3. 坐标方位角

由坐标纵轴方向线的北端起顺时针方向量到某直线的水平夹角,称为该直线的坐标方位角,用 α 表示。

(二)象限角

由标准方向线的北端或南端,顺时针方向或逆时针方向量到某直线的水平夹角,称为该直线的象限角,用 R 表示,其值为 $0° \sim 90°$。如图4-25所示,直线 $O1$、$O2$、$O3$、$O4$ 的象限角分别为 R_1、R_2、R_3 和 R_4。象限角不但要表示角度的大小,而且要注记该直线位于第几象限。象限分为 Ⅰ~Ⅳ 象限,分别用北东、南东、南西和北西表示。如 $O4$ 在第Ⅳ象限,角度值为 $45°$,则该象限角表示为北西 $45°$。

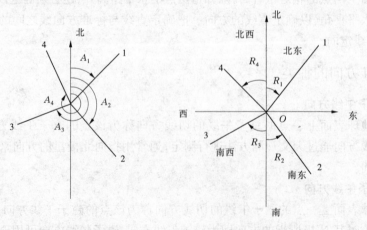

图4-24 方位角   图4-25 象限角

象限角一般只在坐标计算时用,这时所说的象限角是指坐标象限角。坐标象限角与坐标方位角之间的关系如下:

第Ⅰ象限:$\alpha = R$ $R = \alpha$

第Ⅱ象限:$\alpha = 180° - R$ $R = 180° - \alpha$

第Ⅲ象限:$\alpha = 180° + R$ $R = \alpha - 180°$

第Ⅳ象限:$\alpha = 360° - R$ $R = 360° - \alpha$

三、三种方位角之间的关系

(一)真方位角与磁方位角的关系

由于地球的真南北极与磁南北极不重合,因此过地球表面上一点的真子午线方向与磁子午线方向不重合,两者之间的夹角称为磁偏角,用 δ 表示。磁偏角有东偏和西偏,取值有正值和负值。磁子午线方向位于真子午线方向东侧,称为东偏,δ 取正值;磁子午线方向位于真子午线方向西侧,称为西偏,δ 取负值。

真方位角与磁方位角的关系,如图 4-26 所示。其关系式如下

$$A = A_m + \delta \tag{4-44}$$

(二)真方位角与坐标方位角的关系

在高斯投影中,中央子午线投影后是一条直线,也就是该带的坐标纵轴,其他子午线投影后均为收敛于两极的曲线。过地面上一点的子午线的切线方向与坐标纵轴之间的夹角称为子午线收敛角,用 γ 表示。γ 有正值和负值,如果该点位于中央子午线东侧,称为东偏,γ 值为正值;如果该点位于中央子午线西侧,称为西偏,γ 值为负值。

如图 4-27 所示,$\gamma_m > 0$,$\gamma_n < 0$。

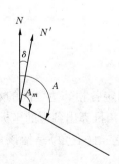

图 4-26　真方位角与磁方位角的关系　　　图 4-27　高斯投影子午线收敛角

真方位角与坐标方位角的关系如图 4-28 所示。其关系式如下

$$A = \alpha + \gamma \tag{4-45}$$

(三)坐标方位角与磁方位角的关系

已知某点的子午线收敛角 γ 和磁偏角 δ,如图 4-29 所示,则坐标方位角与磁方位角的关系为

$$\alpha = A_m + \delta - \gamma \tag{4-46}$$

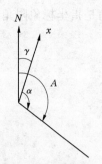

图 4-28　真方位角与
坐标方位角的关系

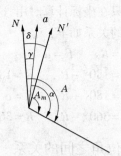

图 4-29　坐标方位角与
磁方位角的关系

四、正、反坐标方位角

在平面直角坐标系或高斯平面直角坐标系中,表示直线的方位角通常是用坐标方位角表示。如直线 AB 的坐标方位角可用 α_{AB} 或 α_{BA} 表示,则称 α_{AB} 为正坐标方位角,α_{BA} 为反坐标方位角,如图 4-30 所示,其关系为

$$\alpha_{AB} = \alpha_{BA} \pm 180° \quad 或 \quad \alpha_{BA} = \alpha_{AB} \pm 180°$$

图 4-30　正、反坐标方位角

五、坐标方位角的推算

测量工作中不是直接测定直线边的坐标方位角,而是测定各相邻边之间的水平夹角和与已知边的连结角,通过已知坐标方位角和观测的水平夹角推算出各边的坐标方位角。在推算时,角有左角和右角之分,其公式也有所不同。所谓左角(右角)是指该角位于前进方向左侧(右侧)的水平夹角。

如图 4-31 所示,已知 α_{12},观测前进方向的左角 $\beta_{2左}$、$\beta_{3左}$、$\beta_{4左}$(或 $\beta_{2右}$、$\beta_{3右}$),则 α_{23}、

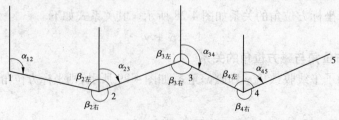

图 4-31　坐标方位角的推算

α_{34}、α_{45} 的计算公式如下。

左角

$$\alpha_{23} = \alpha_{12} + \beta_{2左} - 180°$$
$$\alpha_{34} = \alpha_{23} + \beta_{3左} - 180°$$
$$\alpha_{45} = \alpha_{34} + \beta_{4左} - 180°$$

通用公式为

$$\alpha_{i,i+1} = \alpha_{i-1,i} + \beta_{i左} - 180° \tag{4-47}$$

右角

$$\alpha_{23} = \alpha_{12} - \beta_{2右} + 180°$$
$$\alpha_{34} = \alpha_{23} - \beta_{3右} + 180°$$
$$\alpha_{45} = \alpha_{34} - \beta_{4右} + 180°$$

通用公式为

$$\alpha_{i,i+1} = \alpha_{i-1,i} - \beta_{i右} + 180° \tag{4-48}$$

式中：$\alpha_{i-1,i}$、$\alpha_{i,i+1}$ 分别为导线前进方向上相邻边中后一边的坐标方位角和前一边的坐标方位角。

其一般式为

$$\alpha_{前} = \alpha_{后} \pm \beta_{\binom{左}{右}} \mp 180° \tag{4-49}$$

第五章 平面控制测量

控制测量是测绘的基准,平面控制测量是测绘的平面基准,黄河下游河道观测平面基准采用 1954 北京坐标系。在进行平面控制网的设置时,为了测量的方便,可以使用 1980 西安坐标系和 WGS－84 坐标系,但最终控制点成果必须为 1954 北京坐标系。1954 北京坐标和 1980 年国家坐标成果采用高斯投影平面坐标系统,WGS－84 坐标为大地坐标系成果。

黄河下游河道平面控制测量是为了固定断面位置,标定断面方向,建立断面测量的基准点。根据桩点数量及分布情况,考虑测量模式、地形条件等因素,本着确保精度高、速度快、费用省等原则,黄河下游河道平面控制网的布网原则是分级布网、逐级控制,首级网为 D 级,加密网为 E 级。

D 级网中各点主要选用各断面的端点,在河道两岸分布均匀,因此在构网时主要以三角形和四边形为主,以边连接方式构成整网。

E 级网中各点主要是断面上分布疏密不均的控制桩和断面桩,鉴于这种情况采用主动插入网。

全河段的首级平面控制必须以黄河水利委员会或国家其他测绘部门在黄河两岸建立的大地控制网点为起测或闭合的依据。根据测量方法的不同,布网方案和观测方法也不同,现分别叙述。

平面控制测量的基本流程是收集资料实地查勘、控制网设计、造标埋石、外业观测、内业资料处理、成果编制和技术总结。

第一节 测区查勘

本项工作的主要内容就是了解测区的基本情况、收集测区及附近的资料,现场查勘控制点的存在状况,编写查勘报告。

一、测区基本情况收集

主要了解测区的行政划分、社会治安、交通运输、物资供应、风俗习惯、气象、地质情况。例如:了解冻土深度,用以考虑埋石深度;了解最大风力,以考虑觇标的结构;了解雾季、雨季和风季的起止时间,封冻和解冻时间,以确定适宜的作业月份。

二、测区有关资料的收集

收集测区及附近的国家控制点资料,各种比例尺地形图,并到现场查勘控制点现存情况,具体资料有:

(1)广泛收集测区及其附近已有的控制测量成果和地形图资料。

控制测量资料包括成果表、点之记、展点图、路线图、计算说明和技术总结等。收集资料时要查明施测年代、作业单位、依据的规范、平高系统、施测等级和成果的精度评定。

成果精度指三角网的高程、测角、点位、最弱边、相对点位中误差。

水准路线中每千米偶然中误差和水准点的高程中误差等。

收集的地形图资料包括测区范围内及周边地区各种比例尺地形图和专业用图,主要查明地图的比例尺、施测年代、作业单位、依据规范、坐标系统、高程系统和成图质量等。

如果收集到的控制资料的坐标系统、高程系统不一致,则应收集、整理这些不同系统间的换算关系。

(2)收集合同文件、工程设计文件、业主(监理)文件中有关测量专业的技术要求和规定。

(3)准备相应的规范:《国家三角测量规范》(GB/T 17942—2000)、《国家一、二等水准测量规范》(GB/T 12897—2006)、《国家三、四等水准测量规范》(GB/T 12898—2009)、《全球定位系统(GPS)测量规范》(GB/T 18314—2009)、《水利水电工程施工测量规范》(SL 52—93)。

三、测区查勘

携带收集到的测区地形图、控制展点图、点之记等资料到现场踏勘。踏勘主要了解以下内容:

(1)原有的三角点、导线点、水准点、GPS点的位置,了解觇标、标石和标志的现状,其造标埋石的质量,以便决定有无利用价值。

(2)原有地形图是否与现有地物、地貌一致,着重踏勘增加了哪些建筑物,为控制网图上设计做准备。

(3)调查测区内交通现状,以便确定合理的高程测量方案,测量时选择适当的交通工具。

(4)现场踏勘应做好记录,并编写踏勘报告。

第二节　技术设计

技术设计是根据工程建设项目的规模和对施工测量精度的要求,及合同、业主和监理的要求,结合测区自然地理条件的特征,选择最佳布网方案和观测方案,保证在规定期限内多快好省地完成生产任务。

一、技术设计必须包括的内容

(1)任务概述。说明工程建设项目的名称、工程规模、来源、用途、测区范围、地理位置、行政隶属、任务的内容和特点、工作量以及采用的技术依据。

(2)测区概况。说明测区的地理特征、居民地、交通、气候等情况,并划分测区困难类别。

(3)已有资料的分析、评价和利用。说明已有资料的作业单位、施测年代、采用的技术依据和选用的基准;分析已有资料的质量情况,并作出评价和指出利用的可能性。

(4)平面控制。说明控制网采用的平面基准、等级划分以及各网点或导线点的点号、位置、图形、点的密度、已知点的利用与联测方案,初步确定的觇标高度与类型、标石的类型与埋设要求,观测方法及使用的仪器。

(5)高程控制。说明采用的高程基准及高程控制网等级,附合路线长度及其构网图形,高程点或标志的类型与埋设要求;拟定观测与联测方案,观测方法及技术要求等。

(6)内业计算。外业成果资料的分析和评价,选定的起算数据及其评价,选用的计算数学模型,计算与检校的方法及其精度要求,成果资料的要求等。

二、控制测量技术设计过程

(一)已有成果的分析

已有控制网成果的精度分析,必要时实测部分角度和边长,掌握起算数据的精度情况。

(二)控制网型的确定

平面控制网的选择应根据测区面积、已有起算点的分布情况、测图比例尺的大小、两岸地形变化、河道特征、自然条件和测验工作的需要以及使用的测验仪器等因素进行比较,选用下列之一的控制形式:

(1)五等三角锁网控制。

(2)两岸经纬仪量距导线控制。

(3)一岸经纬仪量距导线控制。

(4)五等三角锁网与经纬仪量距导线联合控制。

(5)在大地点分布较密的河段内,也可直接用各种交会方法建立测区控制。

(6)当使用 GPS 进行测量时,可采用以三角形和四边形为主,以边连接方式构成整网。

同时要求:

(1)各控制点的高程均应以三、四等水准测定。

(2)为了满足各测验项目的具体需要,可在全河段首级控制的基础上,以精度较低的量距导线、视距导线或各种交会方法加密测站,建立辅助控制。

(3)首级平面控制系统的布设应密切结合河道观测工作的特点,尽量考虑使其接近两岸水边,以便直接利用和作为加密控制的依据。

(4)首级控制点(三角点、导线点)应尽量布设在横断面线上,最好能兼作断面端点。

(5)全河段各级控制系统的测设精度应要求一致。

(6)各种平面控制测量记载手簿和计算表格凡本章未列出的格式,均统一采用国家测绘总局审定或黄河水利委员会有关部门拟定的表格或手簿样式。

(7)各控制点的名称和编号应在选点时确定,所以所有观测手簿、计算表格、成果图表和其他有关资料中均统一采用,不得任意更改或省略。控制点的编号可以按河道的左、右岸自上游向下游的顺序排列。

(8)平面控制统一采用 1954 北京坐标系。

(三)控制网图上设计

根据工程设计意图及其对控制网的精度要求,拟定合理布网方案,利用测区地形地物特点在图上设计出一个图形结构强的网。

1.三角网(或边角网)对点位的要求

(1)图形结构好,边长适中,传距角大于20°。

（2）点位是制高点，在山尖上或高建筑物上，视野开阔，便于加密。

（3）视线高出或旁离障碍物 1.5 m。

（4）能埋建牢固的测量标志，且能长期保存。

（5）充分利用测区内原有的旧点，以节省开支。

（6）为了安全，点位要离开公路、铁路、高压线等危险源。

2. 图上设计步骤

（1）利用工程整体平面布置图展绘已有控制测量网点。

（2）按照保证精度、方便施工和测量的原则布设施工控制测量网点。

（3）判断和检查点间通视情况。

（4）估算控制网的精度。

（5）拟定三角高程起算点及水准联测路线。

3. 控制网优化设计

先提出多种布网方案，测角网、测边网、导线网、边角组合网以及测哪些边、测哪些角等，根据网形和各点近似坐标，利用计算程序进行精度估算，优选出点位中误差最小、相对点位中误差在重要方向上的分量最小，而观测工作量最小的方案。

4. 拟定作业计划

根据对测区情况的调查和图上设计的结果，写出文字说明，整理各种数据、图表，并拟定作业计划。

5. 审核

上报有关领导部门审核。

6. 检校仪器

按规范要求在控制测量作业前对准备使用的仪器和配套的器具进行检定与校准。

第三节　选点、造标、埋石

平面控制测量在完成了图上设计后，首先要将图上设计的控制点落实到测区的实际位置，即要根据控制网的设计和测区的实际地形，合理地选择控制点的位置，并按照规范和测验任务的要求，在该点埋设控制点标志。

一、查勘选点

在进行测量时，观测方法的不同及控制网的类型不同对控制点的选点要求也不同，同时观测仪器的不同对控制点选点要求也不同。由于目前黄河下游河道测量方法是 GPS 测量和传统的光学测绘仪器混合使用，因此在选点时应充分考虑测验仪器对控制点的要求。同时，由于黄河下游河道的平面控制是以实测黄河下游河道为目的，而目前黄河下游河道的实测方法是以断面法为基础，大多数控制点兼作河道断面的端点，则在控制点选点时，除要满足测量的要求外，还要满足河道断面的布设和测验的要求。

一般对控制点要求为：

（1）相邻点间通视良好、地势较平坦，便于测角和量距。

（2）点位应选在土质坚实处，便于保存标志和安置仪器。

（3）视野开阔，便于加密控制或碎部测量。

（4）各边的长度和观测角度应和设计大致相等。

（5）应有足够的密度，分布较均匀，便于控制整个测区。

同时要求：

（1）控制点周围不得有树木及其他高杆作物遮挡，保证在15°仰角范围内通信畅通，以保证卫星信号的接收和数据传输的顺利进行。

（2）控制点尽量避开高压线、发射塔以及大片水域，以避免磁场对卫星信号的干扰，同时避免在大面积的墙体或建筑物附近设点，以避免产生多路效应。

（3）控制点选点应考虑治黄需要，尽量埋设在治黄工程施工影响不到的地方。

（4）为了今后联测的方便，控制点在有条件的情况下应尽量埋设在交通方便的地方。

二、标石制作

对于控制点的制作标准，规范对此有相应的规定，但是，对现今经常采用的GPS控制点（基点）的标石制作国家还没制定具体的标准，根据当前黄河下游河道观测的实际情况，现将GPS基准点的制作和埋设简述如下。

目前，黄河下游河道的控制点分为GPS主基点和GPS辅助基点，分别代表黄河下游河道的首级控制和加密控制。

GPS基准点提前预制，尺寸及配筋见图5-1。水泥强度等级为50，混凝土配合比按表5-1配制。

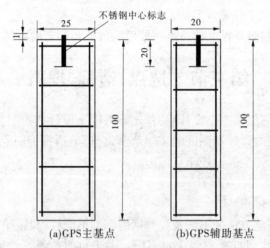

（a）GPS主基点　　　　（b）GPS辅助基点

图5-1　标石尺寸及配筋示意 （单位：cm）

表5-1　每立方米混凝土制作材料用量

骨料品种	级配粒径（mm）	水		水泥		砂		石		配合比
		质量（kg）		质量（kg）		质量（kg）		质量（kg）		
		体积（m³）		体积（m³）		体积（m³）		体积（m³）		
碎石	5~40	180		300		600		1 226		0.6:1:2.2:4.09
		0.18		0.30		0.44		0.82		0.6:1:1.47:2.73

(一)尺寸

(1)GPS 主基点:25 cm×25 cm×100 cm。

(2)GPS 辅助基点:20 cm×20 cm×100 cm。

(二)配筋

(1)GPS 主基点:四主五箍(笼),ϕ1.0 cm/ϕ0.5 cm。

(2)GPS 辅助基点:四主五箍(笼),ϕ1.0 cm/ϕ0.5 cm。

(三)中心标志和水准标志

GPS 基准点为不锈钢中心标志,尺寸为 ϕ2 cm×20 cm。上端为半球形,中心钻直径 0.1 cm 小圆孔,底端焊 5 cm 钢筋横撑。

中心标志和水准标志一律外露 1 cm。

(四)注字及刷漆

GPS 基准点的顶面上部预制时压印"GPS 主基点"、"GPS 辅助基点",中心标志右侧压印桩名,下部压印埋设时间"2003.8",如图 5-2 所示。正侧面距桩顶 15 cm 处压印桩名;桩名上部,预制完成后端点桩描印断面 5 位数编号,断面桩描印后 3 位断面编号,如图 5-3所示。

所有注字统一用红漆描涂,桩体刷白漆,以示醒目。

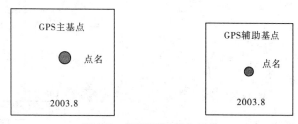

图 5-2　标石顶部压字示意

三、标石埋设

(1)基坑开挖。在选定位置开挖标点基坑,坑底整平和夯实处理后,浇筑 0.8 m×0.8 m×0.2 m 的混凝土底盘,内置五横五竖钢筋算,将标石浇入底盘 0.1 m 深。

(2)埋石时所有桩点的侧面注字均朝向河道的断面方向,端点桩侧面注字朝向大堤,且与大堤平行。

(3)GPS 基准点露出地面部分一般为 30~40 cm。

(4)回填土逐层夯实并灌水 20 kg。

端点桩、控制桩埋设规格如图 5-4 所示。

四、绘制点之记

GPS 基准点埋设时按照 GPS 点的设置要求现场绘制点之记,用钢尺实地丈量标石中心与至少三个不同方向的固定参照物之间的距离,测取点位概略坐标;大堤上的点量取大堤公里桩桩号。内业借助 AutoCAD 2002 软件绘制 dwg 格式的点之记图表。

在绘制控制点点之记的时候,要严格按照表 5-2 中的各项填写,特别是在点位寻找困难的情况下要详细填写交通路线。

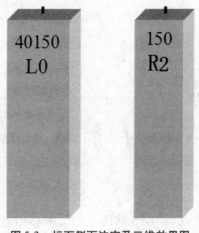

图5-3 标石侧面注字及三维效果图　　图5-4 GPS主、辅基点埋设规格 （单位：cm）

表5-2 GPS点之记

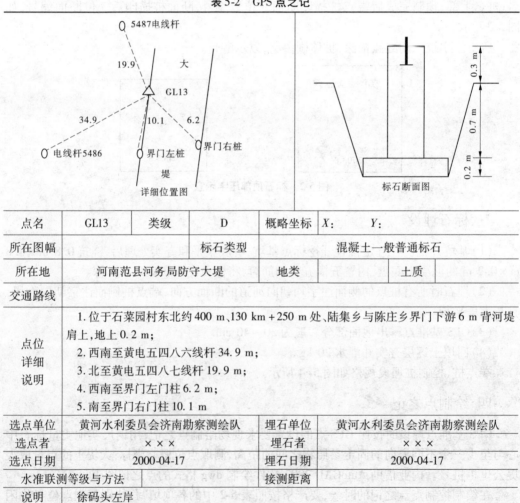

点名	GL13	类级	D	概略坐标	X:	Y:
所在图幅		标石类型		混凝土一般普通标石		
所在地	河南范县河务局防守大堤	地类		土质		
交通路线						
点位详细说明	1．位于石菜园村东北约400 m、130 km+250 m处、陆集乡与陈庄乡界门下游6 m背河堤肩上，地上0.2 m； 2．西南至黄电五四八六线杆34.9 m； 3．北至黄电五四八七线杆19.9 m； 4．西南至界门左门柱6.2 m； 5．南至界门右门柱10.1 m					
选点单位	黄河水利委员会济南勘察测绘队	埋石单位		黄河水利委员会济南勘察测绘队		
选点者	×××	埋石者		×××		
选点日期	2000-04-17	埋石日期		2000-04-17		
水准联测等级与方法		接测距离				
说明	徐码头左岸					

第四节 平面控制测量

传统的测量方法就是使用经纬仪、钢尺、花杆等传统的光学测绘仪器和简单的测量工具而进行的测量。

一、五等三角测量

(一)一般要求

为了适应河道观测的特点,一般以采用"两已知边(高级边)间三角锁"或"起讫于两已知点(高级点)间的线性锁"为主要形式,在特殊地区(如库区、河口等地)也可选用插入高级边的网形控制。在局部河段内,如无高级控制点,允许布置"两基线间的三角锁"。

五等三角锁技术要求如下:

(1)锁长一般不得超过图上50 cm,锁内三角形的个数不得多于12个,如果提高观测精度,采用较精密的平差方法,锁长可允许增加至图上80 cm,锁内三角形的个数可达16个。

(2)三角锁内各三角形的边长最大不得超过6 km。

(3)三角锁内各三角形应尽可能使其接近等边三角形,三角形内的每个角度不得小于30°、大于120°,各角均须实测,不允许用计算法推求。

(4)测角中误差不得超过±10″,按下式计算

$$M_\alpha = \pm \sqrt{\frac{\sum w^2}{3n}} \tag{5-1}$$

式中:M_α 为测角中误差;$\sum w^2$ 为所有三角形闭合差的平方和;n 为三角形的个数。

(5)起算边的相对中误差不得超过1/15 000。

(6)最远边的相对中误差不得超过1/8 000。

(7)方位角闭合差不得超过 $\pm 20\sqrt{n}(″)$。

(8)推算边与已知边的边长对数闭合差不得超过 $\pm 34\sqrt{n}$(以对数第六位为单位)。

(9)坐标闭合差不得超过 $\frac{M}{1\,000}\sqrt{n}$(m)。式中,M 为测图比例尺的分母,n 为三角形的个数。

五等三角网的布设可按测验河段的具体情况,以线性三角锁、大地四边形、中心多边形等典型图形插入已有的高级控制网中。按典型图形布设的三角网其技术要求规定如下:

(1)三角形各求距角不得小于20°(对角线不计),所有方向均应双向观测,个别方向不能双向通视的,允许单向观测。

(2)如采用中心多边形,则测站上角度的水平闭合差或其他图形中的固定水平角闭合差不得超过 $\pm 20\sqrt{n}(″)$(n 为观测角度的个数)。

(3)边长闭合差不得超过 $\pm 20\sqrt{\sum \delta^2}$($\delta^2$ 为求距角正弦对数每秒变化值,以对数的第

六位为单位）。

五等三角点可根据具体情况,按前方交会、后方交会、侧方交会法测定。

(二)水平角和水平方向的观测及操作要求

观测员出发前应进行下列准备工作:

(1)领取仪器、测具、记录表簿、文具用品和其他必需的装备用具。

(2)收集并研究全部选点资料、造标埋石资料、三角锁(网)设计图和其他已有的观测成果(如连接点的位置、已知角度、边长等)。

(3)检查校正使用的仪器,并用正式手簿记载以便存查。

(4)制定具体的工作计划。

五等三角锁(网)的水平角和水平方向的观测均统一用威尔特 T2 型光学经纬仪或精度相当于该种仪器的其他仪器,并按全圆方向观测法操作,每点上观测两个全测回。记录手簿采用国家测绘总局审定的"水平方向观测手簿"。

三角点上的观测工作包括下列内容:

(1)整置经纬仪,按选点时留下的通向各观测方向的方向桩找出必须观测的各点,读出其概略的方向值,并制定"观测程序表",表中的距离由三角锁(网)图中量取。

(2)观测各点的水平角或水平方向,个别不能以几何水准测定高程的点还应观测天顶距,观测方法和要求可按"一、二、三、四等三角测量细则"中的有关规定执行。

(3)局部地区的独立锁(网)应在起始点测定其方位角,观测方法和要求按国家测绘总局和解放军总参部测绘局编定的平板仪测量规范中的有关规定执行。

测定归心元素。

观测员到达三角点后应进行下列工作:

(1)清除仪器脚架附近的浮土、杂草和乱石,如果土质不坚实,应打入三个仪器脚桩(桩长 30～50 cm,直径约 10 cm)。若系利用原设的高标,应在上标之前对觇标进行细致的检查,以切实保证人身和仪器的安全。

(2)在正式观测之前(即每次运转仪器之后),须对仪器进行一般检查,具体如下:

①检查水准器轴是否与望远镜水平旋转轴平行。

②水平轴是否与仪器垂直轴垂直。

③水平度盘照准部的旋转及显微镜十字丝的位置是否正确。

④两倍照准差 $2c \leqslant 20''$。

(3)如果觇标心柱和中心标石偏差较大,则应测定归心元素。

(4)按下列要求整置经纬仪:

①望远镜视线应离开觇标橹柱或其他障碍物 0.1 m 以上。

②仪器度盘应完全水平,气泡不得偏离水准管中心一格,利用悬挂垂球或对点器使垂直轴准确对准标石中心。整置经纬仪应使用基座螺旋的中部,不宜使其有太大的调整,并将各微动螺旋调整至中间部分。

③将望远镜对准远处明显目标,调整其焦距和十字丝,并固定目镜环,同时也应将读数显微镜的焦距调整至最清晰。

④将度盘反光镜调整至最好亮度。

⑤应避免阳光直接照射仪器和脚架。

⑥其他有关事项按"仪器使用须知"的有关规定执行。

水平角和水平方向的观测应遵守下列规定：

(1)观测工作应在通视良好,成像清晰稳定时进行。在通视不好,成像模糊的情况下和接近日出、日落,以及正午的时间内不宜进行观测。阴天成像良好稳定时可以全天进行观测。

(2)水平和垂直固定螺旋不应拧得过紧,微动螺旋应经常保持在中间位置。

(3)不得握住望远镜转动,而应将双手握住支架平稳转动。

(4)在观测一个测回中,如气泡位置偏离水准管中心一格,则应重整仪器,重测这个测回。

(5)望远镜和读数显微镜的焦距经正确调整后,同一观测员在一测回内应严格保持不变,度盘反光镜不得任意转动。

(6)用望远镜的垂直丝进行照准时,应将待测目标的影像置于水平丝附近,照准各方向的目标均应采取同样位置,在上半测回和下半测回中,水平丝应分别置于目标影像的上面和下面,并保持对称位置。

(7)在使用微动螺旋作最后照准时,均应保持"旋进"方向(即正向旋转)。为此,在上半测回中应使望远镜差一点才到目标,而在下半测回中则应移过目标少许,使十字丝始终位于目标的右侧(指望远镜中所看到的左右而言),照准目标为觇标心柱或照准圆筒。

(8)进行观测时应选择一个通视良好,目标清晰,相距不太远,且测角时必须观测的三角点作为起始点。

(9)每一点上观测的方向数目不得超过8个,否则应用共同起始方向分组观测。

按方向观测法观测时,每一测回的程序如下：

(1)上半测回。将照准部依顺时针方向平稳的旋转1~2周,再用垂直丝精确照准起始点目标,使度盘读数稍大于0°,并两次转动测微器,重合度盘对径分划线,进行两次读数,其差不得大于2″,如不超限则取其平均值,然后按顺时针方向旋转照准部,根据"观测程序表"依次测读各方向值,最后闭合至起始方向。如图5-5所示的A、B、C、D、A每个方向均应读定两次测微器秒数,使用测微器时,其最后旋转方向均应为旋进方向。

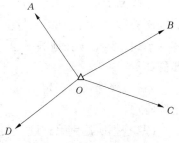

图5-5　方向观测法示意

(2)下半测回。纵转望远镜,依逆时针方向平稳地旋转照准部1~2周,并照准起始点目标,按逆时针方向,依与上半测回相反的次序(A、D、C、B、A)测读各方向值,最后应闭合至起始方向,测微器读数要求与上半测回同。

以上为一测回,第二测回应变换度盘位置和测微器位置,两测回的度盘和测微器起始位置可采用表5-3数值。

观测中如遇某些方向目标不清晰可暂放弃,待清晰后再补测,但放弃的方向数不应超过全部方向数的1/3,否则应重测该测回。

水平角和水平方向的观测均记至秒,秒以下的数值按四舍五入的规定取舍。

表 5-3 两测回的度盘和测微器起始位置

测回号数	两测回
1	0°2′30″
2	90°7′30″

水平角和水平方向的观测限差：

(1)同一测回中,$2c \leqslant 17″$。

(2)归零差(即半测回中起始方向两次读数之差)$\leqslant 12″$。

(3)各测回间方向值或角度值之差$\leqslant 12″$。

(4)半测回间方向值或角度值之差$\leqslant 17″$。

(5)三角形闭合差$\leqslant 30″$。

(6)测站上角度的水平闭合差$\leqslant 10\sqrt{n}(″)(n$ 为水平角的个数)。

(7)观测误差如超过上述规定,可按以下办法处理：

①两倍照准差($2c$)超限,则重测超限的方向；

②半测回归零差超限须重测各方向；

③方向值或角度值超限则重测该方向；

④补测个别方向时,其起始方向应与全测回的起始方向一致,宜在观测程序完毕后再行补测；

⑤如果重测结果仍不符合限差,并确认是度盘分划误差的影响,则可变更度盘位置$2° \sim 3°$再进行重测。

(三)基线测量

基线测量是三角测量的重要工作,在范围较小的局部河段内,当没有国家控制或距国家控制较远时,允许直接测量基线布置独立的三角锁(网)。

基线场地应选在地势平坦、视野开阔、土质坚实、易于测量的地区,基线测量的方法和步骤如下：

(1)以经纬仪精确定出基线起点和终点的直线方向,并着手清除路线上的杂草和其他障碍物。

(2)根据所用钢尺长度,在起终点间打中间桩,桩长在 1 m 左右,直径 5 ~ 8 cm,入土 0.3 ~ 0.5 m,如土质潮湿松软则应适当增加入土深度。各桩应在一条直线上,可用经纬仪精确瞄定,并在桩顶作标志,相邻两中间桩的间距应等于或略小于钢尺长度,被瞄准的最远一个桩距经纬仪不得超过 500 m。

(3)用水准仪按四等水准的要求测定各中间桩的桩顶高差,并根据实测高差值把各桩桩顶调整到统一水平线上,可选定某一中间桩,以其桩顶高度作为标准,其他各中间桩凡是高于该桩者则根据实测高差值加大入土深度或用锯锯去高出的部分。

(4)检定校正的钢尺长度。

(5)用经过检定校正的钢尺进行基线丈量。

(6)进行尺长改正、倾斜改正、温度改正,求得改正后的基线长度。

基线测量可用两根经过检定校正的钢尺各往返丈量一次或用一根钢尺往返丈量各两次,测量结果经过尺长改正、倾斜改正、温度改正后应满足下列要求:

(1)4个长度互差不得大于$20\sqrt{B}$(mm)(B为基线长度,以km计)。

(2)作为起算边的基线,其边长相对中误差$\dfrac{m_B}{B}$应小于1/15 000。

$$m_B = \pm \sqrt{\dfrac{\sum (V)^2}{n(n-1)}} \tag{5-2}$$

式中:V为经改正后每一基线长度与平均值的不符值,不超限时可取其平均值作为正式成果采用;n为基线丈量的次数。

钢尺的检定方法(略)。

丈量基线时在钢尺上施加的拉力为150 N,可用弹簧秤测定。

丈量基线时应在每一跨度上观测并记载钢尺温度。

丈量基线的方法和操作如下:丈量开始前把钢尺轻轻拉开,擦去尺面上的凡士林油,在钢尺的两端各拴一根拉棍,弹簧秤应系在前尺手的一端,将钢尺平稳地抬至两中间桩上,并均匀用力拉紧钢尺;当弹簧秤拉力达到预定数值时,由测量员始发口令(例如喊"读"),前、后尺手同时读取桩顶标志所截之数值;为避免视差,读数时可将钢尺轻轻压在桩顶的标志上,读定后将读数先后传报给记录员,记录员应将读数复诵一遍,以免听错,无误则填写入记载簿中,每个读数应准确至0.5 mm。第一次读数完毕后,可将拉棍稍许放松一下,最好作少许位移,而后按上述方法重新读数,以此连续读数三次,如三次读数的互差不超过1 mm则可取其平均值,如果互差的符号保持不变,则证明钢尺存在系统误差,应另换钢尺或作改正。在钢尺移至下一跨度之前应读取尺温,在移动时不得将钢尺着地拖拉前进。

当一次单向丈量完成后,应将钢尺两端转动180°,按相同的方法和要求进行返测。往返测的结果在经过温度改正后,对于同一跨度相差不应超过1 mm,对于整条基线,当基线作为起算边时不得超过1/15 000,不论往测或返测,当一次单向测量尚未结束时,不宜工间休息。

基线长度按下式计算

$$D = nl + \sum_1^n (\pi - з - 1) + K\sum_1^n d(t - t_0) + n\Delta l - \sum_1^n \dfrac{h^2}{2l} \tag{5-3}$$

式中:D为基线长度;n为丈量的小段数(即跨度的个数);l为钢尺的刻画长度;π为前尺读数;$з$为后尺读数;$K\sum_1^n d(t-t_0)$为温度改正数;K为钢尺的线膨胀系数,可采用0.000 012/℃或0.000 006 5/°F;d为各跨度间前后尺手读数之差的平均值;t为丈量时钢尺的温度;t_0为鉴定时钢尺的温度;Δl为尺长改正数;$\sum_1^n \dfrac{h^2}{2l}$为倾斜改正数;h为任一跨度一端与另一端的高差,该项只适用于倾斜度不大的情况,倾斜度按h/d计算,如倾斜度很小则可不计该项改正数。

(四)外业手簿的记录、计算、整理和报送

手簿一律用3H、4H或5H的铅笔记载,数字和文字均应整齐清晰,修改文字和数字时绝对禁止用橡皮擦拭或涂改。原来的数字和文字,如有记错、读错秒数应重测,记错度分可将错误的数字整齐的划去,在上面另写正确的数字。不合限差或其他原因舍弃的观测值,亦应整齐划去,并注明重测测回所在的页数和舍弃的原因。所有划去的数字均应使其尚能辨认,并且只能在现场进行。

外业手簿的封面、封里、表头、表尾均应按规定逐项填写齐全,不得无故缺填或少填,更不得撕去手簿内的任何一页。

水平方向观测手簿中,照准点一栏第一测回均应记录所观测的方向号数、点名和照准目标。同一测回尽量不要跨记两页。

每个点的观测结果和计算,须由两人各检查一次(单人组由自己检查两次)。当确认各项限差未超出规定,项目填写齐全,计算无误后,始得迁站。

观测员对三角锁(网)图和点之记应进行核对并修改其中的错误。

手簿经观测者、记录者检查无误并签名盖章后,再将水平方向值抄入水平方向观测手簿内,并经另一个人校对无误后,提交内业进行平差计算。

一锁段观测完成后应进行各项限差的计算,以检验该锁段的精度。

三角测量应上交的资料项目如下。

(1)选点、造标和埋石资料:①三角锁(网)选点图(一般为经过选点修整后的三角锁(网)设计图);②各三角点的点之记和托管书以及占地同意书;③选点手簿;④造标、埋石小结和有关的考证资料、文字说明等。

(2)基线测量资料:①钢尺鉴定资料;②基线测量手簿;③各中间桩高差水准测量手簿;④基线计算资料及精度验算;⑤基线测量技术总结。

(3)观测资料:①仪器检查校正记录。②水平角或水平方向观测手簿。③归心投影用纸(装订成册并加目录)及归心计算表。④天顶距及方位角观测手簿。⑤锁段精度统计表。⑥三角点高程成果表。⑦水平角和水平方向观测手簿。⑧观测技术总结,内容包括:仪器情况(类型、牌号、校正检查情况、使用过程中有无不正常的现象等);观测情况与精度统计,包括观测方法、三角形闭合差、测角中误差、图形强度、归心测量情况、返工重测数量等;锁(网)名称、采用的引据点及其系统、联测方法等;观测机关名称及观测开始时间与结束时间;任务计划和实际完成情况、工时利用情况和存在的问题等。

(五)三角锁(网)的平差及坐标计算

在进行三角锁(网)平差的计算前应对外业资料做如下检查:

(1)外业各项资料是否上交齐全。

(2)观测精度是否符合各项限差的规定,手簿记录是否符合规格要求。

(3)归心元素测量是否正确。

(4)检查仪器鉴定校正记录。

(5)基线测量和计算是否符合精度要求。

(6)对各项资料进行复核和抽查,当确认外业资料正确无误后方可开始平差计算工作。

三角锁(网)的平差及坐标计算(略)。

二、经纬仪量距导线

（一）一般规定

经纬仪量距导线按其精度可分为：

（1）用以建立测区首级控制的量距导线（可以单独运用或与同精度的三角锁联合运用），简称控制导线。

（2）用以加密首级控制的量距导线，简称加密导线。

（3）控制导线和加密导线均应分别起讫于高一级的三角点或导线点上，如果只有一个高级点则应布设成起讫于该高级点的闭合环。

（4）控制导线和加密导线的技术要求如表5-4所示。

表5-4　控制导线和加密导线的技术要求

比例尺	导线总长（km）	导线边长（m）	最短边长（m）	相对闭合差		角度闭合差（"）		边长不符值与边长之比	
				控制	加密	控制	加密	控制	加密
1/5 000	3	300~500	100	1/8 000	1/2 000	$20\sqrt{n}$	$45\sqrt{n}$	1/15 000	1/3 000
1/10 000	5	500~600	100	1/8 000	1/1 000	$20\sqrt{n}$	$45\sqrt{n}$	1/15 000	1/1 500
1/25 000	10	600~800	100	1/8 000	1/1 000	$20\sqrt{n}$	$45\sqrt{n}$	1/15 000	1/1 500
1/50 000	20	800~1 000	100	1/8 000	1/1 000	$20\sqrt{n}$	$45\sqrt{n}$	1/15 000	1/1 500

注：1. 表中的导线总长在困难地区允许放宽至图上60 cm。

2. n 为导线折角数。

控制导线和加密导线埋石点的高程应分别以三、四等水准测量的要求测定（见"高程测量"部分）。

控制导线的布设应先根据该地区已有的地形图和其他有关资料制定测设计划，绘制导线略图，以作为外业勘选导线的依据，加密导线可由测站根据具体需要自行布设，在制定导线测设计划时，除应遵守平面控制测量的有关规定外，还应考虑以下原则：

（1）导线应布设在地势平坦开阔、便于测量的地方，并尽可能布设成伸展导线或直线导线。

（2）导线各边的长度应力求大致相等，相邻的两边不应有忽长忽短、急剧转变的现象。

（3）应妥善安排导线起终点与高级点的连接与闭合，如果能通视另一高级点则应测定第二个连接角，以作校核。

（4）导线略图中的角度和边长可用分度器和比例尺在图中量取，记至整度数或整秒数即可。

实地勘选导线的要求如下：

（1）根据导线测设计划和导线略图，进行实地勘查选点，并按现场情况对拟定的计划和略图进行必要的修改。

（2）选定的导线点必须保证相邻之间能够通视，并尽可能使相邻点的视线能互相照准桩顶。

（3）选定的导线点必须保证便于在其上安置经纬仪和便于测量边长。

（4）导线点应选在土质坚实和有利于长期保存导线桩的地方。

（5）当导线边必须跨过河流或其他障碍物时，还应选定适当的基线位置。

导线点选定后随即打桩树旗，以利丈量边长和角度观测，导线桩可采用顶径约为 0.1 m，长约 0.6 m 的木桩，打入地下使桩顶与地面齐平，免遭破坏，并于桩顶钉入带"＋"字的帽钉。在通向相邻导线点的方向上应各打入一个小木桩，作为方向桩，当该点上设有横断面时，则在横断面方向上也应打入一方向桩，为便于导线和注记点名编号，在导线桩的旁边还应加设一个露出地面 0.3 m 的小木桩。

导线点的编号可按测区和岸别顺序排列，在同一测区内不可出现异点同名的现象。

（二）导线边长的丈量

导线边的长度应用钢尺或竹尺丈量，所用钢尺应与标准尺进行比较，并在记录手簿中记录下尺长改正数。记录手簿采用普通距离测量手簿。

导线边长应往返各丈量一次或同向丈量两次，方向线应用经纬仪瞄定，并确定前尺手的放尺位置，其操作方法参照基线丈量的有关要求进行，但不必打中间桩（利用测钎）拉力至 100 N 即可，每一跨距只需读数两次，互差如不超过 5 mm，则取其平均值。两次丈量结果所得的边长不符值与边长之比，控制导线不得超过 1/15 000，加密导线不得超过 1/1 500，最短导线边以不超过图上 3 cm 为限。

在倾斜度大于 2°的两点之间丈量，如果不能使用水准器和垂球保持钢尺呈水平状态，则应测出其倾斜度，并加以改正，其方法如下：从整置仪器的导线点，照准树立于另一点上的水准尺，使望远镜中的中丝所切的尺面读数恰等于仪器高时，即在竖直度盘上读出竖直角。控制导线测量应在盘左和盘右两个位置观测并取其平均值。当一条边上倾斜度不一致时，应在几个转折点上分别测定倾斜度，以作倾斜改正，测量倾斜度的允许误差如表 5-5 所示。

表 5-5　倾斜度测量允许误差

倾斜度	<5°	5°~10°	10°~20°
允许误差	2′	1′	0.5′

如果丈量时的温度与鉴定时的标准温度（一般为 20 ℃）相差大于 15 ℃，则每经 1 h 应观测并记载尺温一次，以作温度改正。使用竹尺丈量时，一般可不观测尺温。

丈量过程中，当通过布设有横断面的导线点时，应量出选点时设立的方向桩和参证桩的相互位置关系。

当导线必须跨过河流和其他障碍物时，不能直接丈量，则应用解析法测定其边长，其方法如下（见图 5-6）：

（1）在 AB 两点之间布设两个大致等腰的三角形，其中基线 AC 和 AD 不应小于导线边 AB 长度的 1/7，同时三角形最小角不得小于 30°。

（2）往返丈量基线 AD 和 AC，丈量结果要求达到 1/15 000，以保证求得的基线边 AB 的相对误差不超过 1/8 000。

（3）以威尔特 T2 型经纬仪按两个测回测定各内角。三角形闭合差如不超限（小于

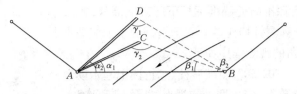

图 5-6 解析法测定边长示意

30")则平均分配于各角中。

(4)按下式计算导线边 AB 的长度

$$\overline{AB} = \overline{AC}\frac{\sin\gamma_1}{\sin\beta_1} = \overline{AC}\frac{\sin(\alpha_1 + \beta_1)}{\sin\beta_1}$$

$$\overline{AB} = \overline{AD}\frac{\sin\gamma_2}{\sin\beta_2} = \overline{AD}\frac{\sin(\alpha_2 + \beta_2)}{\sin\beta_2}$$

由两式算出的结果如不超限则可取其平均值。

尺长、温度改正的方法参照基线丈量中基线长度计算的有关要求进行,倾斜改正数 Δl 按下式计算

$$\Delta l = l(\cos\alpha - 1) \tag{5-4}$$

式中:l 为斜长;α 为竖直角,由于 $\cos\alpha$ 恒小于1,所以 Δl 均为负值。

(三)导线转折点水平角度的观测

角度观测与边长丈量通常可同时进行,但在特殊情况下允许分别进行。施测的角度应该是导线前进方向左边的角度(左角),如果这样工作不方便,也允许观测右边的角度(右角),但必须在手簿中加以说明。

控制导线的角度观测应使用威尔特 T2 型光学经纬仪,按方向观测法观测,每点上测两个全测回,水平角读至 1″。加密导线可使用 T1 型经纬仪或 30″经纬仪,每点上测两个半测回,水平角读至 0.1′和 15″。观测手簿采用国家测绘总局审定的经纬仪导线测量观测手簿,观测限差规定如表 5-6 所示。

表 5-6 导线测量水平角观测限差

限差项目	仪器类型		
	T2	T1	30″
同一测回中 $2c$ 值的变动范围	17″	0.6′	1′
半测回归零差	12″	0.4′	45″
各测回间方向值或角度值之差	12″	0.4′	45″
半测回间方向值或角度值之差	17″	0.6′	1′

测角所用仪器应进行相应的检查校正。

导线点上整置仪器和观测时的操作要求可参照水平角观测的规定进行。另外,还须遵守以下两点:

(1)仪器垂直轴必须精确对准导线点之中心,其误差不得大于 2 mm,无论如何不允许出现偏心现象。

(2)观测中进行照准时应瞄准标杆下部尖端部分,如果边长较短,则应以测钎或铁钉作为照准目标,标杆和测钎均应准确立于帽钉的十字交叉点上。

控制导线水平角的观测程序如下:

(1)将度盘置于0°02′30″,照准后视点后,读记起始读数。

(2)顺时针方向旋转,依次照准前视点,并读记水平角。

(3)顺时针方向旋转,照准后视点,读记水平角,作为上半测回。

(4)纵转望远镜,不变度盘位置,照准后视点,读记起始读数。

(5)顺时针方向旋转依次照准前视点,并读记水平角。

(6)顺时针方向旋转照准后视点,读记水平角,作为下半测回。

以上为一个全测回,每次读数时均应两次转动测微器,重合度盘对径分划,读定两次,其差不得大于3″,第二测回将度盘置于90°07′30″,仍按上述程序进行,如果观测限差不超过表5-6的规定,则取其平均值。

加密导线水平角的观测程序:

(1)将度盘置于0°15′00″,照准后视点记录后视起始读数。

(2)顺时针方向旋转,依次照准各前视点,并读记水平角。

(3)顺时针方向旋转,照准后视点,读记水平角,是为第一个半测回。

(4)纵转望远镜,将度盘置于90°45′00″,照准后视点,读记起始读数。

(5)顺时针方向旋转,依次照准各前视点,并读记水平角。

(6)顺时针方向旋转,照准后视点,读记水平角,是为第二个半测回。两个半测回所得的结果如不超过表5-6的规定,则取其平均值。

控制导线和加密导线的起讫点与高一级三角点或导线点间连接角的观测应特别仔细进行,必要时须测定归心元素并加以改正。如果能通视另一三角点或导线点,可测定第二个连接角,以作校核。

倘若导线起闭点和高级点(三角点或导线点)间的距离不能直接丈量,则应按经纬仪视距导线中跨越障碍物的方法测定其边长。

导线点上布设有横断面时,应列入观测程序,在各测回的观测中同时测出断面方向值。

(四)导线的平差和坐标计算

在平差工作开始前,应首先将外业各项资料和起算数据收集齐全,并对边长丈量记录和转折角观测记录进行整理校核,其内容包括:

(1)对丈量边长加以必要的改正,同时算出不能直接丈量的距离,导线边长均取至0.01 m。

(2)求出各导线转折角和横断面方向线的平均角度值。

(3)以适当比例尺绘制导线略图,并注记导线点号和角值,以及其他有关数据。

三、经纬仪视距导线

经纬仪视距导线通常用以加密仪器测站,以满足河势测绘和地形测图的需要,可以单独使用,也可以和其他方法配合使用。记录手簿采用国家测绘总局审定的视距经纬仪导线测量手簿。

视距导线必须起讫于高一级控制点上(三角点、量距导线点、断面桩等)。布设方法一般采用附合导线的形式,必要时也可采用起讫于高一级点上的闭合导线。在一个高级控制点上只允许出一个视距支导线点(即飞点),不应向四周乱出飞点,也不得在飞点上再出飞点。

视距导线的技术要求如表5-7所示。

表5-7 视距导线的技术要求

比例尺	导线总长(km)	最大边长(m)	最短边长(m)	相对闭合差	角度闭合差(″)
1:5 000	2	300	50	1/700	$45\sqrt{n}$
1:10 000	3	400	50	1/500	$45\sqrt{n}$
1:25 000	5	600	50	1/500	$45\sqrt{n}$
1:50 000	8	700	50	1/500	$45\sqrt{n}$

注:表中 n 为导线折角数。

导线桩可采用0.04 m×0.04 m×0.4 m的小木桩或采用相应大小的圆形或扁形小木桩,在选点时即将小木桩打入地下,并在桩顶打入一铁钉,以便照准、对中和引测高程。

施测视距导线所用的经纬仪和视距尺应符合下列要求:

(1)竖直度盘应有1′或30″的精度。

(2)竖直度盘的水准器应有不大于60″的分格值。

(3)望远镜的放大倍率不小于22倍,视距常数应等于100。

(4)在望远镜上最好能有20″~25″分格值的水准器。

(5)视距尺尺面的最小分划为2 cm,每米分划差不得超过0.1 cm。一般可采用T1型经纬仪和30″经纬仪。仪器的检验与校正见附录一。

水平角的观测应用T2型经纬仪、T1型经纬仪或30″经纬仪按方向观测法测两个半测回,其操作程序与经纬仪量距导线相同。

视距导线必须严格按照要求使用上下丝测读距离,可尽量利用地形尺的上端,下丝视线距地面不得小于0.3 m,边长超过500 m时用接测法分段观测视距,以保证最大视距不大于350 m。

测读视距的程序:

(1)照准后视水准尺,用上丝切于尺顶或切于某一整分划值,读记上下丝所切的尺面读数,两数之差乘以视距常数(一般为100,若不为100则应加以改正)即得仪器测站到后视水准尺的距离。

(2)照准前视水准尺,按(1)的操作步骤测得仪器测站到前视水准尺的距离。

(3)各边边长必须正倒镜往返各观测一次,往返测读数不符值每100 m不得超过0.5 m,如不超限则取其平均值。

如果相邻两导线点高差较大,则应观测竖直角,并应适当缩短视距边长,但竖直角不应大于10°,观读竖直角时,竖直度盘水准气泡必须调整居中,当倾斜改正数大于0.5 m时,即应按表5-8的规定进行改平计算。

视距观测和水平角观测可同时进行。

表 5-8　倾斜改正数计算

倾斜距(m)	竖直角(° ′)	改正数(m)
100	4　04	0.50
150	3　18	0.50
200	2　52	0.50
250	2　32	0.50
300	2　20	0.51
350	2　10	0.50
400	2　00	0.50
450	1　56	0.50

　　视距导线桩的高程最好能用水准仪按五等水准测定,一般可采用中丝抄平法(即经纬仪抄平法),如在山区或丘陵地区则允许用正倒镜往返观测竖直角以推算高程,其单程往返高差不符值每 100 m 应不大于 4 cm,而全线闭合差应小于 $0.04\dfrac{K}{\sqrt{n}}$(K 为导线长度,n 为测站数);当竖直角大于 5°时,每 100 m 的往返高差不符值应不大于 6 cm,全线闭合差不得大于 $0.06\dfrac{K}{\sqrt{n}}$。如不超限则取其平均值。

　　引测高程的引据点必须是四等以上的水准点。

　　视距导线的长度闭合差,按边长的比例进行配赋。

　　水平角的读数,T2 型经纬仪读至 1″,T1 型经纬仪读至 0.1′,30″经纬仪读至 15″。视距读数读至 0.5 m,平均值取至 0.1 m,高程计至厘米。

　　经纬仪视距导线平差及坐标计算同经纬仪量距导线。

第六章 高程控制

黄河下游河道测量采用三级布网、三等水准作为首级控制,四等水准作为加密控制。

第一节 三、四等水准测量对仪器检校的要求

外业开始前水准尺和水准仪检验及校正见表6-1。

表6-1 水准尺和水准仪检验及校正一览表

序号	仪器	检验项目	新仪器	作业前	跨河水准作业前
1	水准尺	水准尺的检视(见附录一)	+	+	+
2		水准尺上圆水准器的检校(见附录一)	+	+	+
3		水准尺分划面弯曲差的测定(见附录一)	+	+	+
4		一对水准尺零点不等差及基、辅分划读数差的测定(见附录一)	+	+	+
5					
6		一对水准尺名义米长的测定(见附录一)	+	+	+
		水准尺分米分划误差的测定(见附录一)	+	+	+
7	水准仪	水准仪的检视(见附录一)	+	+	+
8		水准仪上概略水准器的检校(见附录一)	+	+	+
9		十字丝的检校(见附录一)	+		
10		视距常数的测定(见附录一)	+		
11		调焦透镜运行误差的测定(见附录一)	+		
12		气泡式水准仪交叉误差的检校(见附录一)	+	+	+
13		i 角的检校(见附录一)	+	+	+
14		测站高差观测中误差和竖轴误差的测定(见附录一)	+		
15		自动安平水准仪磁致误差的测定	+		

注:表中"+"表示应检验的项目,当所使用的仪器和方法与该项检验无关时,可不做检验。表中第15项检验应送有关检定单位进行检验。

经过修理后的仪器应检验受其影响的有关项目,其中第15项必须检验。

作业开始后的一周内应每天检校一次 i 角(表6-1中的第13项),若 i 角保持在 10″ 以内,以后可每隔 15 d 检校一次。

在作业过程中应随时注意检校表6-1中的第2项、第8项。若对仪器某一部件的质量有怀疑,应随时进行相应项目的检验。

每期作业结束后应检验表 6-1 中第 3 项、第 5 项各一次,若作业期超过三个月,应在作业期中间增加这两项各一次。

仪器技术指标按表 6-2 的规定执行。

表 6-2　仪器技术指标

序号	仪器指标项	限差		超限处理办法
		三等	四等	
1	水准尺弯曲差(mm)	8	8	施加改正
2	一对水准尺零点不等差(mm)	1	1	调整
3	水准尺基、辅分划常数偏差(mm)	0.5	0.5	采用实测值
4	一对水准尺名义米长偏差(mm)	0.5	0.5	禁止使用
5	水准尺分米分划误差(mm)	1.0	1.0	禁止使用
6	调焦透镜运行误差(mm)	1.0	1.0	禁止使用
7	i 角(″)	20	20	校正,自动安平水准仪送厂校正
8	测站高差观测中误差(mm)	1.0	1.5	禁止使用
9	竖轴误差(mm)	0.3	0.5	禁止使用
10	自动安平水准仪磁致误差(″)	0.12	0.20	禁止使用

表 6-2 中自动安平水准仪磁致误差是指自动安平水准仪在磁感应强度为 0.05 mT 的水平方向上的稳恒磁场作用下,引起视线的最大偏差。

仪器鉴定的具体方法见附录一。

第二节　三等水准测量

一、三等水准测量的一般规定

(1)测区内的高程控制系统采用三级布网方案,首级高程控制必须严格按照三等水准测量的要求进行测设。

(2)要求断面基本水准点、GPS 主基点均用三等水准与二等水准点联测。三等水准测量和长距离不带地形点的轴线四等水准测量均用三、四等水准观测手簿记载。手簿内测点编号栏填写仪器站号。

(3)黄河下游国家精密水准网已经建成,首级高程控制必须是三等以上的国家精密水准点作为水准路线的起讫点。

(4)首级高程控制系统的布设应在各有关制约条件许可的前提下,密切结合河道观测的特点和满足各测验项目对高程控制的需要,尽量使首级控制点接近两岸老滩或大堤,以便于直接利用和作为加密控制的依据。

(5)布设于两个国家精密水准点之间的附合三等水准路线的长度一般不得超过 150

km,环线周长不得超过 200 km,三等水准路线一般不得布设成支线。

(6)按照河道测验的规定,水准标点的分类如下:

①引据水准点。包括经过水准网平差的国家精密水准点和标石类型,埋设要求、引测精度相当于国家精密水准点中的其他水准点,该级水准点为测区首级高程控制测量的起闭点。

②基本水准点。包括标石规格,埋设要求相当于国家规范中的普通水准标石的石质或钢筋混凝土预制的各种标石,该类水准点是测区的首级高程控制点,其高程必须以三等水准测定。

③临时水准点(相当于水文规范中的校核水准点)。包括标定各平面控制点位置的各种木桩和专门埋设的木质水准点以及利用作为水准点的建筑物和地物等,临时水准点是测区内的辅助控制点,用以加密首级高程控制点,其高程可以以四等水准测定,如在三等水准路线上,也可以以三等水准测定。

(7)三等水准路线上,每隔 3~5 km 须埋设一个水准点。位于三等水准路线上的三角点、导线点、断面标石等,其规格尺寸和埋设要求合乎三等水准点要求的可兼作水准点。位于水准路线附近的房舍、祠庙、桥涵、碑石、大树等建筑物和地物,可选择稳固可靠者作为临时水准点,但一个建筑物不得设两个临时水准点。

(8)三等水准路线的布设应力求通过以黄河为界的左右岸测区的中心,并尽可能使测区内的三角点、导线点、横断面标点(断面端点标石或断面线上的固定标石)、基本水准尺校核水准点和原有的水准点等均包括在水准路线内。如果绕道过远(以距水准路线不超过 3 km 为限),路线增长,则可根据需要另设三等水准支线或四等水准支线测定其高程。三、四等水准支线应起始于基本水准点上,临时水准点不得作为支线的起测点,同时也不得在水准干线施测中途另测支线。

(9)测区内左右岸三等水准路线应于适当地段(如河面最窄和有桥梁处)进行跨河水准接测,此种接测应于测区首尾和测区中段各有一处。

(10)三等水准路线上的水准点,每隔 3 年应沿相同路线重复观测一次,以检查是否发生变化,埋设于河滩中的水准点未经雨季和冬季即行施测者,应于次年汛前进行一次复测,如果发现某水准点有破坏和变动迹象,应及时在相邻的水准点之间复测该测段。

二、三等水准测量计划的编制

外业测量实施以前应根据任务要求和以上的一般规定编制三等水准测量计划,编制之前应收集和分析测区内已有的水准测量资料和地形图,以作为编制计划的依据。

编制计划应包括以下几部分。

(一)计划事项

(1)测量的任务要求:测区的位置、范围,水准路线的等级,选点与埋石的情况等。

(2)业务工作的数量(测线全长、完成工作所需的时间、埋石的工作量等)。

(3)人员组合、任务分配、工作联系及分工协作等。

(4)作业定额(按工时或工日计算千米数)。

(5)作业进度(某时段内应完成的工作量及全部工作完成的时限等)。

(二)计划说明书

(1)水准路线的用途及水准路线的布置。

(2)测区内的自然地理情况及村镇分布。

(3)水准标石的型式、规格、数量及埋设地点、方法和要求,埋设后与施测的间隔时间等。

(4)水准路线的起讫点及其数据。

(5)测区内需要接测或联测的已测水准路线或已知水准点和需要支测的高程点,及其与水准路线接测或支测的方法。

(6)测区内遗留的水准测量中的问题及其解决方法。

(7)跨河水准接测的地点、方法和要求。

(8)水准测量使用的仪器、操作方法及精度要求。

(9)内业计算的顺序、方法和要求,以及水准成果表的编制、要求提交的资料项目等。

(10)其他有关技术问题的说明。

(三)拟设水准路线图的编绘

水准路线图可利用测区内原有的 1:50 000～1:100 000 或更大比例尺的地形图绘制。拟设路线图上应按规定的符号标出:

(1)拟设的水准路线以及路线上各类型水准标石和作为水准路线起讫点的国家精密水准点的位置与点名。

(2)测区内必须接测和复测的原有水准路线以及该路线上必须联测的水准点的点线名。

(3)需要敷设的水准支线以及支线的起测点和线上的三角点、导线点、断面标点、校核水准点等的位置与点名。

(4)跨河水准测量的位置以及接测点的点名。

三、选点与埋石

(一)选点

1.选定水准路线

水准路线应尽量沿坡度较小的公路、大路进行,避开土质松软的地段和磁场较强的地段,并应避开行人、车辆来往繁多的街道和大的火车站等,同时应尽量避免通过大的河流、湖泊、沼泽与峡谷等障碍物。当一等水准路线通过大的岩层断裂带或地质构造不稳定的地区时,应会同地震的有关部门共同研究选定。

2.选定水准点位

选定水准点时,必须能保证点位地基坚实稳定、安全僻静,并利于标石长期保存观测。

水准点应尽可能选在路线附近机关、学校、公园内。不应选埋水准点的地点包括:易受水淹、潮湿或地下水位较高的地点以及易发生土崩、滑坡、沉陷、隆起等地面局部变形的地区,土堆、河堤、冲积层河岸及土质松软与地下水位变化较大(如油井、机井附近)的地点和距铁路 50 m、距公路 30 m(特殊情况可酌情处理)以内或其他受剧烈震动的点,以及不坚固或准备拆修的建筑物上和短期内将因修建而可能毁掉标石或阻碍观测的地点,同时不能选在地形隐蔽不便观测的地点。

3.基岩水准点与基本水准点的选定

基岩水准点与基本水准点,应尽可能选在基岩露头或距地面不深之处。选定基岩水准点,应有地质人员参加,必要时应进行地质钻探。

选设土中基本水准点的位置,应特别了解地下水位的深度、地下有无孔洞和流沙、土质是否坚实稳定等情况,确保标石稳固。

每一个水准点点位选定后,应设立一个注有点号、标石类型的点位标记,并按附录中的格式填绘水准点之记。在选定水准路线的过程中,须按《国家三、四等水准测量规范》(GB/T 12898—2009)的规定绘制水准路线图。对于水准网的结点,须按《国家三、四等水准测量规范》(GB/T 12898—2009)中的格式填绘结点接测图。

4.选点中应补充收集的资料

当技术设计时,还有一些所需的资料未能收集到,则在选点时,还需了解测区的自然地理、交通运输、物资供应、砂石、水源、民工等情况,并收集其他有关资料。

5.选点结束后应上交的资料

(1)水准点之记、水准路线图、结点接测图。

(2)必要的地质勘探资料。

(3)选点中收集的有关资料。

(4)选点工作技术总结(扼要说明测区的自然地理情况,选点工作实施情况及对埋石与观测工作的建议,旧标石利用情况,拟设标石类型、数量统计表等)。

(二)埋石

1.标石类型

水准标石,含基岩水准标石、基本水准标石和普通水准标石三大类型。根据其制作材料和埋石规格的不同,可分为表 6-3 所示的六种标石。

表 6-3　标石按制作材料和埋石规格不同的分类

序号	标石类型	适用地区
1	混凝土普通水准标石	土层不冻或冻土层小于 0.8 m 的地区
2	岩层普通水准标石	岩层出露或埋入地面深度不大于 1.5 m 的地方
3	混凝土柱普通水准标石	冻土层大于 0.8 m 的地区
4	钢管普通水准标石	
5	爆破型混凝土柱普通水准标石	
6	墙脚水准标志	坚固建筑物或直立石崖处

2.埋设标石类型的选定

埋设标石的类型除基岩水准标石须按地质条件作专门设计外,其他标石应根据冻土深度及土质状况决定。

(1)在土壤不冻或冻土深度小于 0.8 m 的地区,埋设混凝土标石(包括基本水准标石或普通水准标石)。

(2)在冻土深度大于 0.8 m 的地区,应按规范中的关于冻土地区埋石规定选择类型。

（3）在有坚硬岩层露头或在地面下深度不大于1.5 m的地点，可埋设岩层水准标石（包括基本水准标石或普通水准标石）。

（4）凡有坚固建筑物（房屋、纪念碑、塔、桥基等）和坚固石崖处，可埋设墙脚水准标志。

3. 水准标志的安置

水准标石顶面的中央应嵌入一个圆球部为铜或不锈钢的金属水准标志。标志须安放正直，镶接牢固，其顶部应高出标石面1~2 cm。

4. 造埋标石的要求

1) 基岩水准标石的造埋

深层基岩（埋设岩层距地面深度超过3.0 m）水准标石，应根据地质条件设计成单层或多层保护管式的标石，由专业单位设计和建造。

浅层基岩（埋设岩层距地面深度不超过3.0 m）水准标石，应先将岩层外部的覆盖物和风化层彻底清除，然后在岩层上开凿一个深1.0 m的坑，并在其中绑扎钢筋后浇筑混凝土柱石，柱石的高度与断面的大小，视基岩距地面深度而定，以能确保标体的稳固和便于观测为准。在柱石体北侧下方距上标志0.7 m处安置墙脚水准标志。柱石高度不足0.7 m时，可在北侧下方的基岩上安置普通水准标志。

2) 混凝土水准标石的造埋

混凝土基本标石，须在现场浇筑。

混凝土普通标石，可先行预制柱体，然后运至各点埋设。在有条件的地区，混凝土基本标石与混凝土普通标石，均可用整块的花岗岩等坚硬石料凿制成不小于规定尺寸的柱石代替混凝土柱石，并在其顶部中央位置凿一个光滑的半球体代替水准标志。柱石埋设时，其底盘必须在现场浇筑。

3) 岩层水准标石的造埋

在出露岩层上埋设岩层基本标石或岩层普通标石时，必须首先清除表层风化物，开凿深、口径的坑后，再开凿安置水准标志洞孔，嵌入标志。禁止在高出地面的孤立岩石上埋设水准点。当岩层深度大于1.0 m时，可在岩层上凿出略大于柱石底面的平面，在其上方浇筑岩层基本标石或岩层普通标石的柱石。岩层水准标石的标志必须埋入地面下0.5 m。

4) 深冻土区和永久冻土区标石的造埋

深冻土区埋设的普通水准标石，可采用微量爆破技术将坑底扩成球形或其他比较规则的形状，现场浇筑标石。

永久冻土区埋设的标石，基座必须埋在最大融解线以下。采用机械或人工钻孔，现场浇筑标石。

5. 标石的外部整饰

水准标石埋设后，应按下列要求对其进行外部整饰：

（1）深层基岩标石埋设后，其外部须建造一定规模的坚固房屋。

（2）浅层基岩标石埋设后，应在点位四周砌筑砖石护墙，其规格应不小于1.5 m×1.5 m×1.0 m，围绕标志砌筑内径为0.5 m×0.5 m×0.5 m的砖石方井或圆井，上方设置指示盘，护墙外面向道路一侧设置指示碑。

（3）基本水准标石和普通水准标石埋设后，一般按规范要求的规格挖掘防护沟，埋设指示碑。

（4）埋设在机关、学校、住宅院内以及埋设在耕地、水网区的基本水准标石和普通水准标石，不挖掘防护沟，不设指示碑，但须按规范要求的规格建造保护井，加盖指示盘。

（5）在草原、沙漠、戈壁等空旷地区，除按规定挖掘防护沟和设立指示碑外，还可在附近设 2~3 个方位桩，也可建造小型觇标。

（6）在山区、林区埋设标石，可在距水准点最近的路边设置方位桩。各种方位桩、觇标等物可根据现场条件，采用木材、石料、混凝土或金属材料制作，用红漆或压印的方法将点号和点位方向写在醒目的位置，并在点之记中注明设置方位物的方向和距离。

因建造保护墙（井）而不便开挖下标志的水准标石，须在建造护墙前，用水平杆和专用钢尺测量上、下标志高差两次，两次互差不应超过 1 mm，将高差中数填入点之记中。

四、三等水准测量的实施

（一）三等水准路线布设

三等水准路线一般布设成附合水准路线或闭合水准路线，也可以布设成水准网。附合水准路线、闭合水准路线及网状水准路线均需进行往返测量，当高级水准点不能满足要求时，可以进行支线水准测量，但支线水准测量前必须用另外的一个高级水准点对采用的起算点进行校核（我们称之为校标），并对水准支线进行往返测量。

由往测转向为返测的点，必须为国家精密水准点或基本水准点，并应重整仪器，互换前后水准尺的位置，往测路线上通过的各种水准点及其他测量标点，均应包括在返测路线中。

同一路线的往返测，必须用同一仪器、同一套水准尺，并由同一观测员担任。

（二）三等水准测量使用的仪器要求

1. 水准仪的要求

（1）水准仪望远镜的放大倍率不得小于 30 倍，最低不得小于 24 倍。

（2）管状水准器的分划值不大于 15″/2 mm，对于符合水准器来说，可以达到 30″/2 mm。

（3）十字丝应具有三根水平丝。

一般可采用威尔特（Wild）N2 型水准仪或蔡司（Zeiss）030 型水准仪。

2. 水准尺的要求

带有圆水准器的 3 m 长的区格式双面水准尺，两面具有厘米分划，在水准尺的黑面上，零分划和水准尺底平面重合，在红面上，超过 40 dm 的读数和水准尺底平面重合，并且一定要有厘米的分度。如在一水准尺上是 4 687 mm，而在另一水准尺上则为 4 787 mm。在一套水准尺当中，红面水准尺底平面重合的读数应当相差 10 cm，水准尺上 10 cm 分划的偶然误差不应超过 ±0.5 mm。

（三）三等水准测量的实施

引测路线必须按照计划的水准路线进行，当有特殊情况不得已临时改变水准路线时，则应在有关记录中加以注记，并绘图说明。

各种水准点、三角点和导线点等必须列为当然之前视点，不得用间视法测定。

三等水准测量采用中丝读数法进行往返测,当使用有光学测微器的水准仪和线条式因瓦水准尺观测时,也可以单程双转点观测。

一测段间单程测量的测站数必须为偶数,并应使各联测点(包括水准点、校核水准点、三角点、导线点、断面标石等)及起讫点上放置同一水准尺进行观读,否则应加水准尺零点高度不等差改正数。

仪器至水准尺间的视线长度,一般不得超过 75 m。当水准尺的构像没有晃动,且望远镜放大倍率不小于 35 倍时,允许将视线加长至 100 m。若在夏季晴天,必须在正午前后进行测量,为了缩小折光差的影响,视线长度应缩小为 50~60 m。当缩短至 30 m 而构像仍然晃动时,即应停止观测。各个测站上水准尺至仪器的视线长度之差不得超过 2 m,可用测绳丈量并最后用视距测定。在水准路线上每一测段前后视距总和之差不得大于 5 m。

视线距地面的高度不得小于 0.3 m,也不得大于 2.7 m,如在山区则不得小于 0.2 m,也不得大于 2.8 m。

水准测量最好能在气温较低且变化不很急剧的无风或少风的季节里进行,以保证构像的清晰和稳定。在夏季晴天测量时,应避免在日出、日落和正午前后的时间里工作。阴天无大风且构像清晰稳定时可全天进行观测。

在测站上应用布伞遮蔽阳光和防风,不得使仪器和脚架受太阳照射。迁移测站时应加白布制成的仪器套,不得将仪器横捎在肩上前进。

观测开始前 45 min,应把仪器置于露天有荫蔽的地方,以使其适应外界的气温。

设置仪器时,必须使三脚架的两脚平行于路线前进方向,第三个脚则依次轮换摆在前进方向的左侧和右侧,如图 6-1 所示。

图 6-1　仪器设置

图 6-1 箭头所示为观测人员由后视向前视时的行动方向,行动时应至少离开脚架 0.5 m。

安置仪器三脚架时,须先将三脚架支开轻轻置于地上,并使其基本水平,然后顺着脚架方向缓缓使力,将脚架铁尖插入土中,不得用脚使劲猛踩。风力大时仪器可安置低一些。仪器安置妥当后,先用基座螺旋将圆形水准气泡调至中央,然后调平管状水准器,要求达到当仪器上部绕垂直轴旋转时,气泡偏离中心不得大于分划面的 2 个分划。若为符合水准器,则影像分离不得大于 1 cm。

对仪器的使用和操作,还须遵守附录二中的有关规定。

司尺员应注意的事项:

(1)司尺员应注意自己所用的水准尺的号码,不要拿错。尺垫的放置要保证稳固可靠,不得倾斜,更不得用水准尺的底部撞击尺垫。在将水准尺置于尺垫上之前,应检查水准尺底部和尺垫顶部是否干净,如有污泥应立刻抹去,然后将水准尺轻轻置放于尺垫上。

(2)当观测员照准水准尺时,应注意将水准尺严格垂直,保持圆形气泡位于中央。

(3)尺垫应牢固地安置在坚实的土地上。当经过松软的地段时,则应以长 30 cm、直径不小于 3 cm、顶部钉有帽钉的木桩代替尺垫,以免水准尺下沉,影响精度。当尺垫安置在草地上时,应先将草皮连根清除再放置尺垫,以防尺垫弹起。

(4)携带水准尺时,应将水准尺的两侧面轮流放在肩上。当经过树林、电杆、建筑物及岩石,尤其是转弯时,必须特别注意避免碰撞损坏水准尺。

(5)后视司尺员必须在观测全部完毕,并校算无误,经记录员通知后才能拔起尺垫前进。

(6)当前视观测完毕后,仪器迁站时,水准尺应从尺垫上取下,但不得将尺底置于地上,也不得离开尺垫他去(尤其在通过村庄、城镇时应特别注意)。

(7)司尺员应轻松自然地用双手扶住水准尺把手,不得用力将水准尺按压于尺垫上。

(8)水准尺尺面不得用手抚摸,也不得用粗布擦拭,或与其他物体接触,以免磨损分划线及注字。

(9)在山区测量时,司尺员应妥善选择水准尺位置,以保证精度并节省测站数。

(10)水准尺不得在水中浸泡,并严禁将水准尺放在地上。

每一测站均须遵照下列程序进行观测:

(1)整置仪器。

(2)照准后视水准尺的黑面,用倾斜螺旋使水准器气泡严密居中,再按上、下视距丝和中丝读取准确的读数。

(3)照准前视水准尺的黑面,进行(2)中所述的操作。

(4)照准前视水准尺的红面,进行(2)中的操作,但仅需读取中丝读数。

(5)照准后视水准尺的红面进行(4)中的操作。

(6)如有间视点,则把后视水准尺移置于该点上,按上述程序读取黑面中丝和上、下丝视距读数,并读取红面中丝读数。

在读数时,观测员须先检查管状水准器气泡的位置是否严密居中,读完后应再复查一次,若发现气泡偏离达两个分划(符合水准气泡为 1 cm),则应调平气泡重新观读。

水准尺黑面读数和记载的顺序为:下丝、上丝、中丝均应先读记毫米数,然后一次读记米、分米、厘米数。

每一测段上不得变动望远镜调焦位置,但间视测点可以例外。间视点的观测必须在路线上前、后视测点观测之前或观测之后进行。

每一测段的观测结果,应直接记于规定格式的手簿内,不得记于其他纸而后转抄。每一测站观测结束后,须按手簿的规定进行验算,当确认合格后始得迁移测站。

每天观测始末及中途间歇前后,均须记录观测日期和时刻、天气及水准尺成像等情况,中途如有变化亦应记录。

每一测段应在手簿上另辟一页起记。

进行观测时,一测段间可增设节点,每一节点至少须设置打入地面下 2 ~ 3 dm 的三根木桩,或利用两个坚固岩石及其他固定地物点。木桩直径为 8 ~ 10 cm,长度应大于 40 cm,顶端钉有圆帽钉。

当一测段往返测不符值超出限差(或某一单程测量因故必须重测),在检测节点如木桩高差与原测高差之差在 3 mm 以内时,可从节点起重测超出限差的一节,否则须重测整个测段。

工作中途需要间歇时，最好在基本水准点、临时水准点或其他测量标志（导线点、三角点等）上结束观测，当有困难时，则可打三个间歇桩（用长 40 cm、直径 8～10 cm，其顶端钉有圆帽钉的木桩）。连测后须用土埋封，间歇后首先检测最末一测站的两个间歇桩，比较间歇前后所测的高差。若其变化不超过 3 mm，则采用两个高差之中数继续向前观测，否则须在前一测站上进行检测，以确定高度无变化的木桩，然后由此桩继续向前进行引测，高差变动大于 3 mm 的观测记录应予删去。间歇桩的关系位置须在手簿上绘图编号标定，并应注明间歇后作为起测点的间歇桩。

每测站上应进行手簿中所有项目的计算，按中丝测高法的要求，当观测结果超过下述之一的限差时，则该站全部重测：

（1）同一水准尺黑、红面读数之差不得超过 2 mm；

（2）按黑面和红面所得前后水准尺读数高差的差值不得超过 3 mm。

每完成一测段的单程测量（往测或返测）后，须就此单程计算其高差（按水准尺黑面和红面或基本分划和辅助分划所得高差的中数），在完成一测段双向测量以后，应比较测段往返高差，其不符值不得超过 $\pm 12\sqrt{R}$（mm）（R 为由往返测视线长算得的测段长度的平均千米数），在山地（每千米平均在 15 站以上）不得超过 $\pm 15\sqrt{R}$（mm），超过此限时应就可靠程度较小的单程测段（观测条件不严格符合规定者）进行重测（在测段中设有节点时可按从节点处重测超限测段的规定进行）。如重测往测方向，其结果与原来的往测结果符合限差，而与原返测结果不符，则重测返测之一单程；若两返测结果均符合限差，则取四次结果的中数。淘汰的记录应从手簿中划去。若重测的单程结果与原来往返测结果均未超出限差，则采用两次同方向的结果的中数作为该单程测量的高差结果。

两端点为高等水准点的路线或闭合环线的闭合差不得超过 $\pm 10\sqrt{L}$（mm）（L 为路线或环线长度的千米数），在山地不得超过 $\pm 12\sqrt{L}$（mm）。

超过此限差时，应先就路线上可靠程度较小的（往返测不符值较大或观测条件不严格符合规定者）某些测段进行重测。如重测后仍不符合限差，则应重测该路线上的其余各个测段。

在各测段的观测进行当中，应随时编制野外高差表，表式采用国家测绘总局审定的水准测量外业高差与概略高程表。

（四）三等跨河水准测量

三等水准路线通过 150 m 的河流或山谷时仍依一般的方法进行，但应在手簿中加以说明。因地形限制，在一岸观测的陆上视线长度与跨河视线长度不能相等时，则对岸亦用不等视线长度进行观测。

河流宽度大于 150 m 时，应利用稳固的桥梁或选择河道被心滩分开的岔流处，仍以一般的水准测量方法进行观测。

当河流宽度超过 300 m 而无桥梁或其他条件可利用时，则应采用下列之方法（见图 6-2）：

（1）在两岸选择高差较小的地点 R_1 及 R_2 各埋设长约 0.5 m、直径约 0.1 m 的木桩，打入地下最少 0.4 m，松软滩地上，入土深度须适当增加，桩顶钉入圆帽钉，便于竖立水

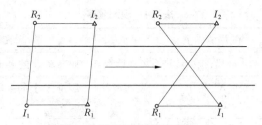

图 6-2　过河水准测量示意(一)

准尺。

(2) 在 R_1、R_2 点各 10～20 m 处选定安置仪器的位置 I_1、I_2,使 $I_1R_1 = I_2R_2$ 和 $I_1R_2 \approx I_2R_1$,并应先铲除脚架处的草皮,如土质松软则须打入放置脚架的木桩。

(3) 一测回的观测程序如下:

① 安置水准仪于 I_1 点上,使水准气泡严密居中,照准 R_1 点近水准尺,按中丝进行黑红面读数。

② 照准 R_2 点远水准尺,按中丝进行黑面读数,然后旋出倾斜螺旋约 1/4 周,再进行旋进,使气泡严密居中重新读数一次。

③ R_2 点的水准尺红面转向仪器,依②方法先后进行两次读数。

④ 一岸的观测结束后,须严密注意不触动望远镜的调焦位置,立即将仪器移至另一岸的 I_2 点上整置水平,首先照准远水准尺(R_1 点),后照准近水准尺(R_2 点),按①、②、③之操作照准读数。

观测进行时,水准尺必须严格保持垂直。每一跨河处必须观测两个测回,并应在上下午进行。在有两架仪器与两组作业员的情况下,以两岸同时各观测一测回为最佳,当两观测员各自完成一岸的观测后连同仪器移至对岸进行④的操作,测回之间的高差间不符值不得超过 8 mm,超过限差时必须进行重测,并按相关的规定采用结果。若河流宽度较大,不能按上述方法直接读定远水准尺的分划线,则采用特别的觇板安置于仪器水平视线的位置,并读记其指标线在水准尺上的读数。

当河流宽度达 600 m,而在河中央有一能稳固地埋设大木桩的沙滩时,则采用以下方法进行观测(见图 6-3):

(1) 在两岸各埋设木桩 R_1 和 R_2,沙滩上埋设大木桩 K,并选择高差不大的安置仪器的地点 I_1、I_2,须使 $I_1R_1 = I_2R_2$(一般为 10～20 m)和 $I_1K \approx I_2K$。

(2) 在 R_1、R_2 和 K 上各安置水准尺,用两架水准仪同时按表 6-4 的顺序进行观测,组成一测回。

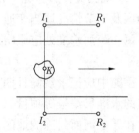

图 6-3　过河水准测量示意(二)

照准 K 点上水准尺读数,两岸观测员须按信号同时进行,在两次读数中间,须旋出倾斜螺旋 1/4 周,然后旋进使气泡严密居中。

每一跨河处须观测 4 个测回,在完成前两测回的观测之后,两观测员连同仪器移至对岸进行后两测回的观测。

R_1、R_2 两点间的高差为 R_1—K 和 K—R_2 两个高差之和。

表 6-4　观测顺序

顺序	在 I_1 测站上	在 I_2 测站上
1	照准 R_1 上的水准尺,按中丝进行黑面读数	照准 R_2 上的水准尺,按中丝进行红面读数
2	照准 K 上的水准尺,按中丝进行黑面读数两次	照准 K 上的水准尺,按中丝进行红面读数两次
各水准尺的另一面转向仪器		
3	照准 K 上的水准尺,按中丝进行红面读数两次	照准 K 上的水准尺,按中丝进行黑面读数两次
4	照准 R_1 上的水准尺,按中丝进行红面读数	照准 R_2 上的水准尺,按中丝进行黑面读数

由每测回所得的 R_1、R_2 两点间的高差,其不符值不得超过 8 mm,否则应按三等水准测量的规定进行重测。

在条件许可时,应尽量在 K 点上安置仪器,而以 I_1、I_2 为水准尺点,按一般测站方法进行 8 次观测,每两次观测之间必须变换仪器位置和照准两水准尺的顺序(如第一次为 Ⅰ、Ⅱ,Ⅱ、Ⅰ 的次序;则第二次应为 Ⅱ、Ⅰ,Ⅰ、Ⅱ),并分别在上下午各测 4 次。每次观测所得两岸尺桩的高差间的互差,每 100 m 不得超过 4 ~ 5 mm,超出此限者,须重测其有关者两次或其中差异突出者一次。

跨河宽达 500 m 以上时,须采用望远镜放大倍率大于 40 倍、管状或符合水准器分划值小于 10″ ~ 12″ 的水准仪进行观测。

跨河水准测量中,应注意以下事项:

(1)用布伞遮蔽阳光,不使其直接照射仪器和脚架。

(2)由一岸转移至另一岸时,仪器应妥善装箱,并不得使其受振动和触动望远镜的调焦位置。

(3)观测应在影像完全稳定时进行,一般在日出后半小时开始至 9:30 为止,但可根据地区及季节情况适当变通。当风力达到 5 级时应停止观测。

每一跨河水准处应概略绘出水准仪和水准尺位置图及附近(约 200 m)范围内的地形图。

手簿中应记录观测日期及每一岸上的开始时间和结束时间、天气、温度、成像和各照准点的水准尺编号等项目。

在严冬河面封冻的地区,跨河水准可在冰上进行,此种情况下,在进入严冬之前,应在预定跨河的地方埋设水准点,并将这些点与测区内已有的水准点联测。

在进行水准测量前,应沿着选定的路线,按该等水准测量所采用的距离,选定安置水准仪和水准尺的地点,并将这些地点的覆雪除去,为了安置水准尺,可在冰上凿一小坑,塞入有圆帽钉的小木桩(长 25 ~ 30 cm,直径 8 ~ 10 cm),在安置三脚架的地方,每脚架下都要塞入同样的木桩,但不必要圆帽钉。

冰上水准测量应在冰层有足够厚度和冰表面周围变化最小的时候进行,具体可参考有关冰情资料确定。

冰上水准测量应在尽可能短的时间内完成，不得在冰上聚集很多的人、交通工具及重物等，以保安全。

两岸水准点间的水准测量，应进行两次往测和两次返测。测量方法和观测程序与一般测站相同。

(五)外业成果的记录和整理

1.外业手簿的记录

(1)外业手簿的页数应编号，不得任意撕去，也不得跨页记录一测站的观测成果或无故留下空页。

(2)往返测可记录于同一手簿中，当单程测量结果跨页记于两本手簿中时，应在第一本手簿的末页注明下接某号手簿的某页，在第二本手簿的起页上注明上接某号手簿的某页。

(3)观测的读数与记录的小数位数，记至水平丝在水准尺上所能估读出的最小小数为止。

(4)记录应用3H或4H铅笔，记录的文字与数字应力求清晰端正，不得潦草、模糊。

(5)外业手簿中已作的任何原始记录(包括文字与数字)均不得擦去或涂改，更绝对禁止修改与伪造。

(6)原始记录有错误的数字(只限于米、分米的读数)与文字应以单线整齐划去，并在其上方写出正确的数字与文字，在相应备注栏内注明原因，但在同一测回中不得有两个相关数字(上、下视距丝读数，基本分划和辅助分划读数)连环更改。所用文字与数字的更改均应在现场进行，严禁在事后更改。

(7)因不合格而重测的结果，应记录在手簿他处的空格位置，重测测站的编号仍用原来的编号，但须加"重测"二字。作废的观测记录应以单线划去，并注明重测原因及重测结果记于何处。

2.外业计算

1)外业手簿计算

(1)每一测段往返测完后，应在往测(或返测)记录后注出往测高差、返测高差、往返高差不符值、测线长、允许不符值以及$\sum$前、$\sum$后等项，高差单位为"m"，不符值单位为"mm"，测线长单位为"km"(取至小数点后两位)。

(2)上一测段测完后，下一测段均不要连续记录，应另起一页。同一测段的往返测亦不要连续记录。

(3)三等水准测量，同一站红面高差与黑面高差异号时，应加正负号，平均高差取至小数点后四位。

(4)按记录手簿要求的其他计算。

2)高差和概略高差的编算

概略高差为本测段往返测高差平均值后再加下列改正：

(1)水准尺1m长度的改正。

(2)路线闭合差的改正。路线闭合差为水准路线实测往返平均高差与起迄点(国家精密水准点)高程差的互差，可按线长平差法进行配赋。

概略高程表的编算：

（1）起算点高程应直接抄录于水准点概略高程表中，并应保证其正确性，记录起算高程的相应备注栏内，应注明其资料来源。

（2）按该表的要求逐项填写每一测段的测线长、高差以及测站数等。

（3）按测线长进行闭合差的配赋，计算高差改正数。

（4）由高差和高差改正数计算各点的概略高程。

（5）两相邻点之间的往返测高差中数取至 0.1 mm，水准点的概略高程取至 1 mm。

（6）该表应由两人独立编算一遍，并互相校核以保证其全部无误。

3. 外业应提交的资料

（1）水准点之记（包括旧点的调查记录）。

（2）测量标志委托保管书，占地同意书。

（3）水准路线图及交叉点接测图。

（4）水准仪和水准尺的检验资料。

（5）已经检查的观测手簿。

（6）高差及概略高程表两份。

（7）水准测量外业技术总结。

（8）其他各项有关资料。

4. 水准点高程高差表的编制

首先检查外业资料是否汇集齐全，并根据具体情况和需要进行复核及抽查。当确认资料正确无误后，才得着手编制水准点高差和高程表。

第三节　四等水准测量

一、四等水准测量的一般规定

测区内的第二级高程控制按四等水准的要求进行测设，用以加密首级高程控制系统。

四等水准路线必须起讫于首级高程控制点或国家精密水准点，起讫点间的水准路线全长一般不得超过 30 km，最大不得超过 50 km。四等水准路线支线长度不得超过15 km。

四等水准用以测定断面木桩、临时水准点高程以及其他临时性测量标点的高程。水准路线的布设可由各测站根据局部河段的具体需要进行布设，以满足各有关测验项目对高程控制的要求。

四等水准点的型式规格和埋设方法不作具体规定，可由各测站根据需要自行选择，一般可采用直径 0.1 m 左右、高 1.0 m 以上、顶部钉有圆帽钉的木桩。

四等水准点的校测，应于每年汛前进行，若发现某水准点有破坏或变动迹象，应及时校测。

二、四等水准测量的实施

起讫于高一级水准点上的四等水准路线允许以单向测量进行。四等水准路线支线则必须进行往返观测，也可在单方向上进行两次独立的观测，即用四个尺垫布设成左右水准路线,但每一测站上测完左(或右)水准路线后,须重新整置仪器施测右(或左)水准路线。

四等水准测量使用的仪器及水准尺的检校如下所述:

(1)望远镜放大倍率不小于24倍。

(2)管状水准器分划值不大于25″/2 mm。

(3)十字丝具有三根水平丝。

(4)一般可采用国产仿蔡司水准仪。

(5)水准尺的要求与三等水准测量相同,但在山区允许采用4 m长的水准尺。

(6)水准仪与水准尺的检验,按三等水准测量的要求进行。

(7)视线的标准长度为100 m,当望远镜放大倍率大于30倍时,水准器分划值小于15″/2 mm,且成像清晰稳定时可酌情增至150 m,视线长度可用视距丝或用测绳丈量,每站前后视距差不得大于3 m,每测段中前、后视距总和之差不得大于10 m。

整置仪器和观测操作要求与三等水准测量的规定相同,但观测程序另行规定如下:

(1)照准后视水准尺读记黑面中丝读数。

(2)照准前视水准尺读记黑面中丝读数。

(3)照准前视水准尺读记红面中丝读数。

(4)照准后视水准尺读记红面中丝读数。

若水准路线上土质坚硬,仪器沉陷极微小,也允许采用前、后水准尺黑—红—黑—红的观测程序。

有关限差的要求如下所述:

(1)工作间歇采用三等水准测量的措施,但间歇后所得各转点间的高差不符值不得超过5 mm。

(2)每一测站结束后,应随即进行手簿上所有项目的计算,其限差规定为:一测站上同一水准尺黑、红面读数之差不得超过3 mm,按黑面和红面所得前后水准尺读数高差之差不得超过5 mm,否则该测站应全部重测。

(3)进行往返测或在单方向上进行两次独立观测的路线,每一测段往返观测或两次独立观测所得高差间不符值不得超过 $\pm 20\sqrt{R}$(mm)(R 为由往返测视线长度算得的测段长度的平均千米数),山地不得超过 $\pm 25\sqrt{R}$(mm)。超过此项限差时,应进行重测。

(4)起讫于高一级水准点的四等水准路线,其闭合差不得超过 $\pm 20\sqrt{L}$(mm)(L 为单程路线长度的千米数),在山地不得超过 $\pm 25\sqrt{L}$(mm)。超过此限差时应按规定进行重测。

四等水准测量中整置仪器和观测操作的规定,手簿记录与计算的要求以及其他注意事项均参照三等水准测量中的有关条款办理。

三、水准点成果表的编制

根据外业提供的资料首先编制"四等水准点的高差和高程表",经校核无误后,再据此编制四等水准点成果表,表的格式与三等水准点成果表相同。

四等水准的误差可按线长平差法进行配赋,水准点的高程取至1 mm。

第四节 五等水准测量

一、五等水准测量的一般规定

(1)五等水准测量是测区的第三级高程控制,适用于测定视距导线和一般仪器测站以及断面测点的高程。此类高程点均不得再做其他水准路线的起讫点。

(2)五等水准路线必须起讫于高一级的水准点,路线长度一般不得超过 8 km,最大不得超过 15 km。

二、五等水准测量的实施

起讫点均有高一级水准点时,则五等水准允许以单向测量进行;否则,应进行往返观测或按单镜双转法施测(两次仪器高度之差不得小于 0.1 m)。

五等水准测量仪器和水准尺的要求:

(1)望远镜放大倍率不小于 20 倍。

(2)管状水准器的分划值不得大于 15″/2 mm。

(3)十字丝具有三根水平丝。

(4)采用格区式双面水准尺。

(5)水准仪与水准尺的检验可参照三等水准测量水准仪和水准尺检校中的相关要求执行。

视线长度为 100 m,如天气良好、成像清晰稳定时可增至 150 m。其长度可用测绳丈量或以步测,前后视线长度之差不得大于 5 m,以使每站的调焦位置保持不变。

整置仪器和观测程序可按一般水准测量中的有关规定执行。间视测点的观测应在水准路线上的测点(即前后视立尺点)观测开始前或观测开始后进行。

每一测站观测结束后应立即进行水准测量记录表上所有项目的计算,其限差规定如下:一测站上同一水准尺,黑红面读数之差不得超过 5 mm。用红面和黑面所得前后水准尺读数高差之差不得超过 8 mm。采用单镜双转法变更仪器高度后所得两组前后测点高差中数之差不得大于 5 mm;否则,该测站应全部重测。如不超限则取其中数。

五等水准测量往返闭合差及两高级点间的闭合差不得超过 $\pm30\sqrt{L}$(mm)(L 为单程测量的千米数),当每千米测站数超过 15 站时不得超过 $\pm35\sqrt{L}$(mm)。

五等水准测量的误差可按站数进行配赋。

第五节 水准测量的精度评定及外业计算数值取位

一、水准测量精度评定

每完成一条水准路线的测量,须进行往返测(或左右路线)高差不符值及每千米水准

测量偶然中误差 M_Δ 计算(不足 20 个测段的路线不单独计算 M_Δ,但须与网中其他路线合并计算),国家规范要求每千米水准测量偶然中误差 M_Δ 三等水准不得超过 ±3.0 mm,四等水准不得超过 ±6.0 mm。

每千米水准测量偶然中误差按下式计算

$$M_\Delta = \pm \sqrt{\frac{1}{4n}\left[\frac{\Delta\Delta}{R}\right]} \qquad (6\text{-}1)$$

式中:Δ 为测段往返(或左右路线)高差不符值,mm;R 为测段长度,km;n 为测段数。

每完成一条附和水准路线或闭合环的测量,并对测量高程进行了水准尺长度误差改正和正常水准面不平行的改正后,计算附和路线或闭合路线的闭合差 W。当构成水准网的水准环超过 20 个时,还须按照水准环闭合差 W 计算每千米水准测量全中误差 M_W,三等水准 M_W 不得超过 ±6.0 mm,四等水准 M_W 不得超过 ±10.0 mm。

每千米水准测量全中误差 M_W 按下式计算

$$M_W = \pm \sqrt{\frac{1}{N}\left[\frac{WW}{F}\right]} \qquad (6\text{-}2)$$

式中:W 为经过各项改正后的水准环闭合差,mm;F 为水准环线周长,km;N 为水准环数。

二、水准测量外业计算数值取位

三、四等水准测量外业计算按照表 6-5 取位。

表6-5　三、四等水准测量外业计算数值取位

测量等级	往返测距离总和(km)	测段距离中数(km)	各测站高差(mm)	往返测高差总和(mm)	测段高差中数(mm)	高程(mm)
三等	0.01	0.1	0.1	0.1	1	1
四等	0.01	0.1	0.1	0.1	1	1

第七章　断面测量

断面测量是河道测量的主要方法,也是目前河道观测的主要方法。本章主要讲述断面测量的原理和方法,主要内容包括河道断面测量的原理、断面布设、断面测量、外业记载表的填制以及断面测量的误差分析等。

第一节　河道断面测量的原理

一、名词解释

河道横断面:当以一个垂直于主流的铅垂面横切河道时,铅垂面与河道边界的交线叫河道横断面,也就是平常说的河道断面。

断面端点:为了控制河道横断面的宽度和方向而在河道两岸设置的断面起始点和终点统称断面端点,面向河道下游,左边的为断面左岸端点,右边的为断面右岸端点。

断面宽度:断面左右岸端点的直线距离为断面宽度。

断面间距:相邻河道断面的距离称断面间距。在顺直河道断面平行时,两断面线的垂距为断面间距。

标准水位:为了计算河道断面的冲淤面积,一般在每一个断面上设定一个水位级,计算该水位级以下各个测次的断面面积,从而计算出各个测次之间的冲淤面积,设定的这个水位级叫标准水位。该水位一般设在理想最高洪水位以上。

断面面积:每个断面标准水位与断面包围的面积叫断面面积,如图 7-1 中的 S_1、S_2。

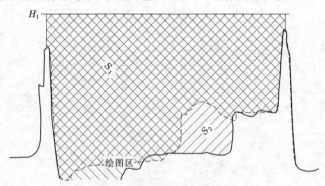

图 7-1　断面面积示意

冲淤面积:同一个断面不同测次标准水位下面积之差为该断面这两个测次之间的冲淤面积,如图 7-1 中所示的 $S_1 - S_2$。

断面冲淤厚度:将该断面两测次之间的冲淤面积平均铺在该断面上,铺在该断面上的厚度为该断面两测次之间的断面平均冲淤厚度,一般淤积为"＋",冲刷为"－"。冲淤厚

度的计算为 $\Delta S/D$，其中 ΔS 为断面冲淤面积，D 为断面宽度。

冲淤体积：两相邻断面两测次之间断面冲淤面积均值与断面间距的乘积为该两断面之间两侧次的河段冲淤体积。

冲淤强度：单位长度（通常为 1 km）河段内的冲淤量叫冲淤强度。一般按照 $\Delta V/L$ 计算，其中 ΔV 为河段内的冲淤量，L 为河段长度。

河段冲淤厚度：将某河段内两次测验之间的冲淤量平均铺在该河段的河道内，那么铺在该河段的泥沙厚度就叫该河段的平均冲淤厚度，一般淤积为"$+$"，冲刷为"$-$"。冲淤厚度的计算为 $\Delta V/S$，其中 ΔV 为冲淤体积，S 为河段的平面面积。

二、河道断面测量的原理

为了了解河道的变化，通常在待测河道上每隔一定的距离布设一个河道横断面，如图 7-2 中所示的 d_1、d_2、d_3，d_1 至 d_2 和 d_2 至 d_3 断面之间的距离分别为 L_1 和 L_2。

通过对这些断面的连续监测，我们得出各断面的断面图，每个断面套绘在一张图上，就成了河道断面比较图，如图 7-3 ~ 图 7-5 所示。

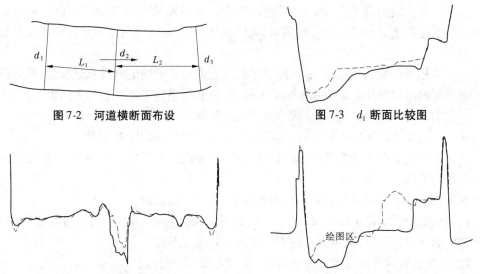

图 7-2　河道横断面布设　　　　　　　图 7-3　d_1 断面比较图

图 7-4　d_2 断面比较图　　　　　　　图 7-5　d_3 断面比较图

根据断面的实际情况，划定每个断面的标准水位，d_1、d_2、d_3 断面的标准水位分别为 H_1、H_2、H_3，然后分别计算两个测次之间标准水位下的面积分别为 $S_{d_{1,1}}$、$S_{d_{1,2}}$、$S_{d_{2,1}}$、$S_{d_{2,2}}$、$S_{d_{3,1}}$、$S_{d_{3,2}}$。

各断面的冲淤面积分别为

$$\Delta S_{d_1} = S_{d_{1,2}} - S_{d_{1,1}}$$
$$\Delta S_{d_2} = S_{d_{2,2}} - S_{d_{2,1}}$$
$$\Delta S_{d_3} = S_{d_{3,2}} - S_{d_{3,1}}$$

假设三断面间距分别为 L_1、L_2，则该河段的冲淤体积为

$$\Delta V = \left(\frac{\Delta S_{d_1} + \Delta S_{d_2}}{2}\right)L_1 + \left(\frac{\Delta S_{d_2} + \Delta S_{d_3}}{2}\right)L_2 \tag{7-1}$$

第二节 断面布设

断面布设是断面测量的前期工作,其目的是选定能够代表本河段冲淤特性的断面位置和断面走向,并使其达到能够进行断面监测的条件。断面布设的主要工作内容为:确定断面位置和断面走向,设置断面起终点桩、滩地桩和滩唇桩,设置断面标志杆,并对一些影响断面测量的障碍物进行必要的清除。

一、断面布设的原则

(1)在任一河段内布设断面时,应收集该河段以往的河势资料,详细了解其演变情况及规律,尽可能避免由于河势流向的变化而使该断面很快失去代表性。断面一经设置,不应轻易变动。

(2)断面线原则上与平均流向垂直,但由于河道迂回曲折,高、中、低水位下又有所不同,因此断面线可按以下办法设置:

①断面线大致垂直于主流流向,设立时先在岸上目测流向,初定断面方位,然后在船上用细线系浮标或流向仪测出流向偏角,加以调整,至认为大致与主流流向成正交时打入断面桩。

②若为相当长的顺直河段,而其地形等高线走向对于平均流向具有代表性,可以根据地形测量所测出的等高线来决定断面的方向,使断面线垂直于等高线的平均走向。

③如为游荡性河段,可使断面线垂直于主流经常游荡范围的总走向。

④当两股叉河的流向不平行时,可根据较大一股的流向确定断面方向。

⑤为避免断面在滩区交叉和提高计算精度,首先应遵循平行的原则,即尽量使河段内若干个断面平行。

⑥在考虑断面与河道大趋势垂直的前提下,兼顾主槽流向。

(3)在疏密度方面遵照弯曲河段密、顺直河段稀,游荡河段密、稳定河段稀的原则。对于较大的弯道,应在弯道顶部和过渡的地方分别布设断面。

此外,由于黄河下游河段在河道特性、断面宽度、工程控制情况等方面存在着一定的差异,因此还需遵循河段的不同性质来进一步确定断面的布设原则。

(4)断面设置以后,由于河势流向的变迁,以致断面线不与经常的(对绝大部分的测次而言)平均流向垂直,可以按以下情况处理:

①断面线虽不与平均流向垂直,但流向偏角不超过45°时,一般不予变动。

②流向偏角虽超过45°,但河势流向摆动频繁,目前流向偏角虽大,但还有恢复原河势的可能者,也不宜变动。

③流向偏角超过45°,并估计今后河势能稳定者或能肯定在较长的时间内稳定者,若由于流向偏角较大,施测断面困难,可由站、队提出意见,报请黄河水利委员会水文局批准后处理。

流向偏角超过45°而断面线方向仍不变更者,应在断面测量记载簿备注栏内和断面实测成果表内注明流向偏角。流向偏角超过45°经黄河水利委员会水文局批准后的处理办法,可以一岸不动(不动的一岸最好为设有断面标志和基线标志的一岸),将断面旋转一个角度,使断面线与平均流向垂直,并重新设置断面桩及标志,但原断面的永久性断面桩及编号等均应保留不变。变更断面方向的工作,应在一个年度的开始进行。

变更方向的断面在第一次测验时,应将变更方向的新断面与原断面同时施测,以使前后资料衔接。从第二次测验起便只测新断面。

二、断面布设密度分析

河道常用的冲淤量计算方法为断面法,该方法以其方便、快捷且费用相对较低在河道冲淤量计算中被广泛运用,也是黄河下游淤积量观测和计算的常用方法。

断面法是沿河道布设一定数量的固定断面,沿断面线进行高程、起点距测量,计算断面面积,并量算各断面间的间距后,可用下式计算断面间的体积(梯形法)

$$V = \frac{S_u + S_d}{2}L \tag{7-2}$$

式中:V 为两断面间的体积;S_u、S_d 分别为上、下断面的面积;L 为两断面间距。

具体推导过程如下:取两断面间的间距与两断面垂直,相邻两个实测断面面积为 S_u、S_d,两断面间任一位置处的断面面积为 S_x,且 S_x 与 L 垂直,则对应河段 L 内 S_x 断面附近的体积为

$$dV = S_x dx$$

那么两断面之间的体积为

$$V = \int_0^L S_x dx$$

假设断面面积沿河长方向变化为线性关系,即

$$S_x = S_d + \frac{S_u - S_d}{L}x$$

则

$$V = \int_0^L \left(S_d + \frac{S_u - S_d}{L}x \right) dx = L\frac{S_u + S_d}{2}$$

从以上推导可以看出,梯形公式的使用条件是:①适用于两断面之间的断面面积呈线性变化的情况;②两实测断面之间的各个断面均相互平行,即垂直于 L。当两实测断面间面积完全符合这两个条件时,公式(7-2)计算误差为零。若两断面间面积变化为非线性,用公式(7-2)计算,就会带来计算误差。

因此,这一计算误差可以认为是公式(7-2)模型计算误差,也可认为是模型代表性误差。实际上,天然河道任意两淤积断面之间各个断面的面积变化一般是不满足线性变化条件的,这一误差是必然存在的。另外,如果计算模型(公式)不变,在实测河段上逐点增加淤积测量断面的数量,使实测断面之间的间距 L 逐渐减小,则梯形公式的两个条件就能逐渐接近。当河段内淤积测量的断面数 $n \to \infty$,即两计算断面间的间距 $L \to 0$,两断面间冲淤量的变化可认为是线性变化的,这种情况下用梯形公式(7-2)计算河段的冲淤量,计算结果将不存在模型代表性误差。实际工作中一个河段上的淤积测验断面数不可能达到无

限多,因此模型误差也可认为是用有限的实测断面进行冲淤量测量计算而产生的误差。由于河段内断面数直接影响河段内淤积量的计算误差,这一误差也称为断面代表性误差。消除和减少代表性误差的办法也可从以下三个方面进行解决:一是改进计算模型;二是布设合理的断面密度;三是布设合理的断面位置,使实测断面的位置对河段具有很好的代表性。因此,断面密度是控制代表性误差的重要方面。

由以上分析可知,影响代表性误差的关键因素之一是断面布设密度。由于各河段的地形情况不同,无法通过理论分析研究建立普遍通用的断面密度和代表性误差关系。但对于具体河段,可根据实测资料分析计算河段的代表性误差大小及与断面密度的关系。因此,我们分别选取了花园口附近的石槽—辛寨河段、杨集—松柏山河段作为游荡性河段和弯曲性河段的代表性河段进行分析。

(一)游荡性河段断面密度分析

石槽—辛寨河段长为 69.75 km,该河段 1960~1961 年由花园口河床演变测量队进行过两次加密断面测量。

河段内共布设基本断面 6 个,加密断面 64 个。最上一个断面为石槽断面(距花园口基本断面 34.6 km),最下一个断面为辛寨断面。加密断面平均间距为 1.11 km,最大间距为 2.7 km,最小间距为 0.45 km。

在分析计算中,首先根据选取计算河段内断面变化情况,确定各断面的标准水位。各断面的标准水位是根据最上游的石槽断面和最下游的辛寨断面的多年平均最高水位,以河段内断面间距作参数,内插计算而得。其次计算河段内全部 64 个断面标准水位下的断面面积,并计算出河段内标准水位下的容积作为标准容积。最后,按照一定的规律,对河段内的断面数量进行精减,分别算出不同断面数量时的容积,进而计算由于精减断面数量而引起的河段容积相对误差 $\Delta V_i(\%)$,计算式为

$$\Delta V_i = \frac{V_n - V_i}{V_n} \tag{7-3}$$

对此资料进行了两次计算,根据计算结果绘制了该河段精减后断面数量与精减引起河段容积相对误差关系图,如图 7-6 所示。从图 7-6 可以看出:河段容积误差随断面数量的减少而增大,特别是该河段内断面数小于 25 个以后,随断面数量减少,容积计算误差急剧增大,而断面数为 25~64 个时,误差大小与断面数量关系变化不明显。对同一河段两次资料计算的结果基本相同,图形变化趋势一致。

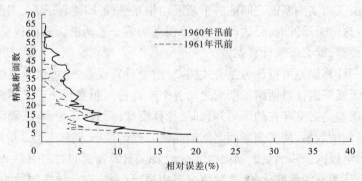

图7-6 石槽—辛寨(69.75 km)断面数量与相对误差相关图

表 7-1 为游荡性河段河道断面平均间距和相对误差一览表,从该表可以看出该游荡性河段断面平均间距以控制在 1.89 ~ 2.68 km 为宜。

表 7-1　游荡性河段河道断面平均间距和相对误差均值

断面数	相对误差均值(%)		断面平均间距 (km)	说明
	1960 年	1961 年		
64	0	0	1.11	
57	0.61	0.60	1.25	
53	0.89	1.18	1.34	
49	0.88	1.17	1.45	
45	0.65	1.15	1.59	
38	0.57	0.34	1.89	
33	0.27	0.30	2.18	
31	0.34	0.88	2.33	
27	0.37	0.39	2.68	
25	1.08	0.51	2.91	
23	1.02	2.21	3.17	
20	3.30	3.57	3.67	
17	3.57	5.02	4.36	
14	2.62	2.87	5.37	
12	5.81	5.64	6.34	
9	6.06	5.25	8.72	
6	10.65	6.78	13.95	
5	6.80	8.92	17.44	
4	14.71	14.34	23.25	

(二)弯曲性河段断面密度分析

陶城铺以下河段为弯曲性河段,较游荡性河段相对窄深,河道特性与游荡性河段有一定差异。为了分析游荡性河段断面代表性误差,我们选取杨集—松柏山河段进行了精减分析。该河段长 55.82 km,共有 33 个全断面,最大断面间距 3.5 km,最小间距 0.3 km,平均断面间距 1.74 km。1960 年 9 月与 10 月对该河段进行了施测。断面精减计算方法与游荡性河段相同,该河段精减后断面数量与精减引起河段容积相对误差相关图见图 7-7。

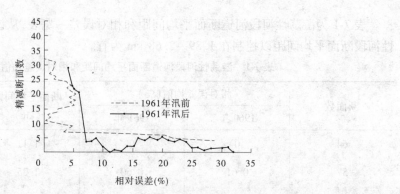

图 7-7　杨集—松柏山河段(55.82 km)精减后断面数量与相对误差相关图

从表 7-2 中可以看出,对于弯曲性河段在断面平均间距小于 2.43 km 后相对误差才控制在较低的水平。

表 7-2　弯曲性河段河道断面平均间距和相对误差均值

断面数	相对误差均值(%)		断面平均间距 (km)	说明
	1960-09	1960-10		
33	0	0	1.74	
30	2.18	3.16	1.92	
28	3.17	4.10	2.07	
26	2.82	2.36	2.23	
24	2.24	2.33	2.43	
20	4.42	5.96	2.94	
15	3.34	5.42	3.99	
13	8.72	5.63	4.65	
11	5.20	4.05	5.58	
9	3.31	5.25	6.98	
7	12.50	10.93	9.30	
6	13.33	12.79	11.16	
5	18.17	19.71	13.96	
4	26.92	28.59	18.61	
3	38.36	38.74	27.91	

由于黄河下游大密度断面观测成果较少,本次断面密度分析所采用的观测成果观测时段短(只有两年),在精减分析过程中发现断面数量与控制误差的关系并不十分稳定,但是总的趋势仍然比较明显,即断面的控制精度随着断面数量的增加而提高。如果说据此还不足以确定黄河下游的断面密度,但它至少给出了一个量化的断面疏密度与控制精度的关系。综合各河段的分析结果,黄河下游河道测验断面平均间距以 1.5～3 km 为宜。

三、断面设施设置

断面位置和走向确定后,第一步就是布设断面测量设施,断面设施包括断面端点桩、断面桩、基线杆、断面标志杆等。现分别叙述如下。

(一)断面端点桩的设置

断面端点桩就是断面的起点桩和终点桩,它不单是断面起终点的标志,同时还是平面高程控制点,一般把断面端点也兼作 GPS 主基点和三等水准点。

1. 断面端点桩(GPS 主基点)的标石制作规格

断面端点桩(GPS 主基点)提前预制,尺寸及配筋如图 7-8 所示。水泥强度等级为 50,每立方米混凝土制作材料用量见表 5-1。

尺寸为 25 cm × 25 cm × 100 cm,配筋为四主五箍(笼),$\phi 1.0$ cm/$\phi 0.5$ cm,如图 7-8 所示,中心标志为不锈钢,尺寸为 $\phi 2$ cm × 20 cm。上端为半球形,中心钻 $\phi 0.1$ cm 小圆孔,底端焊 5 cm 钢筋横撑。

中心标志和水准标志一律外露 1 cm。

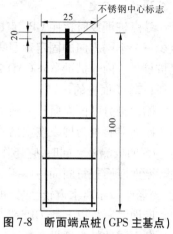

图 7-8　断面端点桩(GPS 主基点)的标石尺寸及配筋示意

(单位:cm)

端点桩的顶面上部预制时压印"黄河水文",中心标志右侧压印桩名,下部压印埋设时间"2003.8",如图 7-9 所示。正侧面距桩顶 15 cm 处压印桩名;桩名上部,预制完成后端点桩描印断面 5 位数编号,断面桩描印后 3 位断面编号,如图 5-3 所示。

所有注字统一用红漆描涂,桩体刷白漆,以示醒目。

2. 断面端点桩的埋设

河道断面端点桩是标定断面位置的重要标志,应按照设计位置埋设,一般埋设在大堤背河堤肩或堤坡的牢固处。在埋设前应到河务管理部门了解该处的黄河防汛工程情况,尽量避免黄河防汛工程对该点造成影响。

图 7-9　标石顶部压字示意

断面端点桩桩型可参照普通 GPS 基准点标准造埋,并用 D 级 GPS 标准测定其平面位置,三等水准联测高程。

断面端点桩埋设后,应在该点附近埋设辅助端点 1～2 座(可用断面桩代替),以在断面端点丢失后标定断面端点位置。

1)断面位置放样及桩点点位选择

以原高级 GPS 基准点为基准,根据断面设计端点坐标,使用 GPS RTK 法放样断面线,一般在位于大堤背河堤肩外 1 m 处位置埋设左右岸端点桩,并测取端点桩平面坐标。

2)标石埋设

标石埋设的步骤如下:

(1)基坑开挖。在选定位置开挖标点基坑,坑底整平和夯实处理后,浇筑 0.8 m × 0.8 m × 0.2 m 的混凝土底盘,内置五横五竖钢筋箅,将标石浇入底盘 0.1 m 深。

（2）标石放置。埋石时所有桩点的侧面注字均朝向河道的断面方向，端点桩侧面注字朝向大堤，且与大堤平行。

端点桩露出地面部分一般为 20～40 cm。

端点桩在埋设过程中均有 GPS RTK 精确定位作保证，埋设完成后测取点位坐标和起点距。

回填土逐层夯实并灌水 20 kg。

埋设规格如图 5-4 所示。

3）绘制点之记

端点桩埋设时按照 GPS 点的设置要求现场绘制点之记，用钢尺实地丈量标石中心与至少三个不同方向的固定参照物之间的距离，测取点位概略坐标；大堤上的点量取大堤公里桩桩号。内业借助 AutoCAD 2002 软件绘制 dwg 格式的点之记图表。

（二）断面桩的设置

断面桩分断面滩唇桩和断面滩地桩，均埋设在断面线上。

断面滩唇桩为埋设在主槽附近的断面桩，它一方面作为水准点引测水位，另一方面作为 GPS 的校测桩。同时，它还作为断面方向桩标定断面方向、引导水道测验时的操船航向。断面滩唇桩每断面每岸不少于 3 个。断面滩唇桩一般埋设在主槽附近的老滩沿附近，当老滩沿距离水道较远时，可在水道附近相对牢固的地方埋设 1～2 座，以标示断面方向。断面滩唇桩以 E 级 GPS 测定位置，四等水准联测高程。

断面滩地桩为埋设在断面滩地中的校测桩，主要功能为标定断面方向、校测断面起点距和高程。断面滩地桩一般在村前后、树林前后各埋设 2 座，一般情况下每隔 1 000 m 左右埋设 1 座。断面滩地桩桩型为四等水准点标准。断面滩地桩由 GPS 确定位置，四等水准联测高程。

断面设置以后，应分别在每一断面两岸大堤断面端点附近及老滩沿或生产堤等处埋设 3 个以上的水准桩，作为固定断面方向之用。

断面桩可根据测验河段的具体情况分别埋设石桩、混凝土钢筋桩和圆木桩，其各桩的规格按规范规定执行，这里就不赘述。

在埋设断面桩时，应使桩上的编号槽或刻字一律面向河流。

各断面两端点的桩必须埋设参证标志，其余断面桩可根据实际需要埋设参证标志。

当断面桩遗失或损坏时，应按原来的位置埋设，若不得已而变更原桩位置，则应将变更时间、原因、变更后的位置、附近的地貌地物特征、与原桩的关系以及其他有关情况，详细填写在考证簿的修正报告书中。

断面桩埋设完毕后，需办理托管手续。

断面桩的编号如下所述：

（1）断面桩的编号应从全面和长远考虑，原则上须做到"一桩无两名，两桩不同名，时间能区分，关系应分明"，从而使所有断面桩清楚不乱，使用方便。

（2）断面桩的编号应包括时间、岸别、序号等。如 93L5，93 表示设置时间为 1993 年，L 表示左岸（R 为右岸），5 表示该桩为本次设置的从河边算的第 5 个桩。

（3）当原桩损坏，在原位重新埋设者，其编号为在原名后加"—n"。如 93L5—1 表示

93L5 变动或被破坏而在原位重新埋设的新桩,如该桩又遭破坏,则又在原位重新埋设的桩为 93L5—2。

(三)基线设置

基线起点桩一般可兼作断面桩(或断面起点桩),并兼作校核水准点。

为便于高、中、低水位不同情况下的断面测量,应在堤顶或滩地上设置高、中、低水位基线。漫滩部分测量的基线,应与滩地的断面标志结合设置。

基线用复测法测定,角度观测准确至分,并尽可能设置为垂直于断面线的基线,基线的起点应恰在断面线上。

常用基线的测角必须是两个测回并有检查方向,其测角限差按表 5-6 中的 30″经纬仪执行。

基线的长度应使断面上最远一点的仪器视线与断面的夹角不小于 30°,特殊情况下也不得小于 15°。

用六分仪交会的测站,布设的基线长度应使在断面上任何位置后视和前视同一基线的起终点时,两视线的夹角不小于 30°且不大于 120°。基线两端至近岸水边的距离不应小于交会标志高出枯水位水面高差的 7 ~ 8 倍。

测量基线长度,可用钢尺、竹尺或其他校正好的卷尺测量。测量时必须往返进行两次,其差数在不超过 1/1 500 时,可用往返测量长度的平均值作为基线长度,否则须重新测量。

当基线端点不在固定桩上时,其基端距也要进行往返量距。

基线设置后,由于障碍物阻隔不便直接丈量基线长度时,可设置两个单三角形以正弦定律计算基线长度。如两次计算结果,其差数在不超过 1/1 500,可用两次计算结果的平均值作为基线长度,否则须重新测量计算。每个单三角形的设置须符合以下要求:

(1)三角形的每个内角均须大于 30°,小于 120°。

(2)三角形三内角均须实测,其闭合差不得大于 45″。计算时可将其平均分配给三个内角,当闭合差不是 3 的整倍数时,以两个小角分配等值为原则,因小角的变化对正弦对数影响较大。

(3)三角形的基线丈量闭合差为 1/3 000。

(四)断面标志杆的设置

1. 断面标志杆的位置要求

(1)断面标志杆是在断面上进行观测工作时定位的标志,在每一断面上应视河面宽窄和操作情况,在一岸或两岸各设置 2 个断面标志杆。另根据漫滩、分流后的测量条件,酌情在滩地设置若干个辅助标志杆。

(2)同一岸的相邻两个断面标志杆的间距,应为由近岸断面标志杆到最远测点距离的 5% ~ 10%,但不能小于 5 m。

(3)断面标志杆的大小以从最远的测点上看得清楚为准,不宜过大。

2. 断面标志杆的购置及制作

断面标志杆采用 10 ~ 12 m 的水泥杆加木质标头,标头样式为木质方形牌,1 米见方,用套环紧固在水泥杆上端。

3.断面标志杆的定位与埋设

根据预先设定的起点距位置,用 GPS 输入断面起终点坐标,用 GPS RTK 技术的施工放样,确定断面杆的埋设位置,按照选好的位置,首先开挖一个上口 1.5 m×1.5 m,下底 1.0 m×1.0 m,深 1.7 m 的深坑,然后把固定好觇牌的水泥杆在坑内竖起,调整好觇牌的方向,用全站仪照准,移动水泥杆,使其精确落在断面上,然后在坑内浇筑 1 m 厚的混凝土并将其捣实整平,最后回填土方,将土夯实平整。断面标志杆、基线杆均进行了红、白相间的刷漆,两种漆间隔为 1 m,其中地面以第二节为白漆。埋设示意如图 7-10 所示。

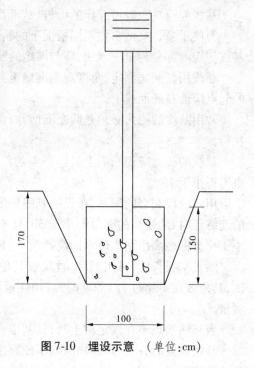

图 7-10　埋设示意　(单位:cm)

说明:开挖土方 1 m×1 m×1.5 m,现场混凝土浇筑 1 m×1 m×1.5 m。

断面设施埋设完毕后,现场绘制点之记草图,并记录有关埋设情况。

四、建立断面考证

断面布设以后应及时建立断面考证,按考证的格式逐项将断面的控制情况、断面情况、基线情况等填写清楚,并在以后遇到变动时及时在修改报告中注明。

第三节　断面测量

断面测量就是在布设好的断面上进行观测,一般分滩地测量和水道测量两部分。

一、断面测量的一般规定

滩地较宽的断面,为了便于今后的滩地测量,可每隔 500～1 000 m 打一直径 0.1 m、长 1.0～1.5 m 的木桩,桩顶钉一圆帽钉。此项木桩也可作为其他项目测量的图根点。

每一断面布设完毕后,应往返量距求出两端点间的总距离以及滩地各断面桩之间的距离,并与用坐标计算得到的断面总宽度进行比较,以正确地确定该断面两端点桩之间的总长度。在已具备此项设置的断面进行大断面测量时,即可以此总长度及各断面桩之间的长度作为检查量距是否闭合的依据。此后,每次大断面测量,不论用何种方法所测的成果,陆上部分与水下部分的距离总和与断面总长度相差不超过 1/1 000 时,即可不必往返测量。此时,断面总距离及各木桩之间的距离不必改变,仍采用原值,否则应逐段检查,找出原因重测。

各断面桩(包括端点桩)及校核水准点,均须用三等水准施测其高程;各滩地木桩用四等水准施测其高程。在已具备此项设置的断面,进行大断面测量时,高程测量可以逐段闭合,其闭合差在允许范围以内时,不必往返施测,否则须重测。

三等水准测量和四等水准测量的要求见第六章高程控制部分。

每断面上须有两个以上的断面桩(每岸端点各一个,其间视需要设置数个),并与三角点或导线点进行联测,按北京坐标系算出其纵横坐标。

断面起点距一律以左岸端点为零,按从左至右的顺序计算。凡已经设置的以右岸端点为零点的断面,最好在点绘断面图时换算为自左岸量起的起点距。如果在点绘断面图时确实不便于换算,须在大断面比较图上注明左、右岸,但新设断面时必须以左岸端点为零点。

水道断面两岸两固定桩,如已与三角点或导线点进行了联测,可用坐标计算两固定桩之间的距离。如只一岸有控制,可用两个单三角形测量并计算其间距,单三角形的设置及测算要求见平面控制测量之五等三角测量。

每一断面在各项基本布设(断面桩、基线桩、断面及基线标志、滩地木桩、校核水准点和固定桩等)完毕后,均须填写断面情况表,以后遇有变动随时填写考证簿修正补充报告书。

为了尽可能掌握河道的瞬时情况,水道断面测量要求按照统一规定的时间尽快地施测完毕,不允许断续施测,以减小断面冲淤变形的影响。

每个断面两岸应力求有一组牢固可靠、使用方便的四等水准点。一般每五年与高级点联测一次,此期间若发现水准点有问题应随时与高级点联测。

历年河道测验高程系统,采用冻结大沽高程,因此经与沿黄两岸二等黄海线联测后,断面两岸黄海大沽差值不同,经历年资料整编后,现确定均采用一岸黄海大沽差。

施测大断面时,固定桩的起点距在限差 1/500 以内的,均填写原实测数值。若超限,应检查原因进行改正。

滩地人工开挖渠道和生产堤一律不测,有特殊要求的按要求测量。

一般主槽、滩地宽度起点距不再变动,如果滩槽界塌进河里必须变动位置,则不能平移,可固定一岸,另一岸延长。由于大堤增高加厚,使断面的起终点被埋在大堤内时,应增设指示桩,以指示原起终点的位置。

二、滩地部分测量

断面滩地部分的测量为断面两端点间所有陆地部分的测量,包括量距、滩地高程的测量及滩地桩的测设,现分述如下。

(一)量距

断面方向之瞄定,应将经纬仪安置在终点桩或起点桩上,或其他位置适合的断面桩上,然后以起点桩、终点桩或较远的断面桩作为前视点,以经纬仪瞄线,用钢尺、竹尺或校正好的铅丝尺量距。

滩地平缓处每 50~150 m 应有一点,地形转折变化复杂处另外增加测点。测点分布应能控制住地形的转折变化,准确测绘出断面的实际情况。所有测点均打入直径 3 cm、长 25 cm 的小木桩作为标志,并按顺序编号或填写起点距,以便于固定测点位置和水准测量时检查对照。

小木桩的距离只在初设时和每年第一次测量时用钢尺或竹尺量距,平时在施测两断面桩之间的地形点时可用经纬仪视距法测定。

当遇串沟阻隔或稀泥滩滩面不能直接量距时,可布设临时基线,以经纬仪或六分仪测角求其间距,再累加以求其起点距。

为了及时检查纠正错误,在量距过程中,记录者应经常与拉链者核对测钎数,每量完两个桩之间的距离应与原间距进行比较,发现错误,及时纠正,必要时返工重测。

在断面设置后最初量距,或断面桩、滩地木桩之间的距离尚未准确测定以前,不能进行距离闭合检查时,量距均应往返双向进行,其差数在不超过 1/1 000 时,可用往返距离的平均值作为其距离(各地形点的距离亦如此),否则应重新丈量。

(二)滩地高程的测量

滩地高程可用五等水准施测。高程引据点可采用断面线上的三等水准点或四等水准点(断面桩、校核水准点为三等水准测出的高程,滩地木桩为四等水准测出的高程)及其他临时水准点。测量时可由一个水准点起,闭合于另一个水准点上,逐段闭合,逐段平差(按测站数),逐段推求各地形点的高程,以缩小误差数值的影响范围。

如果由一个水准点起测不能闭合于另一个水准点上,则应往返施测进行闭合,或用单镜双转法施测,不允许单程施测。

如滩面沉陷而又很宽,不能架设水准仪且又无法由前视测站间视,在不得已的情况下,允许用手持水准仪施测沉陷部分的滩地高程,但应在备注栏内说明。

各小木桩只需间视其地面高程。各断面桩和滩地木桩均应按前视点测定其桩顶高程,不得按间视点测定。

比较固定的河心沙洲可用跨河水准法在沙洲上事先设置高程桩。在高水淹没低水裸露的心滩上,可根据测量时的水面高程引测心滩上各点的高程,或用三角高程法测定其高程。

上次测量后至本次测量期间,凡滩地未上水部分不必重测,在绘制大断面图时可以借用上次的施测成果。但施测时的水边至前后两次测验之间曾经漫过水的部分必须施测,且应测至曾经发生过的最高水位以上。一般应当往返测量,将高程及距离闭合在一个最近的滩地木桩上,以便前后资料的衔接。

如遇稀泥滩通行困难,可用视距法测距,三角高程法测定高程,但同一测站必须变动一次仪器,观测两次,以便校核。

各地形点距离以视距法测定,最大视距不得大于 500 m,距离误差不得超过 1/500。

为了在洪水漫滩后减少施测滩地高程的困难和及时了解滩地淤积情况,可在每个断面线上滩地部分每隔 100～300 m 打一直径 0.1 m 以上、长 1.0～1.5 m 的木桩作为淤积桩,用四等水准测出桩顶高程;当漫滩洪水归槽、滩地难以施测时,可采取量读桩顶距地面高度的方法,用桩顶高程减去桩顶至滩面的距离,即得该测点新淤滩面高程。

滩地高程要求准确至 0.01 m。

(三)滩地桩的测设

在滩地上每隔 500～1 000 m 应埋设一滩地桩,滩地桩的测设按四等水准测量的要求进行。

滩地桩(包括四等水准点)在设置以后每年的校测应遵守以下规定:

(1)在进行滩唇桩校测时,各固定桩起点距一定要反应在记载表中,在进行大断面测量时,一定要校测各水准点的高程及起点距,当与原起点距相差在 1/500 以内时,可只往测不返测,否则,应进行往返丈量并找出原因。

(2)凡新设桩都要用钢尺往返量距,并有完整的量距记录。

三、水道断面测量

水道断面测量,包括下列各项工作:沿断面施测各测深垂线的起点距、施测水深和观测水位。

(一)测深垂线起点距的测定

测深垂线在断面内的位置应是至断面起点(断面端点)的水平距离——以起点距表示。测深垂线平面位置的确定,一般在船上用六分仪交会法测定,在岸上用经纬仪交会法测定。用六分仪交会法时,仪器应与垂线尽量接近,两者必须均在断面线上。在特殊情况下,两者有一定距离(如测深垂线在船左,六分仪测角在船右)时,起点距应进行必要的改正。

用六分仪交会法,一般情况下在全部垂线上的后视和前视均分别对准设在一岸基线两端的两个标志杆。当河面甚宽,两岸均设有基线和六分仪标志时,应在部分垂线上利用一岸的标志进行,而在另一部分垂线上利用另一岸的标志进行,以保持视线接近水平和交会角度均大于 30°且小于 120°。当换用基线时,应在 2~3 个测点上同时读取左、右岸基线的交角以做校核。

在一些情况下,如工作便利,可用经纬仪在岸上交会。交会时,将仪器设在基线的终点桩上,后视基线起点桩后,再前视测线位置。前视时应注意使仪器望远镜的十字丝对准船上每一测深点所举的标志,当以口哨或旗语进行观测联系时,应以落旗为准。

由交会角度测定测深垂线的位置时,采用分析法进行。

(1)六分仪交会时,用分析法计算公式如下:

①基线垂直于断面时(见图 7-11)

$$D = L\cot\theta + K \tag{7-4}$$

②基线不垂直于断面时(见图 7-12)

$$D = L\frac{\sin(\alpha + \theta)}{\sin\theta} + K \tag{7-5}$$

或先算出 A 和 B 两个距离,再用下式计算起点距

$$D = A\cot\theta \pm B + K \tag{7-6}$$

在式(7-4)~式(7-6)和图 7-11、图 7-12 中,各字母的含义如下:

xx' 为测验断面;p 为断面端点桩;a 为断面线上的基线起点桩;b 为基线终点桩的标志杆(六分仪照准标志);c 为测深垂线的位置;A 为基线标志杆 b 至测验断面的垂直距离(计算得),以米计;B 为基线标志杆 b 在断面 xx' 上至基线起点桩 a 的垂直距离,以米计;D 为自断面端点桩 p 至测深垂线位置之距离,称起点距,以米计;K 为位于断面上的基线起点桩与断面端点桩 p 的距离常数,以米计,若基线起点桩与断面端点桩位于同一点时,则 $K = 0$;θ 为用六分仪在船上观测的水平角度,记至分;α 为基线 L 与断面的夹角(在靠河流的一边),可在事先测出;L 为基线长度,以米计。

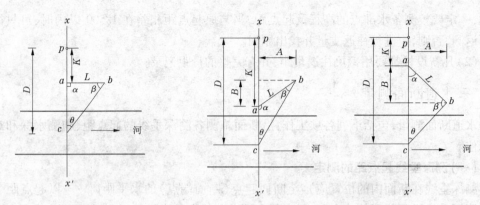

图 7-11　基线垂直于断面　　　　　　　图 7-12　基线不垂直于断面

A 和 B 两个距离的计算公式为：$A = L\sin\alpha, B = L\cos\alpha$, 当 $\alpha > 90°$时，B 为负值。

（2）经纬仪交会时，用分析法计算起点距的方法如下：

①基线垂直于断面时，仪器在 b 点（见图 7-11）

$$D = L\tan\beta + K \tag{7-7}$$

②基线不垂直于断面时，仪器在 b 点（见图 7-12）

$$D = L\frac{\sin\beta}{\sin(\alpha + \beta)} + K \tag{7-8}$$

式中：D、L、K、α 的意义同前；β 为基线与各垂线交会视线的夹角。

（3）用六分仪施测垂线起点距时，在每次测验前都须对仪器进行检查校正。校正方法见附录一。

（4）用经纬仪观测测深垂线起点距时，每次测验观测完最后一根测深垂线的起点距后，应将望远镜照准基线起点桩（后视点）进行校测。当测验历时较长时，应在观测当中做几次后视点校验。

（二）水深测量

水深测量按以下规定进行：

（1）水深在 6 m 以下，流速在 3 m/s 以下，应用测深杆测深，超过此限可以用铅鱼或测深锤测深。

（2）测深杆的刻度单位，应使它能在不同水深下的水深读数准确至 1% ~ 2%，为此测深杆上部刻度可稀一些，下部刻度应该较密一些。用测深杆测深，每次均应在其保持垂直的位置读数，其测得水深即为实际水深。

（3）系测深锤的测绳标志间隔，应使其能在水深不同的大多数垂线上，测深读数准确至 2% ~ 3%，因此上部标志可稀一些，下部标志应该较密一些。系测深锤和测读水深的绳可用麻绳，但事先应浸入水中 2 ~ 3 昼夜，取出后晾干。另外，也可用桐油浸透的旧麻绳，晒干后系上标志，系标志时应在拉紧的状态下进行。每次测量之前，应将测绳标志尺寸用钢尺、竹尺或准确的皮尺进行校对。

用测深锤测深，亦应在达到断面垂直的瞬间读取水深读数，其测得水深即为实际水深。

（4）水深测量时，每一垂线应连测两次，水深相差不超过 1% ~ 2%（用测深杆测深）或 2% ~ 3%（用铅鱼或测深锤测深）时，则取其平均值，作为水深数值，如果前后测得水深超过上述限度,则应重测。

若为不停船测深,允许测一次,但应在备注栏内说明。

(5)如遇断面内有大软石、胶泥埂或"帘子坑",除正在垂线上测取读数外,同时还应在其上下侧及左右侧0.5 m以内再测4个读数,并记录其平均值。

(6)若河床组成发生新的变化,测深者应根据测深工具接触河底的感觉向记录者报告河床组成情况,将变化后新的河床组成记录下来。

(7)测深垂线的布设如下所述。

在断面上的测深垂线,按以下原则布设:

①测深垂线的数目和分布的位置,应以能控制测流断面内河床地形的主要转折变化为前提;

②垂线一般可均匀分布,但主槽、陡岸边及河底急剧转折部分应适当加密,以便能正确地测出断面的转折变化;

③断面最深点及最大流速点的水深必须测出;

④在串沟(水浅、流速小、水面宽小于200 m的沟道)或独股水流上,测深垂线数目不得少于表7-3规定的一半;

⑤在断面内有回流或死水区域时,应在顺逆流分界线及死水边界线位置布设垂线。

不同河宽,断面测量所必需的最少测深垂线数目如表7-3所示,当河床地形比较复杂时,应比表7-3所示测深垂线数目适当增多。

表7-3 不同水面宽下的最少测深垂线数目

水面宽(m)	<5.0	5.0	50	100	300	1 000	>1 000
最少测深垂线数目	5	6	10	15	20	25	>25

(8)"水道断面记载表"中风向填"东、西、南、北、北东、南东、北西、南西"等,不填英文字母。施测号数填法如"统1";实测水深如系一次,可填在Ⅰ栏内;河底高程须填写全部数字,不能省略。水边点不编垂线号。

(9)水边点起点距必须用六分仪和水准视距两种方法进行施测,其差值不得超过5 m,在限差之内,取用六分仪交会所计算的起点距。

若视线不通,六分仪不能交会,则水准视距必须往返施测,取其平均值。

(10)在洪水漫滩时,一般应测至洪水迹线以上的固定桩上,当测量有困难时应测至滩槽分界点。

(11)河心滩的出水高度用"-"表示,凡能用水准仪施测的较大河心滩均应施测。

(12)在大河水位测量困难时,若河心滩较小,串沟水位与另一岸大河水位相差等于或小于0.1 m时,可视为大河水位,取其平均计算的河底高程。在顺直河段,大河水位与串沟水位相差超过0.1 m时,应以大河水位为准计算河底高程。若在弯道上,应作横比降改正。

(13)水道测深垂线数目及观测角度大小应满足规范要求,根据河道地形点的变化,当有多余的测点需舍去时,所剩测深垂线数目应满足规范的要求。当河底与水面平时,平台一律不算河面宽。

（14）河床质垂线取样数目，河宽小于 300 m 时为 5 根，河宽大于 300 m 时为 7 根。在水道断面内布线应力求大致均匀。不能在水边取样的，应在离水边适当距离的河里取样。

（15）河床质沙样应用沙样袋或坚实的纸包好，每包沙样应有编号。鉴于近年来河床质取样垂线起点距错误较多，要求沙样递送单中取样起点距必须在原始资料经过"三遍手续"后填写，并注明取样日期、垂线号、起点距、水边起点距、取样方法等项，填写后并经他人完成校核、复核三遍手续后报送。

（16）在填写沙样递送单时，大河水边、鸡心滩水边、大串沟水边及取样串沟水边，都应如实填写清楚。小串沟以及没有取样的串沟水边不要填写，鸡心滩上不要取样。

（17）凡属陡崖水边均应加地形点。

（三）水位观测

（1）在有固定永久性板桩水尺的断面时，以四等水准测定其水尺零点高程，然后根据水尺读数计算水位。

（2）没有固定永久性水尺的断面，应在测验前在断面上打入长 1 m 以上的临时木桩，入地深度最少在 0.6 m 以上，桩顶钉以铁钉，以四等水准测量桩顶高程；断面测量时量其桩高，桩顶高程减桩高即得水位。

（3）桩顶高程采用四等水准测量时，用往返测或两次同向观测均可，其限差按水文四等水准的要求进行，特殊情况可以酌情放宽，但闭合差不得超过 10 mm 且必须加以说明。在测水位时，若临时调换水准尺，因尺常数变化也应加以说明。

（4）水尺桩顶高程取至毫米，量桩高的数值名称一律填"桩高"。在计算水位时，桩顶高程应取至厘米后再减桩高。例如：水位 = 12.34 - 0.12 = 12.22（m）。

（5）一般应施测两岸水位，若特殊情况只能施测一岸水位，应加以说明。

（6）由于水位涨落或由于河势的影响而使两岸水位差超过 0.1 m 时，应加横比降改正，横比降改正的计算公式如下

$$\Delta h_i = \frac{h_2 - h_1}{B_2 - B_1}(B_i - B_1) \tag{7-9}$$

式中：Δh_i 为任一垂线上（编号为 i）的水深改正数；B_2、B_1、B_i 分别为两岸水边起点距及测点起点距；h_1、h_2 分别为两岸水位。

（7）若两岸水位差不超过 0.1 m，则取两岸平均值作为计算水位。

（8）断面上有分流和串沟时，至少应在每个较大的分流和串沟的一岸观测水位。

（9）由于水流潮汐影响，造成水位涨落变化大于 0.1 m 时，应观读测量开始和终了两次水位，取其平均值作为该岸的施测水位，不作涨率改正。

（10）陡崖水准点在水边时，允许直接读取桩高。

四、外业计载表的填制

（一）五等水准记载表

（1）四、五等水准测量记载表中的施测号数，在统测时填法为"统1"，在基本布设滩地测量时不填；部位填"左右岸"；风向填"东、西、南、北、北东、南东、北西、南西"等，不填

写英文数字。

(2)要准确填写仪器站号,以便正确计算测点起点距。

(3)测点名称要写所联测水准点的全名,不能任意省略。

(4)除断面固定桩起点距取至分米外,其他如水边点、地形点的起点距,均取至整米数。当水准仪不在断面上,起点距由丈量求得时,应加备注说明清楚。

(5)前后视读数要错开两格,读记至毫米。四、五等水准测量的平均高差均取至小数后3位。

(6)间视点读记至厘米,只读黑面尺,其高差应由后视推算,填写在平均高差一栏内,取至厘米,不得由前视推算其高差;间视点若有接尺数,其读数应包括接尺数,并在附注中说明情况。

(7)地形点以往测或返测单程推算高差,不得用视线高法推算高差。

(8)新设水准点编号应反映岸别、年号和顺序。

(9)测点编号:外业只填写测量编号,整理编号应待内业资料整理进行排点时整个断面统一编号。

(10)角度或距离:填写前后视距或水边角度。

(二)水道测量记载表

(1)施测时间:填写水道测量的起止时间。

(2)施测方法:"测深"填测杆、测锤或回声仪等,"起点距"填写六分仪交会或经纬仪交会等。

(3)基线编号:填使用该断面某一条基线的编号,如"左上 L1","右下 TL3"等。

(4)起点距计算公式:填写所用基线的起点距计算公式;同一水道断面测量过程中使用两条以上的基线时,应分别填写基线编号和起点距计算公式,并在其后注明计算垂线编号(整理后)的范围。

(5)风向、风力、水面情况:分别填施测时的风向、风力,水面情况根据实际情况可填写平静、微波浪或溢等。

(6)水位:填所测水道断面的左右岸始终水位。

(7)计算水位:填所测水道断面计算河底高程的起算水位。

(8)基面:填实用基面,如大沽、黄海等。如过去有变动基面的情况,应加注换算值。

(9)垂线编号——测量、整理:分别填写现场测量和室内整理时的编号。

(10)角度:填交会角度,记至分。

(11)起点距:填写由角度和起点距计算公式算出来的测点起点距,记至整米数。

(12)实测水深:填写同一测点两次水深测量值及其平均值,如测深一次填在 I 栏内。

(13)××岸实测水位:填写施测水道断面的某一岸水位。

(14)涨落改正数:填某垂线按时间分配的水位涨落差。

(15)横比降改正:填写垂线按河宽分配的两岸水位差。

(16)应用水深:填写经过各种因素改正后的实有水深。

(17)河底高程:填"计算水位 - 应用水深 = 河底高程"的数值。

(18)垂线编号:"测量"只填写本断面水道内的垂线号数,水边不编垂线号数,也不算垂线条数,在水边的垂线号数栏内填左水边或右水边。

(三)滩地距离测量记载表

(1)施测时间:填写滩地量距的时间。

(2)部位:填进行量距的地段,如左岸、右岸等。

(3)测量方法:填写量距方法,如钢尺量距、竹尺量距或××量距与经纬仪视距兼用等。

(4)量距每整尺=××米:填写××尺量距每一整尺等于多少米数。

(5)测点编号——测量、整理、名称:其中测量栏供外业编号用,整理栏供内业整理用,名称栏填施测点的名称,如断面桩、陡坎、水边……

(6)量距方向:填施测时从起点向左或向右丈量前进的方向,如填写向左、向右等。

(7)尺数——整、零:填几个整尺数的乘积式,如一整尺=50 m,量一个填1×50,量两个填2×50,量三个填3×50 等;"零"栏内填丈量某一段间距以米表示的尾数,如38 米 0 分米 5 厘米,应填为38.05 m。

(8)累计距离:填从某点起至某测点所丈量的总距离,以"m"为单位,记至0.01 m。

(9)起点距:填写由角度和起点距计算公式算出来的测点起点距,记至整米数。

(10)水深:填通过小串沟或死水坑、潭等所量得的水深。

(11)高程:填水准仪测量的同一测点高程值,可从五等测量记载表中抄录。

(12)地面状况:填写测量路线上各测点的地面情况,如流沙、胶泥、耕地、嫩滩、稀泥滩、卵石、草地等。

(13)备注:填写表内各栏未能包括的其他事项。

五、内业资料整理

(一)外业资料的检查

1.外业资料的检查内容

(1)检查外业资料是否完成初作、校核、复核三遍手续。

(2)检查外业资料是否齐全,测量项目是否齐全。

(3)对外业资料进行合理性检查。

(4)对河床质沙样和取样记录进行校对,并编制沙样递送单和沙样一起送交泥沙室进行分析。

2.外业资料的数据取用

外业资料的数据取用位数按表7-4执行。

(二)内业资料整理审查内容

1.内业资料整理的工作内容

(1)编制大断面实测成果表(草表)。

(2)进行面积计算。

(3)进行断面冲淤计算。

(4)填制固定断面冲淤计算表。

(5)点绘断面成果图和水位—面积曲线,并填制断面冲淤成果表。

(6)进行河段冲淤计算。

表 7-4 外业资料取用位数一览表

名称	单位	取用位数	说明
水位	m	0.01	
起点距	m	1	固定桩取至 0.1 m
高差	m	0.001	间视点高差取至 0.01 m
高差不符值	mm	1	
测线长	km	0.01	
三等水准平均高差	m	0.0001	
四、五等水准平均高差	m	0.001	
转点读数	m	0.001	
间视点读数	m	0.01	

(7)编写统测报告,成果汇总报告。

(8)资料在站整编:

①将内外业资料从头到尾再进行一遍校对;

②编制"大断面实测成果表"(正式表),须经三遍手续;

③编制"河道断面分级水位、水面宽、面积关系表",须经三遍手续;

④填制"断面考证",须经三遍手续;

⑤合理性检查。

2. 资料集中审查

(1)按比例抽审资料。凡抽审资料须从外业到成果以及考证全部校核一遍。

(2)对全部资料进行合理性检查。

(3)考证复制。

(4)资料整理归档。

(三)内业资料计算

1. 大断面实测成果表草稿的编制

根据外业测量记录,在外业测量记录上将各测点按起点距从小到大的顺序编制测点、整理编号,然后按整理编号的顺序排列成表,以备面积计算和点绘断面成果图之用;非实测部分可以借用,借点原则是:

(1)水上部分,由于特殊情况不能施测的可暂借上一次的测点,待来年补测后重新编制成果表。

(2)非水上部分,借点以最近测次为先,最近测次未测到部分可依次往前借点。

2. 面积计算

1)面积计算原理

面积计算就是计算标准水位线和断面处河床之间的面积,分为分级水位面积计算和不分级面积计算。

（1）分级水位面积计算。

分级水位面积计算是利用横梯形法来计算各级水位的面积，如图 7-13 所示。

$$S_i = \frac{B_i + B_{i-1}}{2} \Delta H \qquad (7\text{-}10)$$

$$S = \sum S_i \qquad (7\text{-}11)$$

式中：S_i 为每级水位间的面积；ΔH 为级差；B_i、B_{i-1} 分别为该级的上、下底水面宽；S 为断面总面积。

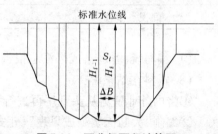

图 7-13　分级水位面积计算图

ΔH 不得大于 0.5 m，必须有施测水位级、主槽最低点级和滩地最低点级。

（2）不分级面积计算。

不分级面积计算利用竖梯形法来计算断面面积，如图 7-14 所示。

$$S_i = \frac{H_i + H_{i-1}}{2} \Delta B \qquad (7\text{-}12)$$

式中：S_i 为标准水位下第 i 测点与第 $i-1$ 测点间的面积；H_i、H_{i-1} 分别为第 i、$i-1$ 测点标准水位与河底高程的差值；ΔB 为两测点起点距之差。

图 7-14　不分级面积计算图

（3）使用计算机进行面积计算，具体操作详见程序说明。在使用计算机时，要严格按照计算机的操作程序进行操作，对不熟悉计算机的人员必须在管理人员或有经验的人员的指导下进行操作，待学会并掌握后方能单独使用。

2）点绘河道断面成果图

（1）底图的绘制。

在每次绘制底图时，应根据断面的实际情况合理布局，力求使断面图美观大方，如图 7-14 所示。

（2）按规范的规定尺寸和规格绘制，坐标轴比例尺为：纵轴高程 1:100，横轴起点距 1:20 000，横轴面积为 1:50 000。

各注记也要按规范规定的尺寸和字体，不得任意变动或随意手写。绘制各附属项目，如标准水位标志、滩槽划分等。

（3）绘制断面冲淤成果小表，一般应布置在图的右下角，特殊情况下应酌情布置；滩地无论施测与否，均应全部填列。

3）点绘河道断面图

（1）按施测成果表的起点距、高程以及面积计算表的水位、面积点绘横断面图和水位面积曲线，然后用不同的线条连接起来，以区分不同的测次（每张图上要套绘三次测量成果）。

（2）图上应有施测水位标志，施测水位的标注方法为：

①没有横比降：12.99（1979-06-14）；

②有横比降：29.84（1979-06-15）29.50。

水位一般应写在施测水位的水面线上,若水面线上注记不开,可保留水位符号而将数字用箭头拉到合适的地方。

(3)在点绘水位面积曲线时应注意:无论当年洪水漫滩情况如何,汛前、汛后均须根据复校后的计算成果分别绘出主槽和滩地的水位—面积曲线。

(4)在统计河段纵断面成果表的基础上点绘河道纵断面比较图,本图包括主槽平均河底高程、实测水位和深泓点高程三条线。

4)计算河段冲淤计算表

(1)此表应在各断面面积计算复核认为妥善的基础上进行。

(2)表头的填制。

在河段冲淤计算表之前填写河段名称。

测次:填写进行本次冲淤计算的两个测次,如"测次:统1~统2"等。

测验期间××站流量:填写各测站测验期间最近的某流量站的流量变化范围。

(3)其他各项。

"实测"栏下之"日期"、"水位"、"水道断面面积"、"水面宽"、"平均水深"、"平均河底高程"、"深泓点高程"等可分别自面积计算表上查取填入。平均水深=水道断面面积÷水面宽;平均河底高程=实测水位-平均水深;深泓点高程=实测水位-最大水深。

"冲淤面积"栏内"主槽"、"滩地"两部分:根据面积计算表分别将主槽和滩地本次断面面积和上次断面面积相减而得。

"全断面冲淤面积"为主槽和滩地冲淤面积之和。填写冲淤面积时,冲刷者冠以"-",淤积者冠以"+"。

"平均冲淤面积"栏:以相邻两断面"冲淤面积"的代数和除以2得出。

"断面间距"栏:填写两相邻断面之间的间距,断面间距一般不得变动。只有在河势发生很大摆动,且估计近期不致再有大的变动时,可以在第2年的第一次测验开始改变其间距。滩槽及全断面皆用同一"间距"数值。

"断面间冲淤体积":平均冲淤面积和断面间距的乘积。

"累计冲淤体积":断面间冲淤体积逐断面累计填入。

内业资料的数据计算取用位数按表7-5执行。

表7-5 内业资料的数据计算取用位数一览表

名称	单位	取用位数	说明
平均水深	m	0.01	不论大于或小于5 m
平均水面宽	m	1	
分级水位水面宽	m	1	
冲淤深度	m	0.01	
面积	m²	3位有效数字,小数点后不超过2位	万以上取至10 m²
河底高程	m	0.01	

六、资料汇总

众所周知,黄河下游河道统一性测验是由黄河水利委员会统一组织,在统一的时段内完成黄河下游河段的河道测验,简称河道统测。由于河道统测在黄河防洪及河道治理中具有重要的作用,且时间性要求很强,因此要求在河道统测结束后较短的时间内就要将测验成果上报。因此,河道测验结束后,各单位都要把自己分管河段的河道统测成果汇总起来统一上报,我们称这一过程为资料汇总。

资料汇总的内容包括:
(1)点绘晒制整河段纵断面比较图。
(2)装订整河段断面成果图及汇集河床质泥沙颗分资料成果。
(3)对河道冲淤进行简单的分析并撰写统测报告。
(4)向有关单位报送资料。

七、河道断面测量误差分析

(一)误差来源

黄河下游河道淤积断面测量是计算该河段河道泥沙冲淤分布和冲淤总量的有效方法之一,其测量成果为黄河下游防洪、河道治理决策和河床演变的分析研究提供了重要的基础资料。因此,加强对黄河下游河道淤积测量误差的分析研究,弄清淤积测量成果的误差组成以及各误差对成果的影响,进而制定措施,以最节省的投资,最大限度地提高河道淤积测量成果的精度。

目前,黄河下游河道淤积测量采用固定断面法,冲淤量计算采用固定滩槽、固定间距的梯形法,计算公式如下

$$S_j = \sum_{n_j}^{j=1} \left[H_j - \frac{1}{2}(h_{j,i} + h_{j,i+1}) \right] B_{j,i} \tag{7-13}$$

$$V = \sum_{n}^{j=1} \frac{1}{2}(\Delta S_j + \Delta S_{j+1}) D_j \tag{7-14}$$

式中:S_j 为第 j 个断面标准水位下的面积;V 为两次测量间河段冲淤体积;H_j 为第 j 个断面标准水位;$h_{j,i}$ 为第 j 个断面第 i 个测点高程;$B_{j,i}$ 为第 j 个断面上第 $i+1$ 个测点和第 i 个测点起点距差(部分河宽);n_j 为第 j 个断面测点数;ΔS_j、ΔS_{j+1} 分别为第 j、$j+1$ 个断面两次测量面积之差;D_j 为河段内第 i 个断面和第 $i+1$ 个断面的间距;n 为河段内的断面个数。

断面冲淤深度和河段冲淤深度的计算公式如下

$$\Delta z_j = \frac{S_{j,2}}{B_j} - \frac{S_{j,1}}{B_j} \tag{7-15}$$

$$\Delta Z = \frac{V}{S} \tag{7-16}$$

式中:Δz_j 为第 j 个断面冲淤深度;B_j 为第 j 个断面计算宽度;ΔZ 为河段冲淤深度;S 为计算河段平面面积;$S_{j,2}$、$S_{j,1}$ 分别为第 j 断面标准水位下第 2 测次、第 1 测次的断面面积。

从以上计算公式看出,影响断面法测量计算冲淤量和冲淤分布成果精度的因素主要

取决于三方面的误差:测量误差、断面代表性误差和计算误差。

1. 测量误差

测量误差主要是断面测点起点距测量误差、高程测量(包括水道测量的水位测量和水深测量)误差、断面间距测量误差以及测点代表性误差。

断面测点起点距,目前常用六分仪交会、经纬仪交会、视距法、直接丈量法、GPS测定、测距仪测量等方法获取,生产中主要采取六分仪交会、视距法和直接丈量三种方法,其误差值大小主要由量取距离本身的测量误差、测量断面偏离断面线而引起的距离误差和起点距有效数字位数取舍带来的误差等决定。按照规范规定,在正常测量情况下,此项测量相对误差小于1/500;由于测验断面每隔500~1000 m设置一个断面桩,因此断面测点起点距测量误差在2 m之内。

断面高程测量分为滩地和水下,滩地高程一般要求用五等水准施测(五等高程测量往返闭合差允许 $\pm 20\sqrt{L}$,其中 L 为单程测量的千米数);在洪水过后滩地有沉陷时,可用视距法或三角高程法测量,其测量精度低于五等。水深测量要求在不同流速情况下,使用各种方法测得的水深精度为1%~3%。在实际外业测量中,用测深杆测深,在水深较小(<1.0 m)、水流平稳的情况下,读至0.05 m,正常情况下读至0.1 m,水深大或流速急的情况下,误差将大于0.1 m。在水深测量中,还存在施测水位测量误差,水位一般用四等水准施测。综上分析,高程测量中误差可取0.05 m。

断面间距一般采用五线(两断面端点连线、左右水边线、主流线)平均法计算,除两断面端点连线须计算外,其余三条线是在地形图上量取的。黄河下游断面间距量取采用十万分之一地形图,若图上能读至0.5~1 mm,则量取断面间距的误差可达到50~100 m,并考虑图纸伸缩变形等因素,断面间距量取误差在100 m左右。

另外,断面测量中断面测点对地形变化的控制,也存在着实测断面面积对真正断面面积的代表性问题,当断面变化比较平坦或断面上测点较密,且测点控制了地形变化时,此项误差可以忽略不计。

2. 断面代表性误差

由河段冲淤量计算公式(7-14)可以看出,该公式为线性关系,其适用范围是两断面间为顺直河段、断面垂直于流向。实际上,天然黄河的河道形态是复杂的,淤积断面位置和方向非常不容易满足天然河道淤积测量的要求,再加上黄河河道的变迁,几十年前设置的河道淤积断面一部分已经完全失去了代表性,特别是由于断面间距过大,断面间河道变化明显,从而使两断面间河道边界条件与理论要求相差较大,导致了利用式(7-14)计算河段冲淤体积必然产生误差。关于黄河下游河道淤积测量断面代表性误差目前还没有严格的数量上的研究,图7-15、图7-16点出了断面密度与河段冲淤量相对误差的关系,从两图中可以发现,在一定河段内断面密度在一定范围内对河段冲淤影响还是较大的。目前,黄河下游河道断面平均间距为7 km左右,照此关系图,黄河下游由于断面密度不够造成的冲淤相对误差在7%左右。

3. 计算误差

计算误差主要是由计算模型适用范围与实际河道不一致造成的误差,以及公式中有关参数确定方法不合适带来的误差;由于线性计算模型计算非线性河道冲淤带来的误差上面已经分析,在此不再赘述;由于计算公式参数的确定带来的误差有以下几种。

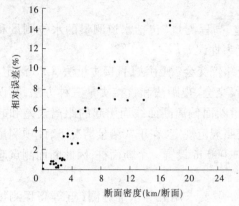

图 7-15　游荡型河道断面密度与
河段冲淤量相对误差关系图

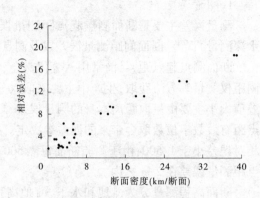

图 7-16　过渡型河道断面密度与
河段冲淤量相对误差关系图

1)确定断面间距(D_j)带来的误差

由于相邻断面间河道的变化带有很大的不确定性,又由于主槽和滩地不平行,有横河或 Z 形弯的现象,因此简单地用五线平均来计算断面间距是不合理的。对于滩地来说,该间距偏大,而对主槽来说该间距又偏小;另外,当主槽溜势发生变化时,断面间距仍采用原值。以上两方面因素造成了采用间距与实际间距间的不一致。由于间距的量算误差比较大,例如苏泗庄至营房河段原采用值为 20.8 km,由于该河段裁弯取直,断面间距变短,1989 年汛后对该河段断面间距重新进行了量算,断面间距变为 12.81 km,两者相差 38%,因此由于断面间距确定方法不合理给河段冲淤量带来的误差是非常大的。

2)确定断面计算宽度(B_j)带来的误差

断面计算宽度主要分主槽宽度和滩地宽度,而该两项宽度的关键是如何确定滩槽界,滩槽界的确定主要影响冲淤量的横向分布和主槽滩地的冲淤深度。目前,黄河下游河道采用固定滩槽界的方法分别计算主槽和滩地的冲淤量和冲淤深度,滩槽界为 20 世纪六七十年代根据中水水边并适当参考断面的具体情况而确定的,几十年过去了,特别是黄河近几年连续小水小沙的影响,黄河下游河道发生了巨大变化,过去确定的滩槽界已经不能代表当前的滩槽划分情况,如图 7-17 所示,滩槽界普遍偏外,即主槽内包括一部分滩地,使主槽宽度加大,如徐码头槽宽由 670 m 人为增加到 2 200 m,增加 1 530 m,增加量是槽宽的 2 倍还多;彭楼断面槽宽由 996 m 人为增加到 1 950 m,增加 954 m,增加量是槽宽的 1 倍。由此将引起主槽、滩地冲淤的失真,特别是主槽的平均冲淤深度将明显偏小,如 2000 年第一次统测和第二次统测相比,按照原定滩槽,主槽冲淤深度徐码头为 +0.04 m,彭楼为 -0.10 m,而按照实际滩槽,两断面主槽冲淤深度则分别为 +0.14 m 和 -0.2 m,差别是非常大的。像以上两个断面的情况在黄河下游的河道测验断面中占 50% 以上。因此,整个黄河下游由于滩槽划分不合理而产生的各断面主槽的冲淤深度的误差非常大。

3)确定计算河段平面面积(S)带来的误差

计算河段平面面积分为计算主槽平面面积和计算滩地平面面积,主槽、滩地平面面积的大小除与滩槽界的划分有直接关系外,还与平面面积的计算方法有关。目前,该面积的

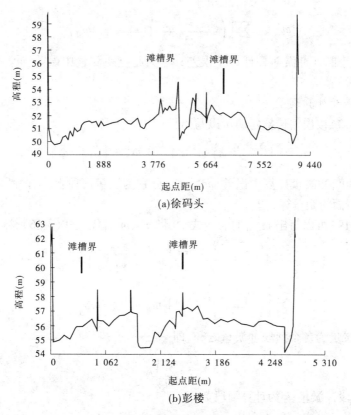

图 7-17 河道断面滩槽划分示意

计算方法采用梯形计算法,滩地、主槽分别计算,该公式的前提是两断面之间滩地部分和主槽部分的河段必须顺直,但实际的自然河段却与理想河段差别很大,因此由梯形公式算出的断面间河段平面面积与实际面积也有很大差别,特别在断面布设稀疏的弯曲性河段,该误差就更大。由式(7-16)可知,计算河段平面面积的误差,主要影响滩地、主槽和全断面的河段冲淤深度。

在上述误差中,测量误差属偶然误差,随着测量次数的增加,其误差会逐渐减小;断面代表性误差和计算方法误差则给河段冲淤带来系统的影响,随着测量次数的增加,其误差会越大。

(二)断面测量误差传播关系

1. 断面冲淤面积计算误差的推求

河道断面冲淤面积是通过前后两次大断面测量求得的断面冲淤厚度和部分河宽,用梯形法进行计算。第 j 个断面的冲淤面积用下式计算

$$S_j = \sum_{i=1}^{n_j} \frac{1}{2}(H_{j,i} + H_{j,i-1})B_{j,i} \tag{7-17}$$

式中:S_j 为第 j 个断面的冲淤面积;$H_{j,i}$、$H_{j,i-1}$ 分别为第 j 个断面上相邻两点的冲淤厚度;$B_{j,i}$ 为第 j 个断面上相邻两点的断面宽(部分河宽);n_j 为第 j 个断面测点数。

由误差传播定律可推出

$$m_{sj}^2 = \sum_{i=1}^{n_j} \left[\left(\frac{H_{j,i} + H_{j,i-1}}{2} \right)^2 m_B^2 + \frac{B_{j,i}^2}{2} m_H^2 \right] \tag{7-18}$$

式中：m_{sj} 为第 j 个断面冲淤面积计算中误差；m_B 为起点距测量中误差；m_H 为高程测量中误差。

2. 断面冲淤量计算误差

由公式(7-13)按误差传播定律可以写出

$$m_j^2 = \left(\frac{S_j + S_{j-1}}{2} \right)^2 m_l^2 + \left(\frac{L_j}{2} \right)^2 m_{sj}^2 + \left(\frac{L_j}{2} \right)^2 m_{sj-1}^2 \tag{7-19}$$

式中：m_j 为断面间冲淤量计算中误差；m_{sj}、m_{sj-1} 分别为测量河段上、下两断面冲淤面积计算误差；m_l 为断面间距量算误差。

仿照式(7-19)可以写出 m_{sj-1} 的表达式，并将 m_{sj}、m_{sj-1} 代入式(7-16)整理，得

$$m_j^2 = \left(\frac{S_j + S_{j-1}}{2} \right)^2 m_l^2 + \left(\frac{L_j}{2} \right)^2 \sum_{i=1}^{n_j} \left[\left(\frac{H_{j,i} + H_{j,i-1}}{2} \right)^2 m_B^2 + \frac{B_{j,i}^2}{2} m_H^2 \right] +$$
$$\left(\frac{I_j}{2} \right)^2 \sum_{i=1}^{n_{j-1}} \left[\left(\frac{H_{j-1,i} + H_{j-1,i-1}}{2} \right)^2 m_B^2 + \frac{B_{j-1,i}^2}{2} m_H^2 \right] \tag{7-20}$$

全河段冲淤量为各个河段冲淤量之和，即

$$V = \sum_{j=1}^{k} V_j \tag{7-21}$$

式中：V 为全河段冲淤量；k 为计算河段数。

则全河段冲淤量计算中误差为

$$m_V^2 = \sum_{j=1}^{k} m_j^2 \tag{7-22}$$

式中：m_V 为全河段冲淤量计算中误差。

式(7-20)代入式(7-22)就是断面法河道冲淤量计算中误差的计算表达式，这样就可以较准确地给出每次冲淤量计算结果的中误差值。

3. 河段冲淤量计算中误差公式的简化

当同一河段冲淤厚度变化较一致时，可将不同断面各点的冲淤厚度 $H_{j,i}$、$H_{j-1,i}$ 用河段平均冲淤厚度代替。

各个断面测点数 n_j 可用各断面平均断面测点数 n 代替，部分断面宽 B_i($i = 1, 2, \cdots,$ n_j)可用 $\frac{B}{n_j}$ 代替，其中 B 为河段平均宽度。各断面之间的间距 L_j 用河段内各淤积断面间的平均间距 L 分别代入式(7-20)和式(7-19)整理得

$$m_V = \sqrt{ \sum_{j=1}^{k} \left[\left(\frac{S_j + S_{j-1}}{2} \right)^2 m_l^2 + \frac{1}{2} L_j^2 n_j H_j^2 m_B^2 + \frac{1}{4 n_j} L_j^2 B_j^2 m_H^2 \right] } \tag{7-23}$$

4. 黄河下游现行条件下淤积量的测量精度

用公式(7-20)对黄河下游劳山—杨集(位山水库)、涿口—张家滩、铁谢—夹河滩河段共 31 次淤积测量成果计算各次淤积测量中误差 m_V，三段 m_V 的绝对值分别为 10 万 ~ 60 万 m³、10 万 ~ 50 万 m³、300 万 ~ 1 200 万 m³。为便于分析，将各次淤积测量误差(相对

误差)与全河段平均冲淤厚度建立了关系。通过该关系查出当河段平均冲淤厚度大于 10 cm,河段冲淤量的测量误差一般小于 5%。

另外,根据上述数据可建立黄河下游淤积测量相对误差与平均冲淤厚度的经验方程为

$$m_V = 28.088(\Delta H)^{-0.7578} \tag{7-24}$$

式中:m_V 为各次淤积测量相对误差;ΔH 为河段平均冲淤厚度。

5. 断面测量误差的几点认识

(1)由于视觉及气象条件不同、仪器精度差异等因素,也使断面测量存在一定的误差,在测量条件相似的情况下测量误差将控制在某一范围,当河段冲淤量较大时,冲淤量测量的相对误差就变小,否则就会变大。

(2)由以上分析和计算实例可以看出,当测量河段内冲淤量小到一定程度,即平均冲淤厚度小于 5 cm 时,断面法冲淤量测量误差可能达到了 50%,其不确定度可达 100%。因此,在这种情况下,不加分析地使用测量成果进行冲淤量分析计算,其所得结果可信程度很低,甚至会得出定性错误。发生这种情况时,断面测量成果可用于断面冲淤变化形态方面的分析,而不宜再用于分析河道是否发生了冲淤,如再计算河道冲淤量,已失去代表意义。

(3)鉴于以上分析,大断面测量的时机应以河段发生冲淤量大小的数量为依据,不应仅以时间长短确定并布置淤积测量。

(4)提高断面法冲淤量测验精度,主要是通过改善和提高断面高程、起点距的测量精度和断面间距的量算精度,以及提高断面代表性。在断面测量中使用 GPS 后,起点距测量精度可以提高 1~2 个数量级,因此高程测量精度乃是影响冲淤量测量精度的关键问题。

(三)河道断面冲淤计算方法的探索

测量就会产生误差,但如何最大限度地减小误差,提高测量成果的精度,这是测绘工作者努力的方向。减小测量误差主要依靠测量技术和测量手段的提高以及测量仪器的更新来实现,断面代表性误差的减小主要通过加密测验断面、调整断面方向等手段来实现,计算方法误差的减小则可以通过改变计算方法来实现。众所周知,无论是更新测量仪器、提高测量技术,还是加密测验断面、调整原有断面,都需要有大量的经费投入,实现起来还受到一些条件的限制,而计算方法误差的减小只是改进计算方法,其具有投入少的特点,是提高河道淤积测验精度的一个捷径,特别是计算机的广泛应用,已经使这个方法变为现实了。

改进河道断面冲淤计算方法的总体思路是分河段、分情况、分别计算,具体说就是根据河道实际情况,将黄河下游河道分成铁谢—高村、高村—孙口、孙口—渔洼、渔洼—河门四段,然后根据来水及河道漫滩情况分大水、中水、小水三种情况分别划分深槽、主槽和滩地,从而分别计算各段冲淤情况。

1. 合理划分冲淤河段和滩槽界

冲淤河段的划分主要依据相同水沙条件下洪水漫滩的一致性、滩槽的稳定性和明显性、河道冲淤纵横向分布的规律性等因素。黄河下游河道高村以上为典型的游荡型河道,

河道主槽变换频繁,串沟很多,鸡心滩星罗棋布,在冲淤计算中,由于主流频繁改动而使主槽难以确定,洪水漫滩和河道冲淤的纵横向分布复杂,可作为单独一个河段来处理;高村—孙口为过渡型河道,主流趋于稳定,遇到合适水沙条件,主流亦在一定范围内摆动,滩槽较游荡型河道明显,有其自己的洪水和河道冲淤规律,可作为一个独立河段来处理;孙口—渔洼河段为受工程控制的弯曲型河道,在一般来水来沙情况下,主流不会改变,有明显的滩槽,洪水漫滩和河道冲淤规律性较明显;渔洼以下是典型的河口型河道,它是上游水沙和近海潮汐及河口流路共同作用的结果,其冲淤的规律亦不同于以上三个河段。

根据不同河段的具体情况,按照大、中、小三种来水情况,分别确定深槽、主槽、滩地的界限。深槽以小水现行水道的水边或附近的陡沿为深槽界,其宽度为高村以上河段不超过 1 500 m,山东河段不超过 500 m,对于高村以上河段主流游荡较大时,可采用固定深槽宽度移动深槽的方法;主槽以非漫滩中水行水河道为主,其滩槽界为河道老滩沿、生产堤、险工以及其他护村挡水建筑物,在没有明显标志的断面,可参照等高线走势和上下游断面滩槽界以平滑过度的原则确定滩槽界,其主槽宽度为河南河段不超过 5 000 m,山东河段不超过 2 500 m;主槽以外的部分即为滩地。

2. 合理确定断面间距

根据各河段具体情况,分别计算深槽、主槽和滩地的断面间距。

深槽断面间距采用在 1/50 000 河势图上用电子线长仪量算的主流线长度,对于无河势图的主流稳定的河段可以在 1/50 000 河道地形图上量算;多股水流量算较大水流,水流主次不分时可分别量算各股水流主流线长度,取平均值为深槽断面间距。

主槽断面间距采用在 1/50 000 河势图上或 1/50 000 河道地形图上(主流稳定河段)用电子线长仪分别量算左、右水边线,并按照左、右水边线的趋势量算主槽几何中心线的长度,按照 1:2:1 的加权计算主槽断面间距。

滩地断面间距分以下几种情况计算:

(1)上下两断面平行,直接量取垂直距离。

(2)上下两断面不平行,断面间距不是很大且河道顺直的,采用"双垂线"量算,即分别通过上下两个断面的中点向另一个断面作垂线,取其垂线长度的平均值作为断面间距。

(3)对断面间距大、断面间河道弯曲或平面形态变化大的河段,可在上下两断面间布设若干个间距量算辅助断面,并用"双垂线"法量算辅助断面间的断面间距,累计各间距得该河段的断面间距。

在万分之一或更大比例的地形图上,用电子求积仪准确量算断面间主槽、滩地及整个河段的平面面积,以便准确计算各河段的平均冲淤深度。

在进行河段冲淤量计算时,根据各河段的洪水漫滩情况和主流、主槽摆动情况,可分别采取以下几种计算方法。

(1)当黄河下游普遍洪水漫滩时,全下游统一计算主槽、滩地和全断面的冲淤量,并根据主槽和滩地平面面积计算各河段的冲淤厚度。

(2)当黄河下游漫滩不普遍或均没有漫滩时,采用分段计算的办法。漫滩的河段分别计算深槽、主槽、滩地的冲淤量,并根据本河段的滩、槽平面面积分别计算冲淤深度;非漫滩河段则只计算主槽、深槽或只计算深槽的冲淤量,并根据各自的平面面积计算冲淤深度。

第八章　河势图的测绘

一、河势图测绘的目的

河势图测绘的目的,主要是了解水流在平面上的变化与河床边界条件的相互影响和相互制约的关系,并据以预估其变化趋势,为下游防洪及河道整治工作提供资料。

二、河势图测绘的内容

河势图分为实测河势图和目测河势图两种,两者的内容均应包括:

(1)本测验河段的老滩沿、主流线、水边线、分流、串沟、塌岸范围、支流汇入口、引水口等的位置。

(2)测验河段内的沙洲(指四面临水,中高水位始能浸没的河心滩地)、心滩(随水位涨落,时出时没的滩地)、边滩、潜滩等的位置及河流入海处的潮线、河口沙嘴、入海岔道的位置;河心沙洲和边滩除测绘其平面位置外,还应在其上分布适当数量的高程点,以了解滩面高程和漫滩水位。滩面植被情况也应在图上显示出来。

(3)各种水面现象,如回流、旋涡、淦流等的位置。

(4)施测时分流串沟过水流量的估计,占过河流量的百分数等。

三、实测河势图

实测河势图一般有经纬仪测绘法、经纬仪测记法、六分仪测记法以及平板仪测绘法,有条件的还可以利用无线电定位仪或 GPS 卫星定位系统进行测绘。

除 GPS 外,其他方法均须进行平面控制。

实测河势图的方法如下:

(1)河势图宜在事先晒制好的控制底图上进行测绘(控制底图的比例尺可根据河段长度确定,一般用1∶10 000、1∶25 000、1∶50 000 三种),图上应包括各三角点、导线点、水准点、断面线、水尺位置、断面标志桩、基线标志杆;历年较固定的老滩还应有险工坝头、堤防系统及有定位意义的固定地物,如高烟囱、独立大树、防汛屋、滩地上的生产屋子等,图上应注明各高程控制点的高程,以备使用。

(2)按地形测量的方法施测各测点,用经纬仪测绘地物平面位置时,一般情况下最大视距不准超过 1 000 m,如遇串沟或软泥滩,出入极为困难,则可酌情放宽,但不得超过1 200 m。如用无线电定位仪或 GPS 卫星定位系统进行测绘,则按该仪器的测量方法进行施测。

(3)河势图上水道平面外形测点的多少,以能控制水道转折变化为原则。水道外形测点的间距一般情况下可参照表8-1 的规定办理。

在水道轮廓比较复杂的河段,应比照上述规定适当加密测点;在水道轮廓十分平顺的河段,可酌情放宽,但在图上的最大测点间距不得超过 5 cm,以保证水道平面外形的正确和完整。

表 8-1　水道外形测点的间距规定

测图比例尺	水道外形测点的间距(m)
1:10 000	200 ~ 500
1:25 000	500 ~ 1 000
1:50 000	1 000 ~ 2 000

滩地上一般地物平面位置的测点,也可比照表 8-1 的规定并根据需要适当加密。

沙洲、心滩测点数目以能控制滩地的平面外形为准。如滩地跨过数个断面,除断面上的测点为当然测点外,另在两断面之间滩地的两侧沿滩边各分布 4 ~ 8 个测点。

(4)施测河心滩、沙洲高程时,如地形平坦,可将经纬仪望远镜定平,用中丝直接测读高程;对于地形变化比较复杂者,可用三角高程法测量。

滩地和滩坎高程点的分布要求如下:

①沿沙洲和心滩四周分布 4 ~ 8 个高程点,滩的中间按其大小分布 1 ~ 3 个高程点(测断面时的高程点不包括在内),但滩地最高点必须测出;

②边滩和滩坎上适当分布高程点,以便大体上了解滩地、滩坎高程及其与水位变化的关系。

(5)河势图中的主流线可利用断面测量时所记载的主流位置并参照断面上最深点的位置绘制。

(6)在测验河段内如进行塌岸观测,所设置的标志桩(如各修防段所设立的)应尽量予以利用,以加密大溜顶冲、坐弯急剧之处的测点。

(7)经纬仪测绘法、平板仪测绘法、六分仪测记法施测河势图按河道地形测量中的有关规定办理;无线电定位仪和 GPS 卫星定位系统施测河势图按各自方法中的有关规定执行。

四、目测河势图

目测河势图的平面控制与实测河势图的平面控制相同,测绘工作宜在事先晒制好的底图上进行,最好与实测河势图采用同样的比例尺。

目测河势图的方法如下:

(1)目测河势图最好分两组在两岸自上而下同时进行测绘(必要时亦可自下而上);也可以一组单独进行,先勾绘一岸,返回时勾绘另一岸。

(2)在进行勾绘之前,最好是登高瞭望,纵观全面河势。

(3)图中的水边线应用断面测量时的实测水边点连接绘出或在没有作断面测量时以专门测定的水边点连接绘出。图中的主流线可利用断面测量时所记载的主流位置参照断面上最深点的位置点绘,在没有作断面测量时,则目测勾绘。

(4)图中的沙洲、心滩、边滩、分流、串沟、河口沙嘴、入海叉沟及海岸潮线等地物的轮廓转折点,可根据沿河两岸的控制点及有定位意义的固定地物的位置用罗盘仪或六分仪测定,再结合其目估的形状、大小,将地物在现场勾绘出来。罗盘仪或六分仪测定地物轮廓点的方法一般采用后方交会法。定位时可用六分仪沿断面线交会定位,也可用罗盘仪测定三个方向线,以三个方向线的示误三角形的中心定位;在开阔地区还可用六分仪以三标两角法测定,以三臂分度仪在图上展绘。在认为后方交会不便的地区,也可使用前方交会法或侧方交会法。

(5)在无法使用上述各种方法定位时,也可完全用目测方法勾绘地物轮廓线,目测时应在各平面控制点上进行,先瞄定方向线,并相应在图板上确定方向,然后沿各瞄定的方向估测其距离,同时在图上勾绘;当转换于另一测站后,为避免在单方向上估测的错误,应将两测站间相邻近的几个测点加以校测。

五、河势图测绘中的注意事项

(1)河势图是反映河道在某级水力泥沙情况下的平面变化资料,由于黄河水情沙情变化迅速,河势图的测绘最好在水流平稳时进行,施测历时应力求缩短,并尽可能结合断面测量同时进行,一般在 1~3 d 完成;只有在工作安排有很大矛盾时,才可提前或错后进行。

(2)全河段的河势当分别由数个测站分工施测时,各相邻上下两测站所测河势图之间应有适当的重叠部分,以便正确拼图。具体方法可在两测站交界处设立最少两个公共桩,两测站均须测定其位置和高程,以作为校对拼图的依据。

(3)主流线的测绘是一项十分重要的项目,在断面测量时可充分运用沿河群众的实际经验进行观察,如"顺河风,发亮处溜大","逆河风,浪大处溜大"。

(4)每结束一测站的工作时,应检查一下测绘的内容是否有遗漏。

六、河势图测绘的资料整理

河势图测绘的资料整理工作步骤如下:
(1)在晒制好的平面控制图上,根据对各水边线、主流线、分流、串沟、塌岸段、支流汇入口、引渠口、沙洲、心滩、边滩、河口沙嘴及潮线等所测绘或测记的内容进行点绘并校核。

(2)主流线应套绘本次与前次的综合测验成果。本次的用实线,前次的用虚线;线条粗 0.6 mm,线段长 5 mm,间隔 0.2 mm。

(3)测验河段中各流量站及水位站在施测时的水位应注明在水尺符号处。

(4)施测时,各分流串沟过水量占全河流量的分数值应注明在各分流串沟上。

(5)进行合理性检查,具体包括:①水面宽与断面测量的水面宽相比较是否合理;②与上次所测河势图相比较,是否有遗漏未测之处;③河槽平面形态与断面形态对照是否合理(如沙洲、心滩、潜水滩、边滩等);④检查所用图例符号是否符合要求。

(6)编写河势图文字说明。内容包括:
①施测起止时间,测绘期间距测验河段最近的流量站的流量、含沙量、输沙率、水情及沙情的变化;
②本次测绘与前次测绘期间平面河势的主要变化,如主流、深泓点的摆动,主流顶冲

位置及心滩的运移,河湾的上提下挫,河口岔流及出口位置的变化,回流、旋涡、淦流等水面现象的变化;

③对近期河势变化的预估;

④资料中存在的问题及经验体会和其他必须记录的事项。

七、用河势图测绘软件进行河势图测绘

河势图测绘软件是由山东水文水资源局自行开发研制的河势图测绘程序,该软件的主要思路就是首先将河口河势测量河段的河道地形图数字化,并存储到计算机中,然后利用 GPS 信标机接受卫星信号得到测点的平面位置,通过 GPS 与计算机连接通信,将实测点实时显示在数字图中,并能通过绘图仪将河势图输出和形成电子文件进行成果的快速报送。

具体软件的操作见附录四。

第九章 GPS、全站仪在河道测量中的应用

第一节 GPS全球定位系统概述

20 世纪 50 年代末,苏联发射了人类的第一颗人造地球卫星,美国科学家在对其的跟踪研究中,发现了多普勒频移现象,并利用该原理促成了多普勒卫星导航定位系统的建成,在军事和民用方面取得了极大的成功,是导航定位史上的一次飞跃。我国也曾引进了多台多普勒接收机,应用于海岛联测、地球勘探等领域。但由于多普勒卫星轨道高度低、信号载波频率低,轨道精度难以提高,使得定位精度较低,难以满足大地测量或工程测量的要求,更不可能用于天文地球动力学研究。为了提高卫星定位的精度,美国从 1973 年开始筹建 GPS(Global Positioning System,全球定位系统),在经过了方案论证、系统试验阶段后,于 1989 年开始发射正式工作卫星,并于 1994 年全部建成并投入使用。GPS 系统的空间部分由 21 颗卫星组成,均匀分布在 6 个轨道面上,地面高度为 20 000 余 km,轨道倾角为 6°,扁心率约为 0,周期约为 12 h,卫星向地面发射两个波段的载波信号,载波信号频率分别为 1 575.442 MHz(L1 波段)和 1 227.6 MHz(L2 波段),卫星上安装了精度很高的原子钟,以确保频率的稳定性,在载波上调制有表示卫星位置的广播星历,用于测距的 C/A 码和 P 码,以及其他系统信息,能在全球范围内,向任意多用户提供高精度的、全天候的、连续的、实时的三维测速、三维定位和授时。

GPS 全球定位系统的控制部分由设在美国本土的 5 个监控站组成,这些站不间断地对 GPS 卫星进行观测,并将计算和预报的信息由注入站对卫星进行信息更新。

GPS 全球定位系统的用户是非常隐蔽的,它是一种单程系统,用户只接收而不必发射信号,因此用户的数量也是不受限制的。虽然 GPS 全球定位系统一开始是为军事目的而建立的,但很快在民用方面得到了极大的发展,各类 GPS 接收机和处理软件纷纷涌现出来。目前,在中国市场上出现的接收机主要有 RUGUE、ASHTECH、TRIMBLE、IEICA、SOK-KIA、TORCOF 等。能对两个频率进行观测的接收机称为双频接收机,只能对一个频率进行观测的接收机称为单频接收机,它们在精度和价格上均有较大区别。

对于测绘界的用户而言,GPS 已在测绘领域引起了革命性的变化,目前,范围上数千米至几千千米的控制网或形变监测网,精度上从百米级至毫米级的定位,一般都将 GPS 作为首选手段,随着 RTK(Real Time Kinematic,实时动态)技术的日趋成熟,GPS 已开始向分米级乃至厘米级的放样、高精度动态定位等领域渗透。

国际 GPS 大地测量和地球动力学服务 IGS 自 1992 年起,已在全球建立了多个数据存储及处理中心和百余个常年观测的台站,我国也设立了上海余山、武汉、西安、拉萨、台湾等多个常年观测台站,这些台站的观测数据每天通过 Internet 网传向美国的数据存储中心,IGS 还几乎实时地综合各数据处理中心的结果,并参与国际地球自转服务 IERS 的全

球坐标参考系维护及地球自转参数的发布。使用者也可免费从因特网上取得观测数据及精密星历等产品。

近年来,对 GPS 卫星的应用开发表明,用 GPS 信号可以进行海空导航、车辆引行、导弹制导、精密定位、工程测量、动态观测、设备安装、时间传递、速度测量等。就测绘行业而言,卫星定位技术已用于:① 测量全球性的地球动态参数和全国性的大地测量控制网。②建立陆地海洋大地测量基准。③监测现代板块运动状态,捕获地震信息。④测定航空航天摄影瞬间的相机位置,甚至航片、卫片的姿态参数。GPS 动态测量技术的进一步发展,将会导致无须地面大地测量控制点的大、中、小比例尺航测快速成图技术的兴起,将会导致地理信息系统、全球环境遥感监测和自然灾害遥感实时监测的技术革命。⑤进行工程建筑的设计、施工、验收和监测。在欧洲、远东地区、大洋洲、南美洲和整个北美洲的试验测量表明,卫星定位技术在工程测量中有着极其广阔的应用前景。

第二节　GPS 定位的基本原理与数据处理

按定位时接收机所处的状态,可以将 GPS 定位分为静态定位和动态定位两类。所谓静态定位,指的是将接收机静置于测站上数分钟至 1 h 或更长的时间进行观测,以确定一个点在 WGS 坐标系中的三维坐标(绝对定位),或两个点之间的相对位置(相对定位)。而动态测量则至少有一台接收机处于运动状态,测定的是各观测历元相应的运动中的点位(绝对定位或相对定位)。

利用接收到的测距码或载波相位均可进行静态定位。但由于载波的波长远小于测距码的波长,若接收机对码相位及载波相位的观测精度均取至 0.1 周(每 2π 弧度为 1 周),则 C/A 码及载波 L1 所相应的距离误差分别约为 2.93 m 和 1.9 mm。因此,利用码相位的伪距测量只能用于单点绝对定位。而载波相位观测量则是目前测量中精度最高的观测量,而且它的获得不受精码(P 码或 Y 码)保密的限制。利用载波相位进行单点定位可以达到比测距码伪距定位更高的精度。载波相位测量最主要的应用是进行相对定位。将两台 GPS 接收机分别安置在两个不同的点上,同时观测卫星载波信号,利用载波相位的差分观测值,可以消除或削弱多种误差的影响,获得两点间高精度的 GPS 基线向量。

载波相位观测量就其原始意义来说,就是卫星的载波信号与接收机参考信号之间的相位差。在实用上,为了减弱卫星的轨道误差、卫星钟差、接收机钟差以及电离层和对流层的折射误差的影响,常采用原始相位观测值的各种线性组合(即差分)作为观测量。

本节首先介绍 GPS 定位的基本观测量,然后讨论测距码伪距定位原理、载波相位观测值和各种差分观测值的数学模型,简述 GPS 定位数据处理过程。

一、GPS 定位的基本原理

(一)基本原理

地面接收机可以在任何地点、任何时间、任何气象条件下进行连续观测,并且在时钟控制下,测定出卫星信号到达接收机的时间 Δt,进而确定卫星与接收机之间的距离 ρ 为

$$\rho = c\Delta t + \sum \delta_i \tag{9-1}$$

式中:c 为信号传播速度；$\sum \delta_i$ 为有关的改正数之和。

GPS 定位就是把卫星看成是"飞行"的控制点,根据测量的星站距离,进行空间距离后方交会,确定地面接收机的位置。

如图 9-1 所示,A、B、C 为已知瞬时位置的卫星点,接收机的位置坐标可由下式计算

$$\left.\begin{aligned}
\rho_A^2 &= (X - X_A)^2 + (Y - Y_A)^2 + (Z - Z_A)^2 \\
\rho_B^2 &= (X - X_B)^2 + (Y - Y_B)^2 + (Z - Z_B)^2 \\
\rho_C^2 &= (X - X_C)^2 + (Y - Y_C)^2 + (Z - Z_C)^2
\end{aligned}\right\} \tag{9-2}$$

式中:X_A、Y_A、Z_A 分别为 A 点的空间直角坐标;X_B、Y_B、Z_B 分别为 B 点的空间直角坐标;X_C、Y_C、Z_C 分别为 C 点的空间直角坐标;X、Y、Z 分别为接收机的空间直角坐标。

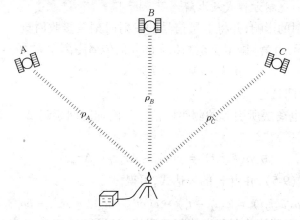

图 9-1 GPS 卫星定位示意

（二）码相位伪距测量

1.码相位伪距测量原理

码相位伪距测量是将伪码发生器产生的与卫星结构完全相同的码经过延时器延时 τ 后便得接收的测距码与本机复制码的相关处理,相关系数为 1 时,τ 就是卫星信号延迟传播时间 Δt,将 Δt 乘以 c 即为卫星到接收机间距离 ρ,即

$$\rho = c\Delta t \tag{9-3}$$

由于卫星钟、接收机钟的误差及无线电信号经过电离层和对流层中的延迟,则实际测出的距离 ρ 与卫星到接收机的距离 R 有误差,一般称此量测出的距离 ρ 为伪距。通过对 C/A 码相位进行测量的为 C/A 码伪距,对 P 码相位进行测量的为 P 码伪距。复制码与接收测距码相关精度为码元宽的 1%。由于 C/A 码码元波长 λ 为 293 m,其测量精度为 2.93 m,而 P 码码元波长为 29.3 m,则测量精度为 0.29 m,比 C/A 码测量精度高 10 倍。所以,有时也将 C/A 码称粗码,P 码称精码。

设接收机 K 在第 i 历元接收卫星信号的钟面时为 t_k^i,与此相应的 GPS 标准时为 T_k^i,则接收机钟差为

$$\delta t_k^i = t_k^i - T_k^i \tag{9-4}$$

若第 i 观测历元第 j 颗卫星信号发射的钟面时为 t_j^i,与此相应的 GPS 标准时为 T_j^i,则

卫星钟钟差为

$$\delta t_j^i = t_j^i - T_j^i \tag{9-5}$$

利用卫星 j 导航电文所给出的种差参数 a_0、a_1、a_2，可近似计算第 i 历元卫星钟钟差

$$\delta t_j^i = a_0 + a_1(T_j^i - t_{0e}) + a_2(T_j^i - t_{0e})^2 \tag{9-6}$$

$$T_j^i = t_j^i - \delta t_j^i \tag{9-7}$$

式中：t_{0e} 为第一数据块的参考时刻。

实际计算中可以不必利用上面两式进行迭代，而直接用 t_j^i 代替式(9-6)中的 T_j^i。经过这样的钟差修正后，仍不能严格地修正到 GPS 标准时，各卫星钟之间的同步差可保持在 20 ns(10^{-9} s)以内。

2. 伪距观测值的观测方程式及求解

若忽略大气折射的影响，并将卫星信号的发射时刻及接收时刻均换算到 GPS 标准，则在第 i 个观测历元，由第 j 颗卫星至测站 k 的几何传播距离 $\rho(k,j,i)$ 可表示为

$$\rho(k,j,i) = c(T_k^i - T_j^i) = c\tau_{kj}^i \tag{9-8}$$

式中：τ_{kj}^i 为相应的时间延迟。

考虑对流层和电离层所引起的测距码信号的附加时间延迟 $\Delta\tau_{trop}$ 及 $\Delta\tau_{ion}$，则正确的星站距应为

$$\rho(k,j,t) = c(\tau_{kj}^i - \Delta\tau_{trop} - \Delta\tau_{ion}) \tag{9-9}$$

由式(9-4)及式(9-5)，并由 τ_{kj}^i 的表达式，可得

$$\rho(k,j,i) = c(t_k^i - t_j^i) - c(\delta t_k^i - \delta t_j^i) - \delta\rho_{trop} - \delta\rho_{ion} \tag{9-10}$$

在式(9-10)中，右端的首项即为伪距观测值 $\rho'(k,j,i)$，而左端的卫地距含有观测站的位置信息，因此可将伪距观测值表示为

$$\rho'(k,j,i) = \rho(k,j,i) + c(\delta t_k^i - \delta t_j^i) + \delta\rho_{trop} + \delta\rho_{ion} \tag{9-11}$$

在此，为简便起见，对对流层和电离层折射修正项略去了表示测站、卫星、观测历元的上、下标。对流层折射对卫地距的修正项 $\delta\rho_{trop}$ 包括干、湿两分量，可按测站上实测的气象参数及至卫星的高度角，采用选定的对流层模型(如霍普菲尔德公式)计算。

对于电离层折射修正项采用现有的电离层折正模型，可将电离层影响减少 75% 左右。

卫星钟钟差可利用式(9-6)及式(9-7)求出，为确定式中所需的卫星测距码信号的发射时刻 t_j^i，只须由接收时刻 t_k^i 减去从相关处理所得的测距码信号延迟即可。事实上，从 GPS 卫星信号到接收机天线的传播时间很短，其值大致在下式的范围内变动

$$\frac{a(1-e)-a_m}{c} < \tau' < \frac{a(1+e)}{c} \tag{9-12}$$

式中：a、e 分别为卫星轨道的长半径及偏心率；a_m 为地球的平均半径。

由式(9-12)可知，信号传播时间一般为 0.067 ~ 0.086 s，平均约为 0.077 s。

卫星钟钟差 δt_j^i 既然能够求出，于是一方面可以修正测距码的发射时刻，并由星历表得出当时的卫星三维坐标而作为已知值；另一方面也可求得 $c\delta t_j^i$，于是式(9-11)的后三项可移置于等号的左端，若令

$$\bar{\rho}(k,j,i) = \rho'(k,j,i) + c\delta t^i_j - \delta\rho_{trop} - \delta\rho_{ion}$$

则式(9-11)成为

$$\bar{\rho}(k,j,i) = \rho(k,j,i) + c\delta t^i_k \tag{9-13}$$

在卫地距 $\rho(k,j,i)$ 中,因卫星坐标是已知的,仅含有天线相位中心的三个坐标未知数,另一个未知数则是接收机钟差,因此在同一观测历元,只须同时观测4颗卫星,即可获得4个观测方程式,解求出这4个未知数。实际解算时须利用站坐标的近似值将式(9-13)线性化,为简便起见,略去表示观测站及观测历元的标号,可得观测方程式

$$-l^j_k(t)\delta X - m^j_k(t)\delta Y - n^j_k(t)\delta Z - c\delta t - \rho^j_0 + (\rho^j + \Delta h\sin\theta_j) = 0 \tag{9-14}$$

式中: $l^j_k(t)$、$m^j_k(t)$、$n^j_k(t)$ 分别为 $\rho(k,j,i)$ 对 X、Y、Z 的偏导数; Δh 为接收机天线中心至测站标石面高度(简称天线高); θ_j 为 j 卫星的高度角,由 $\Delta h\sin\theta_j$ 修正项可将卫星至天线相位中心的观测距离改正为至测站标石中心的距离; ρ^j_0 为由测站近似坐标 (X_0,Y_0,Z_0) 及卫星坐标 (X^j,Y^j,Z^j) 求得的星站距。

$$\rho^j_0 = \sqrt{(X^j - X_0)^2 + (Y^j - Y_0)^2 + (Z^j - Z_0)^2} \tag{9-15}$$

在式(9-14)中,含有4个未知参数,即测站近似坐标的改正数 $(\delta X,\delta Y,\delta Z)$,以及接收机钟差 δt。因经修正后的卫星钟时刻仍含有偏差,因此这里的接收机钟差 δt 并非相对于GPS标准时,而是相对于卫星钟而言的。若同时观测到4颗卫星信号,则由4个伪距观测式即可求解未知数向量 $(\delta X,\delta Y,\delta Z,c\delta t)$。

若令

$$A = \begin{bmatrix} l^{(1)}_0 & m^{(1)}_0 & n^{(1)}_0 & -1 \\ l^{(2)}_0 & m^{(2)}_0 & n^{(2)}_0 & -1 \\ l^{(3)}_0 & m^{(3)}_0 & n^{(3)}_0 & -1 \\ l^{(4)}_0 & m^{(4)}_0 & n^{(4)}_0 & -1 \end{bmatrix}, l = \begin{bmatrix} \rho^{(1)}_0 & - \overleftrightarrow{\rho}^{(1)} & - \Delta h\sin\theta_1 \\ \rho^{(2)}_0 & - \overleftrightarrow{\rho}^{(2)} & - \Delta h\sin\theta_2 \\ \rho^{(3)}_0 & - \overleftrightarrow{\rho}^{(3)} & - \Delta h\sin\theta_3 \\ \rho^{(4)}_0 & - \overleftrightarrow{\rho}^{(4)} & - \Delta h\sin\theta_4 \end{bmatrix}$$

$$X^T = (\delta X,\delta Y,\delta Z,c\delta t)^T$$

则有

$$Ax - l = 0 \tag{9-16}$$

由式(9-16)可求得未知数向量 x 的唯一解

$$x = A^{-1}l \tag{9-17}$$

若同时观测的卫星数多于4个,则存在多余观测,随着观测值的个数超过未知数个数,式(9-16)的右端不再为零向量,而是一列残差向量,$V^T = (v_1,v_2,\cdots,v_j)^T$,由此而求得最小二乘解为

$$x = (A^TA)^{-1}A^Tl \tag{9-18}$$

其精度为

$$D_x = m^2_0Q_x = m^2_0(A^TA)^{-1} \tag{9-19}$$

式中: m_0 为伪距测量中的误差,来自于星历误差、卫星钟误差、大气传播误差及本身量测误差。

若一开始所给出的测站在 WGS-84 坐标系中的近似值偏差过大,则因线性化后的观

测方程式仅取了一次项,为避免略去的高次项对解算结果的影响,可利用解算出的站坐标作为近似值,迭代求解。

多数 GPS 接收机当选定历元的时间间隔、输入量测的天线高及测站的近似坐标后(也有的接收机,如 Ashech 型,可不输入测站坐标),即能在每个观测历元实时输出测站的三维直角坐标或其相应的大地经纬度及大地高。在实现 SA 政策以前,伪距测量中误差约为 10 m,当所测卫星分布图形较好时(PDOP = 3),利用 C/A 码的一个历元的三维绝对定位精度为 30~50 m。但自从美国在 Block II 卫星上实施了 SA 政策以后,由于卫星星历精度的降低以及卫星钟存在着伪随机的频率抖动,以至等效伪距测量中误差可达 100~200 m,于是测距码的伪距定位精度也就大大地降低了。目前,取消了 SA 政策,单点定位精度在 20 m 左右。

利用各个观测历元的伪距观测量,只要始终保持能接收到 4 颗或 4 颗以上的卫星的信号,就能进行实时的、连续的导航定位。即使在观测过程中发生卫星信号的暂时失锁,只能收到少于 4 颗的卫星信号,在信号失锁的那段时间里,不能确定接收机的位置,但在失锁之前及之后各观测历元的单点定位值仍然是有效的、正确的。

3. 载波相位观测

1)载波相位观测值

在码相关型接收机中,当 GPS 接收机锁定卫星载波相位后,就可以得到从卫星传到接收机经过延时的载波信号。如果将载波信号与接收机内产生的基准信号相比就可得到载波相位观测值。

若接收机内振荡器频率初相位与卫星发射载波初相位完全相同,卫星在 t_0 时刻发射信号,经过 Δt 后于 t_i 时刻被接收机接收,接收机通道锁定卫星信号,Δt 对应的相位差为 ϕ_i^j,又设卫星载波信号于历元 t_i 时刻的相位为 $\phi^j(t_i)$,接收机基准信号在 t_i 时刻的相位为 $\phi_i(t_i)$,则有

$$\phi_i^j = \phi_i(t_i) - \phi^j(t_i) \tag{9-20}$$

卫星到接收机的距离为

$$\rho = \lambda \phi_i^j = \lambda [\phi_i(t_i) - \phi^j(t_i)] \tag{9-21}$$

为了测定相位必须将两路信号进行整形,在鉴相器内以脉冲上沿进行测相就可以得到 $\Delta\phi(t_i)$,即为载波相位不足一个整周的相位值。卫星到接收机间的相位差为 N_0 个整周相位和不到一个整周相位之和,即

$$\phi_i^j = N_0 2\pi + \Delta\phi(t_i) \tag{9-22}$$

在鉴相器中,只能测出不足一个整周相位值,N_0 测不出,因此在载波相位测量中出现了一个整周未知数 N_0(也称为整周模糊度)。N_0 需要通过其他途径求定,然后才能求得卫星到接收机的距离。

当接收机锁定卫星后,即可测定 t_i 时刻的载波相位观测值,接收机若继续跟踪卫星信号,就可以不断地测定 $\Delta\phi(t_k)$,并且利用整波计数器 $\text{Int}(\phi)$ 记录由 t_i 到 t_k 时间内的整周数变化。它的几何意义见图 9-2。

只要卫星 S^j 从 t_i 到 t_k 中间卫星信号没有失锁,则整周模糊度 N_0 就为常数,t_k 时刻卫星到接收机的相位差为

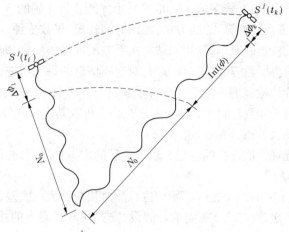

图 9-2　载波相位几何示意

$$\phi_k^i = N_0 + \mathrm{Int}(\phi_k) + \Delta\phi(t_k) \tag{9-23}$$

载波相位测量值为

$$\phi^j(t_k) = \mathrm{Int}(\phi_k) + \Delta\phi(t_k) \tag{9-24}$$

　　如果在跟踪卫星过程中,由于某种原因,如卫星信号被障碍物挡住而暂时中断、受无线电信号干扰造成信号失锁等,这样,计数器无法连续计数,因此当信号重新被跟踪后,整周计数就不正确,但是不到一个整周的相位观测值仍然是正确的,这种现象称为周跳。周跳的出现和处理是载波相位测量中的重要问题,下面将要介绍周跳的判断和修正。

　　由于载波频率高、波长短,因此载波相位测量精度高。若测相精度为 $1\%f$,则 L1 载波波长为 19 cm,其测距精度为 0.19 mm;L2 载波波长为 24 cm,其测距精度为 0.24 mm。因此,利用载波相位观测值进行定位,精度要比码相位伪距测量定位精度高,只是要解决整周模糊度的解算和周跳修复问题。

　　2)载波相位整周模糊度和周跳问题

　　在连续进行载波相位观测过程中,如果卫星信号暂时受阻挡或计数器暂时故障,计数器无法连续计数而暂时中断,使得 $\mathrm{Int}(\phi)$ 将丢失某一量而变得不正确(此时瞬时量测值 $\Delta\phi_k$ 仍是正确的),这种现象叫做整周跳变,简称周跳。

　　由于卫星和接收机间的距离在不断变化,所以载波相位观测值 $\mathrm{Int}(\phi)+\Delta\phi_k$ 也随时间在不断变化,这种变化应该是有规律的、平滑的,但周跳将破坏这种规律性。根据这一特性就可以发现周跳并用多项式拟合来修正周跳,但这毕竟是麻烦的。最根本的办法还是从选择机型、选点、组织观测等各个环节加以注意,避免周跳的发生,因为周跳的出现与接收机质量及观测条件密切相关。

　　载波相位观测中尚存在着整周未知数 N_0 的确定问题。由于在连续跟踪的载波相位观测值中,均含有相同的 N_0,所以正确确定 N_0 是提高载波相位观测值精度的重要条件。另外,快速而正确地确定 N_0,又是提高 GPS 定位作业效率的重要环节。

　　解算整周未知数 N_0 的方法很多种,例如在进行载波相位测量的同时又进行了伪距测量,那么将伪距 $\vec{\rho}$ 减去载波相位测量的实际观测值与波长的乘积 $\lambda\vec{\phi}$,即可求得 λN_0。不过伪距测量精度较低,必须有较多的 λN_0 取平均值才能获得正确的 N_0 值。

近 10 年来采用了快速解算 N_0 的方法,需用时间较短,仅数分钟。它是根据数理统计中的参数估计和假设检验的原理,利用测站初次平差所提供的信息,即坐标向量和整周未知数向量以及相应的协因数阵和单位权方差,对空间信息的每一点进行比较判别,逐步排查"搜索";对经过统计检验剩下的整数组合重新进行平差计算,进行验前、验后检验;最后确定出最佳的整周未知数。目前,这一方法在接收机及其定位软件中广泛使用。

3)载波相位观测值的线性组合(差分法)

通过对载波相位观测值进行线性组合以形成新的虚拟观测值的方法。

(1)一次差(单差)。

某一载波(例如 L1)的两个相应原始相位观测值相减称为一次差,将所得的差值当做虚拟观测值并称为一次差(单差)观测值。假设,安置在基线端点的接收机 $K_i(i=1、2)$,对 GPS 卫星 S^j 和 S^k,于观测历元 t_1 和 t_2 进行了同步观测,则可得以下独立的载波相位观测量:

$$\phi_1^j(t_1) \cdot \phi_1^j(t_2) \cdot \phi_1^k(t_1) \cdot \phi_1^k(t_2) \cdot \phi_2^j(t_1) \cdot \phi_2^j(t_2) \cdot \phi_2^k(t_1) \cdot \phi_2^k(t_2)$$

若取符号 $\Delta\phi^j(t)$、$\Delta\phi^i(t)$ 和 $\delta\phi_i^j(t)$,分别表示不同接收机之间、卫星之间和不同观测历元之间的观测量之差,求一次差一般有下列三种形式:

①在接收机(测站)间求一次差。两个测站在同一观测历元 t_i 对同一卫星的同一载波进行相位测量,其相应观测值相减称为在接收机(测站)间求一次差。由于这两个载波相位观测值均受到 $(t_1-\Delta t)$ 时刻的卫星钟差的影响,故在站间单差观测值中可消除其影响。当然,由于两站至卫星的距离不同,故信号传播时间 Δt 也不严格相等,但其差异极小,在这么短时间内卫星钟差的变化一般可忽略。此外,卫星星历误差和大气延迟误差等也可大幅度削弱。其表达式为

$$\Delta\phi^j(t) = \phi_2^i(t) - \phi_1^i(t) \tag{9-25}$$

②在卫星间求一次差。在同一测站同一观测历元 t_i 对不同卫星的同一载波进行相位测量,将相应的原始观测值相减称为在卫星间求一次差。由于相应观测值中均受 t_i 时刻接收机钟差的影响,故在星际单差观测值中可消除其影响。其表达式为

$$\Delta\phi^i(t) = \phi_i^k(t) - \phi_i^j(t) \tag{9-26}$$

③在历元间求一次差。同一测站在两个不同历元对同一卫星的相同载波进行相位测量,其相位观测值相减称为在历元间求一次差。由于相同观测值中均含同样的整周未知数。其表达式为

$$\delta\phi_i^j(t) = \phi_i^j(t_2) - \phi_i^j(t_1) \tag{9-27}$$

(2)二次差(双差)。

在求一次差的基础上,再将两个相应的单差观测值相减,称为求二次差(双差),其差称为二次差(双差)观测值。求二次差时与求差的先后顺序无关,故也有三种形式:在卫星与接收机间求二次差,在卫星与观测历元间求二次差,在接收机与观测历元间求二次差。其中在卫星与接收机间求二次差被广泛采用,其表达式为

$$\begin{aligned}\nabla\Delta\phi^k(t) &= \Delta\phi^k(t) - \Delta\phi^j(t)\\&= \phi_2^k(t) - \phi_1^k(t) - \phi_2^j(t) + \phi_1^j(t)\end{aligned} \tag{9-28}$$

各接收机厂商所提供的数据处理软件几乎都采用了双差观测值。这是因为载波相观测方程中会出现观测瞬间卫星钟差及接收机钟差参数，且其数量特别庞大。由于接收机钟是石英钟，稳定性差，卫星钟中由于实施 SA 技术又人为地引入了钟频的快速抖动，因而用多项式拟合各历元的钟差效果并不好。如果将各历元的钟差均当做独立参数，那么未知数的个数将达数千个。过多的参数不但会影响解的稳定性，而且对计算机及外围设备也会提出很高的要求。双差观测值在求差过程中已将卫星钟差和接收机钟差消除，故未知数个数通常只有 10 个左右，用一般微机即可胜任数据处理的工作，因此被广泛采用。

（3）三次差。

在求二次差的基础上再将两个相应的双差观测值相减，称为求三次差，其差称为三次差（三差）观测值。由于与求差的顺序无关，故求三次差只有一种形式，即在卫星、接收机与历元间求三次差。其表达式为

$$\delta H \phi^k(t) = \Delta \phi^k(t_2) - \Delta \phi^k(t_1)$$
$$= \left[\phi_2^k(t_2) - \phi_1^k(t_2) - \phi_2^j(t_2) + \phi_1^j(t_2) \right] - \left[\phi_2^k(t_1) - \phi_1^k(t_1) - \phi_2^j(t_1) + \phi_1^j(t_1) \right]$$

$$(9\text{-}29)$$

由于在求三次差的过程中已将整周未知数消去，故方程中仅含坐标差未知数。注意：双差观测值是可以求整数（固定）解的，而三差解实际上是与实数（浮点）解对应的。因为在三差解中整周未知数已被消去并未解出，当然也无法固定为整数。而消去的整周未知数实际上是一组实数。所以，在短基线解算中一般要求求双差固定解，而不希望求三差解。三差解一般用于中长基线，因为此时已难以求固定解了。

4. 积分多普勒观测值

GPS 观测值有 7 种，即 C/A 码伪距、L1 载波上的 P 码伪距、L2 载波上的 P2 码伪距、L1 载波相位、L2 载波相位、L1 和 L2 多普勒频移。但是，对于不同的接收机其测量值是不同的，如导航型接收机只有 C/A 码伪距和伪距变化率测量值，测地型单频接收机有 C/A 码伪距、L1 载波相位和多普勒频移。AshtechZ – 12 上述 7 种观测值全有。

为了统一 GPS 数据格式，以便不同类型的 GPS 接收机观测数据都可以互用，目前采用标准格式（RINEX）。各种接收机都可以将自己的文件格式转成 RINEX 格式。

5. 不同类型接收机联合作业

现在 GPS 接收机生产厂家有几十个，生产的 GPS 接收机一般有单频和双频之分，每种 GPS 接收机的原始测量数据记录格式及数据处理方法各不相同，但大多数接收机都可提供观测值的 RINEX 格式输出文本。RINEX 是一种与接收机无关的 GPS 数据标准交换格式，这样可使第三方接收机测量数据联合进行处理，为不同厂家、不同类型接收机联合作业提供可能。现以 Leica 单、双频接收机和 Ashtech 单、双频接收机联合作业的有关问题进行讨论。

（1）单、双频接收机测量时，同步环、异步环的确定及闭合差处理。

单、双频接收机测量时，一般有下列规则。

基线解算：双频—双频为双频，单频—双频为单频，单频—单频为单频。

定义同步观测环为：三台及以上接收机同步观测（即同时对同一组卫星进行的观测）

所获得的基线向量所构成的闭合环。虽然同为同步观测环,由于基线处理模式的不同,其环闭合差会有较大差别。理论上,采用同一处理数学模型的统一基准的多基线解产生的同步环闭合差,在有误差甚至粗差存在的前提下,同步环闭合差最小,应该为零。但在实际应用中,同步环中各条基线单独解算时,由于基线间不能做到完全严格的同步,一同步图形中各条基线处理时对应的起算点坐标不是从同一起算点导出的,而是各自端点 C/A 码伪距单点定位值,都可能产生较大的同步环闭合差。研究表明,若一个等边形的三边同步环,各基线处理时采用各自端点 C/A 码伪距离位值作起算点,若起算点坐标分量误差为 ±20 m,则可能引起基线各分量 $±1×10^{-6}$ 的相对误差,三边形坐标分量闭合差则可达 $±\sqrt{3}×10^{-6}$,顾及同步环闭合差理论上应为零,对三、四等水准网,基线平均边长 2 ~ 5 km,而由上述原因引起的同步基线相对误差的总量值在厘米级左右。

理论上,同一基线的不同数学模型解算是等价的。但在实际上,固定解、浮点解和三差分解之间互差可达几个厘米,因此对于不同数学模型解算基线构成的同步三边形闭合差,实际上可按异步环的要求进行。

相应地,对于单频接收机、双频接收机、GPS 测量模式,GPS + GLONASS 测量模式联合作业时,正所谓一同步环,其基线解算的模式可为单频机解、双频机解、单星系统的解、双星系统的解,因此实际上可按异步环要求进行。

由独立基线组成的闭合环称为独立环或异步环,在有误差的前提下,异步环闭合差不可能为零,因此它是 GPS 网质量检核的主要指标。

(2)Leica 接收机和 Ashtech 接收机联合作业。

不同厂家生产的 GPS 接收机联合作业时,流程如图 9-3 所示。

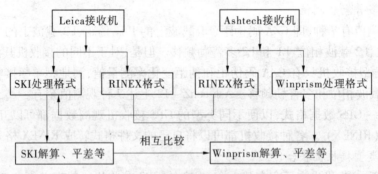

图 9-3 GPS 接收机联合作业的流程

现以 Leica 接收机和 Ashtech 接收机联合作业后,以 Ashtech 的 Winprism 软件处理为例作简要说明。

由于 Leica 接收机接收的数据一般按天存储,每台仪器接收的数据传输到计算机后由 11 个文件组成,基线数据处理时,按同步观测时间进行手工或自动解;而 Ashtech 接收机的接收数据传输至计算机后变成 3 个文件,称为观测值 B—文件、星历 E—文件和测站信息的 C—文件,并以时段分别存储。因此,利用 Leica 接收机的数据转化为 RINEX 时,应按时段进行分离,并分别存储,转换为 Ashtech 数据格式后,要对每个时段编辑一个与 B—文件、E—文件同名的 S—文件,输入仪器高等相关信息,然后才能到 Winprism 软件下进行后续处理。若后处理以 Leica 公司的 SKI 软件处理,则过程类似,这里不再赘述。

二、定位数据处理

卫星定位的数据处理,一般可借助相应的数据处理软件自动完成。随着定位技术的不断发展,数据处理软件的功能和自动化程度不断增强和提高。

数据处理的基本流程包括数据的粗加工和预处理、基线向量计算和基线网平差计算,坐标系统转换或与地面网的联合平差。

定位数据处理与常规测量数据处理相比较,有两个显著特点:

(1)数据量大。若按每 15 s 采集一组数据,一台接收机连续观测 1 h 将有 240 组数据。每组数据都含有对若干个卫星(≥4)的伪距、载波相位观测值、卫星星历和气象数据等。GPS 定位时使用几台接收机同步观测,将会有上万个甚至更多的数据。

(2)处理过程复杂。从采集到的原始数据到 GPS 定位成果,整个处理过程十分复杂,每一过程的数学模型和计算方法各不相同,每一过程都需要对不同的数据进行有序的组织、检验和分析,处理过程非常复杂。

(一)粗加工和预处理

1. 粗加工

GPS 接收机采集的数据记载在接收机的内存模块上。粗加工的第一项工作就是数据传输,即将数据从记录载体传输至计算机。数据传输的同时进行数据分流,将各类数据归放入不同的文件。为此传输至计算机的数据需要解译,提取出有用的信息,分别建立四种不同的数据文件。

1)观测值文件

观测值文件内含观测历元、C/A 码伪距、载波(L1、L2)相位、积分多普勒计数、信噪比等。这是容量最大的文件。

2)星历参数文件

星历参数文件包括所有被测卫星的轨道位置信息,据此可以算出任一瞬间卫星的在轨位置。

3)电离层参数和 UTC 参数文件

用于改正观测值的电离层影响和将 GPS 时间修正为协调世界时(UTC)时间。

4)测站信息文件

测站信息文件包括测站名、测站号、概略坐标、接收机号、天线号、天线高、观测的起止时间记录的数据量、初步定位结果等。

2. 预处理

定位数据预处理在定位数据处理中占有较大的比重,预处理所采用的模型、方法的优劣将直接影响定位成果的质量。预处理的主要目的在于净化观测值,提高其"精度",将各类数据文件标准化,形成平差计算所需要的文件。预处理的主要内容包括:

(1)对观测数据进行平滑滤波检验,剔除粗差,删除无效数据。

(2)统一数据文件格式。将各类接收机的数据记录格式、项目和采样间隔等加工成彼此兼容的标准化文件,以便统一处理。

（3）GPS 卫星轨道方程的标准化。由于不同的星历有不同的数据格式和卫星位置计算公式，且星历参数又依不同时间（每小时更新一次）各具独立性，这就为卫星位置计算、周跳的检测修正、观测值残差分析等带来许多不便或不确定性因素。为此，就需要建立一组标准化的轨道方程，用一个连续的、平滑的轨道来覆盖整个观测时段，以便用统一的格式提供观测时段内任一时刻、任一卫星的空间位置。

一般采用时间为变元的多项式作为 GPS 卫星位置的标准化表达式。多项式的阶数取 8 ~ 10 就足以保证米级甚至厘米级轨道拟合的数字精度。

（4）诊断整周跳变点，发现并修复整周跳变；确定整周未知数的初值。

诊断整周跳变常采用曲线拟合的方法，即根据几个相位观测值拟合一个 n 阶多项式，用此多项式预估下一个观测值并与实测值比较，从而发现并修正整周计数。

整周未知数可以采用伪距观测值 ρ_i 与载波相位测量值 ϕ_1 乘以波长 λ 相比较的方法确定出 λN_0。整周未知数的初值用来作为平差时整周未知数的近似值。

（5）对观测值进行各项改正，并使观测值文件标准化。

对观测值主要进行电离层折射改正和对流层折射改正。改正后的观测值文件必须标准化，包括记录格式标准化、记录类型标准化、记录项目标准化、采样密度标准化、数据单元标准化等。

观测值文件标准化以后，就可输入主处理程序进行平差计算。

（二）基线向量解算

卫星定位在控制测量中均采用了相对定位技术，所确定的是控制点间相对位置关系。这种相对位置关系是用 WGS - 84 坐标系的三维直角坐标 $(\Delta x_{ij}, \Delta y_{ij}, \Delta z_{ij})$ 来表示的，我们称这种点间的相对位置量为基线向量。

求解基线向量一般采用差分模型。其中，在接收机和卫星间求二次差的模型是多数基线向 GPS 量处理软件中的必选模型。以站、星二次差分观测值作为解算时的观测量，以测站间的基线向量为主要未知量建立误差方程，组成并求解法方程，这就是双差法的基线向量解算。

为了列误差方程式，必须将观测方程进行线性化，并且引入 Δx_{ij}、Δy_{ij}、Δz_{ij} 这 3 个量作为未知数，才能得到任一观测历元 t_1 测站 i、j 和卫星 p、q 的双差观测值的线性误差方程。

当观测历元 t_1 在测站 i、j 同步观测了 s_v 个卫星则可列出 $s_v - 1$ 个误差方程，相应要引入 $s_v - 1$ 个初始整周未知数，即观测历元 t_1 共有 $(s_v - 1) + 3$ 个未知数。若测站 i、j 对所有 s_v 个卫星进行了 n 次连续观测，则总共有 $m = n(s_v - 1)$ 个误差方程。

将所有误差方程写成矩阵形式

$$V = AX + L \tag{9-30}$$

式中：$V = (v_1, v_2, \cdots, v_m)^{\mathrm{T}}$；$X = (\delta_x, \delta_y, \delta_z, \delta_{N_1}, \delta_{N_2}, \cdots, \delta_{N_{s_v} - 1})^{\mathrm{T}}$；$L = (w_1, w_2, \cdots, w_m)^{\mathrm{T}}$；$A$ 为 $m \times [(s_v - 1) + 3]$ 阶的误差方程系数阵。

设各类双差观测值等权且彼此独立，即权阵 p 为一单位阵，于是可组成法方程

$$NX + B = 0 \tag{9-31}$$

式中：$N = A^{\mathrm{T}}A$；$B = A^{\mathrm{T}}L$。

则可解得

$$X = -N^{-1}B = -(A^\mathrm{T}A)^{-1}(A^\mathrm{T}L)$$

基线向量平差值为

$$\left.\begin{array}{l} \Delta x_{ij} = \Delta x_{ij}^0 + \delta_{x_{ij}} \\[2mm] \Delta y_{ij} = \Delta y_{ij}^0 + \delta_{y_{ij}} \\[2mm] \Delta z_{ij} = \Delta z_{ij}^0 + \delta_{z_{ij}} \end{array}\right\} \qquad (9\text{-}32)$$

同时,亦得基线长度平差值和整周未知数平差值。

为了评定基线向量的精度,可用常规方法计算单位权中误差 m,并取协因数矩阵 N^{-1} 的相应对角元素 $Q_{x_i x_i}$,按下式计算任一分量中误差

$$m_{x_i} = m_0 \sqrt{Q_{x_i x_i}} \qquad (9\text{-}33)$$

(三) 网的平差计算

通过前述的基线向量解算,已经得到了同步观测的基线向量。通常 GPS 定位网是由多个异步网组成的,它们之间往往形成多个异步环闭合条件。所以,基线网平差的目的,其一是将各观测时段所确定的基线向量视做观测值,以其方差阵的逆阵为权,进行平差计算,消除环闭合差;其二是建立网的基准(位置基准、方向和尺度基准),求出各 GPS 点在规定坐标系中的坐标值,并评定定位精度。

基线向量网平差可以分为以下三种类型。

1. 无约束平差

无约束平差属于经典自由网平差,是仅具有必要的起始数据的平差方法,它可以按间接平差的一般程序进行计算。

GPS 基线向量本身已经提供了方向基准信息和尺度基准信息(由向量坐标可以算出基线方位和基线长度),它们都属于 WGS-84 坐标系。因而无约束平差时只需引入位置基准信息,它不会引起观测值的变形和改正。引入位置基准信息的方法一般是取网中任一点的伪距定位坐标,作为所有 GPS 点坐标的起算数据。整个平差计算是在坐标系中进行的。

无约束平差的重点在于考察 GPS 网本身的内部符合精度,考察基线向量之间有无明显的系统误差和粗差,同时也为 GPS 点提供大地高程数据,以便联合有关的正常高数据求出 GPS 点的正常高。

2. 约束平差

约束平差是以国家大地坐标系中某些点的坐标、边长和方位角为约束条件进行的平差,其平差成果属于国家统一坐标系统。

为了将 GPS 基线向量网观测值与约束条件联系起来,应考虑 WGS-84 坐标系与国家大地坐标系之间的系统差,即平差时应设立 GPS 网与地面网之间的转换参数,通过这些参数将两个具有不同基准的坐标系统化为一致。

约束平差实际就是附有条件式的相关间接平差。它可以在空间直角坐标系中进行,也可以在大地坐标系中进行。

3. 联合平差

联合平差就是将 GPS 基线向量观测值、结束数据、地面常规观测值(距离、方向高差)

等一并进行平差计算。

GPS 网平差既可以在三维空间直角坐标系(或三维大地坐标系)中进行三维平差,也可以在高斯投影平面(或椭球面)上进行二维平差。

第三节　GPS、全站仪河道测验精度分析

由于 GPS 是一种全天候、高精度的连续定位系统,并且具有定位速度快、费用低、方法灵活多样和操作简便等特点,所以它在测量学、导航学及其相关学科领域,获得了极其广泛的应用。因此,GPS 在黄河下游河道测回中也具有广泛的应用。

为了分析 GPS、全站仪在河道观测中的精度,黄河水利委员会水文局专门安排试验项目,在黄河山东河段进行了 15 个河道观测断面的比测试验,比测 GPS 采用 Trimble 4400GPS接收机(1 + 2)和 Scorpio 6502MK GPS 接收机(1 + 3),全站仪采用 Leica TC－1500全站仪,该仪器标称测角精度 $2''$、测距精度 2 mm + 5×10^{-6};同时,本次试验水准仪采用 Leica Na2 水准仪,该仪器为三等水准测验仪器,性能稳定,精度可靠。

一、比测试验过程

(一)试验断面的选择

比测试验断面根据断面特性,按照求参范围的大小、参数求算形式的不同,选择 15 个断面进行试验比测,其中 10 个断面采用打桩定点比测,5 个断面采用非定点比测,选择断面及有关试验参数如表 9-1 所示。

表 9-1　试验断面基本情况一览表

断面名称	断面宽度(m)	求参范围(km)	应用参数类型	试验方法
南桥	1 133	10	三参数	打桩定点比测
大义屯	1 152	10	七参数	打桩定点比测
湖溪渡	1 148	10	七参数	打桩定点比测
朱圈	983	10	七参数	打桩定点比测
曹家圈	480	30	七参数	打桩定点比测
郑家店	834	30	三参数	打桩定点比测
霍家溜	1 220	20	七参数	打桩定点比测
王家梨行	1 707	20	三参数	打桩定点比测
传辛庄	2 250	20	七参数	打桩定点比测
沟杨家	700	20	七参数	打桩定点比测
利津(三)	612	10	三参数	非定点比测
东张	2 137	10	三参数	非定点比测
一号坝	3 370	10	七参数	非定点比测
前左	2 853	10	七参数	非定点比测
清2	7 101	10	七参数	非定点比测

比测试验为在同一个断面分别采用 GPS、全站仪和水准仪三种方法进行，为了比较各种测验方法的测点精度，在南桥等 10 个断面上进行了木桩测量法，即沿断面每隔一定的距离打一木桩，施测时各种方法均施测同一木桩，然后通过测量结果对各种方法进行对比；同时在利津(三)等 5 个断面上采用非定点比测，通过断面的面积结果来对比各种方法的观测精度。

(二) GPS 测验

1. 坐标转换参数的求解

坐标转换参数为 84 坐标向应用坐标(1954 北京坐标)进行转换的有关参数，按照转换方法不同分别有三参数和七参数，三参数包括 X、Y、Z 方向的平移参数 ΔX、ΔY、ΔZ；七参数包括 X、Y、Z 方向的平移参数 ΔX、ΔY、ΔZ，X、Y、Z 三轴的旋转参数 α、β、δ 和比例因子参数 ε。试验所需坐标转换参数，南桥至传辛庄 10 个断面采用 Scorpio 6502MK GPS 的自带求参软件求算，利津至清 2 的 5 个断面由 Trimble 卫星定位系统配带的 TGO 求参软件求算。

按照预先设计的求参范围，全部试验断面共分 10 个区域分别进行参数求算，其中七参数 6 个区，三参数 4 个区，各求参区求参精度如表 9-2 所示。

表 9-2　坐标转换参数求算情况一览表

区域名称	范围	控制点数	应用断面	求参精度(m)					
				平面误差		高程误差		三维误差	
				最大	中误差	最大	中误差	最大	中误差
Q1	大义屯—潘庄	24	大义屯 湖溪渡 朱圈	0.002	0.002	0.037	0.027	0.040	0.028
Q2	阴河—添口	35	曹家圈	0.007	0.004	0.061	0.028	0.061	0.028
Q3	霍家溜—传辛庄	17	霍家溜 传辛庄	0.012	0.007	0.010	0.005	0.016	0.009
Q4	沟杨家—北李家	3	沟杨家	0.009	0.007	0.034	0.024	0.034	0.022
Q5	一号坝—前左	3	一号坝 前左	0.001	0		0	0.001	0
Q6	清 1—清 2	3	清 2	0.004	0.003	0		0.004	0.003
S1	位山—南桥	8	南桥	0.025	0.019	0.041	0.026	0.041	0.026
S2	阴河—添口	35	郑家店	0.113	0.076	0.052	0.028	0.115	0.081
S3	霍家溜—传辛庄	17	王家梨行	0.047	0.038	0.014	0.006	0.047	0.039
S4	利津—东张	4	利津 东张	0.002	0.001	0.020	0.014	0.020	0.014

2. GPS 基准站设置(以 Trimble 仪器为例)

试验时，将基准站架设在相应断面的某一个主基点上。其操作步骤如下：

（1）将卫星天线三脚架设在已知点（主基点）上，对中整平。

（2）用量距杆测量天线高度，天线高度量至卫星天线的周边下沿，在三个不同的方向各测量 1 次，取其平均值。

（3）将 GPS 主机、手簿、天线、电源、电台用连线连接，开机。

（4）在手簿文件的任务管理中建立新文件，选择相应坐标系统，键入参数，包括设置投影、基准转换、水平平差、垂直平差。

（5）进入配置菜单，选择 Trimble RTK。

（6）选择相对应的电台、天线类型及天线测至位置。

（7）选择测量模式，进入 Trimble RTK。

（8）启动基准站接收机，输入基准站所在点的坐标、高程及天线高。

（9）断开手簿与主机的连接。

3. 移动站设置

基准站建立后，将移动站主机手簿、电台、天线电源连接开机。

（1）在手簿文件的文件管理中建立新文件，选择相应的坐标系统，建立参数，包括投影、基准转换、水平平差、垂直平差。

（2）在测量中选择测量形式，选择 Trimble RTK，然后编辑，选择相应的电台、天线类型及天线测至位置。

（3）进入配置菜单，选择 Trimble RTK，在 Trimble RTK 中选择测量、放样直线。

（4）建立放样直线，输入放样的起、终点坐标及高程。

（5）输入天线高，开始测量。

（6）开始测量前，在已知的 GPS 点上进行校桩，达到规范要求的精度后，才开始测量。

4. RTK 断面测量

1）滩地测量

在 GPS 基准站和移动站设置完毕后，移动站首先进行校桩，即将移动站测量杆放到已知的 GPS 基准点（或辅助基点）上，待气泡居中后读取该点数据，与该点已知数据比较误差不超过规定后，移动站开始沿断面线采点，采点间距以能控制地形变化为原则，但最大间距不大于规范规定的 100 m。采点时，一般必须在断面线上，偏线距不得超过 0.2 m，特殊情况接收不到信号或采点人员无法到达时，在断面线以外能代表附近地形的地方采集数据，但必须注明情况。

当采点过程中遇到固定桩时，均应进行校桩。

2）水位观测

在水边打长 40 cm 以上的木桩，待木桩稳定后将 GPS 天线杆立于桩顶，连续采集数据不少于 8 组，取水边桩顶高程互差不大于 0.1 m 的 8 组数据作为水位观测数据。

左、右岸分别进行水位观测并进行水位比较。

3）水道测验

水道部分数据采集为 GPS 进行平面位置的测定，用测深杆测定水深，以确定测点的河底高程。

5. 数据处理

每天测验结束后,将 GPS 手簿中的数据传到计算机中,然后利用"河道数据库管理系统"对数据进行整理和计算。

（三）全站仪测验

全站仪测验滩地时,将全站仪设在断面固定桩上,司棱镜人员沿断面线分别前后采点,全站仪将测点的方向、平距、竖直角、起点距、高程等数据自动记在 PC 卡上;水位观测采用在水边打木桩用全站仪观测次的方法,当其互差不超过 0.1 m 时,取接近中数的读数作为水边桩桩顶高程,左、右岸水位均进行观测;水道部分测验采用将仪器架在滩唇桩上,棱镜在船上,全站仪读取平距,测深杆量取水深。

全站仪测验数据处理亦采用"河道数据库管理系统"对数据进行整理和计算。

（四）水准仪方法测验

采用水准仪和六分仪方法测量,测量方法按照《黄河下游河道观测试行技术规定》的要求进行,测量以前,对水准仪进行 i 角检测,对六分仪进行检测。其检测资料见附表。

试验结束后,利用山东水文水资源局的"河道数据库管理系统"对各种方法的测验资料进行统一处理,并分别编制成果表,计算断面面积。

二、资料分析

（一）GPS 测量参数求算资料分析

GPS 测量坐标修正参数是 GPS 测量坐标转换改正的重要参数,它直接关系到测量成果的精度,参数求算精度与参加求参的控制点有关,也与求参范围和参数类型有关,表 9-2 列出了本次试验的 GPS 测量各区的参数求算精度,从该表中可以看出,无论是三参数还是七参数,其平高精度中误差均在 0.07 m 以内,点位精度最大中误差为 0.081 m。从表 9-3 可以看出,就平面误差而言,同范围七参数精度高于三参数精度,七参数在 30 km 以内中误差在 0.010 m 以内,三参数随求参范围的增大精度降低,当求参范围超过 20 km 时,其平面求参中误差接近 0.04 m;高程误差三参数和七参数的差别不大,在 20 km 以内,随求参范围的变化趋势不明显,基本在 0.04 m 以内,但求参范围达到 30 km 时,其高程参数误差明显增大,均在 0.5 m 以上。

表 9-3　参数求算精度比较表

参数类型	求参范围（km）	最大误差（m）					
		平面误差		高程误差		三维误差	
		最大	中误差	最大	中误差	最大	中误差
七参数	10	0.004	0.003	0.037	0.027	0.040	0.028
	20	0.012	0.007	0.034	0.024	0.034	0.022
	30	0.007	0.004	0.061	0.028	0.061	0.028
三参数	10	0.025	0.019	0.041	0.026	0.041	0.026
	20	0.047	0.038	0.014	0.006	0.047	0.039
	30	0.113	0.076	0.052	0.028	0.115	0.089

(二)同种测验方法观测资料的分析

1. GPS RTK 模式单次实测测点与已知点数据的对比

GPS RTK 模式单次实测测点观测数据与已知数据比较,实际上就是 GPS RTK 模式实测精度分析。本次试验共施测了 18 个已知点、125 组单次观测数据。在这些观测数据中,同已知数据比较,最大误差平面为 0.075 m,高程为 0.098 m;中误差最大平面为 0.038 m,高程为 0.095 m;整个测区中误差平面为 0.020 m,高程为 0.037 m。在数据分析对比中,发现在同一个断面各组观测数据的误差都是大体一致的,其误差的差别主要存在于断面之间和测区之间,特别是高程误差最为明显,如表 9-4 所示。这说明在 GPS RTK 模式观测中,影响观测精度的主要因素为参考站控制点的精度和求参精度,在一定的范围内,与求参范围和参数类型关系不大。

表 9-4　GPS 测量各断面观测数据误差变化情况

断面名称	误差变化范围(mm)		断面名称	误差变化范围(mm)	
	高程	平面		高程	平面
大义屯	0 ~ 43	2 ~ 39	传辛庄	1 ~ 23	25 ~ 42
朱圈	86 ~ 98	0 ~ 28	曹家圈	25 ~ 38	0 ~ 18
湖溪渡	65 ~ 73	0 ~ 19	南桥	0 ~ 19	1 ~ 12
一号坝	1 ~ 27	23 ~ 35	利津	3 ~ 31	1 ~ 54
前左	5 ~ 32	0 ~ 75	东张	2 ~ 43	1 ~ 54
霍家溜	0 ~ 30	8 ~ 47	王家梨行	6 ~ 33	2 ~ 28

图 9-4 绘出了各误差范围的观测数据分布,从图中可以看出 GPS RTK 模式的单次观测精度,其中平面精度高于高程精度,平面定位 80% 以上的观测数据其误差在 0.030 m 以内,99% 的观测数据误差在 0.050 m 以内;高程定位 80% 以上的观测数据误差在 0.045 m 以内,有不到 8% 的观测数据误差超过 0.090 m;测点的三维点位误差有 80% 的观测数据误差小于 0.060 m,有 10.3% 的观测数据三维点位误差超过 0.090 m。

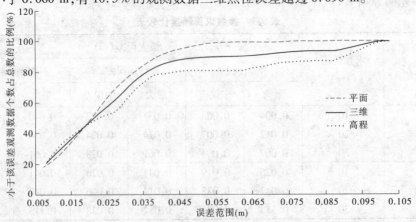

图 9-4　各误差范围的观测数据分布图

2. GPS 方法同一测点多次观测结果对比

同一测点多次观测数据比较主要是分析 GPS 精度的一致性和稳定性,本次共对 70 个点位进行了同点多次观测,同点观测最多 12 次,最少 2 次,共取得同点多次观测数据 489 组。

在观测数据中,平面最大误差为前左断面的 GL88BM1,相差 0.060 m,高程误差最大的为东张断面的左水边桩,相差 0.050 m;中误差平面以清 2 断面的 99L1 最大,为 0.035 m,高程以东张断面的左水边桩最大,为 0.017 m。整个测区的平面和高程中误差分别为 0.016 m 和 0.006 m。

表 9-5 列出了不同参数类型和不同求参范围的各断面同点多次观测的最大误差和中误差。在表 9-5 中,平面观测中误差最大的为王家梨行断面的 0.026 m,高程中误差最大的为利津和东张断面均为 0.010 m。

表 9-5 GPS RTK 模式同点多次观测误差统计

断面名称	最大误差(m)		中误差(m)		参数类型	求参范围(km)
	平面	高程	平面	高程		
大义屯	0.016	0.027	0.009	0.006	七参数	10
朱圈	0.014	0.017	0.008	0.004	七参数	10
湖溪渡	0.015	0.019	0.008	0.005	七参数	10
一号坝	0.045	0.026	0.023	0.007	七参数	10
前左	0.060	0.020	0.022	0.005	七参数	10
清 2	0.051	0.024	0.022	0.004	七参数	10
霍家溜	0.014	0.021	0.006	0.005	七参数	20
传辛庄	0.028	0.033	0.009	0.006	七参数	20
沟杨家	0.008	0.017	0.005	0.004	七参数	20
曹家圈	0.011	0.021	0.008	0.006	七参数	30
南桥	0.036	0.025	0.014	0.006	三参数	10
利津	0.058	0.049	0.020	0.010	三参数	10
东张	0.038	0.050	0.018	0.010	三参数	10
王家梨行	0.029	0.021	0.026	0.008	三参数	20
郑家店	0.018	0.034	0.008	0.006	三参数	30

图 9-5 绘出了同点多次观测各误差范围观测数据分布情况,从该图中看出,平面观测精度高于高程观测精度,对于同点多次观测的误差范围 90% 以上都在 0.020 m 以内(平面和高程混合统计),超过 0.04 m 的观测数据个数不到总数的 4%。如此小的观测数据偏离率,进一步说明了 GPS RTK 观测数据精度的稳定性。

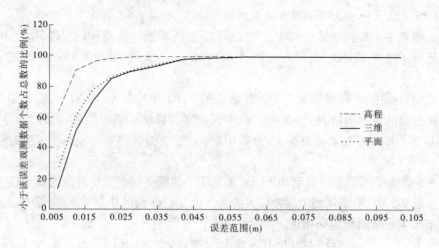

图9-5　同点多次观测各误差范围观测数据分布图

3. 全站仪实测点与已知点数据的对比

全站仪实测点与已知点数据的比较,主要是比较全站仪的测角误差和测距误差,反映到资料上,为测点的起点距误差和测点的高程误差。由于观测条件限制,清晰观测到目标的最大距离仅1 100 m左右,因此只能就1 100 m观测距离以内的观测资料进行分析。在37组有效观测数据中,以霍家溜断面L3点起点距误差最大,为1.435 m,以郑家店断面L1高程误差最大,为0.063 m,整个测区全站仪实测中误差起点距为0.138 m,高程为0.028 m。其中,有80%以上的观测数据高程误差控制在0.025 m以内,有95%以上的观测数据高程误差控制在0.040 m以内;有60%的观测数据起点距误差在0.5 m以内,有80%的观测数据起点距误差在1 m以内,起点距误差大主要是原滩地桩在埋设时由于埋设位置靠花杆瞄线钢尺量距造成断面线偏离大或引据点起点距不准造成的。在实际测量中,全站仪的测距精度远远高于0.5 m。

表9-6列出了全站仪观测数据不同观测距离的误差,从表中看出,在1 100 m观测距

表9-6　全站仪观测数据不同观测距离误差统计表

观测距离	误差(m)		观测距离	误差(m)	
（m）	平面	高程	（m）	平面	高程
5.770	−0.13	0.014	434.719	−0.381	0.001
9.091	0.091	0.006	477.844	1.256	−0.048
9.355	−0.055	0.008	479.094	0.394	−0.023
16.814	0	0.009	564.374	−0.526	−0.003
17.396	−0.196	0.005	604.622	0.678	−0.06
20.117	−0.017	0.01	611.436	0.764	−0.041
27.532	−0.632	0.013	618.821	−0.121	0.003
28.038	−0.438	0.001	619.935	−0.535	−0.063

观测距离 (m)	误差（m）		观测距离 (m)	误差（m）	
	平面	高程		平面	高程
39.000	0	0.017	647.739	1.361	−0.003
41.384	0.116	0.006	659.356	−0.344	0.002
48.062	−0.162	0.006	767.877	−0.177	−0.006
65.328	−0.072	0	804.886	−0.386	−0.021
193.367	−0.133	−0.002	973.144	−0.256	−0.005
244.25	1.25	−0.023	1 071.378	−0.922	−0.013
265.228	1.172	−0.029	1 080.907	−0.893	0.003
365.974	−0.326	−0.001	1 083.645	−1.055	0.003
372.36	1.34	−0.022	1 105.874	−0.326	−0.025
410.165	1.435	−0.018			

离以内,测角引起的高程误差的变化范围随观测距离的增大而增大,在观测距离 400 m 以内,其高程误差在 0.03 m 以内;观测距离超过 400 m,其高程误差的变化就比较大;观测距离 434.719 m 时,高程误差为 0.001 m,而观测距离 477.844 m 时,高程误差增为 −0.048 m,变化幅度为 0.049 m,特别是超过 600 m 以后,高程误差变化范围超过 0.07 m。由于原设桩起点距精度低于本次全站仪测距精度,原有桩点位置误差掩盖了测距误差,因此测距误差和观测距离表现不出明显的关系。

（三）各种方法测验资料的对比分析

由于常规的测验方法是已经被认可的作业方法,所以 GPS、全站仪方法都以传统方法为标准,其误差的计算也以传统的水准仪法为真值。为了使试验具有代表性,打木桩定点比测的 10 个断面分别进行测点高程比测分析和断面面积比测分析,非定点比测的 5 个断面,只能进行面积比测分析。

1. 测点比测分析

南桥至传辛庄 10 个断面的比测共有 363 个测点进行了三种方法的比测。在 GPS 测验中,和常规测量方法比较,以王家梨行断面起点距 18 m 测点高程误差最大,达 0.34 m;在全站仪测量中,和常规测量方法比较,以郑家店断面起点距 570 m 测点高程误差最大,达 0.20 m。就中误差指标来看,南桥至传辛庄 10 个断面总的中误差全站仪为 0.041 m,GPS 为 0.051 m,各断面中误差统计见表 9-7,误差分布见表 9-8。

表 9-7　常规测量和 GPS、全站仪法测量各断面中误差统计

断面名称	中误差		断面名称	中误差	
	GPS	全站仪		GPS	全站仪
南桥	0.033	0.019	郑家店	0.044	0.113
大义屯	0.035	0.019	霍家溜	0.077	0.018
湖溪渡	0.033	0.047	王家梨行	0.091	0.045
朱圈	0.049	0.017	沟杨家	0.055	0.042
曹家圈	0.017	0.014	传辛庄	0.049	0.038

表 9-8　常规测量和 GPS、全站仪法测量误差分布

误差（m）	GPS		全站仪	
	小于该误差的数据个数	占总数据量的比例（%）	小于该误差的数据个数	占总数据量的比例（%）
0.005	293	80.9	298	82.1
0.010	350	96.7	355	97.8
0.015	359	99.2	357	98.3
0.020	360	99.5	359	98.9
0.025	360	99.5	359	98.9
0.030	361	99.7	362	99.7
0.035	363	100	363	100

从表 9-8 的误差分布来看,80% 以上的测点误差均在 0.005 m 以内,误差超过 0.02 m 的不到总观测数据的 1%;总的来看,和常规测量观测成果相比,其接近程度 GPS 法优于全站仪法。

2. 断面面积对比分析

对于表 9-9 的 15 个试验断面三种测量方法的面积数据,和常规测量方法相比,全站仪法以霍家溜断面面积差最大,全断面面积相差 90 m²,GPS 法以王家梨行断面面积差最大,全断面面积相差 −80 m²。按照断面平均计算,15 个比测断面平均差 GPS 法主槽 27.3 m²、滩地 12.9 m²、全断面 35.3 m²,全站仪法主槽 21 m²、滩地 20 m²、全断面 35 m²。

利用相对误差来比较,和常规测量方法相比,GPS 法全部试验断面面积平均相对误差为主槽 0.72%、滩地 0.36%、全断面 0.55%,全站仪法为主槽 0.57%、滩地 0.63%、全断面 0.67%。断面面积最大相对误差为全站仪法霍家溜断面滩地部分,为 2.49%。

按照全断面面积计算,全站仪法中除郑家店、霍家溜为 1.72%、1.76% 外,其余断面均未超过 1%;GPS 法中面积相对误差除郑家店断面(参数求解误差较大,参考基准站高程近几年没有联测)为 −1.48% 外,其余断面均未超过 1%。

表 9-9 常规法测量，GPS 法测量以及全站仪法测量断面面积比较表

断面名称	面积差（m²）								相对误差（%）							
	GPS				全站仪				GPS				全站仪			
	主槽	滩地	全断面	水道	主槽	滩地	全断面	水道	主槽	滩地	全断面	水道	主槽	滩地	全断面	水道
南桥	-30	0	-30	1	10	0	10	1	-0.66	0	-0.53	0.23	0.22	0	0.18	0.23
大义屯	-40	-10	-50	-3	-20	-20	-40	-2	-1.05	-0.74	-0.97	-0.84	-0.53	-1.47	-0.78	-0.56
湖溪渡	-20	-10	-30	0	-40	0	-40	0	-0.55	-0.52	-0.54	0	-1.10	0	-0.72	0
朱圈	-20	-20	-40	-4	0	0	0	-4	-0.73	-1.27	-0.93	-0.86	0	0	0	-0.86
曹家圈	-10		-10	0	-10	0	-10	0	-0.38		-0.38	0	-0.38		-0.38	0
郑家店	-60	-10	-60	6	70	0	70	-1	-1.48		-1.48	1.63	1.72		1.72	-0.27
崔家溜	10	-10	0	4	20	70	90	1	0.43	-0.36	0	1.14	0.87	2.49	1.76	0.28
王家梨行	-30	-50	-80	0	0	60	60	0	-0.68	-1.20	-0.93	0	0	1.44	0.70	0
沟杨家	-20	0	-20	2	10	0	10	2	-0.54		-0.54	0.52	0.27		0.27	0.52
传辛庄	-70	-20	-90	2	-30	50	20	14	-1.45	-0.36	-0.87	0.52	-0.62	0.91	0.19	3.63
利津	20		0						0.83		0					
东张	50	0	50						1.24	0	0.65					
一号坝	-10	30	20						-0.30	0.27	0.14					
前左	0	20	20						0	0.30	0.19					
清 2	20	10	30						0.48	0.05	0.12					
绝对值平均	27.3	12.9	35.3	2.2	21.0	20.0	35.0	2.5	0.72	0.36	0.55	0.57	0.57	0.63	0.67	0.64

3. 各种方法的精度对比

由于常规法是规范规定的测验方法，水准点校测采用四等水准，控制限差为 $20\sqrt{L}$，地形点测量采用五等水准，限差为 $30\sqrt{L}$，在此不进行分析。

GPS 和全站仪两种方法的精度评定将分别在与已知数据比较和与常规法测量成果比较两个方面，从中误差、极限误差和相对误差三个指标进行分析评定。表 9-9 列出了 GPS 和全站仪两种测量方法的测点和面积比测的精度指标。

在与已知数据比较和与常规法测量成果比较中，除由于原桩点埋设误差大使全站仪平面测距误差较大外，两种测量方法的高程精度基本在同一个水平，即和已知数据比较中误差在 30 mm 左右，和常规法比较中误差在 50 mm 左右，其极限误差均控制在 0.1 m 以内，断面面积相对误差在 1% 以内，极限误差在 100 m^2 以内。在表 9-10 中还可以看出，GPS 法的平面精度要高于全站仪法，而全站仪法的高程精度高于 GPS。

表 9-10　GPS 法及全站仪法比测精度一览表

测验方法	与已知数据比较（mm）				与常规法比较			
	中误差		极限误差		测点高程（mm）		断面面积差	
	高程	平面	高程	平面	中误差	极限误差	相对误差（%）	极限误差（m^2）
GPS	37	20	98	75	51	34	0.69	90
全站仪	28	138	63	1 435	41	200	0.89	90

根据《黄河下游河道测验技术补充规定》规定，河道测量测点起点距误差不得超过 1/500，高程误差不得超过 $30\sqrt{L}$，按照试验断面平均宽度 1.9 km 计算，其起点距限差应当为 3.8 m，高程限差 41 mm，在表 9-10 中，无论是 GPS 法还是全站仪法的测量成果和已知点比较的中误差均在限差以内，在所有观测数据中，和已知数据比较，全站仪法和 GPS 法各测点高程误差分别有 94% 和 80% 的数据在限差之内，起点距误差均在该限差之内；应当明确，该限差只是在断面宽度 2 km 以内的数值，当断面宽度加大，测量路线变长后，其限差也相继增大，而 GPS 测量精度是一致的，因此在进行长断面测量时，就更显出 GPS 的优越性。

三、几点结论

通过以上分析可以得出如下结论：

（1）GPS 实施动态定位测量是一种精度稳定的测量方法。它的同点多次观测数据的偏离率非常低，有 96% 以上的观测数据互差稳定在 0.03 m 以内；对同一点进行多次观测时，观测精度与观测次数的多少没关系，而与有无特殊观测值有直接关系，剔除特殊观测值的方法就是去掉和其他观测值互差大的观测数据。

（2）GPS 实施动态定位测量是精度一致的测量方法。平面定位精度为 0.02 m，高程定位精度为 0.037 m，能够满足五等水准的要求；影响该方法定位精度的因素不是测区的大小、引测距离的长短，而是卫星星况及接受卫星状况、求参精度以及测量时参考基准站的选择;坐标转换参数的求算精度与选择的求参控制点精度有关,只要选择合适的求参控制点,在 20 km 范围以内其求参精度是可以保证的。

(3)GPS 实施动态定位测量方法是一种简便快捷的测量方法。它用人少,测量人员负担轻,测量灵活性高,不需要大量的断面测量设施,不受地形和通视条件的限制,观测数据可直接用计算机处理,利于实现测量自动化。

(4)全站仪三角高程也是一种有效的河道测量方法,它的定位精度平面小于 0.138 m、高程小于 0.08 m;它的定位精度主要受仪器站点的精度和成像质量的影响,在观测条件不变的情况下,观测距离越长精度越低,当观测距离超过 600 m 时,测点高程误差有所增大。

(5)GPS 实施动态定位测量、利用全站仪三角高程测量与常规法进行断面测量相比,其面积相差最大为 90 m^2,相对误差分别为 0.69% 和 0.89%,符合规范要求。

第十章 GPS、全站仪河道测量操作规程

第一节 GPS 测量规程

一、总则

（1）为了统一黄河下游河道 GPS 测量操作技术，提供黄河治理与开发所需要的精度可靠、规格统一的河道测量数据，特制定本规程。

（2）本规程适用于黄河下游河道测量的断面端点控制测量、图根控制测量、断面桩测设、断面测量，其他类型的地形测量可参照本规程执行。

（3）黄河下游 GPS 河道测量除执行本规程外，还应符合国家现行的有关规范、标准的规定。

二、基本规定

（一）坐标系统

GPS 测量时采用 WGS – 84 坐标系。当实际需要采用 1954 北京坐标系时，应进行坐标转换。各坐标系的地球椭球和参考椭球基本几何参数按表 10-1 的规定采用。

表 10-1 地球椭球和参考椭球的基本几何参数

参数名称	地球椭球	参考椭球
	坐标名称	
	WGS – 84	1954 北京坐标系
长半轴 $a(m)$	6 378 137	6 378 245
短半轴 $b(m)$	6 356 752.314 2	6 356 863.018 8
扁率 α	1/298.257 223 563	1/298.3
第一偏心率平方 e^2	0.006 694 379 990 13	0.006 693 421 622 966
第二偏心率平方 e'^2	0.006 739 496 742 227	0.006 738 525 414 683

（二）高程系统

当 GPS 测量的高程值转换为正常高时，其高程系统采用 1985 年国家高程基准，也可根据要求采用 1956 年黄海高程系或大沽高程系统。

D 级 GPS 控制网采用三等水准联测高程，E 级 GPS 控制网采用四等水准联测高程。

(三)坐标转换

1. 转换参数

在 WGS - 84 坐标系和 1954 北京坐标系转换时,分七参数转换和三参数转换。

七参数为:

(1)X、Y、Z 方向的平移参数:ΔX、ΔY、ΔZ;

(2)X、Y、Z 三轴的旋转参数:α、β、γ;

(3)比例因子参数:ε。

三参数为:

X、Y、Z 方向的平移参数:ΔX、ΔY、ΔZ。

2. 参数求解及适用规定

(1)转换参数可以使用美国 Trimble Geomatics Office 或法国 Scorpio KISS 软件求解,也可以使用控制器手簿中的 Surey Controller 软件和其他专用求参软件进行求解。

(2)确定参数求解范围后,应在该范围内均匀选择控制点(最好为 D 级 GPS 基准点,适当考虑 E 级 GPS 基准点),以保证求解参数的代表性;同时,还要对控制点适当筛选,以保证该范围内各控制点残差不大于表 10-2 的要求。

表 10-2　参数求解残差限差　　　　　　　　　　　(单位:m)

名称	点残差			均方根误差		
	平面	垂直	3D	平面	垂直	3D
限差	0.04	0.03	0.05	0.01	0.02	0.03

(3)求解完成后,要打印输出 GPS 校正报告并保存其电子版,作为成果的一部分随资料上交。

(4)求解数据文件命名要既能表明文件属性,又能表明该参数的应用范围。

(5)在 GPS 观测中,使用该参数的测站只能在参数范围内测量,不得超出参数范围进行观测。

参数求解范围一般控制在 20 km 以内,最大不得超过 30 km。

3. 时间系统

GPS 外业测量采用协调世界时 UTC 记录。当采用北京时间标准 BST 时,应与 UTC 进行换算。

三、控制网及控制点选点技术要求

控制网一般采用分级布网、逐级控制的方法。

(一)GPS 控制网布网要求

河道断面测量的首级控制网为国家 D 级 GPS 控制网,加密控制为国家 E 级 GPS 控制网。根据我国 2001 年颁布的《全球定位系统(GPS)测量规范》(GB/T 18314—2001),结合河道观测测区的实际情况,GPS 测量精度标准和控制网边长按表 10-3 执行。

表 10-3　GPS 测量精度标准和控制网边长一览表

项目	D 级网	E 级网
固定误差(mm)	≤10	≤10
比例误差系数(×10⁻⁶)	≤10	≤20
最弱边相对中误差	1/2 000	1/1 000
相邻点最小距离(km)	0.8	0.5
相邻点最大距离(km)	12	8
相邻点平均距离(km)	2 ~ 8	1 ~ 3
最简独立闭合(附和)环边数	≤8	≤10

(二)GPS 控制网的布网原则及控制点选点要求

(1)GPS 网采用独立观测边构成闭合图形或附和图形,以增加检核条件,提高网的可靠性。

(2)GPS 网作为测量控制网,其相邻点间基线向量的精度应分布均匀。

(3)GPS 控制点应尽量与原来的地面控制点重合,重合点不得少于 3 个,且在网中均匀分布,并尽量与水准点重合。

(4)为便于 GPS 观测和水准联测,GPS 控制点一般应设在视野开阔、交通便利的地方,不要求所有相邻点通视,但考虑到常规测量的需要,每点应至少保证有一个以上的通视方向。

(5)GPS 控制点应避开大功率无线电发射源(如微波站、发射塔等)、高压线,以避免周围磁场对信号的干扰;同时,GPS 控制点周围不应有对电磁波反射(吸收)强烈的物体,以减弱多路径效应的影响。

(6)GPS 控制点周围应便于安置天线和 GPS 接收机,视场内周围障碍物高度角应小于 15°。

(7)点位应选在地面坚固、不易损坏的地方,以便于保存。

四、GPS 基准点的测定和校测

(一)基准点的测定

GPS 基准点是进行河道断面测量的基本依据,应该严格按照国家的要求,平面位置必须是按照不低于国家 E 级 GPS 网的要求进行测定,高程为三等水准测定的高程,GPS RTK 测定的平面或高程数据不得作为基准站的起算数据。

(二)基准点的高程检校

由于 GPS 基准点一般都埋设在大堤上,因此应该对其高程经常进行检校,检校的时间一般每三年进行一次,即凡是在测验中采用的几点,必须是在三年内经过高程检校的基准点;基准点高程的检校采用三等水准单程进行,校测限差为

$$h_{检校} = \pm 20\sqrt{R} \tag{10-1}$$

式中:R 为检测测段的长度,km。

(三)关于校测数据的采用

按照规定对测区 GPS 基准点进行校测后,当校测结果和原结果之差不超过规范规定的限差时,仍采用原结果;当校测结果和原结果之差超过规范规定的限差时,按照国家规范规定补齐所缺往返测后使用新的校测结果,使用新结果后,应该重新求算本参数区的参数。

五、仪器设备的技术要求

(一)GPS RTK 基本配置要求

1.参考站的基本配置要求

参考站的基本配置要求为:双频 GPS 接收机,双频天线和天线电缆,基准站数据链电台套件,基准站控制件(计算机控制、显示和参数设置等),脚架、基座和连接器,仪器运输箱等。

2.流动站的基本配置要求

流动站的基本配置要求为:具有 RTK 功能的 GPS 接收机,双频 GPS 天线和天线电缆,流动站数据链电台套件,手持计算机控制器或数据采集器(含各种实用软件),手簿托架,2 m 流动杆,流动站背包,仪器运输箱等。

3.数据链的基本配置

数据链由调制解调器和电台组成。数据链频率可调,发射天线通常应分为鞭状天线与 1/2 波长天线两种。

4.GPS 接收机的一般标称精度要求

(1)GPS 接收机的定位精度一般为平面 10 mm+2 ppm,高程 20 mm+2 ppm。

(2)GPS 接收机数据传输距离:标称为 15 km,一般应为 6～10 km(与当地环境有关)。

(3)在中国沿海有信标的地区,实时 DGPS 定位精度 1 m,DGPS 作业距离 50 km。

5.RTK 主要物理性能要求

(1)标准 12 V 电源(推荐),功耗低。

(2)体积小,质量轻。

(3)工作温度范围大,并防水、防尘、防晒、防震。

(4)有功能强劲的处理软件。

(5)冷启动 60 s,热启动 10 s,再捕获 1 s。

(6)存储器容量大。

(7)定位数据更新速率:10 次/s。

(8)参考站或流动站可以互换(建议)。

(9)24 通道 C/A 码、P 码及 L1/L2 载波相位接收机。

6.RTK 接收机随机后处理软件性能要求

(1)应有的主要功能模块:系统配置设置、作业计划、项目管理、数据输入、数据处理、椭球设置、地图投影、地球模型、处理报告、网的设计与最小二乘平差、代码和属性清单、调阅与编辑、坐标转换、GIS、CAD 输出。

（2）从软件工程设计角度要求：

①软件应为多用户、多界面的操作系统；

②输出数据格式可以用户定义，可兼容其他品牌 GPS 的数据，可直接输出其他应用软件的数据格式，不需编制格式转换软件；

③数据处理能以自动和人工两种方式进行；

④能够对数据成果进行科学的整体评价。

（3）有关操作手册、说明书齐全。

（二）静态定位测量仪器的要求

按照国家规范的要求，在此不再赘述。

（三）GPS 接收机的检验

新购置的 GPS 接收机或经过维修的 GPS 接收机应按规定进行全面检验后方可使用。

1. GPS 接收机检验项目

（1）一般检视。

（2）通电检验。

（3）实测检验。

一般检视项目包括以下内容：

（1）GPS 接收机及天线型号是否正确，主机与配件是否齐全。

（2）GPS 接收机及天线外观是否良好，各部件及附件是否完好，紧固部件不得松动和脱落。

（3）设备使用手册、后处理软件及软盘是否齐全。

检查设备连接电缆正确无误，方可通电进行以下通电检验：

（1）电源信号灯工作应正常。

（2）按键和显示系统工作应正常。

（3）利用自测系统进行测试，检验接收机锁定卫星的时间快慢，接受信号强弱及信号失锁情况。

当 GPS 接收机在完成一般检视和通电检验后，应进行实测检验，检验内容包括：

（1）GPS 接收机内部噪声水平测试。

（2）GPS 接收机天线应进行平均相位中心稳定性检验。

（3）GPS 接收机不同测程精度指标的测试，应在不同长度的标准基线或标准检定场上进行。检测时天线应严格整平对中，天线定向标指向正北，天线高量至 1 mm。测试结果与基线长度比较应小于仪器标称精度。

用于天线基座的光学对点器在作业中应经常进行检验。

对于等级测量的 GPS 接收机，每年出测前应按本规程进行接收机及天线型号正确、主机与配件齐全、接收机及天线外观良好、各部件及附件完好、紧固部件不得松动和脱落、电源信号灯工作应正常、按键和显示系统工作应正常、天线基座的光学对点器及 GPS 接收机内部噪声水平测试和 GPS 接收机天线应进行平均相位中心稳定性等项检验；对于非等级测量的 GPS 接收机，则只进行本规程的一般检视和通电检验。

2. GPS 接收机的维护

（1）外业期间，GPS 接收机应由专人保管，运输时应由专人押运，并应采取防震、防潮、防晒和防尘措施。带有软盘驱动器的微机，在运输中应插入保护片或废磁盘。

（2）GPS 接收机的接头和连接器应保持清洁，连接外电源时，应检查电压是否正确，电源正负极严禁接反。天线电缆不应扭转，不得在坚硬的表面或粗糙面上拖拽。每半年应检查一次天线电缆的性能。

（3）GPS 接收机不使用时，应存放在有软垫的仪器箱内，仪器箱应放置在有良好通风条件的阴冷处，防潮、防霉。当防潮剂呈现粉红色时，应及时更换。

（4）GPS 接收机在室内存放期间，应每隔 1～2 个月通电检查一次，电池应在充满电的状态下保存。每隔 1～2 个月应充电一次，并检查电池的电量。

（5）严禁任意拆卸 GPS 接收机的各部件，如发生故障，应详细记录并交专业人员维修或更换部件。

六、GPS 观测要求

（一）GPS 静态定位

1. 控制网设计优化

根据设计任务书进行测区控制网的图上布设，具体步骤为：

（1）收集测区资料和高级控制点资料。收集内容为测区的地形图、地质情况、气候情况、交通情况、高级控制点成果及点之记等。

（2）根据收集到的资料成果和国家规范，在图上进行控制网的布设。

（3）现场查勘。查勘内容为测区的交通情况、生活情况，同时对高级点进行现场检查，检查高级点标石的完好性、周围是否有高压线、电磁波发射源及其他影响卫星信号的遮挡物，现场查勘应提交查勘报告。

（4）控制网设计优化。根据查勘情况对原设计进行调整、优化，要求控制网除符合国家规定的要求外，同时还尽量要使已知点分布均匀。

2. 选点和建立标志

根据设计网图和选点的原则，在实地选定埋石位置，绘制点之记、GPS 网选点图等，然后按照国家规定的程序和标准埋设标志。选点和建立标志结束后应提交下列资料：

（1）点之记及点的环视图。

（2）GPS 网选点图。

（3）选点造标工作技术总结。

3. 制定作业计划

GPS 等级观测应根据任务书和设计的要求来制定工作计划。工作计划的内容如下。

1）划分观测区

根据测区情况、控制网网形情况和参加项目的仪器设备及人员情况，对测区进行合理划分。测区划分的原则是：保证网的整体性不变和网的精度不降低，最大限度的合理利用人员及仪器设备和缩短测验历时，相邻测区应设置不少于 3 个公共观测点。其内容包括：划分的各测区的范围、投入的仪器设备及人员、计划观测时间以及公共观测点的位置等；

对于 RTK 测量来说,其内容主要包括各观测小组的人员及仪器设备情况、计划测量范围及计划观测时间等。

2)编制卫星预报表

静态定位时需编制 GPS 卫星可见性预报表。预报表应包括卫星号、卫星高度角和方位、最佳观测卫星组最佳观测时间、点位图形几何图形强度因子等内容。在进行局部地区平面定位时概略位置坐标采用测区中心位置的经纬度和计划作业期的中间时间,在测区较大、作业时间较长时,应按照不同时段和地区分段编制预报表,编制预报表所用概略星历龄期不应超过 20 d。

3)编制作业调度表

作业调度表应根据作业 GPS 接收机数量、GPS 网形设计及卫星预报表编制,其内容应包括观测时间、测站号、测站名称及接收机号等项。

4.观测准备

1)仪器准备

GPS 接收机 3 台以上(含内置电池和数据记录卡)和配套的 GPS 接收天线,以及相应的配套 GPS 天线电缆、转接头、脚架和基座、测高尺等。仪器应当按照规定进行检校,电池充满电,数据记录卡应当有足够的容量等。

2)有关资料准备

准备有关资料如下:作业计划、设计控制网图、外业观测记录表等。

5.观测作业

1)外业观测的工作流程

(1)放置脚架,对中整平,安置好仪器。

(2)量取天线高。

(3)打开接收机电源,接收机跟踪大于 4 颗以上卫星时,卫星指示灯慢闪;打开数据记录灯;此时开始记录数据(注意:一定要保证数据记录灯亮,否则没有记录数据)。

(4)认真填写外业记录表。

(5)结束测量时,先关闭数据记录灯,再关闭接收机电源。

2)野外观测数据的处理

一天外业工作结束后,要对当天的观测数据进行初步处理,发现问题及时处理或进行补测,观测数据处理工作如下:

(1)TGO 软件建立坐标系统。

(2)TGO 新建项目。

(3)选择相应坐标系统。

(4)导入静态观测数据 *.dat 或 RINEX 格式。

(5)根据外业记录表编辑点名称、天线高、天线类型。

(6)编辑 Timeline(即编辑周跳)。

(7)查看卫星残差报告,把残差大的卫星删掉或补测。

(8)处理 GPS 基线。

(9)查看基线处理报告。

（10）同步环计算，查看同步环处理报告。

3）观测数据的外业检核

外业检核包括如下内容：

（1）同步边观测数据检核。查看观测数据剔除率、分析观测值残差（观测值偶然中误差）及计算同步边平差值的中误差和相对误差；一般要求剔除率小于10%，观测值偶然中误差小于1 cm，同步边每一时段平差值的中误差应小于0.1 m，相对中误差不超过相应精度级别的要求。

（2）重复观测边的检核。同边不同时段边长测量结果互差应小于相应级别的$\sqrt{2}$倍；三个时段以上的观测结果与平均值的差，也应符合相应级别的精度。

（3）独立边构成的环闭合差检核。查看闭合差报告，独立边闭合环闭合差各方向限差和非同步环闭合差限差均为$\leqslant \pm 3\sqrt{n}\sigma$（$n$为闭合环边数）。

（4）同步环闭合差检验。从闭合差报告中查看同步环各方向闭合差，应满足《全球定位系统（GPS）测量规范》（GB/T 18314—2009）规定。

4）作业要求

（1）在外业作业中要严格按照作业计划在规定的点位架设仪器，并按照规定的观测时间统一观测时间。

（2）观测过程中作业人员要经常检查仪器运行情况，保证观测时段内仪器运转正常，如果遇到仪器异常，应抓紧处理并及时通知有关测站，调整观测时间。

（3）在结束观测时应按照规定的观测时间互相通知后再关闭接收机。

（4）在处理基线以前，应按照规范规定设定基线闭合限差。

（5）在处理基线中如果某条基线超限，应进一步调整周跳，然后进行基线处理，如此反复进行；如果基线处理还是超限，应进一步查找原因，问题仍无法解决的要进行重新观测。

6. 数据处理

静态定位数据处理是 GPS 控制测量的重要环节，要求在数据处理前对所有外业观测资料进行全面的检查，同时对有关人工输入数据和原始数据进行全面审校，确保数据正确后再进行内业处理。对观测数据的预处理和平差计算一般由软件自动完成，TGO 软件数据后处理具体操作步骤见附录二。

7. 技术总结及测量资料成果提供

（1）技术总结的主要内容包括：

①项目名称，任务来源，施测的目的与精度要求；

②测区范围与位置、自然地理条件、气候特点、交通及电信、电源情况；

③测区已有的测量标志情况；

④施测单位，作业时间，技术依据及作业人员情况；

⑤接收机的类型、数量和检验情况；

⑥选点埋石情况，观测环境评价及与原有测量标志的重合情况；

⑦观测实施情况，观测时段的选择，补测与重测情况及作业中发生与存在的问题说明；

⑧工作量情况；

⑨成果中尚存在的问题及必须说明的其他问题；

⑩必要的附表与附图。

（2）测量任务书与技术设计书。

（3）GPS 网展点图。

（4）观测站的点之记、环视图。

（5）卫星可见性图，精度因子 PDOP 预报表及观测计划。

（6）外业观测记录、测量手簿及其他记录。

（7）接收设备及气象仪器等的检验资料。

（8）外业观测数据的质量评价和外业检核资料。

（9）数据处理资料和成果表。

（10）成果验收报告。

（二）GPS RTK 断面测量

RTK 定位技术是基于载波相位观测值的实时动态定位技术，是利用 GPS 进行河道断面测量的主要方式，通过手簿可以直接看到天线位置的断面偏离量，并能够实时地提供测站点在指定坐标系中的三维定位结果，在 RTK 作业模式下，基准站通过数据链将其观测值和测站坐标信息一起传送给流动站。流动站不仅通过数据链接收来自基准站的数据，还要采集 GPS 观测数据，并在系统内组成差分观测值进行实时处理。

1. 准备工作

GPS RTK 断面测量的准备工作包括图上分析设计、参数求算、已知数据的输入以及流动站仪器的准备等。

1）图上分析设计

图上分析设计包括参数求算区域划分设计和参考站控制点设计。

（1）参数求算区域划分设计。主要根据断面的布设情况和高级点的分布情况，按照一个断面不能用两套参数和每一参考站控制范围内不能有两套参数的原则，并尽量兼顾同一作业组一个作业时段内不进行换参的要求来划分。

（2）参考站控制点设计。要在分析 RTK 数据链的覆盖范围和作业组合的基础上进行。首先要保证断面每一个测点均在 RTK 数据链的范围内，如果某处距控制点过远，应加测高等级控制点，不留空白；其次要保证同一个断面用一个参考站，当断面较长该参考站不能控制时，要保证一岸使用同一个参考站；最后要根据具体的作业情况，适当调整优化参考站设计，使参考站搬迁对测验影响最小。

2）参数求算

转换参数求解一般利用随机软件进行，按照均匀分布的原则在规定范围内选择控制点作为参数求算的已知点，最少不得少于 3 个点，然后求得该区域的坐标转换参数，具体求参步骤详见附录二。

在求参时应注意以下几点：

（1）控制点的数量应足够。一般来讲，平面控制应至少 3 个，高程控制应根据地形地貌条件、数量要求（比如 4 个或以上）以确保拟合精度的要求。

（2）控制点的控制范围和分布的合理性。控制范围应以能够覆盖整个工区为原则，一般情况下，相邻控制点之间的距离为 3 ~ 5 km。所谓分布的合理性主要是指控制点分布的均匀性，当然控制点是越多越好。

（3）控制点之间应具备相互位置关系精确的 WGS - 84 大地坐标 *BLH* 和地方坐标 *XYZ*，以确保转换关系的正确性。

（4）如果控制点为两个或更多个静态控制网，没有进行统一平差，分别给出的大地坐标不能混合在一起来求地方坐标转换参数，因为一个网中的点的大地坐标和另一个网中的点的大地坐标，其位置关系可能不准确。因此，遇到这种情况，或者是将两个网静态数据统一进行平差，或者只采用一个网的成果进行求参（在一个网控制点密度许可的情况下）。

3）已知数据的输入

外业工作开始前，需将有关已知点的坐标和高程成果以及投影和坐标转换参数输入到测量手持机内，这些数据和参数可以手工键入，也可以通过计算机导入。输入内容及要求如下：

（1）新建测量任务。键入易于识别的测量任务名称，为避免重名及满足存档要求，可用断面代码作为测量任务名称。为了便于数据的内业加工处理，一般要求每断面每测次建立一个测量任务。键入"投影"和"基准转换"参数，必要时键入"水平平差"和"垂直平差"参数。

为了获得精确的起点距数值，应将任务属性中的"坐标几何设定"项设为"网格"模式。

（2）输入已知点。键入 GPS 基准点及断面端点的点名称、北坐标、东坐标、高程；根据输入的断面起点和终点，建立断面放样直线。

（3）测量手簿的配置。测前应先配置 GPS 测量手簿中基准站、流动站的天线类型及高度等，为便于以后发现问题，基准站天线的高度在配置中最好设为 0 m。

（4）校对。输入的数据、参数等必须经其他人严格校对无误后方可用于测量。

4）流动站仪器的准备

在 RTK 作业前，应首先检查仪器内存容量能否满足工作需要，同时由于 RTK 作业耗电量大，工作前应备足电源。

为了检验当前站 RTK 作业的正确性，必须检查一点以上的已知控制点，或已知任意地物点、地形点，当检核在设计限差要求范围内时，方可开始 GPS RTK 断面测量。

2. GPS RTK 断面测量的流程

1）基准站和流动站的设置

在使用 GPS 进行 RTK 作业时，需要进行基准站设置及流动站设置。设置基准站的目的有两个：其一是给基准站位置信息，以供 RTK 的计算使用；其二是给基准站接收机和基准站电台发出实时转发载波相位观测量的指令。设置流动站的目的是给流动站接收机及内置的电台发出接收基准站电台信息的指令。基准站设置及流动站设置见附录二。

基准站设置后，要填写基准站信息表，如表 10-4 所示。

表 10-4　GPS RTK 基准站设置记载表

施测单位：　　　　　　天气：　　　　风向：　　　　风力：　　　　测次：　　201　年　　月　　日　共　　个断面

基准站点名称	校测已知点		施测断面范围	月　　日	测次：	至		共
天线类型及编号	Zephyr Geodetic /		测量日期		基准站工作起止时间	时　分至	时　分	
天线高测定		天线高测量方法及略图	手簿编号及数据文件名称	/				
量高方式	天线槽口底部				基准站情况记录			
测量值 1		m						
测量值 2		m						
测量值 3		m						
平均值		m						
天线高		m						

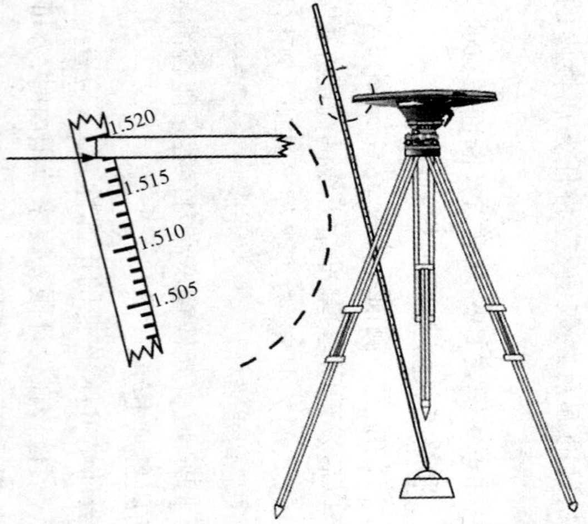

1.520　1.515　1.510　1.505

基准站观测：　　　　　　　　　　移动站校测：　　　　　　　　　　检查：　　月　　日　　　　整编：　　月　　日

2）校桩

所谓校桩,就是在基准站和流动站设置完成以后,流动站到附近的已知点上进行校测。当接收机初始化完成以后,即可进行校桩。在测定坐标和已知坐标相差符合要求后,流动站就可以进行测量,当测量时间较短时可以校桩一次,当该基准站测量时间较长(一般按 4 h 掌握)时应进行第二次校桩。

按照国家规范和《黄河下游河道观测试行技术规定》的有关要求,考虑到河道观测对平面精度的要求,在进行 GPS RTK 河道观测的校桩时,其平面和高程的校桩限差分别为

$$M_{高限} = \pm (30\ mm + 3\ ppm)$$

$$M_{平限} = \pm (100\ mm + 3\ ppm)$$

校桩资料作为正式提交数据,记录在测量文件内。

3）断面测量

（1）滩地测量。

滩地测量为流动站在陆上部分的采点工作,其测点密度按照河道规范的有关规定执行,作业人员在仪器初始化并校桩正确后,即可进行测点的观测。

（2）水位观测。

在水边打一木桩或临时观测桩,用 GPS RTK 连续观测 3 次,以测定其桩顶高程。当观测桩桩顶高程互差小于 0.03 m 时,采用中间观测值作为桩顶高程。桩顶高程减桩高,求得水位,两岸水位差小于 0.1 m 时,取平均值作为计算水位。

（3）水道测量。

水道测量采用测船作为水上运载工具,GPS RTK 测定其测点起点距,利用测深杆或测深锤进行水深测量。

在水深较小可以涉水测量时,可以直接进行水道的 GPS 数据采集,但必须进行水边测量和水位测量。

（4）资料检查导出。

每天外业观测工作结束后,应及时通过控制器(手簿)对测取的数据进行检查,删除不需要的地形点等,修改不正确的要素代码,然后在对实测数据检查无误的基础上,将所测断面的数据导入到 TGO 软件中。导入前需先创建项目,每断面创建一个项目。一个断面由几台仪器施测时,可一并导入到一个项目中。

（5）测点点名及各要素数据格式见附录二。

注意事项如下:

（1）在测量过程中,如果卫星失锁,应等待重新初始化,初始化完成后再继续测量。

（2）在进行断面测量时,滩地偏线距不得大于 1 m,水道偏线距不得大于 3 m。

（3）测量时要求用天线杆的水准器使天线杆保持垂直,测量开始前天线杆水准器必须经过检校。

（4）为获得准确的地形高程,流动站天线杆不应使用底端为尖状的,应使用平底形的,同时开始测量前应该校测天线至天线杆底端的准确长度。

3. RTK 数据后处理

1）数据检查、分析

根据精度要求和实际情况以及 GPS 的功能和精度,在测量手簿中分析数据,查看其是否满足技术规定的要求,检查点属性等是否齐全、正确。

2）重测与补测

当一个点或一组点成果经检查达不到设计或规范要求时,必须进行重测或补测。重测与补测应按原设计方法、精度要求进行。

3）数据下载

RTK 数据下载一般使用接收机随机配备的商用软件(如 TGO),将测量手簿记录的有关测量任务(Job)按断面分别下载至软件新建立的不同项目(Project)中。

4）编辑与输出

数据文件下载后,可根据不同的需要编辑输出格式,或制成 GIS 数据源产品,提供 GIS 数据库使用,或按河道数据库管理系统的入库要求输出所需的数据格式和文件类型。输出数据应包括点名、北坐标、东坐标、要素代码等信息。

4. GPS RTK 断面测量应提交的资料成果

GPS RTK 断面测量及数据整理结束后应提交下列成果和资料:

(1)参数求解 GPS 校正报告(纸质)和断面考证一同参加年终资料审查与归档。

(2)所有 GPS 原始文件和数据处理成果文件磁盘。

(3)断面测量原始资料(磁盘和纸质)。

(4)河道断面测验要求的其他资料。

(5)技术总结。

第二节　全站仪测量

全站仪测量是河道断面测量的有效方法之一,利用全站仪可以进行断面测量中滩唇桩的校测、滩地桩的校测、基线测设、滩地测量、水位观测、水道测量等工作。

一、仪器要求

河道断面测量全站仪各项指标要求如表 10-5 所示。

表 10-5　河道断面测量全站仪各项指标要求

项目	测角精度	测距精度	测程(km)	其他
桩点校测	≤1″	2 mm + 2 ppm	≥1	具有记卡功能
断面测量	≤2″	5 mm + 2 ppm	≥1	具有记卡功能

二、限差要求

全站仪河道断面测量各项限差如表 10-6 所示。

表 10-6　全站仪河道断面测量各项限差

项目	垂直角	偏线角	测量范围	校测距离误差	校测高程误差	水位互差
限差	≤15°	≤10′	≤600 m	≤0.1 m	≤0.03 m	≤0.03 m

注:在成像清晰时,测距范围可放宽至 1 km,水道偏线角可放宽至 1°。

三、作业规程

(一)仪器设置

全站仪在首次使用前,应进行必要的配置,许多设置需要调整。以后,除非用来完成不同的测量目的,一般不需要改变设置。

1. 系统日期和时间

设置日期格式(日-月-年或月-日-年)、时间的显示方式(12 小时制或 24 小时制),调整日期和时间。

2. 用户模板

设置不同的用户模板是为了适应不同的测量需要。可定义多种用户模板以备随时调用,如无特殊要求也可选择不同的标准模板进行相应的测量。用户模板包括记录模板、显示模板以及单位、数字位数等其他设置。

1)设置记录模板

在用户记录模板中,最多可以定义记录 12 项数据。

2)设置显示模板

在用户显示模板中,最多可以定义显示 11 项数据。主要显示在测量过程中需要经常参考的项目(如水平角、水平距、竖直角、测点高程、高差),需要经常变动的项目(如棱镜高、各种注记)及其他需要现场使用的项目等,如表 10-7 所示。

表 10-7　Leica 全站仪河道测量记录设置

序号	行号	项目	中文说明	说明
1	11	Point no.	点名	
2	21	Hz	水平角	
3	32	Horiz. Dist.	水平距	
4	71	Remark 1	注记1(起点距)	自定义
5	83	Elevation	测点高程	
6	86	Stn. Elev.	测站高程	
7	87	Refl. Height	棱镜高	
8	88	Inst. Height	仪器高	
9	22	V	竖直角	
10	72	Remark 2	注记2(测点属性)	自定义
11	19	Time	测量时间	
12	73	Remark 3	注记3(测站名称)	自定义

3)编辑各种用户参数

(1)单位。距离:m,角度:°′″,温度:℃,湿度:mbar。

(2)记录数据格式:8位。

(3)小数位数:3位。

(4)坐标显示:Northing/Easting(北/东)。

(5)水平角方向表示:Clockwise(+)(顺时针测量为正)。

(6)盘面定义:V-drive left(盘左为正镜)。

(二)外业测量

1. 外业测量的注意事项

(1)可以用全站仪进行滩唇桩和滩地桩的校测,但必须按照规定的程序进行,操作程序参照《军用电磁波测距高程导线测量规范》(CHB 2.9—95)的要求执行。

(2)断面测量可以用全站仪按照三角高程测量,其仪器站点应为滩唇桩、滩地桩或经过特殊测定的GPS RTK测点(测点打木桩,连续测定3次,距离互差不超过0.1 m,高程互差不超过0.03 m,取中间观测值),同时用钢尺量测仪器高;当仪器站点不是已知点时,可以用已知点反算仪器站点的起点距和高程,但必须校桩,且连续非控制点设站不得超过3站,最后必须闭合于已知点。在测量过程中,通过已知点时,应当进行校测。

(3)可以用全站仪进行水位引测,当仪器架设在已知点上时,可以直接进行水位观测,水边桩采取观读3次,互差在限差之内时,取中间观测值作为本岸水位。当仪器架设在非已知点上时,应进行校桩,校桩符合要求后再进行水位观读,观测要求与已知仪器站点相同。

(4)在水深较小时,允许棱镜直接涉水测量,但应按照规定施测左、右岸水边起点距和水位,同时按照规范要求控制好水道的测深垂线数量。

(5)地形测量时应使用底端为平底型的棱镜杆。

(6)基线可以用全站仪观测,基线长度可以直接用全站仪测距2次,分别作为往返测填在基线设置表中,角度观测和检查角观测以及其他项目仍按照规范规定的要求进行。

2. 全站仪测量数据处理

(1)测量结束后,要及时进行数据处理,并及时备份,同时检查各项限差是否符合要求,数据处理后提供的资料格式如表10-8所示。

(2)原始资料提供数据盘和纸质原始记载表各一份。

表10-8 _____断面全站仪测量断面原始记载表

施测日期: 年 月 日 时 分至 时 分

仪器站点: 高程: m 起点距: m 仪器高: m

点号	水平角	指向	平距	起点距	竖直角	棱镜高	高程	属性

观测: 校核: 复核: 在站整编:

注:属性填写同附录二中的"GPS测量要素代码表"。

第三节 GPS、全站仪资料整编

按照要求,资料整编是在全部数据处理完成后进行的,由 GPS、全站仪观测的资料也同样经过资料汇总、勘测局整编和水文水资源局审查三个过程。

一、资料汇总

河道测验成果汇总是在勘测局进行完资料整理的基础上进行的,主要内容包括:资料齐全性检查、成果合理性检查、河段冲淤计算、纵断面比较图绘制以及河势图、纵断面比较图、横断面成果图的装订,同时编写统测报告。在进行资料成果检查时应注意以下三点:

(1)资料齐全性检查。主要检查资料的齐全性,包括纸质资料和电子文档,其有关图表的种类和数量应当根据任务书、规范以及有关通知的要求进行检查。

(2)成果合理性检查。主要检查各断面测点的合理性、纵断面比较图中各断面上下游对照的合理性以及成果图的规格检查。

(3)检查断面成果图冲淤成果小表中的数据、河段冲淤计算成果表以及固定断面冲淤计算表中的数据是否一致。

二、勘测局整编

测验资料的勘测局整编是保证测验资料及成果的正确和齐全完整的非常重要的一项工作。

（一）勘测局整编的工作内容

(1)整理测验资料和成果。该项工作的主要工作内容为将所属河段的测验资料、所用仪器的检校资料和计算成果进行规整,包括纸质资料成果规整和电子文件规整,把这些资料按断面进行规整后再进行下一步工作。

(2)按照资料检校规定,对所有纸质资料重新校核一遍。

(3)填写并校核考证。

(4)数据库进行整编成果的操作并对整编成果进行初作、校核、复核三遍手续,整编成果包括大断面实测成果表、分级水位水面宽面积关系表和固定断面冲淤计算成果表。

(5)资料的合理性检查。

(6)勘测局统一汇总编写整个局的资料整理说明。

(7)勘测局统一汇总各业务队室的原始数据和成果,以及资料整理说明一起送主管领导审查。

(8)勘测局主管领导对资料成果进行检查,主要检查纸质资料和电子文档的齐全性、资料格式的正确性、主要特征值的合理性等内容,并签字。

（二）勘测局整编的几点要求

(1)参加勘测局整编的人员必须是对内外业测验非常熟悉、对数据处理软件非常熟悉、责任心强的技术骨干。

(2)每一断面或同基准站断面的测验资料最好由一个人来进行整编。

（3）河道测验电子文档文件按照表 10-9 的树形结构存放。

（4）考证（包括电子考证）一定要填写齐全详细。

表 10-9　河道测验电子文档文件存放关系

项目	类别	资料名称	测次	断面	说明
电子文档	成果	大断面实测成果表(xls)、数据库格式(txt)	统 1		
			统 2		
		分级水位、水面宽、面积关系表(xls)	统 1		
			统 2		
		固定断面冲淤计算成果表(xls)	统 1	高村(四)(exl)、西司马……	
			统 2		
		河道纵横断面成果图(doc、pdf)	统 1	高村(四)、西司马……	
			统 2	高村(四)、西司马……	
	原始数据	设施整顿		高村(四)、西司马……	各原始文件(若多种方法施测应以文件夹区分)
		统测陆上测量(包括水位引测)	统 1	高村(四)、西司马……	各原始文件(若多种方法施测应以文件夹区分)
			统 2	高村(四)、西司马……	各原始文件(若多种方法施测应以文件夹区分)
		统测水道测量	统 1	高村(四)、西司马……	各原始文件(若多种方法施测应以文件夹区分)
			统 2	高村(四)、西司马……	各原始文件(若多种方法施测应以文件夹区分)
	电子考证(doc)			高村(四)、西司马……	

注：下划线者为文件夹，括号内为文件属性。

（5）数据的修改。在整编过程中的数据修改一定要经过当事人认定，同时修改一定要彻底，包括纸质资料和电子数据，并做好修改记录；在进行数据库的修改时一定要按照数据库的有关规定进行。

（6）数据修改一定要彻底，凡是影响到的数据包括数据库的数据一定要进行完全修改。

（7）仪器法定检校证书随仪器档案存放，仪器常规检校资料随测验资料报送。

（8）关于资料的签名。按照规范的有关规定，所有资料应进行初作、初校、复核三遍手续，其签名在相应的资料上；在完成资料勘测局资料整编后，各勘测局应当对原始和计算资料装订成册，在每本资料的第二页加签字页，其格式如表 10-10 所示，并按照要求填写该表和相应的签名。

测验成果待水文水资源局审查验收后统一装订，装订后也要在每本资料的第二页加签字页,其格式如表 10-11 所示,并按照要求填写该表和相应的签名。

表 10-10　勘测局资料整编后的签字页格式

| 勘测局资料审查意见: |
| 整编人:

年　月　日 |
| 生产部门意见:

测绘队负责人:
年　月　日 |
| 勘测局意见:

主管局长:
年　月　日 |

表 10-11　审查验收后的签字页格式

| 审查人员意见:

审查人:
年　月　日 |
| 审查主管人员意见:

审查负责人:
年　月　日 |
| 资料验收意见:

验收主管人:
年　月　日 |

(9)关于技术报告。报出的测验资料和成果必须有项目技术报告,项目技术报告是在项目完成后,对技术设计书和技术标准执行情况、技术方案、作业方法、新技术的应用、质量成果和主要问题的处理等进行分析研究、认真总结,并作出客观评价与说明,以便于项目成果使用单位的合理使用,有利于生产技术和理论水平的提高,是测绘成果最直接的技术性文件,是永久保存的技术档案。

项目技术报告是指在整个项目验收合格后对整个项目进行的技术总结,由承担任务的生产管理部门编写;在项目比较大时,还要编写各专项技术报告,由承担某项任务的生产单位编写。

技术报告编写的主要依据有:①上级下达的任务书或合同书;②技术设计书,有关法规、规范和技术标准;③有关专业总结;④作业过程中的有关检查记录;⑤其他有关的文件材料。

技术报告编写的要求有:

①内容要真实、完整、齐全。对技术方案、作业方法和成果质量作出客观的分析和评价。对应用的新技术、新方法、新工艺和生产的新品种认真细致地加以总结。

②文字要简明扼要,公式、数据和图表应准确,名词、术语、符号和计量单位应与有关法规标准一致。

③项目名称应与相应的技术设计书一致。

按照有关要求,项目技术报告应该由项目编写、审核及负责人签字,在第二页可按表10-12的格式编制,并经相关责任人签字。

表 10-12　项目技术报告有关人员签字表

项目名称:		
项目施测单位:		
报告编写:		
	年　　月　　日	
审查:		
	年　　月　　日	
主管局长:		
	年　　月　　日	

技术报告的主要内容有:①任务的名称、来源、目的、作业区概况、任务内容和工作量;②生产单位名称、生产起止时间、任务安排、组织概况和工作量;③采用的基准、系统、投影方法、起算数据的来源及质量等情况;④利用已有资料的情况。

项目实施的依据包括:①上级下达的任务书或合同书、测验通知;②技术设计书、有关法规、规范和技术标准;③其他有关的文件材料。

测验仪器的使用及检校情况:主要说明在进行该项目的实施中使用哪些仪器以及这些仪器的检校情况。

项目的实施情况包括:①项目实施的人员组织情况及仪器工具设备情况;②项目实施的时间安排;③项目外业测验情况及质量检查情况;④项目内业资料整理情况;⑤勘测局审查情况以及资料精度评定情况。

项目中存在的问题:经过勘测局审查后项目内外业存在的问题以及处理的办法。

项目实施的经验教训以及有关建议:主要总结本次项目的工作亮点和有关的经验教训以及对今后测验工作的建议。

三、水文水资源局审查

(一)审查程序

(1)资料整理单位汇报测验和资料整理情况。汇报的主要内容为测验和资料整理整编存在的问题和解决的方法以及对今后测验和数据处理工作的建议。

(2)资料文件的齐全性、完整性检查。按照任务书规定的断面数量及表10-13的要求对资料进行详细清点,并对这些资料和文件的规格进行表面检查,资料不全或资料格式不合格,应限期补齐。

(3)按照审查计划和工作内容进行分工。主要内容为宣布审查计划和抽审断面,对抽审资料进行交换清点,对资料审查提出质量上和时间上的要求。

(4)分阶段对审查进行总结和对有关问题解决方案的研究。

(5)资料的合理性检查。

(6)纸质资料的装订归档、电子文档整理上交及数据入库、资料光盘的刻制等。

(7)审查总结。

(二)资料审查内容及方法

1. 仪器鉴定资料审查

主要审查仪器法定鉴定证书是否齐全,鉴定精度是否合乎要求,同时对常规鉴定资料进行审查。

2. 测验资料审查

本项工作是资料集中审查的主要工作内容,应当按照表10-14列出的资料和规定的审查方法对抽审断面逐份资料进行审查。

3. 资料合理性检查

资料合理性检查的主要内容为原始资料的合理性和整编成果的合理性检查,除按照传统方法进行相关资料的合理性检查外,重点在资料的格式及测点借用,具体为:

(1)原始资料的合理性检查。主要检查各原始资料的表头及表尾填写是否合乎要

表10-13　河道测量集中审查上交资料明细表

序号	资料属性	测量方法	资料名称	文件后缀	格式	数量	说明
1	纸质原始	GPS测量	GPS测量记载表				
2			水道测量记载表				
3		全站仪测量	全站仪测量记载表				
4		水准仪测量	四、五等水准测量记载表				
5			水道测量记载表				
6	电子原始	GPS测量	手簿导出原始				手簿输出
7			TGO项目				TGO软件建立
8			GPS测量原始1	.TXT	TXT	2	TGO软件导出
9			GPS测量原始2	.TXT	TXT	2	河道数据库输出
12		全站仪测量	全站仪测量原始1	.GSI	GSI	×	全站仪输出，每测段一个文件
13			全站仪测量原始2	.TPS	TPS	×	河道数据库输出，每测段一个文件
14		水准仪测量	天气文件	.TMP	TMP	1	
15			往1测量原始文件	.TW1	TXT	1	
16			往1测量统计文件	.W1	TXT	1	每测段的文件数量
17			往2测量原始文件	.TW2	TXT	1	
18			往2测量统计文件	.W2	TXT	1	
19		水道测量（惠普）	测量原始成果文件（规范格式）	.EMF	EMF	1	每测段的文件要求，河道数据库中输出
			水道测量原始注释文件	.WHT	文本	1	惠普手簿输出
			水道测量原始记载文件	.SDB	文本	1	惠普手簿输出
			水道测量原始成果文件	.EMF	EMF	×	河道数据库输出，每页纸一个文件
20	纸质整编成果		大断面施测成果表			1	每单位1本
21			分级水位、水面宽、面积关系表			1	每单位1本
22			断面固定冲淤计算成果表			1	每单位1本
23			断面考证			×	每断面1本
24			资料整编总结			1	每单位1份
25	整编成果电子文档		大断面施测成果表	XLS	XLS	1	
26			分级水位、水面宽、面积关系表	XLS	XLS	1	
27			断面固定冲淤计算成果表	XLS	XLS	1	
28			断面考证	DOC	DOC	1	
29			资料整编总结	DOC	DOC	1	

求、手续是否齐全以及原始资料的记录格式是否一致等。

表 10-14 GPS 全站仪资料审查项目内容明细表

序号	资料名称	校核项目	校核内容	校核要求
1	GPS 测量记载表	表头表尾		
2		校桩记录	校桩数量,校桩点的起点距、高程	校桩数量及校测次数以规范规定为准,校桩点起点距高程查找考证
3		水边水位校核	水边起点距同点三次测量结果差,采用水位,两岸水位对照	测量结果互差是否超限,采用水位是否为中间值,两岸水位差别是否超过规定
4		基准站校核	基准站点名、坐标及高程	对照考证
5		断面起终点	校核断面起终点的坐标	对照考证
6	水道表	表头表尾	表格格式、签名手续等	按照规范要求
7		计算水位	采用水位是否正确	按照规范计算
8		测深垂线数量校核	根据水面宽,测深垂线条数符合要求	对照规范
9	全站仪测量记载表	表头表尾		
10		测站点校核	名称、高程、起点距	对照考证
11		校桩记录	校桩数量,校桩点的起点距、高程	校桩数量的校测次数以规范规定为准,校桩点起点距高程查找考证
12		水边水位校核	水边起点距同点三次测量结果差,采用水位,两岸水位对照	测量结果互差是否超限,采用水位是否为中间值,两岸水位差别是否超过规定
13		水平角、竖直角校核	水平角不得超出规范的规定	对照规范
14	数据库	数据库校核	各测点的起点距、高程及水边、深泓点、施测日期等项目	对照大断面实测成果表进行校核

(2)整编成果的合理性检查包括大断面施测成果表的检查,分级水位、水面宽、面积关系表的检查以及固定断面冲淤计算成果表的检查。

①大断面施测成果表的检查。主要检查该表中的测点借用是否合理,水边、深泓点是否正确,表头表尾填写是否正确以及手续是否齐全等。

②分级水位、水面宽、面积关系表的检查。检查水位级、滩地最低级的面积、水面宽是否正确,标准水位下主槽、滩地及全断面水面宽是否正确等。

③固定断面冲淤计算成果表的检查。主要检查对比计算测次是否进行了对比计算、各面积对照"分级水位、水面宽、面积关系表"是否一致,表中有无数据不合理现象,如冲

淤量和冲淤深度符号不一致等,深泓点等数据和"大断面实测成果表"对照是否不一致等。

(3)电子文档的合理性检查。检查各种电子文档是否按照规定格式存放,检查各类电子文档是否齐全。

(4)数据库的合理性检查。主要对非审查断面的数据资料的纸质资料和数据库的一致性进行检查。

4. 资料的装订与归档

1)纸质资料的装订

(1)整编成果的装订。每年归档的整编成果为大断面实测成果表和分级水位、水面宽、面积关系表,固定断面冲淤计算成果表只参加审查,不归档,由各单位带回继续在该表中从上向下计算;整编成果整个测区按类别每测次装订一本。

(2)原始资料的装订。原始资料由各单位分别装订,按照断面设施整顿、统1、统2等分本装订。当资料较多时,为了装订方便,同一类别资料可以分两本或三本装订。

(3)资料装订的格式按照入档的有关要求进行,封面应包括编号、数量、档案名称、编制单位、编制日期、归档日期等内容。

2)电子文档的归档

(1)电子文档的收集。各单位将规范要求的电子文档集中存放到一块,要求按顺序统一存放。

(2)电子文档的刻录。对收集好的电子文档再进行一次合理性检查,确保无误后刻录光盘。

5. 审查总结

审查总结的主要内容为审查工作量、具体的工作安排、资料中存在的突出问题和解决措施、本次审查的特点以及对年度资料进行质量评价等。

第十一章 河道测深技术研究

第一节 问题的提出

目前,黄河下游河道断面测量中,陆上部分已采用 GPS 和全站仪施测,基本实现外业数据采集数字化。但现行测深方法仍然是测深杆和测深锤测深,受人为、环境等客观因素影响大,精度难以保证;同时方法原始、落后,数据全靠人工采集,已成为制约河道测量现代化和数字化的瓶颈,在一定程度上阻碍了河道测量数字化的进程。传统测深方法的测量精度也是影响黄河河段冲淤计算成果准确性的重要因素,因为水道部分是每年黄河发生冲淤变化最为明显的部位,而水深是直接影响河底高程变化的最关键因素。

目前的黄河下游河道测验仍然采用人工打深,测深工具主要是测深杆和测深锤。测深杆一般由木、竹、玻璃钢等材质加工,杆上标有分划刻度。根据不同需要测深杆可有多种长度规格,最长可达 8 m。选用何种规格的测深杆一般根据水深情况而定,有时也会因人而异。测深锤为铅制,铅锤上固定有伸缩性较小的测绳,每半米固定一彩色布条,半米和整米布条用不同颜色区分。一般水深超过 5 m 或者无法使用测深杆测量时即采用测深锤测深。比较而言,测深杆的测量精度要优于测深锤,因此在实际测验中凡是能使用测深杆测深的情况尽量避免使用测深锤。

水道测量的船上定位方法主要有六分仪交会法、GPS RTK 定位法和全站仪测距法三种。六分仪交会法是采用航海六分仪交会断面线与基线的夹角,通过固定公式计算测点起点距;GPS RTK 定位法是直接人工读记 GPS 测量手簿实时显示的断面起点距;全站仪测距法则是在岸上已知点上架设全站仪,在测船上放置反射棱镜,通过测量已知点至测船的距离计算测点起点距。

传统测深方法存在很多弊端,主要有以下几点:

(1)测深杆和测深锤的测深受风浪、水深、流速等客观条件影响较大,精度难以保证。

(2)测深杆或测深锤的测深垂线间距人为掌握,所测水下地形不连续,转折变化处很难准确施测到,影响冲淤计算的准确性。

(3)人工测深存在诸多随意性和不确定性因素,人为因素对水深精度影响很大。因为测深是一种集力量、技巧和经验于一体的技术工种,即使是从事该项工作多年的技术人员有时也难免会出现打深不垂直或读数错误,特别是在深水区,一个测点要连续施测几次才能成功,长时间的反复抛拽铅锤打深会迅速消耗体力、降低工作效率,进而会对测量精度造成不良影响。另外,人工测深的数据读记有时也会出现错误。

(4)测点的测深与定位两者协调性差,难以人为控制,在时间和空间上不容易同步,会造成定位点与实际测深点间的位置偏差。

(5)现行测深方法与目前快速发展的科技水平、"三条黄河"的建设要求以及数字化和信息化的发展趋势极不适应。

因此,为了提高测深精度,通过数字测深仪与常规测深方法的对比测量,探索数字测深仪的应用环境和用于黄河河道测量的可行性,是非常必要的。由于滩地部分已使用GPS RTK和全站仪施测,数字测深仪应用后,黄河下游河道断面将全面实现数字化测量。届时,水道测量将使用数字测深仪,通过水上导航测深软件与GPS相连接,实时、准确记录任一测点水深及相应坐标,可大大提高水道测量精度和工作效率,有效减轻测量人员的劳动强度,缩短测验历时,满足防汛工作对河道测量成果准确、及时、迅速、快捷的报送要求,为防洪决策、科研提供更加准确、可靠的资料依据。

第二节　测深仪与传统测深方法的对比试验

应用数字测深仪,在黄河下游选定的有代表性的河道断面上与传统测深方法进行对比测量。通过连接水上导航软件,数字测深仪和GPS RTK联合作业,由软件实时、准确、自动记录测点点号、坐标、水面高程和水深等数据,并同步生成数据文件。数据记录间隔可按时间(一般最小1 s)也可按距离(最小1 m)控制,既可设置为自动记录,也可设置为手动打标。每一测点的水深,测深仪和测深杆同时进行测量,并记录两种测深方法的同步结果。测深仪数据自动记录,计算机实时显示测点号、位置及水深;测深杆数据由手工记录,同时读取、记录相应的测深仪定位点号,以便于事后进行对比。

比测的条件选择在不同流量级、不同含沙量级、不同水深区域等条件下进行。比测的含沙量环境一般分四级进行,即≤5 kg/m³ 含沙量级、5～10 kg/m³ 含沙量级、10～20 kg/m³ 含沙量级和 >20 kg/m³ 含沙量级,各含沙量级均安排一定测次。通过对比测量数据的分析,得出数字测深仪在黄河下游河道测量上的应用条件、环境和精度指标,尤其是确定测深仪的适用含沙量范围。

一、试验断面的选定

比测位置选择了黄河下游泺口河道断面。该断面宽度适中,水深变化幅度大,代表性较好,且与泺口水文测验断面为同一断面,比较容易收集水沙资料,便于根据水沙变化情况及时、合理地安排比测时机;同时,比测可以使用泺口水文站测船,该测船为缆道吊船,稳定性较好,便于同一测点的水深对比。

二、试验依据

(1)《黄河下游河道观测试行技术规定》(黄河水利委员会,1964年)。

(2)《水道观测规范》(SL 257—2000)(水利部,2000年)。

(3)《全球定位系统(GPS)测量规范》(GB/T 18314—2001)。

(4)《GPS、全站仪河道测量操作规程》(黄河水利委员会山东水文水资源局,2003年)。

三、使用仪器

比测使用的测深仪主要是无锡海鹰 SDH – 13D 数字测深仪,部分测次采用了中海达 HD – 27 全数字单频测深仪;比测使用的 GPS 是美国天宝 5700 RTK 型 GPS;比测使用的导航软件是南方水上工程软件——自由行和中海达海洋测量导航软件 V5.95。

使用仪器具有以下特点:

(1)无锡海鹰 SDH – 13D 数字测深仪。测深范围为 0.34 ~ 123 m,测深精度 < ±5 cm + 0.4%,该测深仪集先进的数字信号处理——DSP 技术、水底跟踪门技术于一体,其标准的 RS232 串口使仪器可以和计算机通信。

(2)中海达 HD – 27 全数字单频测深仪。测深范围为 0.3 ~ 600 m,测深精度为 ±2 cm + 0.1%,分辨率为 1 cm,配专用防水型计算机,软件控制增益,全自动操作测深。

(3)美国天宝 5700 PTK 型 GPS。性能稳定,其 RTK 的平面精度为 ±1 cm + 1 ppm,高程精度为 ±2 cm + 2 ppm,具有 99.9% 的初始化置信度,可以 100% 地保证测量质量。

四、比测时机与测次安排

为了保证比测成果的准确性,排除不利客观因素的影响,比测一般安排在条件适宜的情况下进行。在以下情况下不进行比测:

(1)流速、流量过大,不利于比测的实施时;

(2)水深较大,很多测点即使使用 8 m 测深杆也无法施测时;

(3)风浪较大,测船不好稳定,影响测深杆人工准确读数时。

根据项目研究的要求和黄河小浪底水库的水沙出库情况,本项目共安排了 32 断面次的对比测量。比测选择在不同流量级和含沙量级下进行,比测的含沙量级共分四级。由于平时黄河河道测验一般在流量小于 1 000 m³/s 时进行,因此比测多数在该流量下实施,也适当安排了流量大于 1 000 m³/s 的对比测次。各含沙量级比测统计见表 11-1。

表 11-1　各含沙量级比测统计

含沙量级(kg/m³)	$C_s \leqslant 5$	$5 < C_s \leqslant 10$	$10 < C_s \leqslant 20$	$C_s > 20$
测次	10	4	9	9
合计	实测:32 次			

五、比测过程

(一)仪器设置

1. GPS 测量手簿的配置

在 GPS 测量手簿中导入或复制含有椭球参数、投影参数、基准转换参数以及断面控制点坐标、高程的断面测量模板文件(＊.job),或新建测量任务,输入基于 1954 北京坐标系的椭球、投影和基准转换参数以及已知点的坐标、高程,根据端点坐标建立断面放样直线。

在手簿中,正确配置基准站和移动站卫星天线类型、移动测量杆高度等项目。

2.启动 GPS 基准站

在已知点上架设基准站,在测量手簿中打开断面相应测量任务,选择基准站相应控制点、量测并输入正确的卫星天线高,按 GPS RTK 测量模式启动基准站。

3.设置水上导航软件

导航软件的设置主要包括:

(1)在水上导航软件中新建任务或工程,选择 1954 北京坐标系及相应椭球参数,键入投影参数及与 GPS 基准站和移动站相同的基准转换七参数。椭球参数:1954 北京坐标系或 Krassovsky 1940;长半轴 6 378 245 m,扁率 $1/f$ 为 298.3;投影参数:通用横轴墨卡托投影;中心纬度 0°00′00.00000″N,纵轴加常数 0 m;中心经度 117°00′00.00000″E,横轴加常数 500 000 m;比例因子:1;转换参数:七参数(比测断面相应参数区七参数)。

(2)计算机通过串口分别与测深仪和 GPS 相连接,GPS 接收机上的端口一个与计算机连接,一个与测量手簿连接。在软件的仪器配置里选择所连接的测深仪和 GPS 型号,选择相应通信端口并按要求正确设置端口参数,GPS 输出数据格式选择 GGA 格式。

(3)选择坐标记录类型为直角坐标,测深仪声速、数据记录格式、探头吃水及其他设置按实际情况和需要设置。

(4)将 GPS 卫星天线安装在测深仪换能器(探头)安装杆顶端,由于 GPS 与测深点位于同一垂直线上,所以只需进行天线高改正,不作位置偏移改正。

(二)换能器安装

换能器固定在冲锋舟测船中前部一侧,尖头逆向流向;尽可能保持换能器安装杆处于垂直、稳定状态,防止出现松动摇晃现象。换能器吃水深度一般定在 0.4 ~ 0.5 m,以保证测深仪在浅船前不首先接触河底,最大限度地发挥作用。但换能器吃水不得过小,尤其在风浪较大时要适当加大吃水,以免产生气泡影响测深的准确性。

(三)仪器校测及水深校准

1.岸上已知点校测

为了防止 GPS 基准站或移动站仪器设置的人为错误,水深开始测量前,必须对已知点进行校测。基准站启动后,移动站首先要对岸上的已知点进行校测,如校测符合规定限差,方可进行船上的测量项目。

2.GPS 和导航软件测量结果的对比

将 GPS 卫星天线安装在换能器安装杆顶端,且 GPS 和测深仪均与导航软件相连接的情况下,使用 GPS 移动站的手簿测量程序施测当前换能器所在位置的水面高程,同时启用水上导航软件施测当前换能器所在位置的水面高程。然后,将两种测量结果相比较,如互差符合规定要求,方可进行下一步的水深测量。

3.水深校准

将测船锚定在流速较小、水深最好不超过 3 m 且河底较平缓的岸边或其附近,保持测船稳定。启动导航测深软件进行测深,同时使用测深杆进行人工打深。人工打深力求准确,可反复几次,位置尽可能接近换能器,读数要求尽可能精确到 1 cm。然后,将两种测深结果相比较,互差应控制在 5 cm 或仪器标定精度限差以内,如果超出,则检查测深仪的吃水、声速和 GPS 天线高等数值设置。

(四)水深比测

使用数字测深仪,通过水上导航软件连接具有 RTK 功能的 GPS,可以直接得到测深数据文件。数据文件包括日期、时间、点号、坐标、水面高程、水深、水底高程、卫星数量及状况等数据。数据记录间隔可按时间也可按距离。为了详细了解水深的变化过程,便于分析情况,本项目的大部分对比测量测次按时间间隔记录数据。

在对比测量的同时,还记录了当时的流量、含沙量、水温以及测深仪声速等数据。当对比测量与渎口水文站测沙时间相差较大时,单独采取沙样进行处理,以准确掌握相应测次含沙量情况。

比测过程中,当测深杆施测水深数据与测深仪施测结果相差较大(一般超过 0.10 m)时,现场重新测量确认,以便消除人工测量误差和读数错误。

测深仪比测期间的最大含沙量是 2006 年 8 月 7 日 20:00,实测含沙量为 39.1 kg/m³,此时由于含沙量太大测深仪无法工作,测深仪正常工作时的最大含沙量为 2006 年 9 月 7 日 17:00,含沙量为 29.0 kg/m³。据此可以推断,测深仪的适用含沙量临界值应该在 30.0 kg/m³ 附近,因此确定该临界值为 29.0 kg/m³。

由于比测期间黄河下游大多数时间的来沙量较小,给比测带来很多困难。尽管如此,测验人员还是充分利用小浪底水库的几次排沙过程,合理安排测次,完成了四个含沙量级的对比测量计划。

六、数据处理方法

(一)数据的一般处理

导航软件记录的数字文件一般是文本文件,经数据格式变换后可直接用于电子成图或导入数据库进行各种计算和成果输入。在河道断面测量中,要通过接口程序导入到现行"黄河下游河道数据库管理系统"软件中先进行起点距计算,得出如表 11-2 所示的测量成果,然后入数据库进行断面数据的整理、计算和各种成果的输出。

(二)WGS-84 坐标系下测量数据的处理

1. 使用 WGS-84 坐标系的情况

WGS-84 坐标系是目前 GPS 所采用的坐标系统,在无任何转换的情况下 GPS 可以直接测得 WGS-84 坐标。

水上导航软件的定位坐标,一般情况下使用 1954 北京坐标系或 1980 西安坐标系的直角坐标。选择使用 WGS-84 坐标系经纬度坐标的情况可能有两个:一是因为测量项目要求使用 WGS-84 坐标系;二是因为有的国产导航软件存在与进口 GPS 基准转换参数不匹配的问题,如果使用国家坐标系,可能会出现测得的定位坐标与实际数值不相符,而使用软件的单点校正功能可能会造成系统误差。在这种情况下,选用 WGS-84 坐标系进行测深定位成为最佳选择。

2. 数据、文件格式转换

WGS-84 坐标可以通过 TGO(Trimble Geomatics Office,天宝测量办公软件)软件转换成当地坐标系的直角坐标。但是,国产导航软件测得的 WGS-84 经纬度坐标数据为冒号分割格式,如纬度 25:22:55.658,经度 51:31:57.781,该数据格式无法导入到 TGO 软件中进行坐标转换,需要转换为度分秒数据格式后才能被软件接受。

表 11-2　泺口(三)断面测深仪水道实测成果

测次:01　　　　施测时间:2006 年 7 月 10 日　　　　数据文件:LN17　　　　基面:黄海　　　　(单位:m)

点号	北坐标	东坐标	起点距	水面高程	水深	河底高程
1	4 065 989.915	498 832.320	1 390.37	26.53	7.43	19.10
2	4 065 992.566	498 831.452	1 387.61	26.54	7.47	19.07
3	4 065 994.971	498 831.179	1 385.19	26.55	7.52	19.03
4	4 065 997.807	498 831.254	1 382.41	26.58	7.53	19.05
5	4 066 004.650	498 830.634	1 375.57	26.60	7.59	19.01
6	4 066 008.164	498 829.444	1 371.90	26.57	7.57	19.00
7	4 066 013.497	498 829.097	1 366.59	26.53	7.46	19.07
8	4 066 022.961	498 827.212	1 356.94	26.54	7.08	19.46
9	4 066 032.764	498 825.626	1 347.01	26.61	6.55	20.06
10	4 066 047.314	498 822.575	1 332.15	26.58	5.61	20.97
11	4 066 067.689	498 822.280	1 312.04	26.57	4.23	22.34
12	4 066 092.166	498 815.038	1 286.67	26.50	2.93	23.57
13	4 066 112.511	498 809.086	1 265.61	26.54	1.90	24.64
14	4 066 123.178	498 803.454	1 254.14	26.50	1.36	25.14
15	4 066 126.692	498 800.676	1 250.21	26.48	1.20	25.28

1)将原始文件转换成 *.xls 文件

在数据文件上按右键,在打开方式上选 Excel 程序打开文件,然后用 Excel 的"分列"功能分列;或直接将将文件的扩展名改为 xls,然后打开文件。

2)经纬度数据格式转换

首先,为便于数据编辑,删除标题行数据,选中"纬度"列编辑。

然后,在"格式"菜单的"单元格"→"数字"→"自定义"窗口中,以原有类型"[h]:mm:ss"为基础自定义所需的度分秒数据格式。将[h]:mm:ss 格式编辑成[h]"°"mm′ss.000"N"。

注意:除度(°)外其他所有符号均须用西文字符,"°"(度)和"N"(北纬)需加引号,可省略"′"(秒)。

经度的变换方式同纬度,只是要将 N 换成 E(东经)。

3)文件另存为 *.csv 逗号分隔文件格式

删除不需要的时间、PDOP 值、卫星数、水深基准面改正值等不需要的列,只保留点号、纬度、经度、大地高、水深五列。然后,另存为逗号分隔的 *.csv 文件格式。

数据格式和文件类型转换完成后,下一步需要做的是将 WGS - 84 坐标系的经纬度坐标转换为 1954 北京坐标系的直角坐标。

3. 坐标系转换

为了把 WGS - 84 坐标系的北纬、东经、大地高数值,转换成 1954 北京坐标系下的北、东坐标和高程数据,需要将数据格式转换后的 *.csv 文件格式导入到 TGO 软件中进行转换。步骤如下所述。

1)新建 TGO 项目

数据导入前,先建立 TGO 项目,选择相应的坐标系统,输入相应的基准转换参数;也可以借用或复制已有相应参数的 TGO 项目。

2)数据导入到 TGO 软件

在 TGO 软件中选择已有的数据格式:"名称,纬度,经度,高度,代码(WGS - 84)"(文件扩展名为 csv),将需要转换的文件导入。

3)数据由 TGO 软件导出

选择 TGO 软件已有的数据格式:"名称,北,东,高程,代码"(文件扩展名为 csv),导出文件即完成坐标格式的转换。数据转换后,WGS - 84 坐标系的北纬、东经、大地高数值已变成当地坐标系的北坐标、东坐标和(水面)高程数值,而作为代码保留的水深数值未发生任何变化。

最后,根据导出的数据文件使用河道数据处理程序,或 Excel 软件进行测点起点距和水底高程的计算。

第三节　比测资料分析

在本项目中,测深仪与传统测深方法的对比测量共实施 32 个断面次,取得比测数据 430 组。测得最大流量 1 700 m^3/s,最大水深 7.60 m,最大含沙量 29.0 kg/m^3。本项目将根据两种测深方法的测量数据,从测深误差、测深断面面积差、不同含沙量级和不同水深级测深误差等几方面进行对比和分析。

一、测深误差对比分析

测深杆和测深仪共对比测量 32 个测次,各测次均进行了测深误差统计,并根据测点测量误差计算了单次平均测深误差和中误差,计算结果见表 11-3。

从表 11-3 中可以看出,单次测量平均误差范围为 - 0.048 ~ 0.070 m,测次平均为 0.018 m;单次测量中误差范围为 0.031 ~ 0.073 m,测次平均为 0.051 m。

误差分级计算的误差分布情况及所占实测数据比例见表 11-4。

表 11-3　单次测深误差对比统计

测次	平均误差(m)	中误差(m)	测次	平均误差(m)	中误差(m)	测次	平均误差(m)	中误差(m)
1	0.018	0.059	12	0	0.043	23	−0.011	0.039
2	0.042	0.050	13	−0.004	0.055	24	0.040	0.063
3	0.047	0.064	14	−0.008	0.050	25	−0.013	0.031
4	0.070	0.072	15	0.028	0.047	26	0.042	0.053
5	0.012	0.051	16	−0.036	0.049	27	−0.004	0.036
6	0.030	0.069	17	0.042	0.051	28	0.039	0.059
7	0.047	0.073	18	−0.037	0.044	29	0.019	0.041
8	0.020	0.038	19	0.045	0.053	30	0.018	0.045
9	0.047	0.060	20	−0.048	0.059	31	−0.004	0.032
10	0.043	0.059	21	0.037	0.059	32	−0.005	0.033
11	0.003	0.040	22	0.047	0.053	总平均	0.018	0.051

表 11-4　小于某误差级数据所占比例统计

误差分级(m)	小于某误差级数据	占数据总数比例(%)	误差分级(m)	小于某误差级数据	占数据总数比例(%)	误差分级(m)	小于某误差级数据	占数据总数比例(%)
0	19	4.4	0.06	288	67.0	0.12	419	97.4
0.01	68	15.8	0.07	327	76.0	0.13	421	97.9
0.02	116	27.0	0.08	361	84.0	0.14	426	99.1
0.03	156	36.3	0.09	384	89.3	0.15	429	99.8
0.04	204	47.4	0.10	404	94.0	0.16	430	100
0.05	249	57.9	0.11	415	96.5			

从表 11-4 的误差分布来看，在 430 个测点中，小于误差 0.05 m 的测量数据占 57.9%；小于误差 0.10 m 的测量数据达 94.0%；而大于 0.10 m 误差的数据仅有 26 个，所占比例为 6.0%，最大测量误差为 0.16 m。总的来看，两种测量方法所测结果比较接近。

二、水道断面面积对比计算分析

面积法是目前黄河下游河道断面冲淤计算普遍采用的一种计算方法，能够比较直接地反映河道的冲淤变化情况。由测深仪与常规测深两种方法实测了水道断面面积，计算了两种方法的面积差和相对误差，计算结果见表 11-5。

表 11-5　测深仪与常规测深方法水道面积比较

| 测次 | 面积（m²） | | 面积差（m²） | 相对误差（%） | 测次 | 面积（m²） | | 面积差（m²） | 相对误差（%） |
	测深杆	测深仪				测深杆	测深仪		
1	663.52	671.60	8.08	1.20	18	499.48	495.52	-3.96	-0.80
2	603.22	609.49	6.27	1.03	19	483.23	489.29	6.06	1.24
3	634.54	640.64	6.10	0.95	20	501.72	495.81	-5.91	-1.19
4	641.87	650.20	8.33	1.28	21	244.36	245.41	1.05	0.43
5	622.24	626.69	4.45	0.71	22	503.14	508.50	5.36	1.05
6	627.86	632.69	4.83	0.76	23	530.26	528.46	-1.80	-0.34
7	633.45	640.49	7.04	1.10	24	484.54	489.78	5.24	1.07
8	355.07	358.16	3.09	0.86	25	524.24	523.02	-1.22	-0.23
9	341.94	346.19	4.25	1.23	26	484.51	490.02	5.51	1.12
10	337.12	341.12	4.00	1.17	27	509.48	507.79	-1.69	-0.33
11	578.20	579.26	1.06	0.18	28	710.54	716.27	5.73	0.80
12	586.98	586.19	-0.79	-0.13	29	750.91	752.42	1.51	0.20
13	623.63	623.13	-0.50	-0.08	30	722.88	725.98	3.10	0.43
14	591.06	588.50	-2.56	-0.44	31	690.37	691.23	0.86	0.12
15	540.35	544.13	3.78	0.69	32	696.45	697.22	0.77	0.11
16	490.57	486.38	-4.19	-0.86	统计	面积差：平均 2.47 m²			
17	537.44	542.70	5.26	0.97		相对误差：平均 0.45%，最大 1.28%			

从表 11-5 中可以看出，测次水道断面平均面积差 2.47 m²；相对误差 0.45%，最大相对误差 1.28%，符合规范规定的误差范围。

三、不同含沙量级下测深精度分析

对比测量分四个含沙量级进行，根据不同含沙量级计算了平均误差和中误差，同时还根据断面法计算了相应含沙量级的平均断面差和相对误差，计算结果见表 11-6。

表 11-6　不同含沙量级平均误差统计

| 含沙量级（kg/m³） | 平均实测误差统计 | | 面积法平均误差统计 | |
	误差（m）	中误差（m）	误差（m²）	相对误差（%）
$C_s \leqslant 5$	0.037	0.060	5.64	1.03
$5 < C_s \leqslant 10$	0.002	0.047	-0.70	-0.12
$10 < C_s \leqslant 20$	0.001	0.046	0.64	0.08
$C_s > 20$	0.020	0.048	2.19	0.42

另外,根据两种测深方法在四个含沙量级测取的水深结果绘制了实测水深相关图,详见图 11-1 ~ 图 11-4。

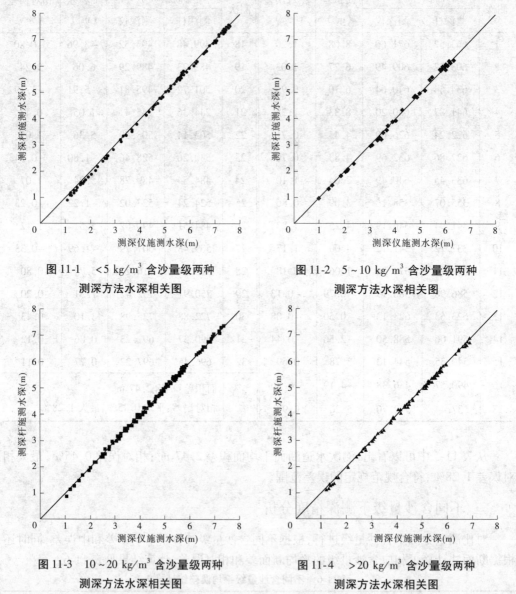

图 11-1 <5 kg/m³ 含沙量级两种
测深方法水深相关图

图 11-2 5 ~ 10 kg/m³ 含沙量级两种
测深方法水深相关图

图 11-3 10 ~ 20 kg/m³ 含沙量级两种
测深方法水深相关图

图 11-4 >20 kg/m³ 含沙量级两种
测深方法水深相关图

从以上四个含沙量级对比测量的平均误差和水深相关图中可以看出,两种测量方法测得的水深相对关系较好。

一般来说,泥沙是影响测深仪测量精度的重要因素之一,含沙量越高精度应该越低。但从以上不同含沙量对比测量情况来看, >5 kg/m³ 的三个含沙量级的测量精度均优于 <5 kg/m³ 含沙量级的测量精度。对比测量中的实测最大含沙量为 29.0 kg/m³,而此时的测量精度却没有出现变差的趋势;而含沙量过高时水深发生跳跃,测深仪不能正常工作。可见,在一定含沙量范围内,测深仪测深精度与含沙量大小关系并不明显,凡是测深仪能够正常工作时所测结果均是可靠的。至于含沙量 <5 kg/m³ 时测量精度稍差的主要

原因在下文进行分析。

四、不同水深测量精度分析

根据两种测深方法,不同水深分级计算的测量误差统计见表11-7。

表11-7　不同水深分级计算的测量误差统计

水深范围(m)	平均误差(m)	中误差(m)	≤0.1 m 的误差所占比例(%)
<2	0.073	0.076	75.0
2～2.99	0.039	0.058	90.6
3～3.99	0.025	0.047	98.4
4～4.99	0.015	0.052	90.5
5～5.99	0.003	0.045	96.1
6～6.99	0.011	0.045	95.0
≥7	−0.022	0.050	95.2

　　从表11-7 中的统计来看,2 m 以上水深的测量精度要优于2 m 以下水深的测量精度。主要原因是:小水时浉口断面左岸出现坡滩,且受上游弯道的影响水边线与断面线明显不垂直,水边线上游与断面线夹角较小而下游夹角较大,造成左岸水边附近2 m 左右及以下水域的水深误差偏大,断面线以上偏小而断面线以下偏大。比测时,吊船船首冲上游,测深仪位于船后半部,测深杆的打深位置则位于测深仪上游2 m 以外(见图11-5)。因此,不同的测深位置造成了两种测深方法0.1 m 以上的误差,且测深仪的实测水深大于测深杆的实测水深。

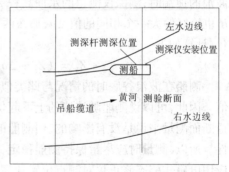

图11-5　对比测量水上作业示意图

　　根据不同水深测量误差绘制的误差分布见图11-6。从图11-6 中的误差分布情况来看,各水深级的测量误差分布大致相当,测深精度并没有因为水深的增大而降低,而2 m 以下水深区的测量精度要稍低于2 m 以上水深区的测量精度,原因同上。

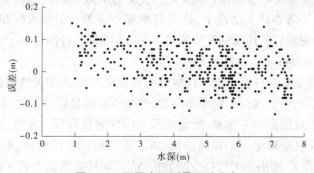

图11-6　不同水深测量误差分布

五、测深误差来源分析

(一)水温、声速对测深精度的影响

测深仪的回声信号在水中的传播速度一般为 1 400 ~ 1 550 m/s,声速是随水的密度、盐度和温度的不同而变化的。由于海水密度大、盐度高,所以海水中的声速要大于淡水。一般来说,测深仪制造商在出厂的随机资料中都提供了一份回声测深仪在不同温度下的淡水声速对照表,但同时也强调该数据仅作为用户设置水深的参考,用户还需要用其他方法来校准测深仪。因此,在实际测量中,不是仅靠"测量一下水温,输入一个在表中查算的对应声速"的办法就能得到一个准确的水深,一般还要结合使用测深杆的测深数值来校准测深仪。

(二)波浪对测深精度的影响

波浪对传统测深方法的影响是显而易见的,因为水面的起伏对准确读取测深杆或测深锤的数值是困难的。但是,对于结合 GPS 进行实时测量、自动记录水面高程和水深的数字测深仪来说,波浪并不影响最终通过水深和水面高程计算的河底高程。因为,当测船随波浪上下起伏时,实时测量记录的水面高程和水深也是同时变化且互补的。当测船在波浪的顶端时,测深仪测得的水面高程 Z_f 比实际水面偏大一个值 Δa,而此时测得的水深 H 也恰好偏大一个相同的值 Δa,那么两个相同的差值 Δa 抵消后,河底高程 Z_b 并没有变化,计算如下

$$Z_b = (Z_f + \Delta a) - (H + \Delta a) = Z_f - H \qquad (11-1)$$

测船在波浪谷底时的情况与此类似,只是测量的水面高程和水深都偏小一个相同的值。因此,可以说测船随波浪的上下起伏对于通过水深和水面高程来计算河底高程的河道断面测量来说是没有影响的,但测船的左右摇晃会造成探头倾斜,从而影响测深的准确性。所以,测量时应尽量保持测船稳定,避免测船倾斜,风浪较大时最好停止测深作业,或应用电磁式姿态修正仪对测点位置和高程进行修正。

(三)换能器吃水深度和 GPS 天线高对测深精度的影响

测深仪换能器(探头)和 GPS 卫星天线是靠一根专用的金属管式安装杆连接固定的,管的底端安装测深仪探头而顶端安装 GPS 卫星天线。安装杆上标有刻度,以探头的底端为 0.00 m。

测量前,一般要测量吃水深度(即探头至水面的距离)和天线高(卫星天线相位中心至水面的距离)。不管在什么情况下,这两者相加一定等于卫星天线相位中心至探头底端的距离,即等于安装杆的顶端刻度数值(2 m) + 天线加长杆高度(L) + 天线底部至天线相位中心的距离(0.046 m),详见图 11-7。

测量时只需读取安装杆在水面的读数就可得出吃水深度和天线高的数值,如读数不准,则吃水影响水深,而天线高影响水面高程,但却不影响最后计算的河底高程。因为,水深 = 探头测量至水底的距离 + 吃水;水面高程 = GPS 测量高程 - 天线高。如果吃水增大一个值 Δb,天线高就要减小一个相同的值 Δb。那么相应地,测得的水深 H 就必然偏大 $H + \Delta b$,而水面高程 Z_f 则由于天线高少减数值 Δb 而同样必然偏大 $Z_f + \Delta b$。因此,两个相同的差值 Δb 抵消后,实际河底高程 Z_b 仍没有变化,计算如下

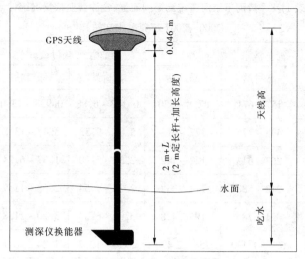

图 11-7　测深仪安装示意

$$Z_b = (Z_f + \Delta b) - (H + \Delta b) = Z_f - H \qquad (11-2)$$

(四)传统测深方法测量误差

传统测深方法受客观因素的影响较大,特别是在风浪和流速较大的条件下,容易造成读数不准和测深杆、测深锤测绳的不垂直读数问题;在流速较小的浅水区,由于河床偏软,测深杆极易插入泥中,造成测得的水深偏大;当水深和流速较大时,受水流影响,测深杆和测深锤测绳容易弯曲,同样会造成测得的水深偏大;此外,传统测深方法还可能包括水深的读记误差以及人为因素造成的其他误差。

测深杆的读数精度较差,一般为 0.1 m。根据规范规定:测深杆的读数精度,当水深 <5 m 时读至 0.01 m,≥5 m 时读至 0.1 m。但事实上,在很多情况下即使水深 <5 m 时,测深杆的读数精度也很难精确至 0.01 m。当水深较大、使用测深锤测深时,由于测深锤的测绳一般按 0.5 m 标记,因此这时人工估读的水深数值误差会更大。

第四节　测深仪在黄河河道测量中的应用

一、黄河河道测深环境分析

(一)河道统测期间流量、含沙量情况

黄河下游河道统测一般在每年汛前和汛后各进行一次,汛期则会根据需要增加测次。多年来,汛前和汛后的统测开始时间除特殊情况外一般是固定不变的,即汛后一般在 10 月 10 日;而汛前,2003 年前为 5 月 10 日,2004 年后在 4 月 10 日开始。根据小浪底水库蓄水以来黄河下游各水文站来水来沙量统计,统测期间的平均含沙量均在 5.00 kg/m³ 左右,汛期有时较大,最大值为 16.1 kg/m³;统测期间的平均流量一般在 500 m³/s 左右,汛期有时较大,最大值为 2 420 m³/s。小浪底水库蓄水后统测期间典型水文站流量、含沙量变幅情况见表 11-8。

表 11-8　黄河下游河道统测期间流量、含沙量变幅情况统计

（2000～2007 年典型水文站）

测量时间（年-月）	测次	流量变幅（m³/s）		含沙量变幅（kg/m³）		说明
		高村站	泺口站	高村站	泺口站	
2000-05	统1	157～671	87.8～530	0.172～6.88	0.938～13.0	
2000-10	统2	425～775	377～612	3.02～9.33	3.47～13.8	
2001-05	统1	263～643	122～242	2.38～5.90	1.37～6.24	
2001-10	统2	212～588	114～332	2.37～9.54	2.58～11.9	
2002-05	统1	331～785	195～428	3.08～6.34	3.20～11.8	
2002-07	统2	627～1 490	258～2 420	3.14～10.7	1.24～16.1	汛期加测
2002-10	统3	275～639	109～315	2.17～9.00	3.88～9.58	
2003-05	统1	203～414	107～204	1.45～4.69	1.56～3.79	
2003-11～12	统2	822～967	706～942	3.19～4.61	3.61～6.86	汛后因故延迟
2004-04	统1	659～777	230～402	3.18～4.99	2.03～5.35	
2004-07	统2	584～773	780～962	1.79～2.63	3.03～4.39	汛期加测
2004-10	统3	266～370	170～354	1.32～2.12	0.761～2.35	
2005-04	统1	682～763	243～496	3.59～4.69	2.65～6.86	
2005-10～11	统2	732～2 290	930～2 380	2.62～10.1	4.12～11.1	
2006-04	统1	734～961	340～601	3.50～5.04	1.73～4.86	
2006-10	统2	566～667	392～493	1.73～2.25	0.881～1.48	
2007-04	统1	628～881	259～463	2.43～5.44	1.65～4.20	
2007-10	统2	973～1 380	928～1 320	2.59～3.92	2.09～4.86	
总变幅		87.8～2 420		0.172～16.1		

（二）河道统测期间夹河、串沟情况

自 2002 年黄河下游运用小浪底水库调水调沙以来，通过近几年的试验和运行，下游河道明显冲刷，黄河河槽状况大为改善，下游河道大都形成单一河槽，串沟、夹河现象已很少存在。即便出现串沟、夹河，其形态也非常窄浅，测船无法通过，可使用 GPS 直接施测，对测深仪的使用并无影响。根据 2002～2007 年 6 年山东河道 14 次统测资料统计显示，山东测区 218 个河道断面每次测验可能出现串沟、夹河的断面数平均为 12 个，仅占实测断面总数的 7.0%（见表 11-9）。

表 11-9　2002 年调水调沙以来山东河段出现串沟断面数量统计

年份	出现串沟的断面数量			单次出现串沟断面平均	单次出现串沟断面比例
	汛前统测	汛期统测	汛后统测		
2002	16	0	11		
2003	12	无测次	1		
2004	18	0	15		
2005	38	无测次	1	12	7.0%
2006	18	无测次	6		
2007	32	无测次	0		
合计	134	0	34		
累计	168 断面次				

二、换能器的安装方法

(一)测船的选择

十几年来,黄河下游来水量较小,河道统测期间的流量一般平均在 500 m^3/s 左右,因此冲锋舟成为最适宜的水上测量交通工具。目前,使用的冲锋舟都是玻璃钢材质的,外挂 30 或 40 马力雅马哈汽油机。从测量的安全性、稳定性和测船操作的灵活性上考虑,测船长度以 6 m 为宜。

(二)换能器安装位置

换能器的最佳安放位置应在船的中前部的船底部位,即在船底开口,将测深仪安装于船的底部,方便检查、拆卸和对换能器的保护,同时也便于测船的正常行驶。但这需要定制专用冲锋舟测量船,如果对现有玻璃钢冲锋舟改进,则难以解决船底隔层漏水问题。因此,对于现有玻璃钢冲锋舟来说,只有选择将换能器安装在船的侧面。

(三)换能器固定装置的研制

为了解决换能器在船侧的安装固定问题,研制了一种可纵横自由旋转、拆卸方便的换能器安装固定装置。该装置为不锈钢材质,安装在测船中前部的船帮吊耳部位,利用吊耳原有固定螺丝将换能器固定装置的安装钢板紧固。

固定装置外端固定换能器安装杆,内侧与焊接在钢板上的活动装置相连接,中间部分为两节嵌套在一起可以自由活动的连接管。测量时可以调整换能器安装杆的垂直度、吃水深度和换能器方向,通过螺杆销定。测船航行时将安装杆旋转 90° 与船帮平行,然后通过连接活动装置将换能器安装杆向船内旋转 180°,将其置于船的内侧以便于对其保护。

三、数字测深仪应用特点

通过对比测量和数字测深仪的实际应用可以看出,数字测深方法具有以下特点:

(1)高精度。在一定含沙量范围内,数字测深仪完全可以达到仪器的标称精度,可满足河道测量规范和河段冲淤计算的精度要求。同时，导航软件的数据自动化采集避免了传统测深方法在人工操作、读数、记载、计算等环节可能出现的错误，保证了测量精度。

GPS 定位数据与数字测深仪的测深数据已经实现精确同步采集。因此，作业时无需进行验潮，即不必测量水位，使用实时同步测量的测点相应水面高程即可进行河道高程的计算，而且应用该方法计算的测点河底高程精度更高。

数字测深仪的数据采集可根据情况按距离或按时间间隔设置，能准确施测水下地形的转折变化。

(2)高效率。数字化测深方法，不需要人工挥杆、抛锤测量，在很大程度上可以有效地降低测量人员的劳动强度，只要测量仪器的供电电瓶充足电即可连续工作，工作效率是传统测深方法无法比拟的。

(3)数字化程度高。数字测深方法自动记录的数据文件，可直接用于电子成图和数据入库。在河道测量中，可将数据测量文件直接导入"黄河下游河道数据库管理系统"的软件中，首先进行起点距和河底高程的计算，然后入库参加断面计算，输出各种需要的成果。

第五节 认识与结论

通过数字测深技术与传统测深方法的对比、分析，可以得出以下认识和结论：

(1)数字测深技术是一种成熟的测深方法，在一定的含沙量环境下，测深仪能够达到标称精度，其测深精度是完全有保证的。

(2)数字测深仪与传统测深法对比，不受水深大小影响，测深精度较好，中误差均≤5 cm，应用比测数据计算的断面面积相对误差≤0.5%，该精度是完全满足河道测量规范的。

(3)根据实测资料确定的数字测深仪在黄河河道中的临界值为 29 kg/m^3。在该临界值以内，测深精度与含沙量的大小相关性不明显；各含沙量级的测深精度基本一致，均有保证。

(4)数字测深仪可施测的含沙量范围为 0 ~ 29.0 kg/m^3，从历史资料分析来看，该测深工作环境是完全可以满足正常河道测量工作的；即使对于基本水文站，也可满足每年 10 个月以上的使用时间。

(5)通常，换能器和 GPS 天线由一根定长的固定杆相连接，因此换能器吃水 + GPS 天线高是一个固定不变的值。即使吃水和天线高数值设置不准确，但只要相加后的总数等于这个值，即不影响最后计算的河底高程。因为吃水影响水深，天线高影响水面高程，可以互补。

(6)对于与 GPS 联合作业的数字测深仪来说，波浪并不影响最终通过水深和水面高程计算的河底高程。因为，当测船随波浪上下起伏时，实时测量记录的水面高程和水深也是同时变化且互补的。

(7)数字测深仪及导航测深软件操作简便，工作效率和数字化程度高，对于今后黄河下游全面实现河道测验数字化具有重要意义。

第十二章 河道观测资料的检查和验收

根据国家关于测绘资料二级过程检查一级验收的规定,在作业小组内完成观测资料的初作、初校、复核三遍手续后,河道观测资料采用测绘队、勘测局两级过程检查,局审查验收。

一、资料在站整编(测绘队检查)

首先,河道测验资料在完成初作、初校、复核三遍手续后,将测验成果汇总上报;然后,组织业务骨干对所有测验资料从头重新做一遍,以保证测验成果的准确性,这一过程就叫在站整编或测绘队检查。

在站整编工作是保证河道资料精度的关键,必须由有经验的人员参加;各站队负责完成所属河段断面资料的在站整编任务。

资料在站整编工作是在校核、复核的基础上将所有的原始资料及计算表格均重做一遍,进行全面的数字校核和合理性检查,出站资料应完成"四遍手"。

在站整编除完成测验资料的"四遍手"外,还需要编制大断面实测成果表,河道断面分级水位、水面宽、面积关系表和固定断面冲淤计算表,并填制断面考证簿。

(一)编制大断面实测成果表

(1)表头的河段及施测日期暂不填写。

(2)只填断面名称,不填断面编号。

(3)大断面实测成果表不应编入插补点。

(4)大断面实测成果表以竖行从上到下为顺序,各竖行要长短一致,最后一竖行的空格必须小于整个表的竖行数。

(5)凡实测全断面的年份,统1应编制大断面实测成果表。非实测大断面年份只编制实测部分成果表,其他点可以借用。由于大水漫滩,汛后统测不能施测全断面时,于次年汛前施测后,整编时把此次测验的断面补编为大断面。

(6)凡借用往次实测年份的大断面资料,在加附注时,应使当次实测资料和附注借用的实测资料能点绘成完整的大断面图。附注统一采用以下格式,措辞用字和标点符号勿随意变动,如:

①附注:起点距 −25 至 1 980 m 接 1965 年 5 月 20 日成果表。起点距 5 469 m 至终点接 1965 年 7 月 11 日成果表。

②附注:起点距 3 至 1 774 m 及 3 690 m 至终点均接 1965 年 5 月 20 日成果表。

(7)河道水边点均用长形三角符号在河底高程数值的右边注出。左岸实测水边为"▼",右岸实测水边为"▲";非实测的借用水位或插补水位水边点,均用空心长形三角符号表示,左岸水边为"▽",右岸水边为"△";深泓点起点距、河底高程下面画一实线。

(8)填写水位有以下几种情况:

①填写计算河底高程时的大河水位,即计算平均水位。

②水位有横比降改正时,垂直排列填写左岸、右岸实测水位。

例如:左岸 29.84 m,右岸 29.50 m

③在断面上有两股分流时,填写左河、右河(不填写东河、西河)时的计算水位。

例如:左河 18.38 m,右河 18.31 m

左河:19.73 m   右河:左岸 19.50 m,右岸 19.35 m

左河:左岸 45.41 m,右岸 45.22 m   右河:左岸 45.41 m,右岸 45.53 m

(9)在同一竖栏内若相邻测点河底高程整数相同,可保留最上边一个测点的整数部分,以下各测点则可省略整米数,只写小数部分。

(二)编制河道断面分级水位、水面宽、面积关系表

(1)按面积计算表计算成果编写,编排填写时,最后所剩空格不得超过该表的竖行数。

(2)表中在水位的整 0.5 m 级以外另加实测平均水位级和滩地最低点级,实测平均水位级只填写主槽,相应滩地和全断面数值均不进行填列,平均水位为 0.5 m 的整倍数时,相应滩地和全断面数值也不进行填列。但滩地最低点级,其主槽、滩地和全断面均须填列。

(3)实测水位有横比降或有两股河时,均填写平均水位。

(三)编制固定断面冲淤计算表

固定断面冲淤计算表按表中所列各项的要求进行计算,但要注意:

(1)实测水位栏填写平均水位。

(2)由于标准水位抬高或槽宽变动时,应当进行对比计算,在同一测次所进行的两次对比计算数据都应填列。

(四)考证簿的填制

河道断面考证是测站最基本的技术档案,是了解断面基本情况、断面平面控制和高程控制变动及其过程的基本资料,故应按照《黄河下游河道观测试行技术规定》中的有关规定认真填写。为统一填写格式,现将考证簿中的某些内容具体说明如下。

(1)断面位置:

①"东经"、"北纬",填写断面起点和终点的经纬度,可从有关地形图中量取,填至分。

②距铁谢里程:填写断面距铁谢的千米数,可以从河道红本上查取。

(2)断面沿革。

(3)平面控制点情况:

填写断面上有三角标的平面控制点及断面附近有平面控制作用的三角点、导线点及交会点等平面控制点。表中的"型式等级"填写三角标的型式和平面控制点的等级。

(4)水准点情况:

①引据水准点。为国家所引测的本测区首级水准点,在河口等特殊地区亦可为三等水准点。

表中备注栏内应注明大沽黄海差。

②基本水准点和校核水准点。

基本水准点:是由引据水准点接测到断面或断面附近的三等水准点。若二等水准点距断面很近,也可直接作为该断面的基本水准点。

校核水准点:是用来引测断面和水位的水准点。断面上稳固的石桩、水泥桩、钢轨桩等均可作为校核水准点。

断面上所有的或新设的基本水准点和校核水准点均须填入本表,若水准点损坏或丢失,必须注明有关情况。

③基本水准点和校核水准点复测记录。除在基本水准点和校核水准点发生变动,重新复测时,需按表中填制外,每年汛前滩唇桩的检测和断面桩的复测,即使高程无变动,也需按表中要求填写复测情况,表中的"原测高程"填写该水准点的原使用高程。备注栏内应注明推算点的名称和等级。

(5)平面控制点、水准点、断面和基线位置图。此图应突出平面控制点、水准点、断面、基线等各种标志,其他地物可以尽量省略,应与"断面位置"一页中的(四)"附近河流形势及断面位置图"有所侧重和区别。

(6)断面情况。填写断面起点桩和终点桩的位置,有坐标值的断面桩以及断面上的标杆、三角标的位置,并按断面情况附表中的内容,填明断面总宽度、主槽宽度、滩地宽度、滩槽分界、标准水位等项目。断面起终点一般不允许变动,若由于大堤加高培厚使点位埋于地下,可设指示桩标示点位,只有在点位处建筑永久性建筑物时才能移动。

(7)基线情况。"测量方法"填写测点定位的方法,由于近年来测点均为六分仪交会定位,故将此项改为填写测量基线的方法。

(8)规定要求:①断面考证是一项十分重要的资料,应该由业务负责人或参加外业的主要技术人员来填写;②必须在站整编后填写,并需进行校核、复核;③凡有变化或必须填写的项目,填写务求真实,不能遗漏;④考证清楚,数据准确,说明完备。

(9)修正补充报告书。修正补充报告书是反映断面考证重要情况的说明书,每年都应如实认真地填写,其内容包括:①观测年份;②该年水文及洪水漫滩情况;③大断面测量,基本水准点实测日期;④引据水准点变动情况及原因,变动时间;⑤滩槽宽和起、终点变动情况及原因;⑥断面标志、基线变动原因及重新设置情况。

二、勘测局检查

资料的合理性检查除对原始资料和内业计算资料进行表面的检查外,还要对整编成果进行合理性检查,现将检查的项目和方法具体规定如下。

(1)大断面实测成果表,具体见表 12-1。

表 12-1　大断面实测成果表

检查项目	检查方法
1. 年份、测次、测量时间、河段、基面、断面名称、水位	用同次大断面实测成果表对照,水位应和表中水边对应
2. 水位低于水道河底高程的不合理现象	用大断面图查对
3. 水边符号错	用测量原始资料查对

检查项目	检查方法
4. 深泓点标错	用大断面图查对
5. 起点距颠倒	用起点距递增规律检查
6. 起点距虽然递增,但间距很小,高程变化又不大,此起点距可能写错	用测量原始资料查对
7. 接点错,不能组成完整的大断面	用相应的前后几次大断面实测成果表对照检查

（2）河道断面分级水位、水面宽、面积关系表,具体见表 12-2。

表 12-2　河道断面分级水位、水面宽、面积关系表

1. 水位	用大断面实测成果表对照
2. 滩、槽最低点	用大断面实测成果表对照
3. 最低点若有水面宽	用大断面实测成果表对照
4. 水面宽	除水位级由于扣除干沟宽可能出现反常,应用面积计算表核对外,一般均是逐级递增的
5. 面积	用面积逐级递增规律检查
6. 总面积、总水面宽	用固定断面冲淤计算表核对

（3）固定断面冲淤计算表,具体见表 12-3。

表 12-3　固定断面冲淤计算表

1. 滩槽宽变动时间	用考证资料核对
2. 冲淤面积和冲淤深度符号	用相邻面积的大小核对,若发现有错,应用面积计算表查对
3. 主槽、滩地和全断面冲淤符号	当滩地冲淤为零时,主槽和全断面符号一致;当滩地冲淤不为零时,则酌情决定
4. 面积	用主槽面积 + 滩地面积 = 全断面面积核对
5. 深泓点高程起点距	用大断面实测成果表核对

（4）河床质颗粒级配成果表,具体见表 12-4。

表 12-4　河床质颗粒级配成果表

1. 小于某粒径的沙重百分数	用不同粒径沙重百分数依次递增检查
2. 沙重百分数和相应粒径须对应	用中数粒径 d_{50} 检查须对应
3. 中数粒径 d_{50}	用沙重百分数 40～60 之间相应粒径对照
4. 平均粒径	平均粒径一般应大于中数粒径,若小于中数粒径且相差较多,应用平均粒径计算检查

三、资料集中审查(资料验收)

河道测验资料完成在站整编后,测验单位的上级机关将在年终对本年度资料统一进行审查验收,资料集中审查的要求如下:

(1)所有参加集中审查的资料必须事先完成在站整编的一切手续。审查即从在站整编后的原始资料及成果中抽出一部分进行全面检查,其方法和在站整编相同,抽查的比例不小于30%,其余部分进行重点检查(如高程平面控制测量成果),若质量不合要求必须退回重做。

(2)所有刊印成果必须全部进行合理性检查。

(3)全面审查考证,所有填写的数据均应与原始资料核对。

(4)经过审查后的成果应达到:项目齐全,图表完整,考证清楚,方法正确,规格统一,数字无误,资料合理,说明完备,表面清洁,字迹清晰。

(5)经过审查后的资料成果精度应达到数字无大错,一般错误的错误率不超过1/2 000,特征值无误。

(6)为了便于掌握错误大小,具体规定如下。

①数字的错误值与正确值之差达到以下标准者为大错:

ⅰ计算水位:3 cm(引起系统误差者);

ⅱ主槽面积在4 000 m^2、滩地面积在6 000 m^2 以上者,影响面积为4%;

ⅲ主槽面积在4 000 m^2、滩地面积在6 000 m^2 以下者,影响面积为5%。

②水准点高程正确值与错误值之差大于3 cm并造成系统数字改动的系统错误为大错。

③凡属笔下误的大数错,发现后容易识别并不影响使用者不为大错。除上述规定外的其他错误,均为一般错误。

④一般数字错误不超过下述标准者可以不改,也不作错误统计:

ⅰ地形点高程:2 cm;

ⅱ地形点起点距:2 m;

ⅲ年、月、日也不作错误统计。

此条规定,只适用于资料集中审查阶段,其他阶段仍执行"有错必改"的原则。

(7)所有交水文水资源局存档的资料必须按水文水资源局档案室的要求,分类装订成册。

附录一 仪器、测具的使用、检验、校正和养护

一、一般规定

观测人员应爱护所有测验设备，了解和熟悉各种观测仪器、测具的结构和性能。经常注意检查仪器、测具有无故障，是否完整灵活，并将检验情况、仪器牌号、改正的数据及检验日期、检验者的姓名等记入检验记录簿中。在进行观测时，如对仪器、测具精度产生怀疑，应立即停止观测，经检验校正无误后，再继续进行。中途检验情况和结果应在各该观测记录簿中予以注明。

测站应按照"公共使用的专人保管，个人使用的本人保管"的原则，结合本单位具体情况，制定仪器、测具和测验设备的保管养护制度。

领用（交还）仪器、测具时，领用（保管）人员必须当场检视零件是否齐全，各部件转动是否灵活，有无缺损现象等，均须在领用单上注明，并签名，以明确责任。

不论在旅途或工地期间，各项仪器、测具均应有专人负责保管。

任何仪器零件和配件均不得擅自改装或挪作他用。校正仪器必须使用原附的工具或适宜的工具进行。

二、各项主要仪器、测具的检验校正时限

六分仪在每次使用前，均应进行检验校正。

水准仪、水准尺的检验按照第六章第一节表6-1、表6-2的要求进行，但在进行长距离精密水准测量前，必须做全面细致的检验校正；平时使用前应做一般性检查，必须切实保证减小仪器误差。水准尺检验可与水平仪检验结合进行。

经纬仪、平板仪应每隔1~3个月进行一次详细的校正，每次出工前进行一般性检验。

钢尺、弹簧秤在进行精密量距前应做详细检查。钢丝尺、竹尺每次使用前均应检查。

测深杆、系测深锤的测绳及地形尺的尺寸分划，在制作时或开始使用前必须仔细检查，使用期间可根据磨损情况进行检查改正。

三、仪器、测具的检验和校正

（一）水准尺

1. 水准尺的检视

（1）水准尺有无凹陷、裂缝、碰伤、划痕、脱漆等现象。

（2）水准尺刻划线和注记是否粗细均匀、清晰，有无异常伤痕，能否读数。

2. 检查水准尺上圆水准器的装置

检查方法有以下两种：

（1）在无风时可利用铅锤进行检查。检查方法是将铅锤挂在水准尺上，力求使铅锤

尖端正好位于水准尺上栓钉尖端的上方。如果水准尺位置正确,气泡中心不与玻璃盒的中心重合,则用水准器的矫正螺旋把气泡移至玻璃盒中心。

(2)在风力不太大的情况下,可用水准仪的垂直丝进行检查。

检查方法:把水准尺安置在距水准尺 50~65 m 处的尺桩上,观测员从水准仪的望远镜中观察,按照他的指挥,将水准尺的棱线与垂直线重合(即水准尺已成铅直),用圆水准器上的校正螺旋把气泡移至玻璃盒中心。首先将水准尺在尺桩上旋转 90°,重复上述操作;然后重新把水准尺转到第一和第二位置上,以检查圆气泡是否居中,若未居中,仍须进行上述改正,直至居中。

3. 水准尺分划面弯曲差的测定

1)测定方法

通过水准尺两端引张一细直线,在尺面的两端及中央分别量取分划面至此细直线的距离。

2)计算方法

水准尺弯曲差的计算式为

$$f = R_中 - (R_上 + R_下)/2 \tag{附1-1}$$

式中:$R_中$ 为中间读数,mm;$R_上$ 为上端读数,mm;$R_下$ 为下端读数,mm。

当名义米长测定值为水准尺尺带弧长时,f 不得大于 4.0 mm,否则长度 l 必须按式(附1-2)改正,即

$$l = l' - 8f^2/(3l') \tag{附1-2}$$

式中:l' 为水准尺名义长度,mm。

4. 一对水准尺零点不等差及基、辅分划读数差的测定

1)准备

在距水准仪 20~30 m 的等距离处打下三个尺桩,使桩顶间高差约 20 cm。

2)观测方法

此项检验应进行三个测回。每一测回中,分别在三个桩上依次安置一对水准尺,每次用光学测微器按基、辅分划各读数三次,且望远镜的视轴位置应保持不变,测回间应变换仪器高。

双摆位的自动安平水准仪进行此项检验时,应将其摆置于同一位置上。

3)计算方法

分别计算每根水准尺基、辅分划所有读数的中数。两水准尺基本分划读数中数的差,即作为一对水准尺零点不等差。每根水准尺基本分划读数的中数与辅助分划读数的中数的差,即为每根水准尺基、辅分划读数差常数。

此项检验范例见附表1-1。

5. 水准尺中轴线与水准尺底面垂直性测定

1)准备

在距水准仪 20~30 m 的距离处打三个尺桩,三个桩顶间应有约 20 cm 的高差。

2)观测方法

此项检验共进行两个测回。每一测回中,水准尺依次置于三个尺桩上。在每一尺桩上,依次按水准尺底面的中心、前边缘、后边缘、左边缘、右边缘整置水准尺,每次照准水准

尺分划读数三次,且望远镜的视轴位置应保持不变。

附表 1-1　一对水准尺零点不等差及基、辅分划读数差的测定

水准尺:线条式因瓦水准尺№.0619　№.0620 日期:1989-08-13　仪器:N3№.58823

观测者:　　　　　　　记录者:　　　　　　　检查者:　　　　　（单位:mm）

测回	桩号	№.0619 水准尺读数			№.0620 水准尺读数		
		基本分划	辅助分划	基、辅读数差	基本分划	辅助分划	基、辅读数差
I	1	1 218.84	4 234.30	3 015.46	1 218.80	4 234.32	3 015.52
		8.80	4.30	5.50	8.84	4.34	5.50
		8.76	4.32	5.56	8.82	4.40	5.58
	2	1 427.70	4 443.22	5.52	1 427.82	4 443.28	5.46
		7.70	3.18	5.48	7.84	3.34	5.50
		7.72	3.20	5.48	7.80	3.32	5.52
	3	1 628.92	4 644.44	5.52	1 629.04	4 644.52	5.48
		8.88	4.42	5.54	9.04	4.50	5.46
		8.92	4.40	5.48	9.02	4.48	5.46
	平均	1 425.14	4 440.64	3 015.50	1 425.22	4 440.72	3 015.50
II	1	1 244.48	4 259.92	3 015.44	1 244.54	4 260.04	3 015.50
		4.46	9.86	5.40	4.50	0.02	5.52
		4.44	9.86	5.42	4.54	0.02	5.48
	2	1 453.40	4 468.74	5.34	1 453.50	4 468.88	5.38
		3.42	8.80	5.38	3.50	8.94	5.44
		3.44	8.82	5.38	3.52	8.94	5.42
	3	1 654.58	4 670.06	5.48	1 654.06	4 670.16	5.50
		4.62	0.04	5.42	4.72	0.14	5.42
		4.64	0.06	5.42	4.72	0.20	5.48
	平均	1 450.83	4 466.24	3 015.41	1 450.91	4 466.37	3 015.46
III	1	1 266.82	4 282.28	3 015.46	1 266.90	4 282.42	3 015.52
		6.80	2.22	5.42	6.90	2.38	5.48
		6.78	2.26	5.48	6.88	2.34	5.46
	2	1 475.68	4 491.14	5.46	1 475.78	4 491.24	5.46
		5.62	1.10	5.48	5.70	1.22	5.52
		5.64	1.12	5.48	5.74	1.24	5.50
	3	1 676.82	4 692.26	5.44	1 676.92	4 692.38	5.46
		6.84	2.32	5.48	7.00	2.44	5.44
		6.90	2.34	5.44	6.98	2.44	5.46
	平均	1 473.10	4 488.56	3 015.46	1 473.20	4 488.68	3 015.48
总中数		1 449.69	4 465.15	3 015.46	1 449.78	4 465.26	3 015.48

注:一对水准尺零点不等差 =0.09。

3)计算方法

对于每一尺桩,分别按水准尺底面中心、前边缘、后边缘、左边缘、右边缘整置水准尺的读数(三个读数的中数)R_1、R_2、R_3、R_4、R_5,然后计算 $R_1 - R_2$、$R_1 - R_3$、$R_1 - R_4$、$R_1 - R_5$,

并求出两测回的中数。若这些中数超出 0.10 m，则在作业中必须采用尺圈。

此项检验范例见附表 1-2。

附表 1-2　水准尺中轴线与水准尺底面垂直性测定

水准尺：线条式因瓦水准尺　　　No.0620　　　日期：1989-08-14　　仪器：N3 No.58823

观测者：　　　　　　　　记录者：　　　　　　　　检查者：　　　（单位：mm）

测回	I			II		
桩号	1	2	3	1	2	3
中心 R_1	2.70	8.96	3.94	6.16	2.50	7.32
	2.72	8.92	3.88	6.22	2.52	7.43
	2.71	8.92	3.90	6.60	2.50	7.28
中数	2.71	8.93	3.91	6.32	2.51	7.34
前边缘 R_2	2.72	8.94	4.02	6.18	2.54	7.32
	2.80	8.96	3.96	6.10	2.58	7.36
	2.78	9.00	3.89	6.14	2.52	7.34
中数	2.77	8.97	3.96	6.14	2.55	7.34
$R_1 - R_2$	−0.06	−0.04	−0.05	+0.18	−0.04	0
后边缘 R_3	2.72	8.88	3.88	6.20	2.48	7.26
	2.80	8.92	3.92	6.12	2.52	7.30
	2.74	8.90	3.90	6.10	2.46	7.26
中数	2.75	8.90	3.90	6.14	2.49	7.27
$R_1 - R_3$	−0.04	+0.03	+0.01	+0.18	+0.02	+0.07
左边缘 R_4	2.60	8.90	3.92	6.12	2.44	7.26
	2.64	8.90	3.88	6.06	2.48	7.28
	2.62	8.92	3.88	6.14	2.50	7.32
中数	2.62	8.91	3.89	6.11	2.47	7.29
$R_1 - R_4$	+0.09	+0.02	+0.02	+0.21	+0.04	+0.05
右边缘 R_5	2.70	9.02	3.94	6.12	2.56	7.34
	2.72	8.94	3.90	6.12	2.54	7.34
	2.70	8.98	3.98	6.16	2.54	7.32
中数	2.71	8.98	3.94	6.13	2.55	7.33
$R_1 - R_5$	0.00	−0.05	−0.03	+0.19	−0.04	0.01
$\sum (R_1 - R_i)/6$	$R_1 - R_2$	−0.04	$R_1 - R_3$	+0.01	$R_1 - R_4$	+0.04　$R_1 - R_5$　−0.02

6. 一对水准尺平均名义米长的检测

1）准备

选择温度稳定的室内进行此项检测。在检测前 2 h 将检查尺（野外比长器）和被检测的水准尺放入检测处。检测时，水准尺应放置在一平台上，且使水准尺背面与平台充分接触。

2）观测方法

每一水准尺的基本分划与辅助分划均须检测。基本分划和辅助分划均须进行往返测。往测时,测定基本分划面的 0.25 ~ 1.25 m、0.85 ~ 1.85 m、1.45 ~ 2.45 m 三个米间隔;返测时测定 2.75 ~ 1.75 m、2.15 ~ 1.15 m、1.55 ~ 0.55 m 三个米间隔。辅助分划面检定时,往测时测定 0.40 ~ 1.40 m、1.00 ~ 2.00 m、1.60 ~ 2.60 m 三个米间隔;返测时测定 2.90 ~ 1.90 m、2.30 ~ 1.30 m、1.70 ~ 0.70 m 三个米间隔。

往测的观测:两个观测员分别注视检查尺的左、右两端,同时读取米间隔的两个分划线下边缘在检查尺上的读数,接着读取这两个分划线上边缘在检查尺上的读数。两次"左右端读数差"的差应不大于 0.06 mm,否则立即重测,如此依次测定三个米间隔。每测定一个米间隔须读记温度。

返测的观测:返测时两观测员应互换位置,其他操作与往测相同。

3)计算方法

此项检测要求计算出每根水准尺的名义米长平均值。其基、辅分划往返测中每米间隔的名义米长计算式为

$$l_i = \frac{1}{2}(A_{L1} - A_{R1} + A_{L2} - A_{R2}) + \Delta l_i \qquad (附1\text{-}3)$$

式中:A_{L1} 为检查尺下边缘左读数,mm;A_{R1} 为检查尺下边缘右读数,mm;A_{L2} 为检查尺上边缘左读数,mm;A_{R2} 为检查尺上边缘右读数,mm;Δl_i 为检查尺尺长及温度改正值,mm;l_i 为每米间隔的名义米长值,mm。

此项检验用于作业期间检测水准尺名义米长的变化,检项检测范例见附表 1-3 。

附表 1-3   水准尺名义米长的检测

水准尺:线条式因瓦水准尺　　　No.10707　　　日期:1989-08-15

检查尺:三等标准金属线纹尺 No.1110　　　$L = (1\,000 - 0.07) + 0.018\,5 \times (t - 20)$ mm

观测者:　　　　　记录者:　　　　　　　检查者:

(单位:mm)

分划面	往返测	水准尺分划间隔(m)	温度(℃)	检查尺读数		右－左		检查尺尺长及温度改正	分划面名义米长
				左端	右端	右－左	中数		
基本分划	往测	0.25 ~ 1.25	24.7	1.24	1 001.22	999.98	999.97	+0.017	999.987
				4.24	1 004.20	999.96			
		0.85 ~ 1.85	24.9	0.48	1 000.46	999.98	999.99	+0.021	1 000.011
				3.48	1 003.48	1 000.00			
		1.45 ~ 2.45	24.9	2.38	1 002.40	1 000.02	1 000.02	+0.021	1 000.041
				5.36	1 005.38	1 000.02			
	返测	2.75 ~ 1.75	25.0	0.42	1 000.38	999.96	999.97	+0.022	999.992
				3.42	1 003.40	999.98			
		2.15 ~ 1.15	25.0	0.72	1 000.68	999.96	999.97	+0.022	999.992
				3.70	1 003.68	999.98			
		1.55 ~ 0.55	25.0	0.52	1 000.48	999.96	999.96	+0.022	999.982
				3.52	1 003.48	999.96			

分划面	往返测	水准尺分划间隔(m)	温度(℃)	检查尺读数		右－左		检查尺尺长及温度改正	分划面名义米长
				左端	右端	右－左	中数		
辅助分划	往测	0.40～1.40	25.0	1.30	1 001.28	999.98	999.97	+0.022	999.992
				4.32	1 004.28	999.96			
		1.00～2.00	25.0	1.82	1 001.76	999.94	999.96	+0.022	999.982
				4.80	1 004.78	999.98			
		1.60～2.60	25.0	0.78	1 000.76	999.98	999.99	+0.022	1 000.012
				3.76	1 003.76	1 000.00			
	返测	2.90～1.90	25.0	2.30	1 002.30	1 000.00	999.99	+0.022	1 000.012
				5.26	1 005.24	999.98			
		2.30～1.30	25.0	1.56	1 001.56	1 000.00	999.99	+0.022	1 000.012
				4.54	1 004.52	999.98			
		1.70～0.70	25.0	0.64	1 000.62	999.98	999.99	+0.022	1 000.012
				3.62	1 003.62	1 000.00			
一根水准尺名义米长									1 000.002

另一水准尺 10708 的检测记录从略；其名义米长为 1 000.006 mm，一对水准尺平均名义米长为 1 000.00 mm。

(二)水准仪

1. 水准仪的检视

(1)望远镜的物镜以及其他光学部件,应洁净无疵。

(2)调焦透视及调对十字丝,水准气泡与测微尺的焦点目镜,应转动灵活适度,其所调对的物象应清晰正确。

(3)符合水准气泡物象的两半部分对其分解线应对称,分解线应细致而清晰,反光镜的反光应均匀明亮。

(4)光学测微器及倾斜螺旋的转动应灵便稳当,不应有阻滞与跳动现象。

(5)脚螺旋、制动螺旋以及各种校正螺旋,应完整无损,螺纹应完善,螺杆不应弯曲。

(6)三脚架及其他部件应完好而适用,附件及备防零件应齐全。若部件有毛病而作业人员不能消除,应送厂修理。

2. 水准仪上概略水准器的检校

用脚螺旋将概略水准气泡导至中央,然后旋转仪器180°,若此时气泡偏离中央,则用水准器改正螺丝改正其偏差的一半,用脚螺旋改正另一半,使气泡回到中央。

如此反复检校,直到仪器无论转到任何方向气泡中心始终位于中央。

3. 水准仪光学测微器隙动差和分划值的测定

此项检验应选择在成像清晰稳定的时间进行。在距仪器 5～6 m 处垂直竖立一支三等标准金属线纹尺或其他同等精度钢尺做标准尺,用其 1 mm 刻划面进行此项检验。

1)观测方法

测定时,应使测微器上所有使用的分划线均能受到检验,测定应进行三组。若要全面检验,三组应在不同气温下测定;若只要求出测前或跨河水测量前检验,可以在同一种气温下测定,每组应观测五个测回。每测回分往测(旋进或旋出)和返测(旋出或旋进)。

测定开始时,将仪器整置水平,并将测微器转到零分划附近处,然后取标准尺上六根间隔为 5 mm 的分划线,使中丝与一分划线重合,此时,在测微器上的读数位置应在 0 ~ 3 格范围。

每测回的操作如下所述。

(1)往测:旋进(或旋出)光学测微器依次照准 1 ~ 6 的每根分划线。每次照准时,使中丝与分划线精密重合,并读取测微器读数为 a。

(2)返测:往测完后马上进行返测,旋出(或旋进)光学测微器依次以相反方向照准 6 ~ 1 的每根分划线,读数方法同往测,读数为 b。

其余各测回观测相同,五个测回组成一组,以后各组的观测同第一组。

2)计算方法

测微器隙动差 Δ 计算式为

$$\Delta = \sum (a_0 - b_0)/18 \qquad\qquad (附1\text{-}4)$$

式中: a_0、b_0 为标准尺每根分划线的读数 a、b 的每组平均值。

测微器分划值 g 计算式为

$$g = \sum l/ \sum L \qquad\qquad (附1\text{-}5)$$

式中: l 为中丝对准标准尺首、末分划间隔,mm; L 为对准首、末分划时测微器转动量,格。

此项检验范例见附表 1-4 和附表 1-5 。

附表 1-4　水准仪光学测微器隙动差和分划值的测定

仪器:Ni002　No. 430271　　　　日期:1989-07-28　　距离:8 m

观测者:　　　　　　　记录者:　　　　　　　　　检查者:

组数	时间和温度	测回	检测尺读数	504	505	506	507	508	509	始末分划转动量 L
			往返			测微器读数				
		1	往测 a	00.4	20.8	40.4	60.4	80.4	100.2	99.8
			返测 b	01.6	21.4	40.8	61.6	81.2	100.8	99.2
		2	往测 a	00.4	20.0	40.4	61.0	80.6	100.0	99.6
	日期07-28		返测 b	00.8	21.4	41.8	61.6	81.8	101.4	100.6
	始 15:00	3	往测 a	00.6	21.0	40.8	60.4	80.8	100.2	99.6
	末 15:15		返测 b	01.8	21.6	41.4	61.6	82.0	101.8	100.0
I		4	往测 a	01.0	20.6	40.2	60.6	80.2	100.2	99.2
			返测 b	01.8	21.0	41.6	61.4	81.4	101.4	100.0
	始 28.0 ℃	5	往测 a	0	20.2	40.4	60.8	80.4	100.8	100.8
	末 28.5 ℃		返测 b	01.4	21.4	41.4	61.8	81.0	101.4	100.4
		中数	往测 a_0	0.48	20.52	40.44	60.64	80.48	100.28	99.80
			返测 b_0	1.40	21.36	41.40	61.60	81.48	101.44	100.04
			差 $a_0 - b_0$	-0.92	-0.84	-0.96	-0.96	-1.00	-1.16	-5.84

组数	时间和温度	测回	检测尺读数	504	505	506	507	508	509	始末分划转动量 L
			往返			测微器读数				
Ⅱ	日期 07-29 始 15:00 末 15:21 始 20.0 ℃ 末 20.5 ℃	1	往测 a	01.8	21.4	42.0	61.8	82.2	101.0	99.2
			返测 b	03.8	23.4	44.0	63.8	83.6	102.8	99.0
		2	往测 a	03.8	22.6	43.4	62.6	82.6	103.0	99.2
			返测 b	03.0	23.2	43.4	64.0	83.8	103.8	100.8
		3	往测 a	03.0	22.8	42.6	62.4	82.4	102.4	99.4
			返测 b	03.0	22.8	43.2	62.8	82.8	103.0	100.0
		4	往测 a	02.8	22.4	42.6	62.2	82.2	103.2	100.4
			返测 b	03.6	23.2	43.8	63.4	83.0	103.8	100.2
		5	往测 a	02.8	22.4	43.0	62.6	82.8	103.8	101.0
			返测 b	03.0	23.6	42.8	63.2	83.0	103.0	100.0
		中数	往测 a_0	2.84	22.32	42.72	62.36	82.56	102.68	99.84
			返测 b_0	3.28	23.24	43.44	63.36	83.24	103.28	100.00
		差	$a_0 - b_0$	−0.44	−0.92	−0.72	−1.00	−0.68	−0.60	−4.36

注:第Ⅲ组观测的记录与计算略去。

附表 1-5　水准仪光学测微器隙动差与分划值计算

组别	温度 (℃)	往测(旋进) 返测(旋出)		标准尺始末分划间隔 (mm)	l 间隔在测微器上的转动量 (格)
Ⅰ	28.2	往测		5	99.80
		返测		5	100.04
Ⅱ	20.2	往测		5	99.84
		返测		5	100.00
Ⅲ	14.5	往测		5	99.98
		返测		5	100.04
		总和		30	599.70
计算	$g = \sum l / \sum L = 30/599.70 = 0.05003\,(\text{mm/格})$ $\sum(a_0 - b_0) = -11.88t\,(\text{mm})$ $\Delta = -11.88t/18 = -0.66t\,(\text{mm})$				

4. 水准仪视线观测中误差的测定

1)准备

在平坦场地上,距仪器约 30 m 处打一尺桩供承水准尺用。对于自动安平水准仪,其两脚螺旋连线应与水准尺方向垂直,仔细整平仪器,并须待仪器温度与周围空气充分一致时方可进行测定。测定时应用测伞遮蔽阳光。

2)观测方法

在三种不同的气温下观测三组数据,每种气温下观测两测回为一组,共测六测回。对于双摆位的自动安平水准仪,奇数测回置仪器于摆Ⅰ位置,偶数测回于摆Ⅱ位置。每一测回共测15次。

每次观测中,先旋出倾斜螺旋约1/4周,自动安平水准仪应旋转位于水准尺方向上的一脚螺旋,接着旋出光学测微器若干分划;其次使仪器恢复水平状态,即使气泡两端精密附合或使自动安平水准仪上的圆水准气泡精密居中;最后精确照准水准尺上的分划线,并按测微器读数。

3)计算方法

视线观测中误差计算式如下

$$m = \pm \sqrt{\sum[VV]/84} \, t\rho/D \qquad (附1\text{-}6)$$

式中:V 为读数与其测回中数的差,格;$[VV]$ 为每测回 V 平方和;$\sum[VV]$ 为各测回 $[VV]$ 之和;t 为测微器格值,mm;ρ 为 206 265,(″);D 为水准尺距仪器的距离,mm。

此项检验范例见附表1-6。

附表1-6 水准仪视线观测中误差的测定

仪器:Ni004　　　　　　　　No.159762　　　　　　　　距离:$D = 30.0$ m

观测者:　　　　　　　　记录者:　　　　　　　　检查者:

日期	1989-08-11		1989-08-12		1989-08-13	
时间	07:53	08:10	08:00	08:25	08:05	08:30
温度(℃)	27.0	27.0	26.0	26.0	28.0	28.0
测回	1	2	3	4	5	6
次序	测微器读数					
1	05.8	42.2	84.6	14.4	51.4	65.0
2	05.0	41.0	84.2	16.0	50.8	64.0
3	06.6	44.6	83.2	14.8	51.8	63.8
4	06.4	45.2	82.8	14.6	52.0	64.8
5	07.0	45.4	84.2	15.2	52.4	62.4
6	07.3	45.6	84.6	16.0	50.4	63.0
7	07.0	45.2	83.0	15.6	50.8	63.8
8	07.4	45.2	83.4	14.4	51.4	64.0
9	06.6	43.6	82.4	15.8	50.2	62.8
10	04.8	45.0	82.8	14.2	52.2	64.4
11	06.0	43.6	83.8	15.0	51.6	63.2
12	07.0	46.2	81.4	14.0	52.0	64.8
13	07.0	44.2	81.6	15.0	50.8	63.4
14	06.6	45.2	82.4	14.0	51.0	64.6
15	04.8	45.4	81.4	14.4	51.2	63.4
$[VV]$	10.757	26.549	16.677	6.789	6.213	8.789

$$m = \pm \sqrt{\sum[VV]/84} \, t\rho/D = \pm \sqrt{75.774/84} \times 0.05 \times 206\,265''/30\,000 = \pm 0.33''$$

5. 自动安平水准仪补偿误差的测定

1）准备

在平坦的地方丈量一长 40~50 m 的直线,在其两端 A、B 处打下两个尺桩。在 AB 的中间安置仪器,并使其两脚螺旋连线与 AB 垂直。

2）观测方法

观测时,应分别将圆气泡置于如下位置。

（1）气泡精确居中（$i=0$）。

（2）气泡偏向 A 尺,气泡偏离大小按仪器说明书中所述的仪器纵向倾斜补偿范围极限而定（$i=1$）;气泡偏向 B 尺,气泡偏离大小同上（$i=2$）。

（3）面向 A 尺,气泡偏向左边,气泡偏离大小按仪器说明书中所述的仪器横向倾斜补偿范围极限而定（$i=3$）;面向 B 尺,气泡偏向右边,气泡偏离大小同上（$i=4$）。

每一气泡位置上应交替地在 A、B（或 B、A）两水准尺基本分划上照准读数各 10 次。对于双摆位的自动安平水准仪,奇次置摆Ⅰ位置,偶次置摆Ⅱ位置。

3）计算方法

观测高差计算式如下

$$h_i = A_i - B_i \tag{附1-7}$$

式中:h_i 为每一气泡位置上的观测高差,mm;A_i 为水准尺上读数的平均值;B_i 为水准尺上读数的平均值。

补偿误差计算式如下

$$\Delta a_i = (h_i - h_0)\rho/(Da_i) \tag{附1-8}$$

式中:Δa_i 为 1、2、3、4 时的补偿误差,即仪器倾斜每角分补偿误差角秒值;h_i 为 1、2、3、4 时的观测高差,mm;h_0 为气泡居中时的观测高差,mm;ρ 为 206 265,(″);D 为 A、B 两水准尺的距离,mm;a_i 为仪器倾斜补偿极限角度,(″)。

此项检验范例见附表 1-7。

附表 1-7 自动安平水准仪补偿误差的测定

仪器:Koni 007　No.139763　　　　AB 站距离 D:41.20 m　　　　日期:1989-08-13

观测者:　　　　　　　　　　记录者:　　　　　　　　　　检查者:

仪器位置	测次	视线在 A 水准尺上的读数		视线在 B 水准尺上的读数	
	1	317	968	322	788
	2		976		784
	3		968		758
	4		964		758
	5		974		762
仪器置平	6		956		762
	7		950		778
	8		966		760
	9		962		768
	10		970		780
	中数		965.4		769.8
A、B 间高差 h_0		−0.024 022 m			

仪器位置	测次	视线在 A 水准尺上的读数		视线在 B 水准尺上的读数	
气泡偏向 A 水准尺 $a_1 = 8'$	1	317	966	322	780
	2		956		776
	3		974		778
	4		972		784
	5		978		776
	6		978		786
	7		978		778
	8		962		788
	9		968		768
	10		964		780
	中数		969.6		779.4
A、B 间高差 h_1			$-0.024\ 049$ m		
气泡偏向 B 水准尺 $a_2 = 8'$	1	317	950	322	772
	2		948		770
	3		958		760
	4		948		766
	5		952		758
	6		952		756
	7		948		772
	8		956		776
	9		948		768
	10		956		766
	中数		951.6		766.4
A、B 间高差 h_2			$-0.024\ 074$ m		
气泡偏向左边 $a_3 = 8'$	1	317	966	322	758
	2		956		758
	3		954		758
	4		960		754
	5		956		758
	6		966		762
	7		966		750
	8		962		754
	9		962		748
	10		964		752
	中数		961.2		755.2
A、B 间高差 h_3			$-0.023\ 970$ m		

6. 十字丝的校正

将水准仪装置水平之后,用十字丝的垂直线对准 25 m 以外的铅垂线上,观察是否重合,若不重合,应松开十字丝的校正螺丝,转动十字丝使其重合,再拧紧校正螺丝。

7. 水准仪视距常数的测定

1) 准备

在一平坦场地上安置仪器,分别在距仪器约 5 m 和 50 m 的 A、B 两处各打一尺桩。仪器中心挂一垂球,然后用钢尺丈量垂球中心到两水准尺的距离,量至厘米。

2) 观测方法

分别观测 A、B 水准尺四测回,测回间应变换仪器高。每测回将仪器整平后,分别读上下丝基、辅分划读数各一次。对于双摆位的自动安平水准仪,可以在任一摆位进行测定。

3) 计算方法

乘常数计算式如下

$$K = (D_B - D_A)/(\bar{I}_B - \bar{I}_A) \qquad\qquad (附1-9)$$

式中:D_A 为 A 水准尺距仪器的距离,mm;D_B 为 B 水准尺距仪器的距离,mm;$\bar{I}_A$ 为 A、B 水准尺上、下丝读数间隔平均值,mm;$\bar{I}_B$ 为 B、A 水准尺上、下丝读数间隔平均值,mm。

加常数计算式如下

$$C = D - K\bar{I} \qquad\qquad (附1-10)$$

式中:$\bar{I}$ 为可用 A 或 B 水准尺的观测值代入计算。

乘常数的测定中误差计算式如下

$$m_K = \pm K/(\bar{I}_B - \bar{I}_A)\ \sqrt{([VV]_A + [VV]_B)/56} \qquad\qquad (附1-11)$$

式中:V 为各上、下丝读数间隔与平均值之差, mm;$[VV]_A$ 为 A 水准尺上 V 的平方和;$[VV]_B$ 为 B 水准尺上 V 的平方和。

m_K 应不大于 K 值的 0.3%,否则应重测。

此项检验范例见附表1-8 。

8. 水准仪调焦透镜运行误差的测定

1) 准备

选择一平坦场地,根据场地情况在一直线上或半径为 25 m 的半圆周上依次布设0、1、…、5 号点,打上尺桩,并使 0 号点到其余各点的距离分别如下:$D_1 = 5$ m,$D_2 = 10$ m, $D_3 = 20$ m,$D_4 = 30$ m,$D_5 = 40$ m,距离须用钢尺丈量。此项检验应选择在成像清晰稳定的时间进行。

2) 观测方法

每一安置仪器点,观测四测回。测回间应变换仪器基座180°及仪器高。每测回先测往测,后测返测,返测观测水准尺次序与往测次序相反。观测中均按基本分划读数。

采用直线法时,首先应分别在 0 号点到其他各点 i 的中点或中点一侧安置仪器,且使得设站点到 0 号点的距离等于到 i 号点的距离,然后按规定程序观测 0 号点和 i 号点上的水准尺读数。采用圆弧法时,在圆心安置仪器,按规定程序依次观测 0 到 5 号点上的水准尺读数。此时,两种方法每测回中均不得变动焦距。

最后置仪器于 0 号点,按规定程序观测 1 号点至 5 号点上的水准尺读数。

整个观测过程中,应采用单个水准尺。采用直线法在 0 号点立尺时,可用一根水准尺固定在 0 号点上,而用另一水准尺作移动尺立于 1~5 号点上。

附表 1-8 水准仪视距常数的测定

仪器:DS3   790501   日期:1989-08-21   温度:23.5 ℃

观测者: 记录者: 检查者:

测回	分划面	$D_A = 5.50$ m 上/下丝读数	$L_A = 上 - 下$		$D_B = 50.45$ m 上/下丝读数	$L_B = 上 - 下$	
1	基本	1 553 / 1 502	51		1 777 / 1 278	499	
	辅助	6 240 / 6 189	51		6 564 / 6 065	499	
2	基本	1 550 / 1 498	52		1 772 / 1 271	501	
	辅助	6 236 / 6 185	51	$\overline{L}_A = 51.0$ mm	6 559 / 6 058	501	$\overline{L}_B = 500.0$ mm
3	基本	1 548 / 1 497	51	$[VV]_A = 1.50$	1 773 / 1 273	500	$[VV]_B = 6.00$
	辅助	6 237 / 6 186	51		6 560 / 6 059	501	
4	基本	1 507 / 1 458	49		1 732 / 1 233	499	
	辅助	6 196 / 6 144	52		6 519 / 6 019	500	

$$K = \frac{D_B - D_A}{\overline{L}_B - \overline{L}_A} = 100.16 \qquad C = D_A - K\overline{L}_A = 0.37 \text{ m} \qquad m_K = \pm \frac{K}{\overline{L}_B - \overline{L}_A}\sqrt{\frac{[VV]_A + [VV]_B}{56}} = \pm 0.03$$

$$C = D_B - K\overline{L}_B = 0.37 \text{ m}$$

3)计算方法

0 号点与其他各点的高差如下

$$h_i = L_0 - L_i \qquad\qquad (附1-12)$$

式中:L_0 为对应于 L_i 的 0 号点各测回往返测读数平均值,mm;L_i 为对应 L_0 的 i 号点各测回往返读数平均值,mm。

在 0 号点观测 1~5 号点的视线高度为

$$H_i = M_i + h_i - 7.8 \times 10^{-5}D_i^2 \qquad\qquad (附1-13)$$

式中:M_i 为在 0 号点观测 1~5 号点的各测回往返水准尺读数平均值,mm;D_i 为 0 点到其他各点的距离,mm。

调焦运行误差为

$$V_i = \Delta_i + (23 - D_i)K \qquad\qquad (附1-14)$$

且 $\Delta_i = H_i - \sum H_i/5$,$K = \sum(D_i\Delta_i)/1\ 280$。

此项检验范例见附表1-9、附表1-10。

附表1-9　用于水准仪调焦透镜运行误差检验的标准高差的测定

仪器:Ni030　　　　No. 167518　　　　温度:20 ℃
日期:1990-04-16　　　　　　　　　　成像:清晰稳定
观测者:　　　　　　记录者:　　　　　　检查者:

测回		桩号									
		0	1	0	2	0	3	0	4	0	5
1	往	1 479	1 547	1 463	1 546	1 435	1 605	1 395	1 668	1 280	1 693
	返	1 479	1 547	1 462	1 545	1 434	1 604	1 394	1 668	1 279	1 693
2	往	1 491	1 557	1 471	1 554	1 446	1 616	1 395	1 669	1 290	1 705
	返	1 490	1 557	1 471	1 553	1 446	1 616	1 395	1 669	1 290	1 705
3	往	1 485	1 553	1 443	1 527	1 443	1 602	1 386	1 659	1 294	1 709
	返	1 485	1 554	1 443	1 527	1 443	1 602	1 386	1 659	1 293	1 709
4	往	1 473	1 539	1 450	1 533	1 441	1 611	1 392	1 665	1 301	1 716
	返	1 473	1 540	1 450	1 532	1 441	1 610	1 392	1 665	1 301	1 715
中数 L_i		1 481.9	1 549.2	1 456.6	1 539.6	1 438.6	1 608.2	1 391.9	1 665.2	1 291.0	1 705.6
$h_i = L_0 - L_i$ (mm)		−67.3		−83.0		−169.6		−273.3		−414.6	

附表1-10　水准仪调焦透镜运行误差的测定

仪器:Ni030　　　No. 167518　　　　温度:20 ℃
日期:1990-04-16　　　　　　　　　　成像:清晰稳定
观测者:　　　　　　记录者:　　　　　　检查者:

0 号点到其他各点的距离 D_i (m)		5	10	20	30	50
1	往	1 582	1 598	1 684	1 786	1 926
	返	1 582	1 598	1 683	1 787	1 925
2	往	1 590	1 606	1 692	1 793	1 933
	返	1 591	1 605	1 691	1 794	1 934
3	往	1 598	1 613	1 700	1 801	1 941
	返	1 598	1 613	1 699	1 801	1 941
4	往	1 575	1 591	1 678	1 778	1 918
	返	1 575	1 592	1 677	1 779	1 919
中数 M_i (mm)		1 586.4	1 602.0	1 688.0	1 789.9	1 929.6
h_i (mm)		−67.3	−83.0	−169.6	−273.3	−414.6
$-7.8 \times 10^{-5} D_i^2$		0	0	0	−0.1	−0.2
$H_i = M_i + h_i - 7.8 \times 10^{-5} D_i^2$		1 519.1	1 519.0	1 518.4	1 516.5	1 514.8
$\Delta_i = H_i - \dfrac{1}{5} \sum H_i$		+1.6	+1.5	+0.8	−1.1	−2.8
$V_i = \Delta_i + (23 - D_i) K$		−0.3	+0.1	+0.5	−0.4	+0.1

$$K = \frac{\sum (D_i \Delta_i)}{1\ 280} = -0.104\ 7$$

$$检核 \sum \Delta_i = \sum V_i = 0$$

9. 符合水准气泡交叉误差的检查和校正

符合水准气泡的交叉误差实际上就是管水准轴和望远镜视准轴沿垂面是否平行的检查与校正。

1）检查的方法

首先置水准仪于距水准尺约 50 m 处,使其一个脚螺旋位于望远镜至水准尺的直线上,其余两脚螺旋位于视线的两侧,使符合气泡精密的吻合,记录中丝在水准尺上的读数,然后将两侧脚螺旋向内或向外转动两周,使仪器向一侧倾斜,但保持水准尺的读数不变,此时气泡应保持吻合或离开若干距离;其次使仪器向另一侧倾斜,倾斜程度和上次同,中丝读数不变,观察气泡的变动情况。若仪器向两侧倾斜,气泡保持吻合或同向离开相同距离,则表示水准管位置正确,若气泡两端异向离开,则表示不正确,异向离开大于 1 mm 时,要进行改正。

2）校正方法

将水准管侧方之一的校正螺旋放松,另一侧的校正螺旋拧紧,使水准管横向移动,直至气泡两端恢复吻合。注意在此项校正后,两侧校正螺旋必须夹紧水准器框,不得使其有活动余地,其他类似校正亦须注意此点。

10. 水准仪 i 角的检校

水准仪 i 角的检验实际上就是符合水准管轴和望远镜视准轴水平面是否平行的检查和校正,通常有两种方法。

1）方法一

a. 准备

在一平坦场地上用钢卷尺依次量取一直线 I_1ABI_2、AI_1I_2B 或 AI_1BI_2,其中 I_1、I_2 为安置仪器处,A、B 为立水准尺处。在线段 I_1ABI_2 上使 $I_1A = BI_2$;在线段 AI_1I_2B 上使 $AI_1 = I_2B$;在线段 AI_1BI_2 上,使 $AI_1 = BI_2$。设 $D_1 = BI_2$,$D_2 = AI_2$,使近水准尺距离为 5 ~ 7 m,远水准尺距离为 40 ~ 50 m,分别在 A、B 处各打一尺桩。

b. 观测方法

在 I_1、I_2 处先后安置仪器,仔细整平仪器后,分别在 A、B 水准尺上各照准读数基本分划四次。对于双摆位自动安平水准仪,第 1、4 次置摆 I 位置,第 2、3 次置摆 II 位置。

c. 计算方法

i 角计算式如下

$$i = \Delta\rho/(D_1 - D_2) - 1.61 \times 10^{-5}(D_1 + D_2) \qquad （附1-15）$$

且

$$\Delta = \begin{cases} [(a_2 - b_2) - (a_1 - b_1)]/2 & （按 I_1ABI_2 \text{ 或 } AI_1I_2B \text{ 设站时}） \\ (a_2 - b_2) - (a_1 - b_1) & （按 AI_1BI_2 \text{ 设站时}） \end{cases}$$

式中:i 为 i 角值,($''$);ρ 为 206 265,($''$);a_2 为在 I_2 处观测 A 水准尺的读数平均值,mm;b_2 为在 I_2 处观测 B 水准尺的读数平均值,mm;a_1 为在 I_1 处观测 A 水准尺的读数平均值,mm;b_1 为在 I_1 处观测 B 水准尺的读数平均值,mm;D_1 为仪器距近水准尺距离,mm;D_2 为仪器距远水准尺距离,mm。

d. 校正

对于 i 角大于 15″的仪器必须进行校正。对于自动安平水准仪,应送有关修理部门进行校正。对于气泡式水准仪,按下述方法校正。

在 I_2 处,用倾斜螺旋将望远镜视线对准 A 水准尺上应有的正确读数 a_2',a_2'计算式如下

$$a_2' = a_2 - \Delta D_2/(D_2 - D_1) \tag{附 1-16}$$

然后校正水准器改正螺丝使气泡居中。校正后将仪器望远镜对准水准尺读数 b_2',b_2'应与式(附 1-17)计算结果一致,以此做检校。

$$b_2' = b_2 - \Delta D_1/(D_2 - D_1) \tag{附 1-17}$$

校正需反复进行,使 i 角合乎要求为止。

此项检验范例见附表 1-11 。

附表 1-11　水准仪 i 角检验记载表(方法一)

仪器:Ni007　　417184　　　　方法:I_1ABI_2　　　观测者:×××

日期:2008-12-13　　　　　水准尺:A:1945　　记录者:×××
　　　　　　　　　　　　　　　　　B:1951

时间:08:12　　　　　　　成像:清晰　　　　检查者:×××

仪器近距水准尺距离 $D_1 = 6.0$ m, 仪器远水准尺距离 $D_2 = 41$ m

仪器站	I_1		I_2	
观测次序	A 尺读数 a_1	B 尺读数 b_1	A 尺读数 a_2	B 尺读数 b_2
1	1 586	1 813	1 331	1 557
2	1 586	1 813	1 331	1 557
3	1 586	1 813	1 331	1 557
4	1 586	1 813	1 331	1 557
中数	1 586	1 813	1 331	1 557
高差$(a - b)$(mm)	-227		-226	

$$\Delta = [(a_2 - b_2) - (a_1 - b_1)]/2 = 0.50(\text{mm})$$

$$i = \Delta\rho''/(D_2 - D_1) - 1.61 \times 10^{-5}(D_1 + D_2) = 2.19''$$

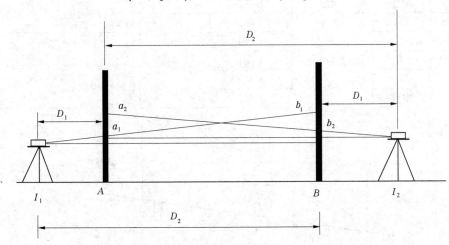

2)方法二

将仪器安置于 C_1，使仪器距 A、B 两水准尺等距（见附表 1-12 中 $l_A = l_B$），最好各为 40 m。用微倾螺旋使水泡符合时，在望远镜中定出两点的高差，然后将仪器放在两尺的外侧而靠近水准尺 B 的地方 C_2，B 距 C_2 2 m 左右，读得 b_2 作为正确数值，根据 A、B 两点高差，算出 a_2 应有的读数。若从镜中读得的数字与所算得的数字不符合，即说明视准线与水准管轴不平行，应予以改正。

改正方法为：用微倾螺旋升（或降），使视准线指在应有读数 a_2 上，则长水准器的水泡不在中央，可用校正针拨动校正螺钉，使水泡归正中央，此种校正手续须重复数次。

例如，a_2 应有读数的计算

$$a_1 = 2.423 \text{ m}$$
$$-)\quad b_1 = 0.936 \text{ m}$$
$$\overline{a_1 - b_1 = 1.487 \text{ m}}$$
$$+)\quad b_2 = 1.462 \text{ m}$$
$$\overline{\text{算得应有读数 } a_2 = 2.949 \text{ m}}$$

此项检验范例见附表 1-12。

附表 1-12　水准仪 i 角的检验（方法二）

仪器：　　　　　　　水准尺：　　　　　　观测者：

时间：　　　　　　　　　　　　　　　　　记录者：

日期：　　年　月　日　成像：　　　　　　检查者：

仪器站	观测次序	水准尺读数		高差 $a-b$ (mm)	i 角的计算
		A 尺读数 a	B 尺读数 b		
C_1	1	2 423	0935	1 487	C_2 至 A、B 水准尺距离 $L_A = 42.0$ m $L_B = 40.0$ m $L_A - L_B = 2.0$ m $\Delta = h' - h = 19.0$ mm $i'' = \Delta\rho''/(L_A - L_B)$ $\approx 10\Delta$ $= 190''$
	2	2 423	0936		
	3	2 422	0937		
	4	2 424	0936		
	中数	2 423	0936		
C_2	1		1 462	1 468	
	2		1 463		
	3	2 949	1 461		
	4		1 462		
	中数		1 462		

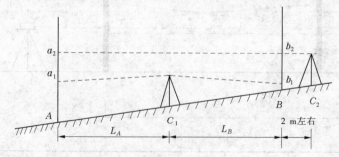

11. 双摆位自动安平水准仪摆差2c角的测定

1）准备

选择一平坦场地安置仪器，在距仪器20～40 m不同距离的A、B两处打两个尺桩。

2）观测方法

将仪器置平后，分别对准水准尺A、B，按如下步骤进行观测：

(1)用上、下丝照准水准尺基本分划进行视距读数。

(2)将仪器置摆Ⅰ位置，照准水准尺基本分划，读数5次；将仪器换摆Ⅱ位置，观测同摆Ⅰ。

3）计算方法

水准仪摆差2c计算式如下

$$2c = [(R_{ⅡA} - R_{ⅠA})/D_A + (R_{ⅡB} - R_{ⅠB})/D_B]\rho/2 \qquad (附1-18)$$

式中：$R_{ⅡA}$为摆Ⅱ位置时A水准尺读数平均值；$R_{ⅠA}$为摆Ⅰ位置时A水准尺读数平均值；$R_{ⅡB}$为摆Ⅱ位置时B水准尺读数平均值；$R_{ⅠB}$为摆Ⅰ位置时B水准尺读数平均值；D_A为仪器距A水准尺的距离；D_B为仪器距B水准尺的距离；ρ为206 265″。

式(附1-18)中$R_{ⅡA}$、$R_{ⅠA}$、$R_{ⅡB}$、$R_{ⅠB}$、D_A、D_B单位要求统一。

此项检验范例见附表1-13。

12. 水准仪测站高差观测中误差和竖轴误差的测定

1）准备

在一平坦场地分别打两个尺桩A、B，使A、B的距离D_{AB}为：对于三等水准，$D_{AB}=120$ m；对于四等水准，$D_{AB}=160$ m。在A、B连线的中点安置仪器。

附表1-13　自动安平水准仪2c值的测定

仪器：Ni002　　No.430271　　日期：1989-04-11　　时间：15：30　　温度：15.5 ℃

观测者：　　　　　　　记录者：　　　　　　　检查者：

水准尺位置	上、下丝读数 上－下加常数距离	摆Ⅰ位置 读数		摆Ⅱ位置 读数	
A	2 472	232	354	232	540
	2 175		346		554
	297		354		548
	8		354		542
	D_A：30.5 m		352		546
	中数	232	352	232	546
B	2 551	220	514	220	934
	1 859		528		920
	692		520		928
	8		534		940
	D_B：70.0 m		528		943
	中数	220	525	220	931
计算					
$2c = [(R_{ⅡA} - R_{ⅠA})/D_A + (R_{ⅡB} - R_{ⅠB})/D_B]\rho/2$ $= (1.94/30\ 500 + 4.06/70\ 000) \times 206\ 265″/2 = 12.5″$					

2)观测方法

此项检验分六组进行。每相邻两个观测组应在一个时间段内检验完毕。每组观测前,应将三个脚螺旋 i、j、k 置于一定的位置;第 Ⅰ、Ⅲ、Ⅴ 组,分别使两脚螺旋 ij、ik、ki 平行于 AB,第 Ⅱ、Ⅳ、Ⅵ 组分别在前一组脚螺旋的位置上旋转基座 180°。

每组观测 10 测回。测回间应变换仪器高。每测回应按相应等级测站上的水准测量限差和观测程序要求观测中丝读数,且奇数测回照准次序为 $ABBA$,偶数测回照准次序为 $BAAB$。

3)计算方法

测站观测中误差计算式为

$$m_h = \pm \sqrt{\sum [VV]/54} \qquad (\text{附 } 1\text{-}19)$$

式中:V 为每组观测高差平均值与测回观测高差之差,mm;$[VV]$ 为每组 V^2 之和;$\sum [VV]$ 为各组 $[VV]$ 之和;m_h 为测站观测中误差,mm。

竖轴误差计算式为

$$\Delta_i = (h_{2i-1} - h_{2i}) \qquad (\text{附 } 1\text{-}20)$$

式中:Δ_i 为基座三个位置上的竖轴误差,mm;h_{2i-1} 为奇数组的观测高差平均值,mm;h_{2i} 为偶数组的观测高差平均值,mm。

此项检验范例见附表 1-14。

附表 1-14　测站高差观测中误差和竖轴误差的测定

仪器:DS3　760302　　　　日期:1989-08-02　　　观测者:
水准尺:A 0321　B 0322　　时间:09:40　　　　　记录者:
成像:清晰　　　　　　　　温度:18.5 ℃　　　　　检查者:

第一组　$D = 120.0$ m

测回	水准尺	水准尺读数		基+K-辅	测回	水准尺	水准尺读数		基+K-辅
		基本分划	辅助分划				基本分划	辅助分划	
Ⅰ	A	1 603	6 291	−1	Ⅱ	A	1 615	6 303	−1
	B	1 468	6 254	+1		B	1 481	6 268	0
	$A-B$	135	037	−2		$A-B$	134	035	−1
	h	136.0				h	134.5		
Ⅲ	A	1 614	6 300	+1	Ⅳ	A	1 601	6 288	0
	B	1 479	6 266	0		B	1 466	6 254	−1
	$A-B$	135	034	+1		$A-B$	135	034	+1
	h	134.5				h	134.5		
Ⅴ	A	1 603	6 290	0	Ⅵ	A	1 605	6 291	+1
	B	1 469	6 255	+1		B	1 469	6 256	0
	$A-B$	134	035	−1		$A-B$	136	035	+1
	h	134.5				h	135.5		

第一组　　$D = 120.0$ m

测回	水准尺	水准尺读数		基 + K − 辅	测回	水准尺	水准尺读数		基 + K − 辅
		基本分划	辅助分划				基本分划	辅助分划	
VII	A	1 610	6 298	− 1	VIII	A	1 618	6 305	0
	B	1 474	6 262	− 1		B	1 483	6 271	− 1
	A − B	136	036	0		A − B	135	034	+ 1
	h	136. 0				h	134. 5		
IX	A	1 616	6 304	− 1	X	A	1 615	6 304	− 2
	B	1 482	6 268	+ 1		B	1 481	6 269	− 1
	A − B	134	036	− 2		A − B	134	035	− 1
	h	135. 0				h	134. 5		

$$h = 135.00 \text{ mm} \quad m_h = \pm \sqrt{\sum [VV]/54} = \pm 0.64 (\text{mm})$$

$$[VV] = 3.725 \quad \Delta_1 = (h_2 - h_1)/2 = (134.8 - 135.0)/2 = -0.10 (\text{mm})$$

$$\sum [VV] = 22.300 \quad \Delta_2 = (h_4 - h_3)/2 = (135.1 - 134.7)/2 = +0.20 (\text{mm})$$

$$\Delta_3 = (h_6 - h_5)/2 = (134.9 - 135.1)/2 = -0.10 (\text{mm})$$

13. 实测检查

领用的新仪器,经校正后,应实测一条 5 ~ 6 km 长的闭合环线对该仪器作出以下鉴定:

(1)闭合差是否符合要求。

(2)各种螺旋是否灵活,气泡是否正常。

(3)在迁运中,对水准仪调整状况的固定性如何,如望远镜对光是否变动等。

(三)经纬仪

1. 经纬仪的检视

(1)望远镜的轴承座及制动螺旋的支叉、物镜中的透镜及测微器等关节部分必须固定稳妥。

(2)望远镜目镜管的移动必须平稳,不得倾斜动摇。

(3)照准部转动时,外壳不应触及度盘边缘,照准部不应带动度盘。

(4)水平螺旋转动时应平稳轻巧,微动螺旋转动时不得压紧及有侧向压力。

(5)望远镜绕水平轴旋转时,应充分轻巧与平稳,不得使其受压力。

(6)照准部与度盘垂直轴旋转时,应充分轻巧与灵活。

(7)所有校正螺旋及制动螺旋,均须能保持正常性能。

(8)水准器玻璃管必须固定在框中,水准器空气室的效力应当正确。

(9)水平度盘、垂直度盘及测微器分划必须正确明晰。

(10)竖轴轴承架、度盘及游标上,不应有伤痕及氧化斑迹。

(11)装箱时仪器应放在正确位置上,其附件及备件应齐全无缺。

（12）三脚架各固定螺旋，不得有滑丝现象，每个脚的铁尖头不得活动。

2. 经纬仪各轴线之间的关系

经纬仪各轴线之间的关系见附图1-1。

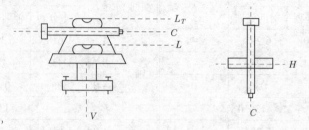

附图 1-1

附图 1-1 中：竖轴 V 为上盘内轴中线所示的方向，水准轴 L 为上盘水准器所示的方向，照准轴 C 为望远镜十字丝中心与物镜中心的连线方向（亦称为视线方向），望远镜水准轴 L_T 为望远镜水准器所示的方向，水平轴 H 为望远镜正倒镜时所旋转的轴线方向。

各轴线正常关系为：

（1）$L \perp V$，用水准器校正螺旋，校正水准器气泡在上盘的位置。

（2）$C \perp H$，用望远镜十字丝校正螺旋，校正其左右位置。

（3）$H \perp V$，用水平轴支架上的校正螺旋，校正水平轴的倾斜度。

（4）$L_T \perp C$，用望远镜水准器校正螺旋校正。

3. 安平水准器的校正

（1）安平水准器的校正目的是将安平水准轴线垂直于竖轴（$L \perp V$）。

（2）检查方法：整置经纬仪，再转动仪器，使安平水准器与两水平螺旋平行（三只水平螺旋），让气泡居中，然后旋转180°，气泡依然居中，说明水准轴垂直于竖轴。若气泡有偏离，则说明水准轴不垂直于竖轴，应进行改正。

（3）改正的方法：拨正水准一端的校正螺旋，使气泡向中心移动偏差距离的1/2，其余的1/2用水平螺旋调整居中。如此操作，重复数次直至完善。

若经纬仪上具有两支安平水准管，彼此互相垂直时，只要先校正好一支，便可利用此支水准安平仪器，此时竖轴轴线已经垂直。若另一支水准气泡不居中，可以以水准校正螺旋改正，不需再用水平螺旋改正。

4. 照准轴必须垂直于水平轴（$C \perp H$）的检验和校正

照准轴不垂直于水平轴所发生的两倍照准差（$2c$）的允许数值如下：威尔特 T2 型 $2c \leqslant 20''$，威尔特 T1 型 $2c \leqslant 40''$。

在未进行照准轴必须垂直水平轴（$C \perp H$）检验和校正以前，应先进行纵丝是否垂直及横丝位置在光心的检验和校正。

1）纵丝垂直的检验和校正

纵丝垂直的检验方法有两种：

（1）将仪器整治水平后，在无风的情况下，于望远镜 20 ~ 50 m 处悬一垂球，使其沉入盛水的桶中，静止后用望远镜纵丝照准悬挂垂球的直线，以检验其是否处处密合，若不密合，须要进行校正。

（2）旋转望远镜，以纵丝的一端照准高处一显著的目标（如塔尖等），然后徐徐俯（或仰）视，倘若照准点离开纵丝即认为纵丝不垂直，应进行校正。

校正纵丝垂直的方法有：松开十字丝环上的四个螺丝，握紧螺丝顶头旋转交合环，直至纵丝垂直。

2）横丝位置的检验和校正

检验的方法：在进行检验校正水准轴垂直于竖轴之后，于望远镜附近20～50 m处打一木桩（或地钉），竖立水准尺，使经纬仪视线大致与地面相平行，读取水准尺读数并记录，固定望远镜，再读取100～150 m处竖立于木桩（或地钉）上的水准尺读数，并记录下来。纵转望远镜，旋动水平度盘，照准近尺第一次读数的分划处，固定望远镜，再读远尺读数。若与第一次读数不同，则说明十字丝的横丝位置不在光心移动的平面内，应进行校正。

校正的方法：打开目镜上十字丝校正螺旋的护盖，用十字丝上下校正螺旋，将十字丝移动至两次读数的中数位置（中数是远尺第一次与第二次读数的平均值）。以上校正，须反复进行数次，使远尺第一次读数与第二次读数相同为止。

3）十字丝纵丝位置的检验和校正

检验的方法：检验校正十字丝的横丝位置后，使仪器仍保持水准轴垂直于竖轴的位置，以望远镜照准远距离，并照准与仪器同高（即竖直角大致为零）的明显细致的目标 A_1，读取水平度盘和测微器读数，纵转望远镜，旋转上盘（下盘仍然固定）照准原目标 A_1，读取水平度盘及测微器读数。正倒镜两次读数之差（减去正倒镜之差180°）即为两倍照准差。

$$2c = L - (R \pm 180°)$$

式中：$2c$ 为两倍照准差；L 为盘左（倒镜）读数；R 为盘右（正镜）读数。

通过计算，若两倍差超过规定范围，需要进行校正。

校正的方法：以微动螺旋移动望远镜至度盘正倒镜两次读数的中数处（但必须除掉固定差180°），用十字丝左右校正螺旋，将十字丝移动至原照准目标 A_1。

以上校正，须反复进行数次，直至两倍照准差不超出规定范围（见附图1-2）。

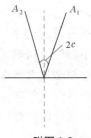

附图1-2

5. 水平轴必须垂直于垂直轴（$H \perp V$）的检验和校正

水平轴必须垂直于垂直轴，其最大倾斜角不得超过下列规定：威尔特 T2 型经纬仪不得大于15″，威尔特 T1 型经纬仪不得大于20″。

1）检验方法

用水平角的倾斜角来检验：以望远镜（正镜）照准极高的一点，读取水平度盘及测微器读数，并测出其竖直角。纵转望远镜，照准目标，再读取水平度盘及测微器读数，并测出其竖直角，即可以下式计算出水平角的倾斜角度。

$$i'' = \frac{1}{2}\left[(R \pm 180°) - L\right]\tan h - \frac{c}{\sin h}$$

式中：L 为盘左读数；R 为盘右读数；h 为竖直角；i 为水平角的倾斜角；c 为两倍照准差中的 $2c$ 的 c 值。

若水平角的倾斜角超过规定范围,应进行校正。

2)一般检验方法

将望远镜照准极高一点 A,固定上下水平度盘,将望远镜俯下,在距仪器 150~300 m 处,设立一点 B 于地面上。纵转望远镜松上盘(或下盘)回转照准部,再照准 A 点;固定度盘,用相同方法在地面定一点 C,倘若 B、C 两点不重合,即说明水平轴不垂直于垂直轴,应进行校正。

3)校正方法

量取 BC 的中点 D,旋转微动螺旋,使望远镜照准 D 点,将望远镜仰视 A 点(不对中),然后用支架校正螺旋,使水平轴的一端上升(或下降),直至望远镜的十字丝中心与 A 点密切重合。

以上校正,须反复进行数次,直至 B、C 两点重合(见附图1-3)。

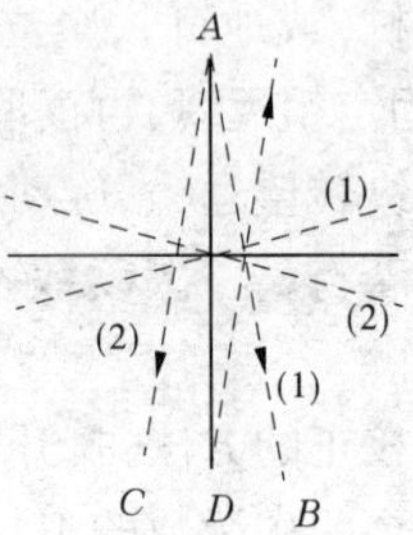

6. 垂直度盘指标差的检验和校正

经过以上各项检验校正后,仪器仍须保持水平状态,继续进行垂直指标差的检验。

附图1-3

1)检验方法

用望远镜照准较远的一明显目标点,用正、倒镜各观测一次,读记其竖直角读数(读数时,须注意竖直度盘水准气泡在中央水平位置),其正、倒镜读数之差(但应减去其竖直度盘刻划的度数差数),即为竖直度盘的指标差,其规定的允许范围为威尔特 T2 型经纬仪不得大于 ±20″,威尔特 T1 型经纬仪不得大于 ±40″。

2)校正方法

将望远镜仍照准原目标不动,转动竖直度盘水准器微动螺旋,使竖直度盘读数为正、倒镜两次读数的中数位置值,这时水准气泡已不在水准器的中央位置,用竖直度盘水准器校正螺旋,校正水准气泡至中央位置。以上校正,须反复进行数次,直至正、倒镜读数差为零或不超过上列规定范围。

7. 望远镜上水准器的检验和校正

经过以上各项检验和校正之后,仪器各主要轴线已达到 $L \perp V$、$C \perp H$、$H \perp V$ 的要求,十字丝横丝的位置也处于光心的移动平面内,故当竖直度盘读数为0°时(但有些仪器刻划指天顶时为0°,当水平时为90°),照准轴与垂直轴平行($L_T /\!/ C$)。其检验的方法:将竖直度盘读数置于0°,若水准气泡不居中,可用望远镜上水准校正螺旋移水准气泡位于中央即可。

但当利用经纬仪作水准测量时,望远镜上的水准器应用木桩法进行检验和校正,务使水准气泡严格平行于照准轴。

8. 光学测微器隙动差的检验

光学测微器允许隙动差为:威尔特 T2 型经纬仪不得大于 2.0″,威尔特 T1 型经纬仪不得大于 6.0″。

测定方法:将照准部按相差 120°的位置依次进行,每一位置在测微器上分成若干均匀的位置测定。先将水平度盘及测微器置于预计好的位置,用水平微动螺旋使度盘分划线重合后,将测微器稍微旋出,然后用旋进方向使度盘分划精密重合,并读出水平角读数;依照上法,连续用旋进方向读定三次,取其平均读数,作为旋进读数;再将测微器旋进稍许,然后用旋出方向使度盘精密重合,测出读数。如此进行三次,取其平均数作为旋出读数。

旋进读数减旋出读数,即为此一位置的隙动差。各位置隙动差的平均数,即为所求测微器平均值的隙动差。

9.水平度盘光学测微器差的检验和校正

水平度盘光学测微器差的允许值为:威尔特 T2 型经纬仪不得大于 1.0″,威尔特 T1 型经纬仪不得大于 6.0″。超过此限度时,须改正观测读数,即测微器的读数改正观测值。如测微器差超过此限度过大,则须交厂进行修理改正。

水平度盘光学测微器差的测定前准备如下:测定时,应注意两个度盘照明的影响,必须明亮而均匀,最好用电光照明,度盘和测微器的分划线,以及指标的影响必须清晰而没有视差,旋转测微器使度盘分划重合时,必须向顺时针方向旋转。

水平度盘光学测微器差的测定方法为:将测微器读数置于零,旋转照准部的微动螺旋,使度盘上、下分划线对准,然后旋转测微鼓使与相邻的一对分划线相重合,读出测微器读数,则测微器的总分划值与测微器读数相减,即得测微器差。设测微器差为 r,测微器读数为 n,则威尔特 T2 型经纬仪 $r'' = 600'' - n''$,威尔特 T1 型经纬仪 $r'' = 60' - n''$。

在测定测微器差时,在水平度盘上每隔 30° 的不同部分做检验,得出其平均结果,即为测微器差。

当测微器差超过规定时,改正观测读数,其改正方法如下:设 r 为测定测微器差的平均结果,a 为观测时测微器读数,Δa 为观测读数的改正数,则改正公式为:

威尔特 T2 型经纬仪　　$\Delta a'' = \dfrac{r}{600} a''$

威尔特 T1 型经纬仪　　$\Delta a' = \dfrac{1}{60} a'$

为简便起见,观测人员在求出测微器差的平均值后,可制作一改正表。例如,威尔特 T2 型经纬仪测微器差 $r = 5.6''$,则测微器差改正数如附表 1-15 所示。

附表 1-15　测微器差改正数

测微器读数（′）	1	2	3	4	5	6	7	8	9	10
测微器差改正值 Δa（″）	0.6	1.1	1.7	2.2	2.8	3.4	3.9	4.5	5.0	5.6

计算时,观测人员应根据测微器读数,由附表 1-1 中查出改正数,以改正观测读数。

关于其他经纬仪的检验和校正,可参照上述方法进行,并须检验其度盘是否发生偏心差及刻划不均匀等误差,均须记录,以便在计算时改正其观测成果。

(四)六分仪

1. 六分仪的检视

(1)检视望远镜、指镜、地平镜等主要部分是否洁净无疵,反射镜背面水银有无脱落的现象。

(2)架身、指臂微动盘、松紧夹等部件均应完整无损,旋转灵活,不可过紧或过松。度盘、微动盘游标刻划均应清晰准确。

(3)根据说明书检查其他附件及备用的零件是否齐全。

2. 指镜的校正(垂直差)

指镜是直立在指臂旋转轴上的反光镜,校正的目的在于使指镜与刻度圈平面相垂直。当仪器出厂时,指镜均经严格校正,但已使用一段时间或经受剧烈振动后,指镜可能不垂直于刻度圈的平面,即须检查校正。检查方法:将游尺放在刻度圈的中央附近(约35°),然后将指臂轴一端向胸,上举六分仪与目齐平,检查在指镜的一侧斜视镜内和镜外刻度圈是否吻合平顺,若吻合平顺,即认为指镜垂直于刻度圈。若镜内刻度圈高于真刻度圈,则指镜向前倾斜;若镜内刻度圈低于真刻度圈,则指镜向后倾斜,不论指镜向前或向后倾斜,均须校正。可把指镜与指臂连接的三个螺丝旋松,填入薄薄的铜片,用此方法一直进行到反射刻度圈与真刻度圈在同一弧线上。

3. 地平镜垂直仪面的校正

地平镜垂直仪面校正的目的是使地平镜垂直于六分仪面。检查方法:使仪器保持水平,游尺放在0°0′上,然后从望远镜中观看远距的明显目标。如影像和真像重合,则无须校正;若影像和真像不重合,则需要校正。若影像高于真像,说明地平镜向后方倾斜;若影像低于真像,说明地平镜向前方倾斜。不论地平镜向前或向后倾斜,均可用镜后调整螺丝来调整,直至使影像和真像一样高。

4. 地平镜平行指镜的校正(器差)

地平镜平行指镜校正的目的是使地平镜与指镜相互平行。检查方法:把游尺放在0°0′,然后从望远镜中观看远距离的明显目标。如影像和真像相重合,则说明地平镜平行于指镜,不须校正;若影像和真像左右偏离,说明两镜不相平行,可用地平镜后面左下方的校正螺丝进行调整,直至两像相重合。在个别情况下,用校正螺丝不能调整到两像相重合时,则应尽量使两像接近,再用指臂微分鼓转动指臂,使两像相重合。此时游尺不为0°0′,其读数为"±仪器差"。观测的角度应用"±仪器差"进行改正。

附注:地平镜后面仅有一个调动螺丝时,只做地平镜平行于指镜的校正,而不作地平镜垂直于仪面的校正。

附录二　仪器的操作

一、DS3 微倾式水准仪的使用

(一)安置水准仪

首先,松开三脚架腿上的蝶形螺旋,根据观测者的身高或地理位置,调节架腿的长度,拧紧蝶形螺旋。其次,张开三脚架,把水准仪从箱中取出,并记住仪器在箱中的位置,将仪器安放在架头上,旋紧中心连接螺旋,使仪器在架头上边连接牢固。调节仪器的各螺旋至适中位置,以便螺旋能向两个方向转动,使一条架腿放在稳固地面,用两手分别握住另外两条架腿,调整架腿的位置大致成等边三角形,并目估架头大致水平。最后,将三脚架腿踩紧,即可开始下一步的工作。但在倾斜地面安置仪器时,应将一条架腿安置在倾斜面上方,另外两条架腿安置在倾斜面下方,这样仪器才比较稳固。

(二)粗略整平

粗略整平是调节脚螺旋使圆水准气泡居中,仪器的竖轴处于铅垂状态。如附图 2-1(a)所示,当气泡中心偏离零点,位于 m 点时,先相对旋转 1、2 两个脚螺旋,使气泡沿 1、2 脚螺旋连线的平行方向移至 n 点,如附图 2-1(b)所示,气泡移动的方向与左手大拇指移动的方向一致,然后转动脚螺旋 3,使气泡从 n 点移至分划圈的中央,如附图 2-1(c)所示。此项工作须反复进行,直到在任何位置圆气泡均居中。

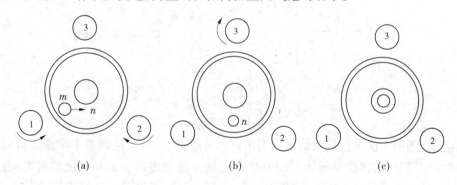

(a)　　　　　　(b)　　　　　　(c)

附图 2-1

(三)瞄准目标

1. 目镜对光

将望远镜对向明亮背景,转动目镜对光螺旋,使十字丝清晰。

2. 粗略瞄准

松开水平制动螺旋,利用望远镜上面的粗瞄器(准星和照门)瞄准水准尺后,立即用制动螺旋将仪器制动。

3. 物镜对光和精确瞄准

从望远镜内观察,如果目标不清晰,则作物镜对光,看清楚水准尺的影像后,再转动微动螺旋使水准尺影像位于十字丝竖丝附近,如附图 2-2 所示。

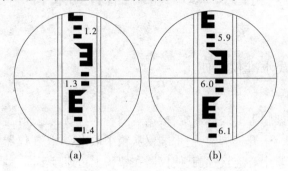

附图 2-2

4. 消除视差

当望远镜精确瞄准目标后,眼睛在目镜端上下做微小移动时,若发现十字丝和目标影像有相对运动,即读数发生变化,这种现象叫视差。

视差产生的原因是目标通过物镜所成的像与十字丝分划板不重合,如附图 2-3(a)、(b)所示。只有当人眼位于中间位置时,十字丝中心交点 o 与目标的像 a 点重合,读数才保持不变;否则,随着眼睛的上下移动,十字丝中心交点 o 分别与目标的像 b 点和 c 点重合,使水准尺上的读数为一不确定数。测量作业中是不允许存在视差的。

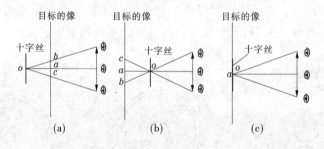

附图 2-3

消除视差的方法是控制眼睛本身不作调焦的前提下(即无论调节十字丝或目标影像都不要使眼睛紧张,保持眼睛处于松弛状态),反复仔细进行物镜和目镜的对光,直到眼睛在目镜端上下做微小移动时,读数不发生明显的变化,如附图 2-3(c)中的情形。

(四)精确整平(精平)

在每次读数之前,都应转动微倾螺旋使水准管气泡居中,即符合水准器的两端气泡影像对齐,只有当气泡已经稳定不动而又居中时,视线才是水平的。

(五)读数

仪器精确整平后,即可在水准尺上读数。读数前先认清水准尺的注记特征,按由小到大的方向,读出米、分米、厘米,并仔细估读毫米数。读数时应特别注意单位,四位数应齐全,加小数点则以米为单位,不加小数点则以毫米为单位。如附图 2-2(a)、(b)中的读数分别为 1.274 和 5.958。

精平与读数是两个不同的操作步骤,但在水准测量中,两者是紧密相连的,只有精平后才能读数,读数后,应及时检查精平。只有这样才能准确地读得视准轴水平时的尺上读数。

二、光学经纬仪的使用

(一)对中

对中是为了使仪器中心与测站的标志中心位于同一铅垂线上。对中分垂球对中和光学对中两种方式。

1. 垂球对中

对中时,先将三脚架打开,并架设在测站上。通过调整架腿使高度适中,架头大致水平,其中心大致对准测站标志。踩紧三脚架,在架头上安置仪器并旋紧中心螺旋。挂上垂球后,若垂球尖偏离目标,可将中心螺旋稍松,在架头上平移经纬仪直至垂球尖对准测站目标中心,再将其旋紧。如果垂球尖偏离中心太远,则可调整一条或两条架腿的位置,注意中心螺旋一定要紧固,防止摔坏仪器。

2. 光学对中

光学对中现已广泛采用。光学对中器安装在照准部或基座上,经过检修后的仪器,光学对中器的光轴应与竖轴同轴。只有当竖轴铅垂时,光学对中器的光轴才是铅垂的,所以用光学对中器对中时,首先要将仪器概略整平,然后旋转光学对中器目镜,使分划板清晰后再调焦,并将仪器在脚架顶上平移,使分划板中心与测站标志中心重合,再精确整平,并平移仪器头,如此反复2~3次,最后旋紧中心螺旋。

(二)整平

整平的目的是使水平度盘水平,它是通过调整脚螺旋使照准部上的水准管气泡居中实现的。整平时,先旋转照准部,使水准管气泡与任意两个脚螺旋平行,如附图2-4(a)所示,同时相向旋转此两脚螺旋,使气泡居中,再将照准部旋转90°,如附图2-4(b)所示,旋转另外一个脚螺旋,使水准管气泡同样居中,再将仪器旋转回原位置,检查气泡是否还居中,若有偏离,再旋转相应的脚螺旋,反复进行,直至照准部旋转到任一位置时,气泡都居中。

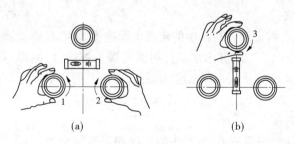

(a)　　　　　　　　(b)

附图2-4

在整平过程中,光学对中器会因脚螺旋位置的变化而偏离中心,所以整平与对中应交替进行,直至二者均合乎标准。整平误差应控制在一格之内,即不大于一个水准管格值。

（三）瞄准

首先，松开望远镜制动螺旋，将望远镜指向天空或在物镜前放置一张白纸，旋转目镜，使十字丝分划板成像清晰；其次，用望远镜上的粗瞄装置找到目标，再旋转调焦螺旋，使被测目标影像清晰；最后，旋紧照准部制动螺旋，并旋转水平微动螺旋，精确对准目标，使目标位于十字丝分划板中心或与竖丝重合。瞄准时应尽量对准目标底部，以防止由于目标倾斜而带来的瞄准误差。

（四）读数

先将采光镜张开成适当角度，调节镜面朝向光源并照亮读数窗。调节读数显微镜的对光螺旋，使度盘和测微尺影像清晰，然后按测微装置类型和前述的读数方法读数。

有时在测水平角时，需将某个目标的读数配置成某一指定值，这项工作叫做配置度盘。例如，将第一个目标的水平度盘读数配置成0°00′00″，由于仪器构造不同，配置度盘的方法有如下两种：

（1）采用复测器扳手。将扳手扳上，旋转照准部，当读数为0°00′00″时将扳手扳下，然后去瞄准第一个目标，再把扳手扳上。

（2）采用拨盘手轮。先瞄准好第一个目标，打开拨盘手轮护盖，转动手轮使读数变为0°00′00″，再盖上护盖。

三、测深仪的操作使用

（一）回声测深仪概述

海洋声学仪器发展至今，出现了突飞猛进的技术飞跃，国际上推出许多先进的海洋声学设备，如多波束海底成像系统、侧扫声纳、浅层剖面仪、水下声标应答器等，而测深仪只是声学仪器家族中最常用的一种设备。目前，黄河下游河道和河口附近海域测验的测深多用的测深仪有HD－13型、HD－28T型以及美国Bathg－500MF型数字回声测深仪，这些测深仪还是采用机械记录针式或热敏记录方式。HD－28T型和美国Bathg－500MF型增添了数字测深功能，并能与计算机直接相连，实现了测点采集数据的自动控制，而HD－28型测深仪则内置了Windows XP系统，可以直接与GPS相连，实现了测点平面位置和水深的同时自动采集。

1.回声测深原理

如附图2-5所示，假设声波在水中的传播水面速度为V，在换能器探头加窄脉冲声波信号，声波经探头发射到水底，并由水底反射回到探头被接收，测得声波信号往返行程所经历的时间为t，则Z就是从探头到水底的深度，再加上探头吃水就是水深了。

$$Z = Vt/2$$

2.水底信号识别技术

虽然回声测深的原理很简单，但水中的情况却是很复杂的，有干扰回波、有鱼群出没或杂物的回波，水底的反射条件各不相同，在浅水区还有可能出现二次、三次回波。如何从众多的杂波中跟踪到真正的水底回波信号，需要采用相关的技术。

1）水底门跟踪技术（也叫时间门跟踪技术）

如附图2-6所示，由于水底的变化是比较平缓的，两次测深之间（约0.1 s），水深变化

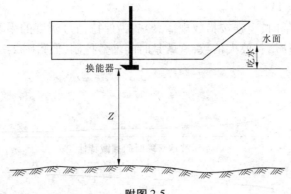

附图 2-5

不会太大,假定二次深度的变化量为 ±10%,则就在上次正确回波时刻前 10% Z 到后 10% Z 开一道时间门,只有在时间门内的回波才认为是正确的回波,这 ±10% Z 就叫时间门宽度。一旦时间门内没有回波,就逐渐扩大时间门直至全程搜索回波,直到重新捕获正确的回波。

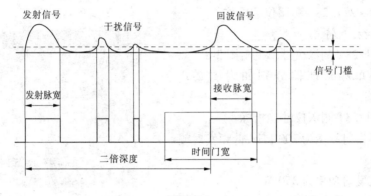

附图 2-6

2)脉宽选择

对于大多数情况来说,水底面的回波脉冲宽度是最大的,而干扰信号和二次回波的脉冲宽度相对要小,脉宽选择就是识别最大脉冲宽度的脉冲作为正确回波信号,当然还要配合时间门一起来识别。

3)信号门槛

如果测区或环境有较多的干扰,则可以把信号门槛设置增大,如附图 2-6 中,把信号门槛提高就可以把干扰信号滤除掉。但是信号门槛也不能过大,过大有可能把较弱的回波信号也滤除掉,不同的门槛会在一定程度上影响测深精度,所以适当地选取合适的信号门槛对于抑制干扰、稳定跟踪有好处。

4)自动增益控制

自动增益控制技术的依据是测量回波脉冲的信号强度。回波信号过强时,自动控制接收放大电路降低增益,以防止干扰信号过多;当回波信号幅度过小时,自动控制接收放大电路提高增益,以接收回波。自动增益范围的大小是衡量接收通道性能的关键,中海达测深仪接收增益控制范围为 90 Db,可以使用自动增益或手动增益。

5)间增益控制(TVG)

声波在水中传播时,声强按指数规律衰减,为保持信号幅度的平稳,TVG 将控制接收放大器按相反的规律增长放大倍数,这就是时间增益控制,如附图 2-7 所示。

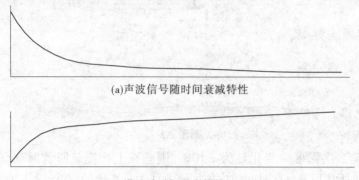

(a)声波信号随时间衰减特性

(b)增益随时间增大特性(TVG)

附图 2-7

(二) HD – 27T/28T 测深仪的操作

1.性能指标及特点

HD – 27T/28T 测深仪外形见附图 2-8。双频换能器和单频换能器分别如附图 2-9、附图 2-10 所示。

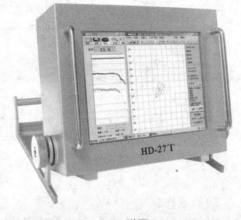

HD – 27T/28T 测深仪性能指标:

(1)高频发射频率为 200 kHz,低频发射频率为 20 kHz。

(2)最大发射功率为 350 W。

(3)测深范围:高频为 0.3 ~ 600 m,低频为 1.0 ~ 3 000 m。

(4)测深精度:高频精度为 ± 2 cm + 0.1%,低频精度为 ±5 cm +0.1%。

附图 2-8

附图 2-9

附图 2-10

(5)吃水调整范围为 0.0 ~ 9.0 m。

(6)声速调整范围为 1 300 ~ 1 700 m/s。

（7）CPU 主频 500 MHz，工业嵌入式 DRR2 400 512M。

（8）镶入式工业控制 Windows XP 操作平台。

（9）亮度 12 寸液晶显示屏，分辨率 800×600。

（10）串口数据输出，仿真多种数据格式，波特率 2 400～115 200 可调。

（11）电阻式触摸屏。

（12）外接端口：鼠标、键盘、打印口、两个 RS－232 串口、两个 USB 口、外接分显示器接口。

（13）内置一个 1 GB 工业电子盘存储器，内置一个 2 GB 海量工业 CF 卡存储器。

（14）供电电源：直流 12 V 或交流 220 V，功耗 20 W。

（15）环境：工作温度－30～60 ℃，防水。

（16）尺寸：34 cm×30 cm×15 cm，质量为 9 kg。

HD－27T/28T 测深仪的特点：

（1）高速 A/D 转换，采样速率为 153 600 次/s，瀑布式显示。

（2）数字化图像处理技术，瀑布式图像显示及记录，并可回放及打印。

（3）自动增益控制及时间增益控制（TVG）。

（4）水底门跟踪技术和脉宽选择技术的完美结合。

（5）内镶测深和测量一体化软件，可省去购买一台计算机和一套海洋测量软件。

（6）电阻式触摸屏，用手指即可操作。

2．配置

测深仪的配置见附表 2-1。

附表 2-1　测深仪的配置

名称	型号	数量	说明
主机	HD－27T/28T	1	
高频换能器（HD－27T）	DS－200	1	200 kHz
双频换能器（HD－28T）	DS－300	1	200 kHz，20 kHz
换能器安装杆	TD－27T	1	两段分节
直流电源线	PW－5	1	
交流电源线	PW－6	1	
手动打标线	MK－2	1	用于手动按钮打标
鼠标键盘中转线	MKY－2	1	
外接键盘	不定	1	
外接鼠标	不定	1	
数据电缆	RS－9	2	外接串口连接线
U 盘	不定	1	存取数据用
铝合金箱	LH－17	1	主机携带箱

3. 安装连接图

换能器安装见附图 2-11。换能器与固定杆的安装见附图 2-12。

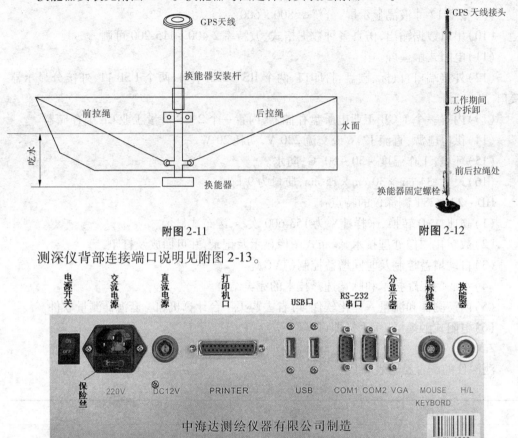

附图 2-11   附图 2-12

测深仪背部连接端口说明见附图 2-13。

附图 2-13

触摸屏的操作要领:尽量使用不带指甲的手指进行触摸,谨防刮伤触摸屏造成阻值异常而无法正常操作。

4. 测深主界面

连接安装完毕后,连接上电源(直流电或交流电都可),打开主机背面的开关,系统开始启动,启动完毕后自动进入测深软件界面,附图 2-14 为单频测深时的界面,附图 2-15 为双频测深时的界面。

1) 回声图像显示区

瀑布式回声图像显示从上到下信号线分别为:零米线、发射线(即吃水线)、回波线。定标时显示一条打标线及打印注记内容,由外部命令控制打标时,注记内容由外部软件提供,其他打标方式时,只打印连续点号和定标时间。

2) 深度表尺

显示对应挡位的深度刻度,挡位分为下列几挡:1 挡,0~10 m;2 挡,0~20 m;3 挡,0~40 m;4 挡,0~80 m;5 挡,0~160 m;6 挡,0~320 m;7 挡,0~640 m。

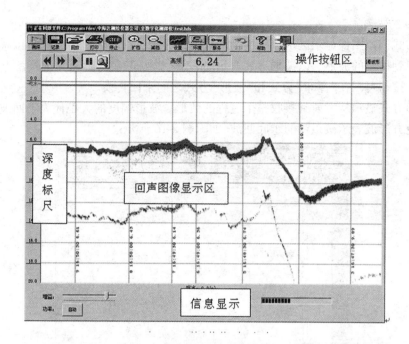

附图 2-14

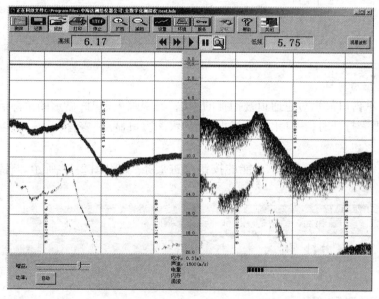

附图 2-15

当设置为"自动换挡"但不打开"允许平移",水深大于现挡位的90%时,自动扩大到下一挡位,当水深小于现挡位的30%时,自动缩小到上一挡位。当设置为"自动换挡"并且打开"允许平移",水深超出现挡位底端时,向上平移换挡,当现挡位被移动四次后,自动转入下一个倍乘挡位。

当使用"手动换挡"时,如果回波不超出显示范围的50%,也不会造成回波信号丢失,只是看不到显示。如果回波超出显示范围的50%,将可能造成回波信号丢失。

3）回波波形显示

瀑布式回声图像显示区可以转换为回波波形显示，就像示波器一样，可以很清楚地看到从发射到接收的波形。以波形方式显示时，不会影响正常的测深和记录。点击窗口右上角的小按钮可以在"瀑布"方式和"波形"方式之间来回转换。

波形方式显示从发射到接收整个过程的波形。波形幅度的大小代表了回波信号的强弱。红色方形波表示被跟踪的水底回波，如附图 2-16 所示。

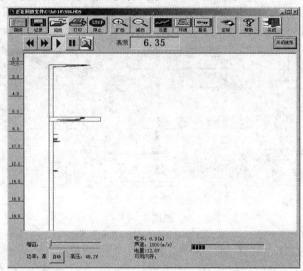

附图 2-16

4）水深显示窗口

水深显示窗口显示对应通道被捕捉的水深，当跟踪失败时，显示的水深后面有个"？"号，当浅水报警打开时，一旦水深小于报警值，水深窗口显示"警告"。

5）操作按钮区

操作按钮区显示所有操作功能的按钮及进展条，如附图 2-17 所示。各项功能说明如下。

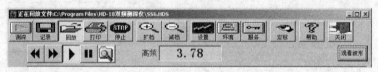

附图 2-17

测深：开始测深，但不记录。

记录：开始测深，并记录，将提示你给定一个文件名，系统将根据日期自动给你一个唯一的名字。

回放：回放曾经记录的测深文件，犹如查看记录纸，并可以快进、快倒、暂停及搜索查找。

打印：把曾经记录的测深文件打印到外接热敏打印机或喷墨打印机上。

停止：停止测深，并停止声波发射，不工作时可以省电。

扩挡:手动扩大显示测深范围。

缩挡:手动缩小显示测深范围。

设置:设置测深要素。

环境:修改工作方式、端口输出格式等。

服务:产品注册及升级固件等。

定标:手动定标(在手动定标方式时才有效)。

关闭:关闭测深软件,回到系统桌面。

6)信息显示区

信息显示区显示当前的吃水、声速、涌浪、增益、发射功率、电池电压及能量高压,增益滚动条用于指示增益位置和手动调整增益,当增益为自动方式时,调整将受到自动控制的约束。发射功率调整按钮用来改变功率挡位,可以在"自动"、"高"、"中"、"低"之间切换。当电池电压小于 11 V 时,出现欠压警告,则需要考虑更换电池或对电池进行充电。高压是由主机内自动产生的,高压的数值随挡位、功率的不同而不同,范围为 60~130 V,如附图 2-18 所示。

附图 2-18

可用内存显示当前还能记录数据的空间,当空间小于 50 MB 时会自动报警,此时需将已测量的数据传出并删除,留出空间记录新的采集数据。

5. 参数及环境设置

按"设置"按钮出现修改参数设置对话框,如附图 2-19 所示。各项参数的说明如下所述。

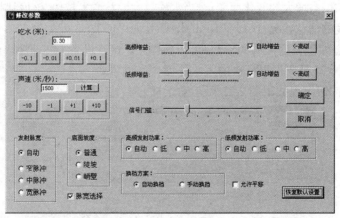

附图 2-19

吃水:0~9.9 m。

声速:1 300 ~ 1 700 m/s,对于浅水测量时可以简便使用单一声速来校准,根据比对水深、温度或盐度计算声速(见附图 2-20),严密的测量方法要根据有关测量规范的要求进行。

发射脉宽:用于控制发射脉冲的宽度,"自动"时将根据不同挡位使用不同的发射脉宽。

底面坡度:选择用来控制时间门。"普通"的时间门宽度为深度的5%,"陡坡"的时间门宽度为深度的10%,"峭壁"的时间门宽度为深度的15%。

发射功率:分为自动、高、中、低。自动挡时:当水深为0～10 m时,使用"低功率";当水深为10～20 m时,使用"中功率";当水深为大于20 m时,使用"高功率"。

(1)信号门槛:抑制小幅度干扰信号的门槛值,分为10挡,最大时为信号满幅度的60%,浅水可设大一些,深水要设小一些。

(2)增益控制:当关闭自动增益时,可调节滑动棒来调节增益,也可在主界面中调节。当打开自动增益时,系统根据自动增益方案,自动控制增益,自动增益方案在"高级"中设置,如附图2-21所示。

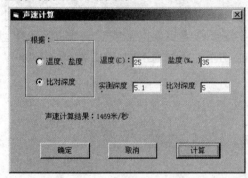
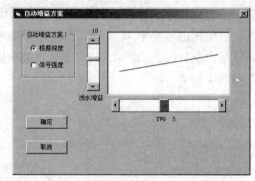

附图 2-20 附图 2-21

(3)当使用"根据深度"来调整增益的方案时,右边的"浅水增益"和"TVG"将被采用,调整好"浅水增益"值有利于2 m以内的浅水回波跟踪,不同的底质可能要采用不同的值,在浅水时如果回波很淡,可以增大这个值;反之,如果回波一片糊,就要减小这个值。TVG的值随着深度的变化和增益增大的变化而变化,当水深越大增益增大越快,该值就越大。它主要决定5～20 m深度的增益状况,比如在10 m水深时,如果回波淡,就加大TVG值。

如果不知道如何去设置这些参数,可以按"恢复默认设置"钮,把所有参数都恢复到默认值,不过吃水还是要根据探头的入水深度人为设置。

按"环境"按钮出现如附图2-22所示对话框。

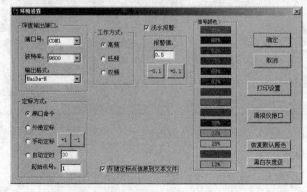

附图 2-22

深度输出端口:中海达测深仪可以仿真世界上各类测深的数据格式,根据定位系统的需要,选择水深输出的波特率和数据格式,各种数据格式的说明请参见后面的章节,一般单频可选用 HaiDa – H 格式,双频可选用 HaiDa – HL 格式。输出数据的端口可选用 COM1 或 COM2。

工作方式:根据测深仪的型号选择对应的工作方式,HD – 27T 单频测深仪只能在高频方式下工作,HD – 28T 双频测深仪可以在双频方式下工作也可以在低频方式下工作,在双频或低频方式下工作时,如果需要穿透淤泥和浮泥,还要选择合适的低频捕捉方案。

定标方式:有四种定标方式可供选择,详细说明请参见后面的章节。

浅水报警:激活"浅水报警"时,可以输入水深限值,当水深小于这个限值时,水深窗口会显示"警告"。

存储定标点信息到文本文件:一旦打开这个选项,记录测深时,自动会把定标点的信息存储到与 HDS 文件相同的文件名而扩展名为"TXT"的文件中,格式为:点号, 时间, 水深 H, 水深 L, 吃水, 声速。

打印设置:用于设置连续打印时的相关参数,如附图 2-23 所示。其中:色彩可设置为彩色或黑白输出,定标点水深或深度刻度线可选择打印,刻度的粗分、细分选择可控制打印刻度水准尺的细分程度,长度方向缩放可以控制打印的比例。

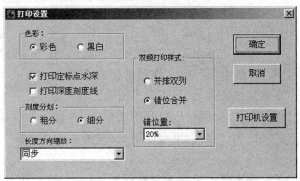

附图 2-23

涌浪仪接口:如果配有涌浪补偿仪,可以接到 COM1 或 COM2(避开水深输出口),如附图 2-24 所示,定义好端口和波特率,根据涌浪仪的输出数据格式,定义好格式,例如输出格式为

$$\$ -0.23 < CR >$$

\$为识别头,涌浪修正值 –0.23 的起始为" – "在整个字符串的第二位(起始位 2)," –0.23"共有 5 个字符(即长度为 5),结尾为 < CR >,单位为"米"。

当打开"启用涌浪修正"时,显示和串口输出的水深自动进行了改正,并且修正值被记录在原始文件中。

固件升级:固件升级用于对测深仪内部通道中央处理器芯片内的工作程序进行在线升级,这是中海达产品为用户着想的一大最新科技,使你的产品永远保持性能最优。单击主界面上的"服务"按钮,如附图 2-25 所示,点击"浏览"选择固件映像文件(∗. htb)即可进行固件升级。

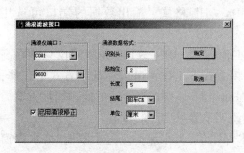

附图 2-24

附图 2-25

HD-27T 的固件的升级文件为：HD-27T_usercode.037.htb。

HD-28T 的固件的升级文件为：HD-28T_usercode.038.htb。

产品注册：如果已购得产品的永久使用权，请向产品供应商索取注册码，对产品进行永久注册。注册方法是：点击"服务"，在下方注册码框中输入注册码即可（见附图 2-25）。

6. 开始测深（或记录）

按"测深"时，系统开始发射和接收声波，并显示回声图像，水深输出口也有相应格式的水深输出，只测深时不进行图像记录。如果不需要图像记录的话，可以节省内存空间，因为进行图像记录每小时要用去 6 MB 左右的内存。如果是正式的成果测量，那么就用"记录"按钮，进入"记录"时会出现一个文件对话框要求输入一个记录文件名，系统会自动根据日期生成一个不重复的文件名，只需要点击确定就可以了。

如果一定要自己输入文件名，则可以打开中文输入，并启动软键盘，也可以接上外接键盘输入。如果输入的文件名已存在，则会提示是否"覆盖"，如选择"是"，以前的原始文件就被覆盖了。

建议每个文件记录时间不要太长，1 h 左右就够了，太大的文件无论是拷贝还是打印都将会出现"磁盘满"或"缺纸"等问题。

注意：经常检查存储空间是否足够，最好每天工作完以后，用 USB 存储盘把记录文件（*.hds）转移到别的电脑或刻录光盘永久保留，文件转移后记得把测深仪内的文件（*.hds）删除，以腾出足够的空间。

在测深时，如果有多次回波或有干扰波，系统能自动识别正确的回波，万一跟踪到别的干扰波上，可以在瀑布窗口或波形窗口的正确回波上边的空白处点击一下就恢复了。

注意：需要人为强制跟踪时，在正确回波图像上边的空白处点击一下就可以了。

7. 回放、查找和打印

存储的测深文件（*.hds）可以随时调看，也叫回放，所看到的回放内容和当时测深是一样的，所以存储的文件也可以说是"数字记录纸"，这也是不考虑在测量时实时打印的原因。

如果确实要记录纸的话，建议配上连续纸打印机，用"打印"按钮可以打印出像记录纸一样的硬拷贝资料。

回放时,软件会弹出对话框,选择需要回放的文件,软件会按正常回放速度放映,如果要加快,可以点击"快放"钮,还可以用"快倒"、"暂停",也可以按打标的点号查询,直接跳到要放的位置。

在回放时,如果要人工量取水深,先按"暂停"按钮,把鼠标箭头指向要量取的地方,水深显示窗会根据鼠标的位置显示对应的水深值。

在测深记录时,系统会自动生成一个扩展名为 LST 的文件,用于存放搜索查询用的资料,有了这个文件查询会很快,所以拷贝文件时也要把这个文件一起拷贝。如果没有这个文件,在回放时点击"查询",软件会自动生成这个文件,不过根据文件的大小需要等待一定的时间。

测深仪配置中的 HaiDa - H 数据格式详细信息应设为附图 2-26 所示的形式,并要在"端口工作方式"中选择单频测深仪。

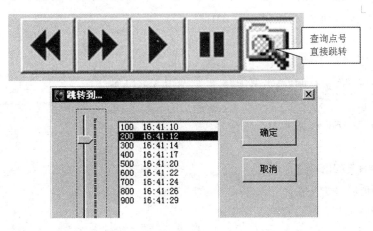

附图 2-26

8. 水深输出格式

(1) HaiDa - H(高频输出)和 HaiDa - L 格式(低频输出)。

DTE##### < CR > < LF >

DT 为识别头

第 3 位,当水深错误时为 E,正确时为空格

第 4 ~ 8 位为水深值,单位为 cm。

< CR > 回车

< LF > 换行

(2) Haida - HL 格式(双频输出)。

DTE##### E##### < CR > < LF >

DT 为识别头

第 3 位,当高频水深错误时为 E,正确时为空格

第 4 ~ 8 位为高频水深值,单位为 cm。

(3) ESO 25 格式。

高频通道:

DA#####. ## < space > m < CR > < LF >

低频通道：

DB#####. ## < space > m < CR > < LF >

D 为识别头

A 表示高频通道

B 表示低频通道

#####. ##为水深,单位为 m。

< space >代表一位空格

m 代表单位为 m。

(4)INNERSPACE 格式。

< STX >#####< CR >

< STX >为识别头,十六进制数 02Hex

第 2~6 位为水深,单位为 cm。

(5)NMEA 173 DBS 格式。

SDDBS,####. #,f,####. #,M,###. #,F < CR > < LF >

单位为 m。

(6)ODOM DSF et 格式。

高频通道：

et#####H < CR > < LF >

低频通道：

et #####L < CR > < LF >

et 为识别头

H 表示高频通道

L 表示低频通道

#####为水深,单位为 cm。

9.定标控制

操作:在"环境设置"界面左下方可以设置定标方式。

1)串口命令

由海洋测量软件控制打标,定标命令根据选择的水深输出格式的不同而不同。

HaiDa－H、HaiDa－L、HaiDa－HL 的命令为:$ MARK, * < CR > 。

其他定标命令和对应的格式相一致,请查询相关资料。

*代表要插入的打印字符串。

2)外接定标

把仪器配备的打标电缆插到水深输出串口上,每按一下电缆另一头的按钮,会打标一下,点号自动累加。

3)手动定标

按一下屏幕的"定标"钮,会打标一下,点号自动累加。

4)自动定时

根据设定的时间间隔(s),自动定时打标,点号自动累加。

注意:不管使用何种打标方式,必须在"环境"中设置对应的打标方式才会起作用。

10.使用机内海洋测量软件

HD-27T/28T 机内配有海洋测量软件,只要把 GPS 接到后面的串口(COM1 或 COM2)就可以进行水上测量作业,这样可节省一台计算机和一套测量软件,测深软件获取的水深值由测量软件直接调用,实现 0 延迟传送,水深和定位同步更好。运行桌面的"NAV28 测量软件",出现附图 2-27 所示的界面。

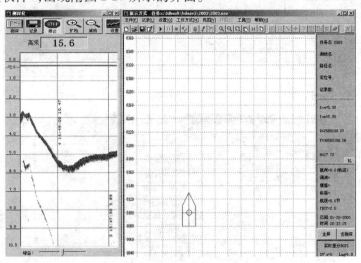

附图 2-27

左边窗口为测深仪窗口,操作与测深仪一样;右边窗口为测量导航窗口,与测量软件的操作一样,详细内容请参照《海洋测量软件操作手册》。

点击"全屏",将全屏幕显示测量界面。

点击"双屏",将回到测深和测量双屏幕显示。

点击"去测深",将全屏显示测深界面。

点击"去测量",将回到双屏显示。

设置操作步骤:

(1)测量界面新建任务。

(2)测量界面端口配置,把 GPS 连接到 COM1,把定位口设为 COM1,并设置好波特率,如附图 2-28 所示。

(3)测量界面选择好定位数据格式,如附图 2-29 所示。

(4)测量界面进入测量方式。

(5)测深界面环境设置中选择好是高频测深还是双频测深(见附图 2-30),测量软件会根据这个设置选择记录。

(6)测深界面开始"测深"或"记录"。

(7)开始测量记录。

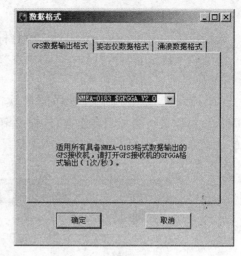

附图 2-28 附图 2-29

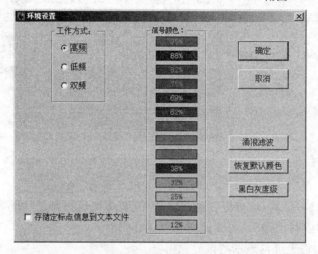

附图 2-30

四、TGO 静态数据处理流程

TGO 静态数据处理流程如附图 2-31 所示。

(一)第一步 数据传输

Trimble 数据传输 Data Transfer 软件全中文操作,是 Trunble 所有产品共用的通信软件,包括 GPS 接收机、手簿控制器、全站仪、电子水准仪以及 GIS 数据采集器(见附图 2-32)。

1. 按钮说明

, 点击此按钮时,PC 机开始与所选设备硬件连接。

, 点击此按钮时,PC 机断开与所选设备的连接。

接收 ,表示建立连接后,外部所选设备数据传输至计算机内。

发送 ,表示建立连接后,计算机内部数据传输至所选设备内。

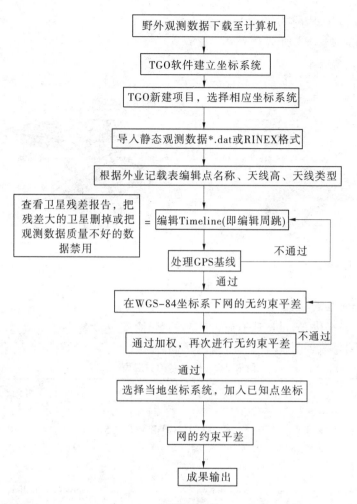

附图 2-31

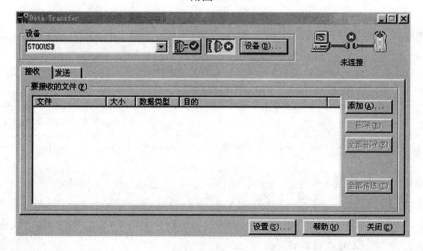

附图 2-32

2.连接设备（以 GPS5700 为例）

连接设备如附图 2-33 所示。

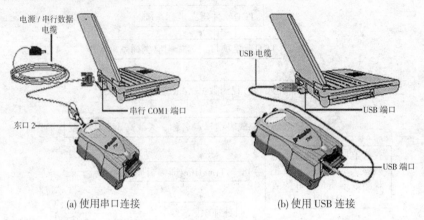

(a) 使用串口连接   (b) 使用 USB 连接

附图 2-33

3.设备名称对应表

在设备选项中提供 Trimble 所有硬件产品的名称，建立设备与计算机连接时，应该选择相对应的设备名称；否则，不能建立与计算机的连接。设备名称对应表见附表 2-2。

附表 2-2　设备名称对应表

项目	通过串口建立连接	通过 USB 口建立连接
GPS5700 接收机	GPS Recvr – 5000 Series：COM1/COM2 （COM1 和 COM2 为计算机端口名称）	5700USB（自添加 GPS5000 系列 接收机 USB 端口）
5800 控制器 ACU	Survey controller on COM1/COM2	Survey controller（ACU） on ActiveSync
5700 控制器 TSCe	Survey controller on COM1/COM2	Survey controller（TSCe） on ActiveSync
4600LS	4600LS（自添加 GPS4000 系列接收机）	否
掌上电脑/GeoCE	否	WindowsCE 上的 GIS 数据记录器

注:5700 控制器 TSCe 和 5800 控制器 ACU 通过 USB 建立连接前,应该先使用微软的 ActiveSync 同步软件建立桌面连接(见附图 2-34)。

4.传输的所需数据文件

建立连接后,点击"添加",打开界面见附图 2-35。

其中,5700—0220310515 是仪器主内存的名称,打开此文件后,静态观测数据显示出来,可点击"细节"按钮查看具体内容。

5.数据传输

选中要传输的数据后,点击"全部传送",如附图 2-36 所示。

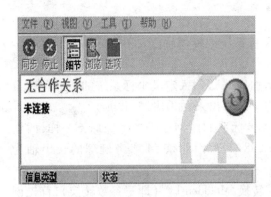

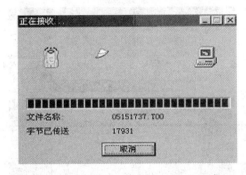 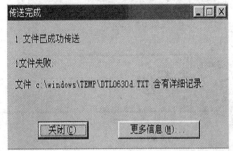

附图 2-34   附图 2-35

附图 2-36

6. 添加设备名称

点击 设备（D）... ,添加所需的设备名称（见附图 2-37）。

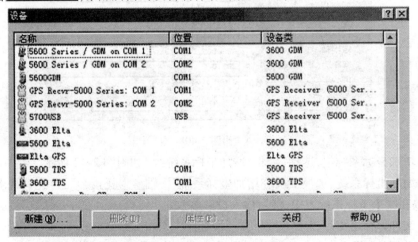

附图 2-37

点击"新建"按钮,出现创建新设备对话框,如附图 2-38 所示。

其中 GPS5700、GPS5800 接收机统称为 5000 系列,4600LS、4700、4800 统称为 4000 系列。TSCe&ACU 如果采用 USB 口连接,则选择 Survey controller（ActiveSync）。

（二）第二步　TGO 软件建立坐标系统

（1）打开 TGO 软件,在功能菜单下选择坐标系统编辑模块(Coordinate System Manager),如附图 2-39 所示。

（2）进入坐标系统管理器,单击"编辑/增加椭球",输入定义坐标系统的椭球名称及椭球的长半轴和扁率,则短半轴和偏心率会自动计算出来,如附图 2-40 所示。

需要说明的是:西安 80 坐标系与北京 54 坐标系的区别在于参考椭球不一样,西安 80 参考椭球的长半轴为 6 378 140,扁率为 298.257,而北京 54 参考椭球的长半轴为 6 378 245,扁率为 298.3。

（3）增加基准转换,选择"编辑/增加基准转换/Molodensky"(即三参数转换),首先创建新的基准转换组,然后输入基准转换参数,如附图 2-41 所示。

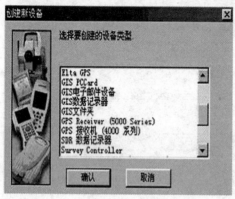

附图 2-38

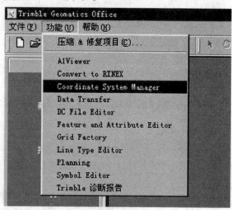

附图 2-39

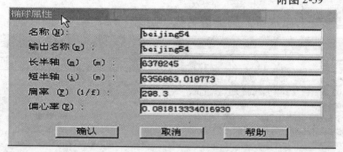

附图 2-40

（4）增加坐标系统组,选择"编辑/增加坐标系统组"如附图 2-42 所示。

（5）增加坐标系统,选择"编辑/增加坐标系统/横轴墨卡托投影",首先确认新建的坐标系统放在哪个坐标系统组中,然后输入投影参数。

（6）文件保存退出。

注意:建立坐标系统这一步骤并不是每次处理数据前都需要做的,第一次做好之后,只要不改变坐标系统或投影中央子午线,以后仅调用此坐标系统即可。

（三）第三步　TGO 软件新建项目

打开 TGO 软件,第一个任务是创建项目,因为这是软件组织数据的方法。通常,一个项目可以包含有不同设备采集到的几天的数据。

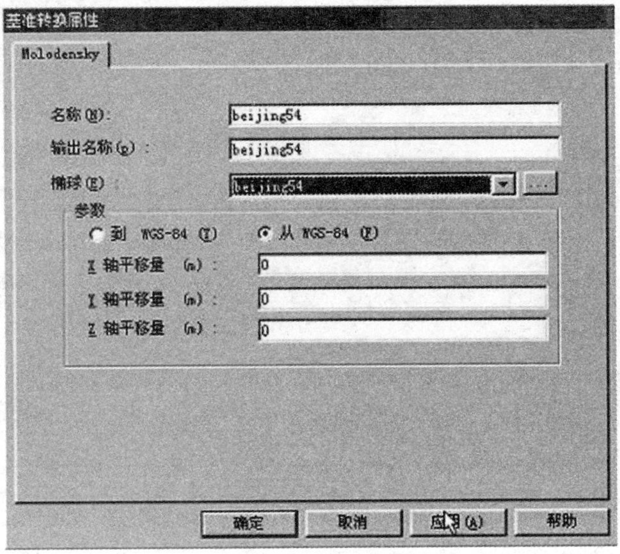

基准转换属性

Molodensky

名称(N): beijing54

输出名称(g): beijing54

椭球(E): beijing54

参数

○ 到 WGS-84 (T)   ⦿ 从 WGS-84 (F)

X 轴平移量 (m): 0

Y 轴平移量 (m): 0

Z 轴平移量 (m): 0

确定   取消   应用(A)   帮助

附图 2-41

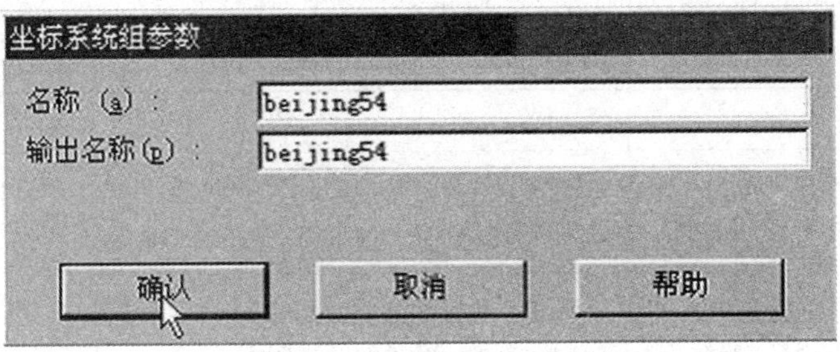

坐标系统组参数

名称(a): beijing54

输出名称(p): beijing54

确认   取消   帮助

附图 2-42

新建项目,选择"文件/新建"项目,出现对话框如附图 2-43 所示。

(1)输入项目名称。

(2)选择模板。这将确定项目单位和坐标系统,并确定显示数据的方式,一般都选择 Metric。

(3)在"新建"组中,确认"项目"选项已被选择。

(4)如果必要,指定软件存储项目文件的文件夹;否则,它将把文件存储在安装时指定的文件夹中。

(5)单击确认。项目被创建,项目属性对话框紧接着出现,用该对话框可以查看并进一步指定项目属性,改变坐标系统(见附图 2-44)。

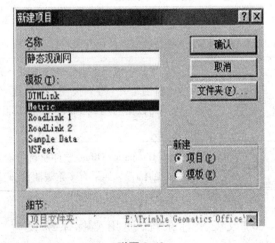

新建项目

名称

静态观测网

模板(T):

DTMLink
Metric
RoadLink 1
RoadLink 2
Sample Data
USFeet

确认

取消

文件夹(F)...

新建

⦿ 项目(P)

○ 模板(E)

组节:

项目文件夹: E:\Trimble Geomatics Office\

附图 2-43

注意:通过选择"文件/项目属性",也可以访问项目属性对话框。

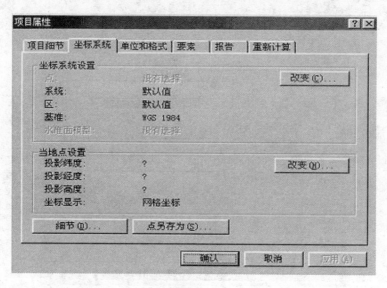

附图 2-44

各个标签页的具体内容如附表 2-3 所示。

附表 2-3 各个标签页的具体内容

用此标签….	指定….
项目细节	想要包括在报告和绘图中的项目信息。项目被创建后,描述和日期域被自动填充。所有其他域都可选择,也可以随时给它们输入数值或空缺
坐标系统	或查看项目的坐标系统。项目的缺省坐标系统由项目模板确定,使用项目属性界面中的"改变(c)…"选择项目对应的坐标系统
单位和格式	Trimble Geomatics Office 软件当前项目的单位值,用在屏幕显示、导入、导出和报告中
要素	Trimble Geomatics Office 项目的要素和属性设置。导入测量控制器(*.dc)文件时,如果野外采集使用代码,可以用指定的要素和属性库选择自动处理要素代码
报告	创建了系统生成报告后的通知方法。例如,把测量控制器(*.dc)文件导入到项目后,软件将创建一个导入报告。通常,系统生成的报告会通告 Trimble Geomatics Office 软件发现的数据问题或错误。要查看报告,请从项目文件夹中的报告文件夹访问它们
重新计算	Trimble Geomatics Office 软件项目中对所有点位置的计算方法。软件计算每个观测值到点的位置。如果有多重观测值,它用限差数值确定何时报告闭合差误差

(6)改变坐标系统,使用坐标系统设置"改变",选择需要的坐标系统,如附图 2-45 所示。

(四)第四步 导入静态观测数据(*.dat 或 RINEX)

选择"文件/导入",注意导入文件的格式,其中 RINEX 文件(*.obs, *.?? o)是 GPS 标准数据格式文件,GPS 数据文件(*.dat)是 Trimble 接收机静态数据文件,SSF/SSK 文

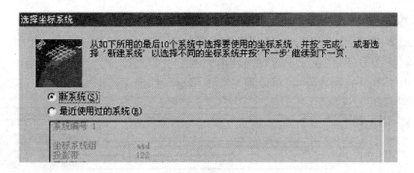

附图 2-45

件是基线文件,Survey Controler 文件(*.dc)是导入手簿动态采集的文件,如附图 2-46 所示。

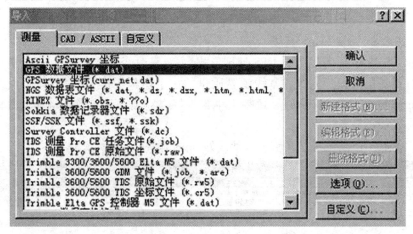

附图 2-46

选择了导入 *.dat 数据文件后,DAT Checkin 对话框出现(见附图 2-47)。

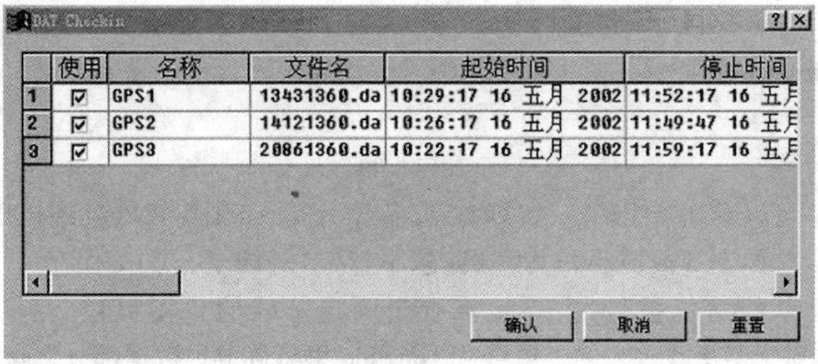

附图 2-47

在"使用"工具条下选择需要的数据,依据外业记载表,名称中根据"文件名"输入测站的名称,如果需要高程则要在"天线高"中输入天线高度;选择相对应的天线类型,如 Zephyr、Zephyr Geodatics 或 5800 internal(天线背面有标识);测量方法要选"槽口顶部、槽口底部或护圈的中心(5800 接收机)"。

点击"确定"后,布网的图形显示出来。若显示每个点的名称,点击"右键/点标记/名称"。

(五)第五步 处理视图中的 Timeline

如附图 2-48 所示,对于一些突起部分使用左键框起后,点击右键禁止使用,不允许此数据参与解算。另外,在观测很短时间就消失的卫星要去掉,刚开始出现的前一部分可去掉。有时由于卫星的颗数较少,可以把一些卫星有条件地保留下来。

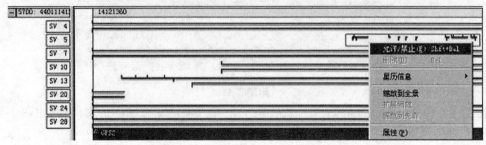

附图 2-48

(六)第六步 处理 GPS 基线

处理 GPS 基线前,可以查看 GPS 处理形式,主要是改变卫星高度截止角、电离层模型改正方式、对流层天顶延迟等。基线解算质量的三个衡量标准是比率(ratio)、参考变量(reference factor)、均方根(rms)。比率大于 3 为好,越大越好,参考变量和均方根越小越好,最好是其大小呈系统性。

点击"处理 GPS 基线"。开始进行基线处理,如附图 2-49 所示。

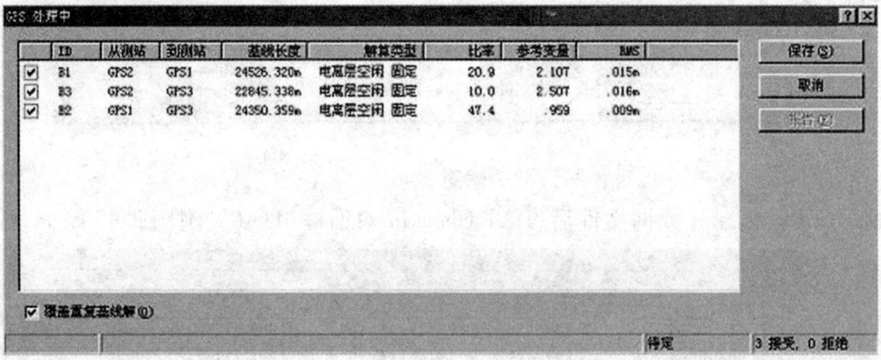

	ID	从测站	到测站	基线长度	解算类型	比率	参考变量	RMS
☑	B1	GPS2	GPS1	24526.320m	电离层空闲 固定	20.9	2.107	.015m
☑	B3	GPS2	GPS3	22845.338m	电离层空闲 固定	10.0	2.507	.016m
☑	B2	GPS1	GPS3	24350.359m	电离层空闲 固定	47.4	.959	.009m

附图 2-49

处理完毕可以看到基线长度、解算类型(固定才可,否则要重新处理星历)、比率(一般大于 3)、参考变量(5 或更小)、均方根(越小越好)等因子,点击"保存"。点击每条基线,可以查看基线解算报告,主要是查看未固定基线的公用卫星、卫星残差等(见附图 2-50)。对于卫星残差大的卫星可从 Timeline 里将该卫星数据部分删除。

注意:对于双频 GPS 接收机,当基线长度大于 5 km(也可以在 GPS 处理形式的高级选项中设定此距离)时,软件加入电离层改正,称为电离层空闲。

残差是对用于基线解算的每颗卫星的残差观测值的几何表示。残差部分显示从每颗卫星接收到的数据的质量。利用该部分来求解中噪声的数量。该部分显示每个测量周期每颗卫星的残差量。卫星噪声可能影响来自其他卫星的数据。附图 2-51 中的线应绕零点居中。解中噪声的数量显示了相对于零点的距离。残差一般分布在相位中线上成正弦

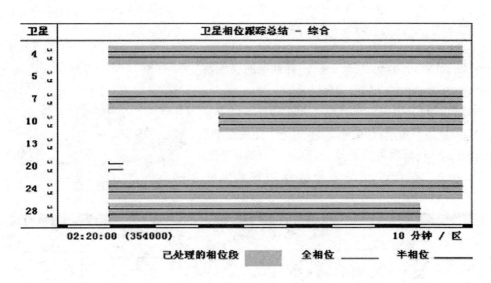

附图 2-50

曲线,若分布比较离散,则说明此颗卫星信号质量差,应删除此卫星。

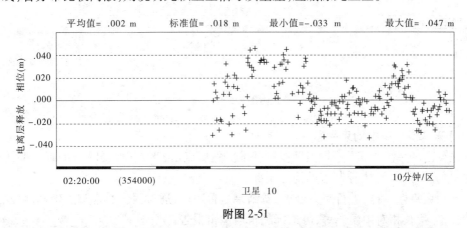

附图 2-51

基线解算完毕后,可以查看环闭合差报告(报告 GPS 环闭合差报告或设置查看环闭合差报告的详细内容)。

处理完成后,测量视图中底图的基线将改变颜色,以表明处理结束。在一条或多条基线上也可以有红色警告标志。每条基线的单行总结显示在 GPS 处理的对话框中。

Trimble Geomatic Office 软件有三个接受等级:①通过——基线符合指定活动处理形式中的验收标准。使用检查框为这些基线所选择,并且不产生红色警告标志。②标志——一个或一个以上的基线质量指示器不符合通过状态标准集,但还未坏到失败状态。这些基线应该被更密切的检验,以查看它们与网的拟合程度。使用检查框为这些基线所选择,并产生红色警告标志。③失败——一个或一个以上的基线质量指示器不符合通过或标志状态的标准集。

(七)第七步 GPS 网的无约束平差

测量时,应该采集额外数据,以便检查观测值的完整性。当测量有额外观测值(冗余度)时,在产生最终结果之前,可以用它们把固定误差的影响降低到最小程度。

在"基准"下选择"WGS-84",进行无约束"平差"。点击"平差",软件自动平差。因为平差是一个迭代的过程,所以应该平差3~5次,让残差收敛到最小值,如附图2-52所示。

平差完毕后,查看网平差报告。在统计总结下显示迭代平差是否通过;如果不通过,选择"加权策略"(见附图2-53),再次进行平差,直到通过。然后查看网平差报告,查看点位误差分量及边长相对中误差。

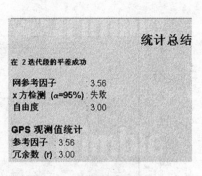

统计总结

在 2 迭代段的平差成功

网参考因子	3.56
x 方检测 (α=95%)	失败
自由度	3.00

GPS 观测值统计

| 参考因子 | 3.56 |
| 冗余数 (r) | 3.00 |

附图 2-52

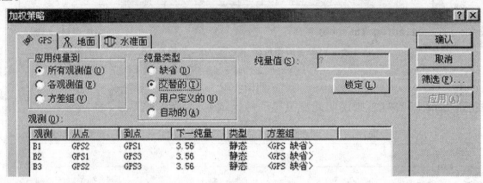

附图 2-53

(八)第八步　网的约束平差

首先点击"平差/基准"选择当地投影基准。然后点击"平差/观测值",加载水准面模型。在"平差/点中"输入控制点的地方坐标。

与无约束平差一样,进行平差处理,看结果是否通过,通过报告看未知点坐标,以及坐标误差分量、边长相对中误差等,可选择编辑器编辑报告。

对于平面坐标,固定至少两个点,输入已知坐标。而对于高程,则要求更多的已知大地水准点。

(九)第九步　成果输出

成果输出一般有两个报告和两套坐标,即环闭合差报告和网的约束平差报告,以及当地坐标和WGS-84坐标。

五、坐标转换参数求算流程

以Trimble公司的TGO求参软件和手簿软件为例讲述坐标转换的求参过程。

(一)用TGO后处理软件的求参过程

点校正求取区域地方坐标转换参数是一种行之有效的求参方法,已经广泛被行业同仁采用。下面介绍在TGO软件中的求参过程以及参数上传到控制器。

假设某测区有四个已知控制点,它们的地方坐标和大地坐标分别如附表2-4、附表2-5所示。

附表 2-4　地方坐标

点名	北坐标	东坐标	高程
A	4 563 470.963	507 945.451	1 485.727
B	4 562 377.565	507 982.373	1 430.578
C	4 561 015.537	507 686.821	1 434.627
D	4 588 644.072	499 970.017	1 429.613

附表 2-5　大地坐标

点名	纬度	经度	高度(WGS – 84)
WGS – 84A	41°12′20.678 09″	113°15′43.063 7″	1 469.247
WGS – 84B	41°11′45.241 36″	113°15′44.596 8″	1 414.153
WGS – 84C	41°11′01.110 25″	113°15′31.854 3″	1 418.202
WGS – 84D	41°25′56.625 81″	113°10′00.811 1″	1 412.643

　　(1)打开 TGO 软件,新建一个项目,但项目的系统和区采用默认值,基准采用默认值 WGS 1984(见附图 2-54)。在此不加载其他坐标系,主要是为了在控制器中直接利用上传的点校正求参结果。

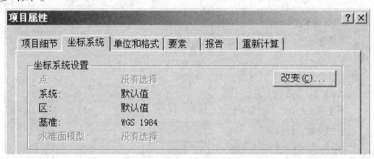

附图 2-54

　　(2)选择 TGO 主菜单中"测量"菜单的下拉菜单"GPS 点校正(S)",如附图 2-55 所示。在测量界面中选择"GPS 点校正"后将弹出如图 2-56 所示的界面。

　　在附图 2-56 所示的界面中,能够打上勾的方框都打上勾,然后用鼠标点击"点列表(L)"按钮出现附图 2-57 所示的图框。

　　在附图 2-57 的界面中,首先输入 A 点的两套坐标(WGS – 84 坐标和地方网格坐标),选择 A 点的控制类型,如平面和垂直、只有平面、只有垂直。其次点击"插入"按钮,把其他参与点校正的点 B、C、D 输入附图 2-57 所示的界面中。最后点击"确认"按钮,将弹出附图 2-58 所示的界面。

　　在附图 2-58 所示的界面中点击"计算"按钮,界面将变为附图 2-59 所示的界面。

　　此时,点击"确认"按钮,点校正式完成。可以通过坐标系统、报告来看点校正最后得到的结果。

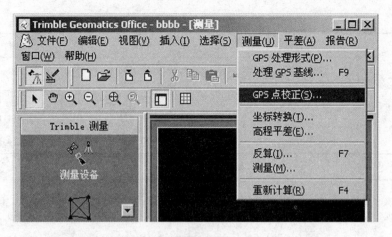

附图 2-55

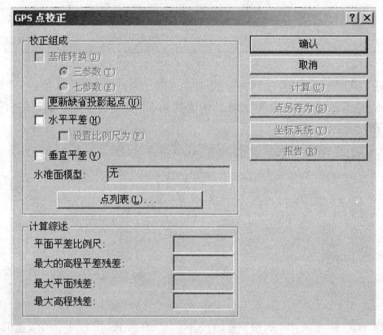

附图 2-56

（3）点校正的求参结果上传到控制器 TSC1。在 TGO 主界面选择导出工具条（见附图 2-60）。

在导出的对话框中选择"测量"标签下的"测量仪器"，并确保控制器已经同计算机连接好，然后点击"确认"按钮，出现附图 2-61 所示界面。

在附图 2-61 的界面中选择设备"Survey Controller on COM 1"，然后点击"打开"按钮。

此时，在控制器端要进行下列操作，选文件，选输入/输出，选 Trimble PC 通信，一旦计算机同控制器已经连接上，就会出现附图 2-62 所示的界面。

接着出现附图 2-63 所示的对话框，在对话框中，可以取一个文件名，比如 wdr，然后点"保存"按钮：发送的这个过程就是把 TGO 中刚做完点校正的项目上传到控制器中，以 wdr 的文件名存在控制器中（见附图 2-64）。下面就可以在控制器中打开 wdr 这个文件，

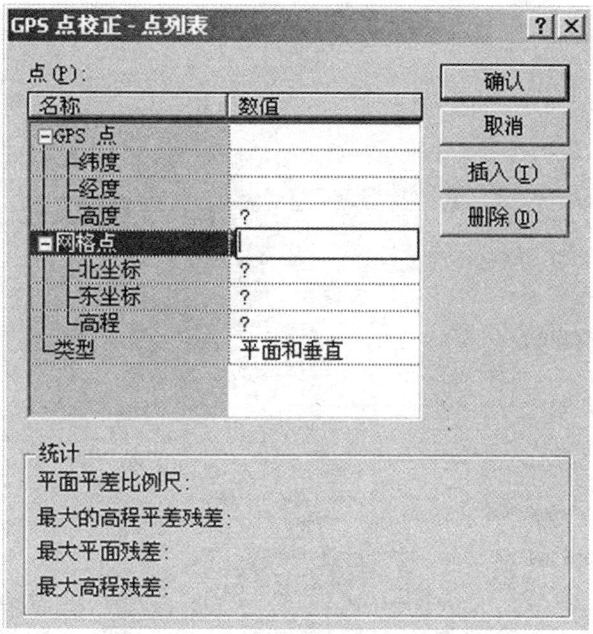

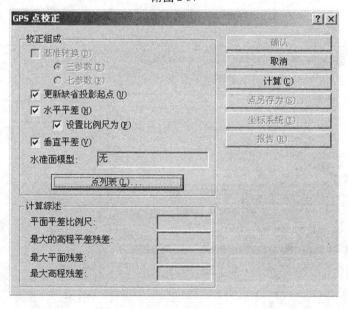

附图 2-57

附图 2-58

去查看在 TGO 中求取的地方坐标转换参数。另外,还可以在控制器中利用选择坐标系统用其他任务复制的功能把 wdr 这个文件中的坐标转换参数复制到新建的任务中。

(二) 用控制器手簿中的 Survey Controller 软件进行求参的过程

假设某测区有四个已知控制点,它们的地方坐标和大地坐标分别如附表 2-4、附表2-5所示。

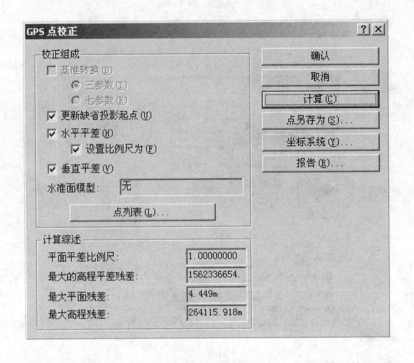

附图 2-59

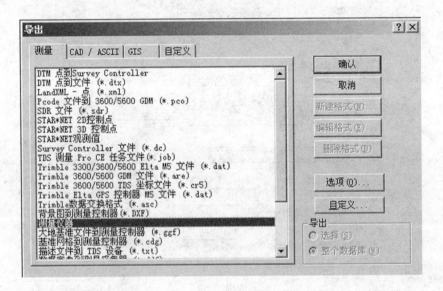

附图 2-60

1.点校正求参任务的创建

打开控制器手簿,在主菜单利用上下左右方向键选中"文件"菜单,回车出现菜单如附图 2-65 所示。

在文件的下拉菜单中选择"任务管理",回车出现界面见附图 2-66。

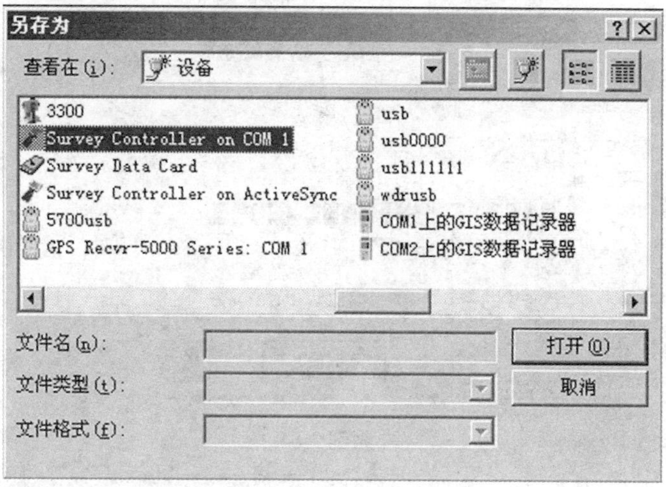

附图 2-61

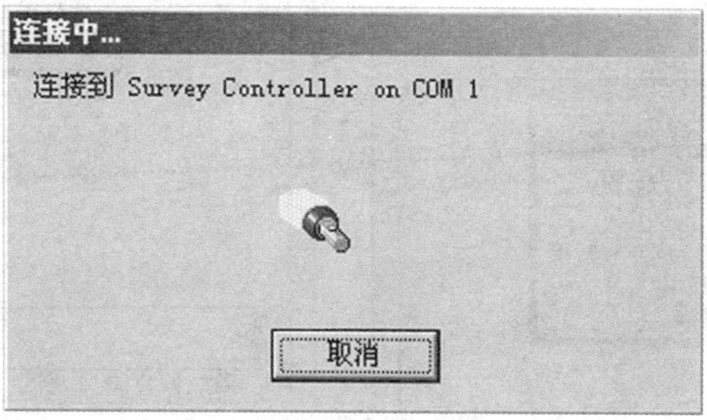

附图 2-62

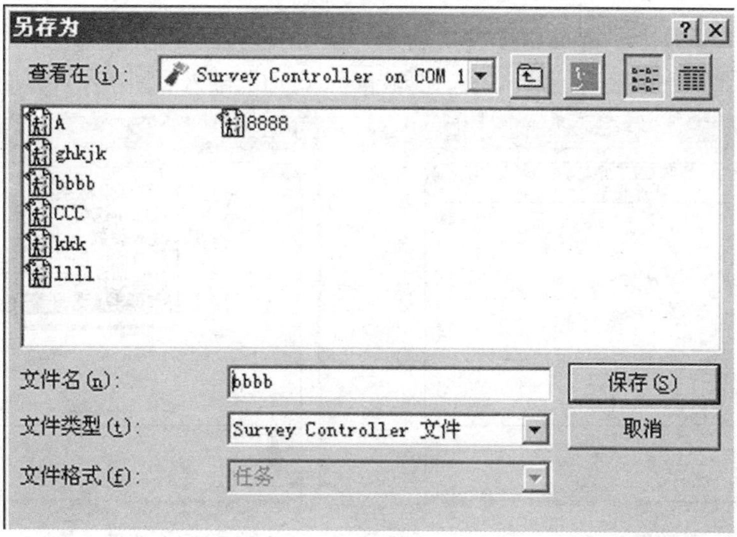

附图 2-63

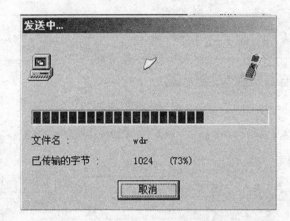

附图 2-64

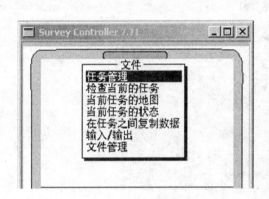

附图 2-65

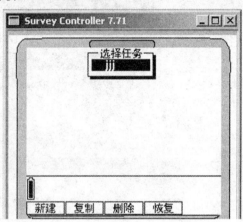

附图 2-66

在附图 2-66 所示的界面中按"F1（新建）"键，出现界面见附图 2-67。

在上面的任务中输入任务的名称，比如"pointadjust"，输入后回车出现界面见附图 2-68。

附图 2-67

附图 2-68

在附图 2-68 所示的界面中选择"无投影/无基准"，紧接着自动出现的界面见附图 2-69。

在附图 2-69 所示的界面中，坐标应选择"网格"，使用水准面模型应选择"否"，回车任务完成。按"Ese"键回到控制器主界面。

2. 输入控制点的工程坐标

把"pointadjust"任务打开,在控制器主界面选择"键入"菜单,回车出现的界面见附图2-70。

在附图2-70所示的界面中选择"点",回车出现的界面见附图2-71。

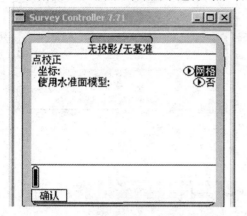

附图2-69

附图2-70

在附图2-71所示的界面中,正确地键入点名,代码可以不输入,方法选择"键入坐标",然后正确地键入该点的地方坐标,控制点选择"是",回车后又出现键入下一点的界面,把控制点的地方坐标完全键入。然后按"Esc"键回到控制器主界面。

3. 输入控制点的大地坐标

在控制器主界面选择"键入"菜单,回车出现的界面见附图2-72。

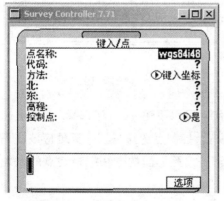

附图2-71

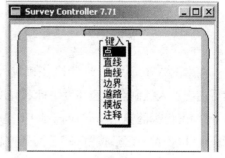

附图2-72

在附图2-72的界面中选择"点",回车出现的界面见附图2-73。

为了输入大地坐标,在附图2-73所示的界面中,先按"F5(选项)"键,出现的界面见附图2-74。

此时,在控制器面板按左或右方向键,出现坐标显示的下拉菜单见附图2-75。

在附图2-75所示的界面选择"WGS84",回车两次出现键入大地坐标的界面,见附图2-76。

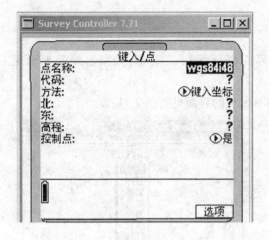

附图 2-73

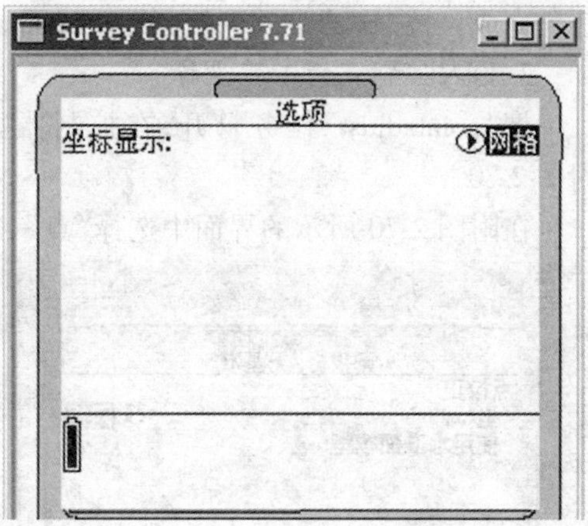

附图 2-74

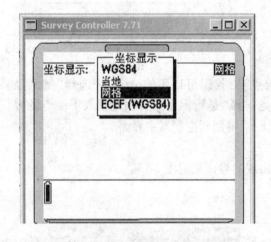

附图 2-75

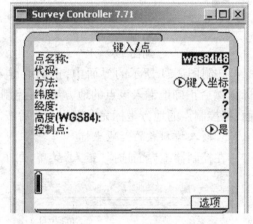

附图 2-76

在附图 2-76 所示的界面中,正确键入点名,代码可以不输入,方法选择"键入坐标",然后正确键入控制点的经纬度坐标和高度(大地高),控制点选择"是"。此处应该注意的是:经纬度坐标的输入格式应该是 DD. MMSSSSSS。按照上面的方法把控制点的大地坐标完全键入,键完之后按"Esc"键回到控制器主界面。

4.点校正

把刚才创建的 30YOU 任务打开,在手簿主界面选择"测量"菜单,回车后出现的菜单见附图 2-77。

在附图 2-77 所示的界面中选择"Trimble RTK"回车,出现的界面见附图 2-78。

选择"点校正"回车,出现的界面见附图 2-79。

在附图 2-79 所示的界面中按"F1(增加)"键,出现的界面见附图 2-80。

附图 2-77

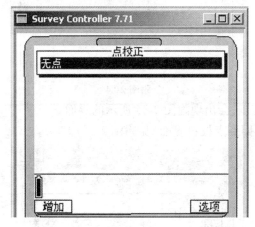

附图 2-79

附图 2-80

此时在控制器的面板上按左或右方向键,之后再按"F1(列表)"键出现的界面见附图 2-81。

在附图 2-81 的界面中选择 A 点,回车,按左或右方向键,之后再按"F1(列表)"键出现界面见附图 2-82。

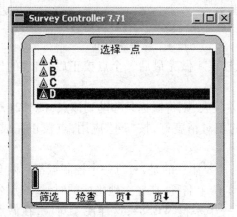

附图 2-81

附图 2-82

在附图 2-82 所示的界面中选择"wgs84A"点,回车后出现的界面见附图 2-83。

如果上面的 A 点只是做平面控制,将"使用"改选为只有水平;如果上面的点只是做高程控制,将"使用"改选为只有垂直,要对其进行改选时,按左或右方向键,出现的界面见附图 2-84。

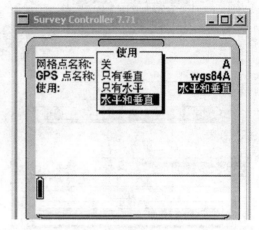

附图 2-83   附图 2-84

确认"使用"选择正确之后,回车确认点校正,会出现附图 2-85 所示的界面。

在附图 2-85 所示的界面中,选择"增加",回到点校正界面(见附图 2-86)。

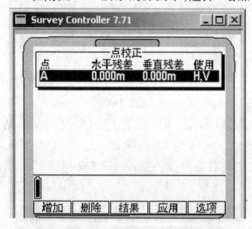

附图 2-85   附图 2-86

按照做第一个点校正的操作做其他点的点校正。做完最后一个点校正后,出现的界面见附图 2-87。

在附图 2-87 的界面中,如果有个别点的残差较大,则将鼠标条移动到该点,按"F2(删除)";如果每个点的残差都很小,说明这些点的相对精度好,按"F4"应用,点校正完成。按"Esc"键回到控制器主界面。

上面介绍了点校正求地方参数的操作过程,需要注意的是,对每一个控制点都有两套坐标,在输入一个点的两套坐标时,给这个点取了两个名称,在输大地坐标的时候,取点名称总是在输地方坐标时取的那个名称前前缀了一串字符 WGS84,这样便于对应,在做点校正时的搭配不至于混淆。当做完点校正之后,在控制器的主界面选择"配置"菜单,出现附图 2-88 所示的界面。

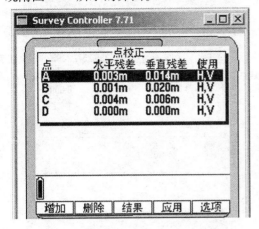

附图 2-87

附图 2-88

在附图 2-88 所示的界面中选择"任务",回车出现附图 2-89 所示的界面。

在附图 2-89 的界面中选择"坐标系统",回车出现附图 2-90 所示的界面。

附图 2-89

附图 2-90

在附图 2-90 的界面中选择"投影",回车就可以查看点校正求取附图 2-91 所示的参数。

在附图 2-91 所示的界面中按"Esc"键,回到上一级菜单,然后选择"基准转换",回车出现附图 2-92 所示的界面。

在附图 2-92 所示的界面中按"Esc"键,回到上一级菜单,然后选择"水平平差",回车出现附图 2-93 所示的界面。

在附图 2-93 所示的界面中按"Esc"键,回到上一级菜单,然后选择"垂直平差",回车出现附图 2-94 所示的界面。

在附图 2-94 所示的界面中按"Esc"键,直接回到控制器的主界面。刚才的操作,就是查看点校正求取地方转换参数的过程。

在野外测量时,根据情况需要增加点校正的时候,在控制器的主界面选择"测量"菜单,然后选择"Trimble RTK",再选择"点校正",之后就按照上述做点校正的方法进行就可以。需要提醒的是,做完点校正之后,要记住按"F4"键应用。

附图 2-91

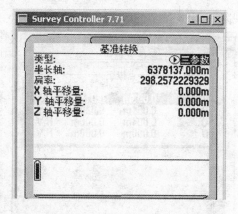

附图 2-92

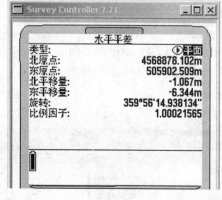

附图 2-93

附图 2-94

六、基准站及流动站的设置流程

以 Trimble 接收机为例来进行 RTK 作业的基准站及流动站的设置。在进行 GPS RTK 作业时,需要进行基准站设置及流动站设置。设置基准站的目的有两个:其一是给基准站位置信息,以供 RTK 的计算使用;其二是给基准站接收机和基准站电台发出实时转发载波相位观测量的指令。设置流动站的目的是给流动站接收机及内置的电台发出接收基准站电台信息的指令。下面以 TSC1 控制器介绍设置过程。

(一)基准站设置

1. 基准站天线的设置

打开已建好做了点校正的任务,在控制器主界面选择"测量"菜单,出现附图 2-95 所示的界面。

在附图 2-95 所示的界面中选择"RTK,出现如附图 2-96 所示的界面。

在附图 2-96 所示的界面中,先选择"基准站选项",回车出现如附图 2-97 所示的界面。

在附图 2-97 所示的界面中,"测量类型"是 RTK,"广播格式"应该选择 CMR + ,"输出附加的 RTCM 代码"应该选择否(不打勾),"测站索引"用默认值 29,"高度角限制"根据要求设置,一般为 13°或 15°。

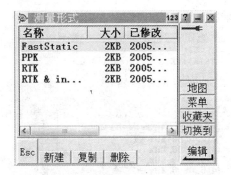

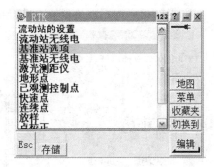

附图 2-95

附图 2-96

然后,按该页面的下选项 ，出现如附图 2-98 所示的界面。

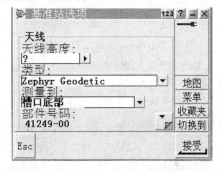

附图 2-97

附图 2-98

"天线高度"应该输入实测高度,"天线类型"应该选择基准站实际使用的天线类型 Zephyr Geodetic,"测量到"应该选择量取天线高时实际量到的天线部位,部件号码和序列 号不管。实际上,在附图 2-98 所示的界面中,只需要设置跟天线相关的"天线高度、类型、测量到"这三项。完成上面的设置后,按 接受 回车回到上级菜单。

2. 基准站电台的设置

对基准站天线设置完之后,会出现附图 2-99 所示的界面。

此时,再选择"基准站无线电",回车出现附图 2-100 所示的界面。

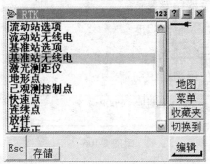

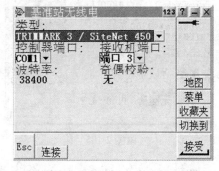

附图 2-99

附图 2-100

在附图 2-100 所示的界面中,从下拉列表中选择电台类型,如"TRIMMARK 3 /SiteNet 450 接收机端口"应该选择端口 3,按"连接",手簿一旦与电台连上了,会出现附图 2-101 所示的界面。

下拉菜单频率选择默认值416.0500(见附图2-102)。

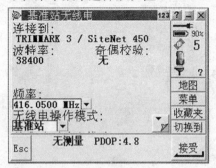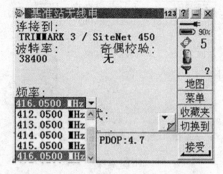

附图2-101 附图2-102

在附图2-102中按 接受 ,出现附图2-103所示的界面。

在附图2-103中按 接受 ,出现附图2-104所示的界面。

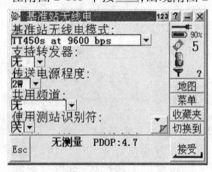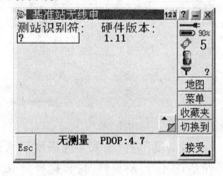

附图2-103 附图2-104

在附图2-104中按 接受 ,出现附图2-105所示的界面。

在附图2-105中按 接受 ,出现附图2-106所示的界面。

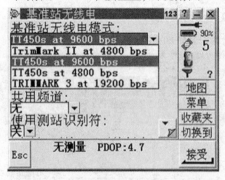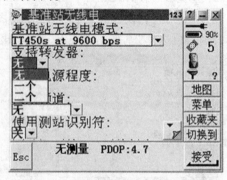

附图2-105 附图2-106

在附图2-106中按 接受 ,出现附图2-107所示的界面。

在附图2-107中按 接受 ,出现附图2-108所示的界面。

在附图2-108中按 接受 ,出现附图2-109所示的界面。

在附图2-109中按 接受 ,出现附图2-110所示的界面。

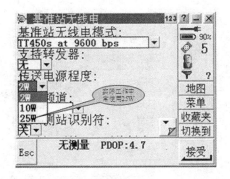

附图 2-107

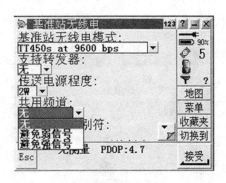

附图 2-108

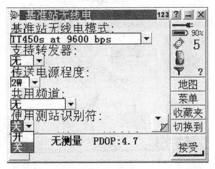

附图 2-109

附图 2-110

设定完成后回车关闭连接,记住一定是回车关闭连接。一旦关闭连接后,自动回到附图 2-111 所示的界面。

此时,需要按 存储 键确认对基准站的设置,确认后出现附图 2-112 所示的界面。

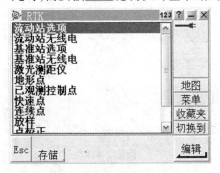

附图 2-111

附图 2-112

3. 启动基准站接收机

在附图 2-112 中按 测量坐 键之后,会出现附图 2-113 所示的界面。

选择"RTK"出现附图 2-114 所示的界面。

此时,选择"启动基准站接收机",出现附图 2-115 的界面。

联机后回到附图 2-116 所示的界面。

按 键入 键,出现附图 2-117 所示的界面。

选择"点",出现附图 2-118 所示的界面。

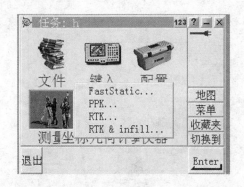

附图 2-113

附图 2-114

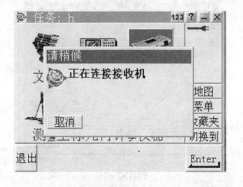

附图 2-115

附图 2-116

附图 2-117

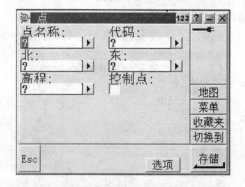

附图 2-118

此时,输入该点的"北坐标、东坐标、高程",然后回车,再按 存储 键,界面将出现"切断控制器与接收机的连线"的提示。

把手簿线从基准站主机上拔下,基准站设置就完成了。为确保基准站正常工作,看电台面板右上角是否出现了"Tran",并且一秒钟闪烁一次,如果没有出现"Tran",那么需要重新设置。

(二)流动站设置

1. 流动站天线的设置

在流动站位置,可以另外新建一个任务,也可以采用启动基准站的那个任务,甚至可以采用以前的任务,但是必须确保流动站任务的坐标系要同启动基准站任务的坐标系完全一致。打开任务,然后在主界面选择"测量"菜单,出现附图 2-119 所示的界面。

在附图 2-119 所示的界面上选择 配置,出现附图 2-120 所示的界面。

附图 2-119

附图 2-120

选择测量形式,如附图 2-121 所示。

在附图 2-121 的界面中选择"RTK",出现如附图 2-111所示的界面。

在附图 2-111 所示的界面中,先选择"流动站选项",回车出现附图 2-122 所示的界面。

"测量类型"选择"RTK","广播格式"选择"CMR +",使用测站索引选择"任何","卫星差分"选择"关",按 出现附图 2-123 所示的界面。

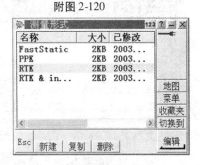

附图 2-121

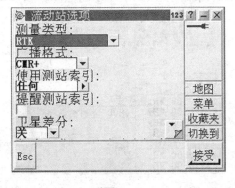

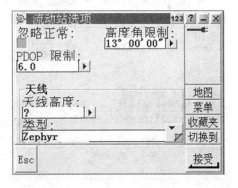

附图 2-122

附图 2-123

按照规范要求选择合适的"高度角限制"和"PDOP 限制",并输入"天线高度"和"类型",按 出现附图 2-124 所示的界面。

输入部件的序列号后按 ,回到附图 2-125 所示的界面。

按 完成流动站的天线设置。

2.流动站电台的设置

对流动站天线设置完后,会出现附图 2-126 所示的界面。

此时,再选择"流动站无线电",回车出现附图 2-127 所示界面。

选择好类型后按"连接",出现附图 2-128 所示的界面。

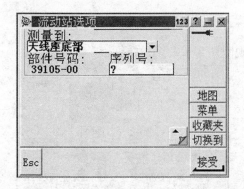

附图 2-124　　　　　　　　　　　附图 2-125

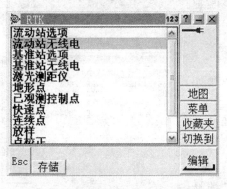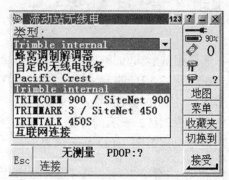

附图 2-126　　　　　　　　　　　附图 2-127

下拉菜单选择"频率"和"基准站无线电模式"，出现附图 2-129 所示的界面。

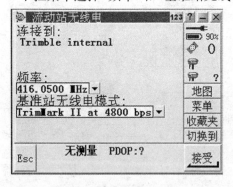

附图 2-128　　　　　　　　　　　附图 2-129

选择和基准站相同频率，出现附图 2-130 所示的界面。

频率和基准站无线电模式，按上面设置好就可以了。需要注意的是，流动站无线电的频率、流动站无线电模式要和基准站无线电的频率、基准站无线电模式设置成一样。做好上面的设置后，回车关闭连接。关闭连接后，会出现附图 2-131 所示的界面。

此时，需要按"存储"键确认对流动站的设置，流动站的设置就完成了。

3. 开始流动站测量

对流动站电台的设置完成后，会出现附图 2-132 所示的的界面。

选择"测量"，出现附图 2-133 所示的界面。

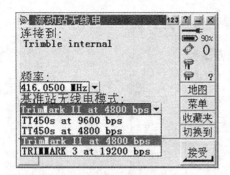

附图 2-130

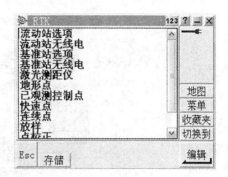

附图 2-131

附图 2-132

附图 2-133

选择"RTK...",出现附图 2-134 所示的界面。

选择"放样...",出现附图 2-135 所示的界面。

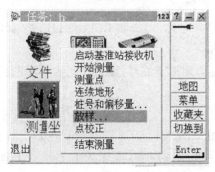

附图 2-134

附图 2-135

选择"直线",出现附图 2-136 所示的界面。

键入直线时有两种形式:①按下 F1,显示存在控制器里的直线数据库,用 F5 选择所需要的直线,回车;②在"键入"菜单里键入直线。

直线选择结束后就自动返回附图 2-132 所示的界面。然后选择"测量...",出现附图 2-137 所示的界面。

选择"开始测量"就可以进行每个点的测量了。

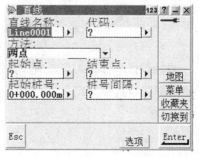

附图 2-136

附图 2-137

(三)GPS 断面测量数据格式

1. 测点名称及要素代码

1)任务名称

每断面建立一个任务(Job),任务名称为断面代码,如 ZGD(赵堌堆)。

2)键入点名称

点名用实际名称,如 L0、L1、GR75BM1。要素代码为:①基站点 JZ;②其他已知点 KZD。

3)直线名称

所有断面的放样直线采用同一名称 DX。

4)校桩

(1)校测施测断面以外的 GPS 点:点名输入实际名称 + J1,如 GL15BM1J1,要素代码为 JC。

(2)校测施测断面以内的 GPS 点:点名为本断面地形点编号,要素代码为不带断面名或号的点名,如 L0、2003R3。

5)地形点测量

地形点名称为断面代码 + 顺序号(001…),如 WDK001(王道口 1 号测点)。当两岸由两台仪器施测时,为了区分,断面代码和序号之间要加岸别(左岸为 L 右岸为 R),如 DKL001(董口左岸 1 号地形);一岸由两台仪器施测时,各仪器的点号要区分,如一台由 001 开始,另一台可从 201 或 301 开始。一般,地形点的要素代码默认为直线名称 DX,不需修改;特殊地形点要素代码必须输入。各类 GPS 测量点要素代码规定详见后文。

2. 导出数据格式

测量数据全部导入完成后,可按"河道数据库管理系统"要求的格式将数据从 TGO 中导出。导出格式可自定义为:

[名称:11]　　　[北坐标:12]　　　[东坐标:11]　　　[高程:7]　　　[要素代码:9]

中间统一空两格,文件格式为 * . txt。

GPS 测量要素代码表

要素代码	文字说明	要素代码	文字说明
DX	地形	ZD	断面终点
BP	背河堤坡	LSB	左水边
BJ	背河堤肩	RSB	右水边
LJ	临河堤肩	SB	水坑边
DZ	大堤中心	KZD	控制点
DJ	堤脚	JC	校测
KZZ	转点木桩	JZ	基站
CB	村边	实际桩名	桩名校测
QD	断面起点		

3.数据库输出格式

数据库输出格式如下：

×××断面 GPS 施测资料

施测日期：　　　年　　月　　日　　时　　分至　　时　　分

接收机型号：　　　　接收机编号：　　　　观测员：

点名	X	Y	D	H	测点属性
"断面起点点名"					
"断面终点点名"					
"基准站点名"					
"测点点名"					

数据处理：　　　　校核：　　　　复核：　　　　在站整编：

注：X、Y、D、H 分别为 X 坐标、Y 坐标、起点距、高程，测点属性按上文"GPS 测量要素代码表"。

七、全站仪操作与使用

全站型电子速测仪简称全站仪,它是一种可以同时进行角度(水平角、竖直角)测量、距离(斜距、平距、高差)测量和数据处理,由机械、光学、电子元件组合而成的测量仪器。其需一次安置,仪器便可以完成测站上所有的测量工作。

全站仪上半部分包含有测量的四大光电系统,即水平角测量系统、竖直角测量系统、水平补偿系统和测距系统。通过键盘可以输入操作指令、数据和设置参数。以上各系统通过 I/O 接口接入总线与微处理机联系起来。微处理机(CPU)是全站仪的核心部件,主要由寄存器系列(缓冲寄存器、数据寄存器、指令寄存器)、运算器和控制器组成。微处理机的主要功能是根据键盘指令启动仪器进行测量工作,执行测量过程中的检核和数据传输、处理、显示、储存等工作,保证整个光电测量工作有条不紊地进行。输入输出设备是与外部设备连接的装置(接口),输入输出设备使全站仪能与磁卡和微机等设备交互通信、传输数据。

目前,世界上许多著名的测绘仪器生产厂商均生产有各种型号的全站仪。不同型号的全站仪,其具体操作方法会有较大的差异。下面简要介绍全站仪的基本操作与使用方法。

(一)全站仪的基本操作与使用方法

1.测量前的准备工作

(1)电池的安装。

①把电池盒底部的导块插入装电池的导孔。

②按电池盒的顶部直至听到"咔嚓"响声。

③向下按解锁钮,取出电池。

注意:测量前电池需充足电。

(2)仪器的安置。

①在试验场地上选择一点作为测站,另外两点作为观测点。

②将全站仪安置于测站点,对中、整平。

③在两点分别安置棱镜。

(3)竖直度盘和水平度盘指标的设置。

①竖直度盘指标设置。松开竖直度盘制动钮,将望远镜纵转一周(望远镜处于盘左,当物镜穿过水平面时),竖直度盘指标即已设置。随即听见一声鸣响,并显示出竖直角。

②水平度盘指标设置。松开水平制动螺旋,旋转照准部360°,水平度盘指标即自动设置。随即一声鸣响,同时显示水平角。至此,竖直度盘和水平度盘指标已设置完毕。

注意:每当打开仪器电源时,必须重新设置竖直度盘和水平度盘的指标。

(4)调焦与照准目标。

操作步骤与一般经纬仪相同,注意应消除视差。

2.角度测量

(1)首先从显示屏上确定是否处于角度测量模式,如果不是,则按操作转换为距离模式。

(2)盘左瞄准左目标 A,按置零键,使水平度盘读数显示为 $0°00'00''$,顺时针旋转照准部,瞄准右目标 B,读取显示读数。

(3)同样方法可以进行盘右观测。

(4)如果测竖直角,可在读取水平度盘的同时读取竖盘的显示读数。

3. 距离测量

(1)设置棱镜常数。测距前须将棱镜常数输入仪器中,仪器会自动对所测距离进行改正。

(2)设置大气改正值或气温、气压值。光在大气中的传播速度会随大气的温度和气压而变化,15 ℃ 和 760 mmHg 是仪器设置的一个标准值,此时的大气改正为 0 ppm($1 \text{ ppm} = 1 \times 10^{-6}$)。实测时,可输入温度和气压值,全站仪会自动计算大气改正值(也可直接输入大气改正值),并对测距结果进行改正。

(3)量仪器高、棱镜高并输入全站仪。

(4)距离测量。照准目标棱镜中心,按"测距"键,则距离测量开始,测距完成时显示斜距、平距、高差。HD 为水平距离,VD 为倾斜距离。

全站仪的测距模式有精测模式、跟踪模式、粗测模式三种。精测模式是最常用的测距模式,测量时间约 2.5 s,最小显示单位 1 mm;跟踪模式,常用于跟踪移动目标或放样时连续测距,最小显示一般为 1 cm,每次测距时间约 0.3 s;粗测模式,测量时间约 0.7 s,最小显示单位 1 cm 或 1 mm。在距离测量或坐标测量时,可按"测距模式(MODE)"键选择不同的测距模式。

需注意的是,有些型号的全站仪在距离测量时不能设定仪器高和棱镜高,显示的高差值是全站仪横轴中心与棱镜中心的高差。

4. 坐标测量

(1)设定测站点的三维坐标。

(2)设定后视点的坐标或设定后视方向的水平度盘读数为其方位角。当设定后视点的坐标时,全站仪会自动计算后视方向的方位角,并设定后视方向的水平度盘读数为其方位角。

(3)设置棱镜常数。

(4)设置大气改正值或气温、气压值。

(5)量仪器高、棱镜高并输入全站仪。

(6)照准目标棱镜,按坐标测量键,全站仪开始测距并计算显示测点的三维坐标。

(二)徕卡 TPS400 全站仪的操作与使用

1. 徕卡 TPS400 系列全站仪简介

徕卡 TPS400 全站仪是目前黄河河道测验中常用的测验仪器,它具有测量精度高、操作方便的特点,现就该仪器的基本情况介绍如下。

(1)仪器配件。

TPS400 全站仪从包装箱中取出,检查是否完整,各仪器配件见附图 2-138。

(2)仪器各部件(见附图 2-139)。

(3)仪器操作面板说明。

仪器操作面板说明见附图 2-140。为避免不必要的电源开关误操作,TPS400 将开关 On/Off 放在仪器的侧面。

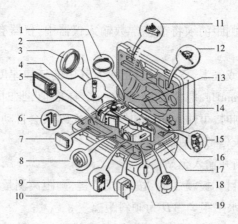

1—数据电缆(选件);2—弯管目镜或可变角度目镜(选件);

3—弯管目镜配重(选件);4—可拆卸基座(选件);5—充电器和附件(选件);

6—内六角扳手、改针;7—电池(选件);8—太阳罩(选件);9—备用电池(选件);

10—充电器的电源适配器(选件);11—用于量仪器高用的托架GHT196(选件);

12—仪器高测量尺GHM007(选件);13—微型棱镜杆(选件);14—全站仪;

15—微型棱镜+棱镜框(选件);16—微型觇板(仅配置TCR仪器);

17—用户手册;18—遮雨罩;19—微型棱镜尖脚(选件)

附图2-138

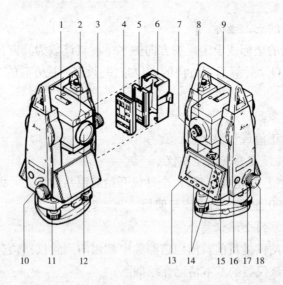

1—粗瞄器;2—内装导向光装置(选件);3—垂直微动螺旋;4—电池;5—GEB111电池
盒垫块;6—电池盒;7—目镜;8—调焦环;9—螺丝固定的可拆卸仪器提把;10—RS232
串行接口;11—脚螺旋;12—望远镜物镜;13—显示屏;14—键盘;15—圆水准器;16—电源
开关;17—热键;18—水平微动螺旋

附图2-139

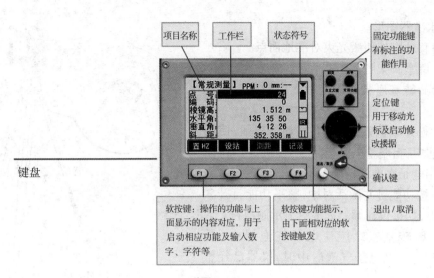

附图 2-140

（4）菜单说明。

菜单树见附图 2-141。按"菜单"键入，F1 ~ F4 选择，按"翻页"键到下一页。

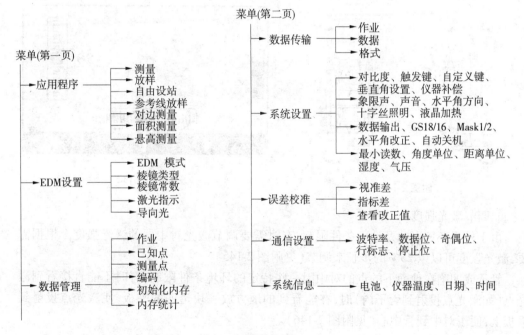

附图 2-141

2. 徕卡 TPS400 系列全站仪基本操作

1）对中整平

a. 用激光对中器对中，粗整平

（1）把仪器放置在脚架上，轻轻旋紧脚架上的连接螺栓，固定仪器（见附图 2-142）。

（2）旋转仪器基座的脚螺旋，使其处于中间位置。

（3）再按功能键并激活对中/整平功能，打开激光对中器开关，同时仪器显示屏上显示电子水准器图形。

(4)移动脚架使激光束对准地面点。

(5)踩紧脚架腿。

(6)旋转基座脚螺旋使激光束精确对准地面点。

(7)松开紧固螺旋,上下抽动脚架腿,使圆水准器居中,粗略整平完毕。

b.用电子水准仪精确整平

(1)按功能键并激活对中,整平功能打开激光对中器,如果仪器倾斜太多会显示倾斜符。

(2)旋转基座螺旋使电子气泡居中(见附图2-143)。当电子气泡居中时,仪器已经整平了。

(3)检查对中,必要时重新对中。

(4)按"确认"关掉电子水准器和激光对中(见附图2-144)。

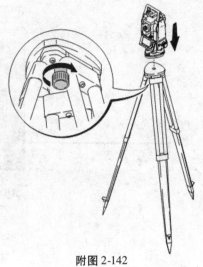

附图 2-142

 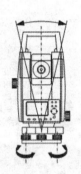

附图 2-143

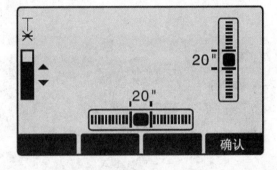

附图 2-144

c.调节激光强度

由于外界环境影响及地面条件限制,有时需要调节激光对中器的激光强度。根据需要,激光强度可以以 25% 的步长来调节(见附图2-145)。

管子或凹陷在地面下的点的对中因一些特定的环境条件限制,有时不能直接看到激光点(如激光点投射到管子内)时,在能看到的地方放一块透明的平板,使激光点投射到平板上,便于对中到管中心(见附图2-146)。

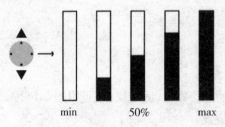

min   50%   max

附图 2-145

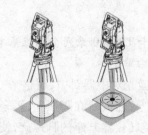

附图 2-146

2）程序应用准备

在开始应用程序之前，有一个启动程序来组织设置测站数据。在用户选择一个应用程序后显示启动程序对话框。用户可以一项一项地选择启动程序内容进行设置。界面如下：

【放样设置】

[◆] F1 设置作业

[◆] F2 设置测站

[◆] F3 定向

    F4 开始

| F1 | F2 | F3 | F4 |

[◆]表示已有设置，[ ]表示没有设置。

有关启动程序单项设置的详细信息将在后文介绍。

a. 设置作业

全部数据都存在如同子目录一样的作业里，作业包含不同类型的测量数据（例如，测量数据、编码、已知点、测站等），可以单独管理，也可以分别读出、编辑或删除。

"增加"：创建一个新作业。

"确认"：设置该作业，回到启动程序。

随后，所有数据都存放在这个作业目录下。如果没有定义作业就开始测量，仪器系统会自动产生一个名为"DEFAULT"（缺省）的作业名。

b. 设置测站

每个目标点坐标计算都与测站的设置有关，至少要设置测站的平面坐标(X_0,Y_0)（见附图2-147），测站高程在需要时输入。测站点坐标可以人工输入，也可以在仪器内存中读取。

（1）内存读取。

①选择内存中已知点的点号。

②输入仪器高。

"H - 传递"：启动高程传递功能。

"确认"：按输入的数据设置测站。

（2）人工输入。

"坐标"：弹出人工输入坐标对话框，输入点号和坐标。

"保存"：保存测站坐标，接下去输入仪器高。

"确认"：按输入的数据设置测站。

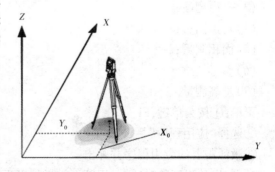

附图 2-147

如果没有进行测站设置或没有启动应用程序或在常规测量中激活了"测存"，把最后的测站设置作为目前的测站设置。

c.定向

定向时,可以人工输入水平方位角,也可以由已知坐标的点定向。

(1)人工输入。

①"F1":启动测量定向。

②输入后视点号(可以缺省)、水平角、棱镜高。

③瞄准后视点。

"测角":记录定向值并测量。

"测存":记录定向值。

(2)用坐标定向。

用这种方法定向,需要一个有已知坐标的已知点。

①"F2":启动坐标定向。

②输入定向点点号,核对查到点的数据。

③输入并确认棱镜高。

④"测量":设置定向值并测量。

"确定":设置定向值。

如果没有进行定向设置或没有启动应用程序或在常规测量中激活了"测量",把目前的水平方向值设置作为目前的测站定向。

3)应用程序

预置的应用程序涵盖了广泛的测量任务,使得日常的野外测量工作变得轻松方便。有以下应用程序可供使用:

(1)测量;

(2)放样;

(3)自由测站;

(4)对边测量;

(5)面积测量;

(6)参考线放样;

(7)悬高测量。

菜单:①按菜单键,F1。

②选择"应用程序"栏,F1~F4。

③激活需要的应用程序并弹出。

翻页:启动程序的对话框,用翻页键进行翻页。

a.测量

测量程序对测量的点数没有限制。测量程序和常规测量相比,只是在引导设置、测站设置、定向和编码等方面有所不同。

具体步骤如下:

(1)输入点号、编码和棱镜高。

(2)测量并记录。

有两种编码方法：

(1)简单编码。在相应栏输入编码，编码与相应的测量数据一起保存。

(2)扩展编码：按软按钮"编码"，在编码表中寻找并输入，同时可以增加编码属性。

b.放样

放样程序可根据放样点的坐标或手工输入的角度、水平距离和高程计算放样元素。放样的差值会连续显示。

(1)从内存提取坐标放样。

具体步骤如下：

①"◄►"：选择要放样的点。

②"测距"：开始测量并计算显示测量点与放样点的放样参数差。

③"记录"：记录显示的值。

④"极坐标"：输入极坐标放样元素（方向值和水平距离）。

⑤"放样点"：简单地输入放样点的坐标放样，不输入点号也不记录数据。

(2)极坐标法放样。

极坐标法放样中几个偏差的含义如下：

如附图 2-148 所示，1 为目前放棱镜的点，2 为要放样的点，ΔHz 为角度偏差，放样点在目前测量点右侧时为正。

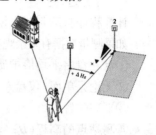

◭◣距离偏差：放样点在更远处时为正。

◭◤高程偏差：放样点在更高处时为正。

附图 2-148

(3)正交放样。

放样点与目前测量点间的位置偏差量以纵向偏差和横向偏差表示。如附图 2-149 所示，1 为目前放棱镜的点，2 为要放样的点。

纵向偏差：放样点在更远处时为正。

横向偏差：放样点在目前测量点右侧时为正。

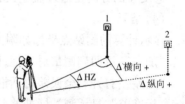

附图 2-149

(4)坐标差法放样。

基于坐标系的放样，偏差量为坐标差。如附图 2-150所示，1 为目前测量的点，2 为要放样的点。

ΔX 为放样点和目前测量点之间的 X 坐标差。

ΔY 为放样点和目前测量点之间的 Y 坐标差。

c.自由测站

自由测站是用至少 2 ~ 5 个已知点通过边角后方交会计算求得测站点的设站数据（见附图 2-151）。

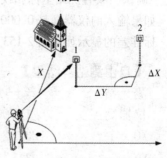

附图 2-150

下列数据采集是许可的：

①仅测水平角和竖直角。

②距离、水平角、竖直角都测。

③有些点仅测水平角和竖直角，有些点水平角、距离和竖直角都测。

最后的结果是获得测站点的坐标和全站仪水平度盘0方向的定向,同时提供用于精度评定的标准差和残差。

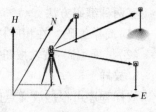

附图 2-151

（1）测量技巧。

对一个点单测盘左（面Ⅰ）、盘右（面Ⅱ）或盘左盘右都测均可以，先测盘左还是先测盘右，以及先测哪个点都没有要求。

对同一点的盘左盘右测量设置粗差检，以避免错测其他点。

若同一目标同一位置测了数次,最后一个有效测量数据参与计算。

（2）测量规定。

①盘左盘右（双面）测量：盘左盘右都测时,对同一目标而言,棱镜高不能改变。

②目标点高程为 0.000 m 时,高程计算会出现问题,如果目标点的有效高程确实为 0.000 m,请输入为 0.001 m,以避免高程计算中的问题。

（3）计算过程。

计算程序自动判断数据处理方式,如二点交会或三点测角交会。

如果测量数据有多余观测,程序会采用最小二乘平差取得测站的平面位置、高程及方位。

①盘左盘右平均值被调进处理程序。

②无论是单面（仅盘左或盘右）测量还是双面测量,都被认为精度相同。

③平面位置(x,y)通过最小二乘平差得到,包括水平角及水平距离的标准差。

④测站点的高程(H)是基于各点三角高程计算的平均值。

⑤度盘的方向是通过盘左盘右观测值及最后计算的平面位置确定的。

（4）结果。

显示计算的测站点坐标如附图 2-152 所示。

"加点"：返回到测量对话框,以便测更多的点。

"残差"：打开剩余误差对话框。

"标准差"：显示测站标准差。

"确认"：安置测站坐标和仪器高开始新测站。

如果输入的仪器高是 0.000 m,计算的仪器高指的是仪器横轴位置的高程。

标准差的显示如附图 2-153 所示。

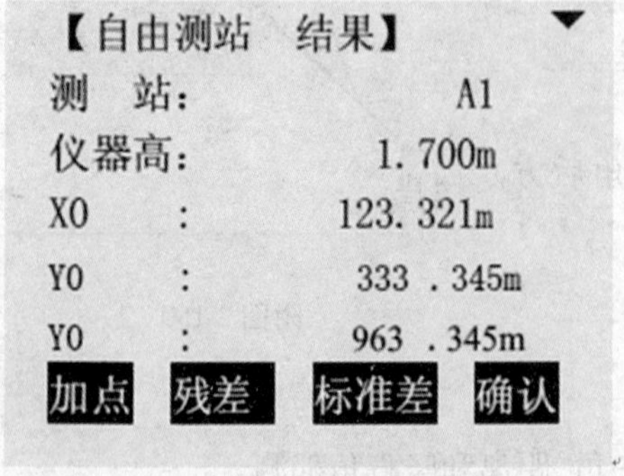

【自由测站 结果】	
测 站：	A1
仪器高：	1.700m
X0 ：	123.321m
Y0 ：	333.345m
Y0 ：	963.345m
加点 残差 标准差 确认	

附图 2-152

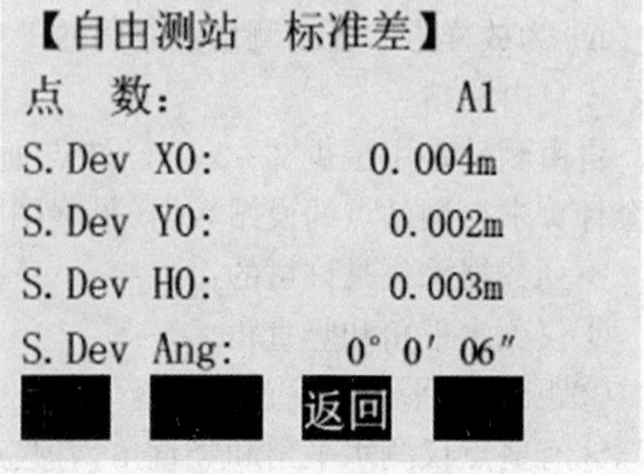

【自由测站 标准差】	
点 数：	A1
S.Dev X0：	0.004m
S.Dev Y0：	0.002m
S.Dev H0：	0.003m
S.Dev Ang：	0° 0′ 06″
返回	

附图 2-153

"S. Dev X0":测站坐标的标准差。

S. Dev Ang:定向标准差。

计算残差的显示如附图 2-154 所示。

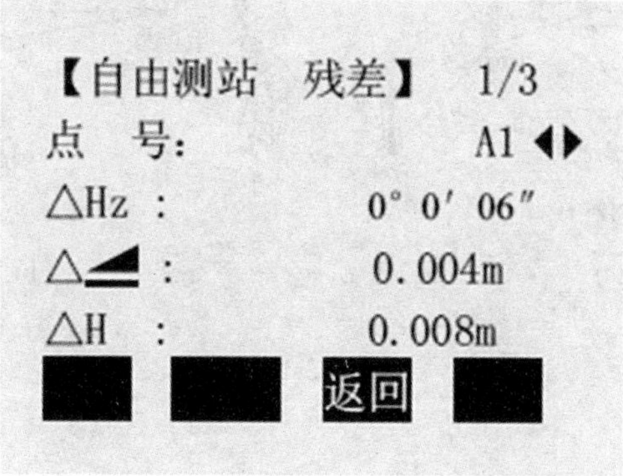

【自由测站　残差】　1/3

点　号：　　　　A1◀▶

△Hz :　　　　0° 0′ 06″

△◢ :　　　　0.004m

△H :　　　　0.008m

返回

附图 2-154

改正数 = 计算值 - 测量值

警告/信息如下：

重要信息	含义
所选点无有效数据	表示所选点无 X 坐标或 Y 坐标
所选点无有效数据	如果已测了 5 个点,还想测更多的点,则系统最多支持 5 个点
由于无效数据测站位置无法计算,重新进行自由设站	测量数据不能计算测站坐标,重测
测量数据不能计算测站坐标,重测	可能目标高程不合常规或测量数据不能计算高程
作业中存储空间不够	当前作业已满,不允许存储
$Hz(Ⅰ-Ⅱ)>0.9°$,重测	盘左(面Ⅰ)和盘右(面Ⅱ)的数据有粗差
$v(i-i_D)>0.9°$,重测	盘左(面Ⅰ)和盘右(面Ⅱ)的数据有粗差
需更多的点或距离	没有足够的数据或足够的点来交会测站点

d. 对边测量

用对边测量程序可以实时计算两个目标点间的斜距、水平距离、高差和方位角。参与计算的点可以是实时测得、从内存中选取,也可以是从键盘人工输入。

用户可以有折线对边和射线对边两种选择,分别如附图 2-155(a)、(b)所示。

两种方式基本原理一样,不同之处说明如下。

对边测量的步骤如下:

(1)确定第一个目标点。

"测存":测量目标点并记录。

"检索":从内存中找点。

(2)确定第二个目标点。

确定过程与第一个目标点相同。

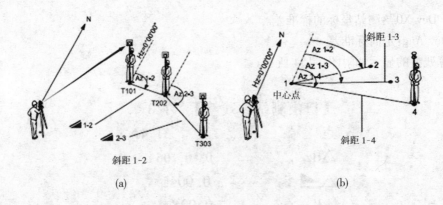

(a)   (b)

附图 2-155

显示结果如下：

(1)方位角:点 1 和点 2 的方位角。

(2)△◣。点 1 点 2 间的斜距。

(3)△◣。点 1 点 2 间的平距。

(4)△◢。点 1 点 2 间的高差。

折线对边中的有关软按钮如下：

(1)"新点":把刚才的点 2 作为新对边的起点（新对边中的点 1),继续对边测量(测量新对边中的点 2)。

(2)"新对边":重新开始一组折线对边。

(3)"射线":转换到射线对边,射线对边中的有关软按钮。

(4)"中心点":确定新的中心点。

(5)"端点":确定一个新的端点。

(6)"折线":换到折线对边。

4)文件管理

文件管理器含有在野外进行输入、编辑和检查数据的所有功能(见附图 2-156)。

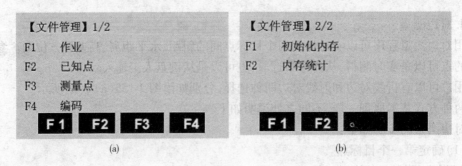

(a)   (b)

附图 2-156

a. 作业

各种测量数据都存储在选定的作业里,例如,已知点、测量点、编码、结果等。作业的定义包括输入作业名称和操作者。另外,系统自动添加创建日期及时间。

作业搜索:

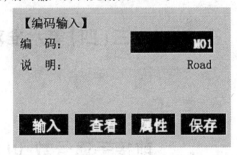：翻看作业。

"删除"：删除所选作业(用左、右键选择)。

"确认"：确认所选作业。

"增加"：启动输入一个新作业。

b. 已知点

有效的已知点至少包含点名和平面坐标(X,Y)或高程H。

"删除"：将所选已知点从仪器内存中删除。

"查找"：开始点搜索，输入点号或通配符"＊"。

"增加"：弹出输入新的已知点点名和坐标的对话框。

c. 测量点

内存里的测量数据可以被搜索、显示或删除。

"F1"：启动查看指定点号内容。

"查看"：列出选定作业中的所有测量数据块。

d. 编码

每条编码可有一项说明和最多 8 个属性，编码输入界面见附图 2-157。

"保存"：保存数据。

"属性"：弹出属性输入对话框。

"查看"：弹出搜索对话框。

e. 初始化内存

删除作业、一个作业中的单个数据区或全部数据。

"删除"：开始删除所选择的数据区域。

【编码输入】

编　码：　　　　　　　　M01

说　明：　　　　　　　　Road

输入　查看　属性　保存

附图 2-157

"所有"：删除仪器内存内所有的数据，内存中所有数据将被永久性地清除。

删除后数据不可恢复，操作前要确信有用的数据已下载保存。

f. 内存统计

显示内存信息，例如：

(1)储存的已知点数量。

(2)记录的数据块数量(测量点、编码等)。

(3)可用作业(未定义)数量。

附录三 河道观测有关表格的计算说明

一、三、四等水准测量记录手簿

(一) 手簿格式

手簿封面如下：

<u>×　×</u>至<u>×　×</u>

三(四)等水准观测手簿 №.<u>02</u>

前接手簿号数:<u>01</u> 后接手簿号数:<u>03</u>

1988 年

<u>×　×省测绘局×　×测量队</u>
(测量单位名称)

手簿副封面如下：

水准路线由 ×× 起经 _____ 至 ××

仪器名称 NS3 No. 670607

制造厂名××测绘仪器厂

望远镜放大倍率 30× 视距常数 100

水准器分划值 20″/2 mm 测微器分划值 _____

倾斜螺旋分划值 _____

仪器检查校正情况 良好

标尺名称 黑红面标尺 No. 5 No. 6

制造厂名 ××测绘仪器厂

读数差常数 4787 4687

刻划间隔 1.0 cm

标尺检查校正情况 良好

观测者 王××

记簿者 张××

·279·

检查验收表格式如下：

检查验收表

过程检查意见：   （签名或盖章） 20　年　月　日
最终检查意见：   （签名或盖章） 20　年　月　日
验收意见：   （签名或盖章） 20　年　月　日

重要问题记载表格式如下：

重要问题记载表

页数	问题摘要	处理结果或意见	处理者

水准路线表格式如下：

水准路线表

编号	起始水准点点号至终了水准点点号	页数

水准路线图应标出图幅分幅线、水准路线、点位、号数及与路线联测的三角点或其他点,具体例子见附图3-1。

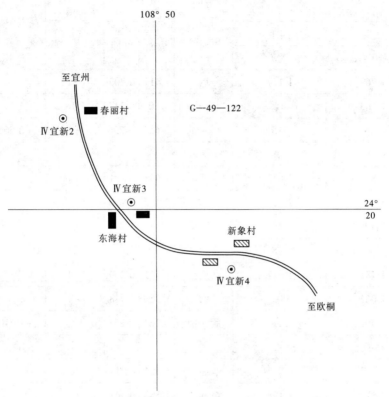

附图3-1　水准路线图(1:200 000)

注:经纬线用红色绘出。

水准测量记录手簿见附表3-1。

附表3-1　水准测量记录手簿

测自:Ⅲ滨二2至Ⅲ滨二2　　　　　　　　　　　　　　日期:2008-08-25

开始时刻:8时48分　　　　　　　　　　　　　　　　　天气:晴

结束时刻:10时36分　　　　　　　　　　　　　　　　成像:清晰

测站编号	后尺	下丝	前尺	下丝	方向及尺号	水准尺读数		K+黑－红	高差中数	备注
		上丝		上丝		黑面	红面			
	后距		前距							
	视距差 d		Σd							
1	2 256		1 162		后	1 901	6 588	0		Ⅲ滨二2
	1 543		450		前	806	5 592	+1		
	713		712		后－前	+1 095	+996	－1	+10 955	
	+1		+1							

测站编号	后尺	下丝	前尺	下丝	方向及尺号	水准尺读数		K+黑－红	高差中数	备注
		上丝		上丝						
	后距		前距			黑面	红面			
	视距差 d		∑d							
2	1 769		1 117		后	1 417	6 203	+1		
	1 063		402		前	760	5 447	0		
	706		715		后－前	+657	+756	+1	+6 565	
	−9		−8							
3	1 842		2 632		后	1 633	6 321	−1		
	1 423		2 213		前	2 422	7 210	−1		
	419		419		后－前	−789	−889	0	−7 890	
	0		−8							
4	1 781		1 617		后	1 421	6 209	−1		
	1 062		904		前	1 260	5 948	−1		
	719		713		后－前	+161	+261	0	+1 610	
	+6		−2							
5	1 683		1 912		后	1 324	6 011	0		
	967		1 198		前	1 555	6 341	+1		
	716		714		后－前	−231	−330	−1	−2 305	
	+2		0							
6	1 813		1 907		后	1 456	6 244	−1		
	1 099		1 189		前	1 548	6 233	+2		
	714		718		后－前	−92	+11	−3	−905	
	−4		−4							
7	1 722		1 749		后	1 363	6 050	0		
	1 006		1 029		前	1 389	6 176	0		
	716		720		后－前	−26	−126	0	−260	
	−4		−8							
8	2 050		1 838		后	1 690	6 478	−1		
	1 331		1 122		前	1 480	6 168	−1		
	719		716		后－前	+210	+310	0	+2 100	
	+3		−5							

测站编号	后尺	下丝 上丝	前尺	下丝 上丝	方向及尺号	水准尺读数		K+黑－红	高差中数	备注
	后距		前距			黑面	红面			
	视距差 d		∑d							
9	1 652		1 588		后	1 291	5 978	0		
	930		872		前	1 230	6 017	0		
	722		716		后－前	+61	－39	0	+610	
	+6		+1							
10	1 738		1 683		后	1 381	6 169	－1		
	1 025		969		前	1 326	6 011	+2		
	713		714		后－前	+55	+158	－3	+565	
	－1		0							

测量：×××　　　记载：×××　　　校核：　　　复校：

数据处理：×××　　处理时间：2009-02-25　08：53：08

(二)三、四等水准测量记录的内容和顺序

1.每测站记录计算内容

如附表 3-2 所示,按照规范的操作程序,记录员应当按照附表 3-2 中的数字编号并依次记录后视下丝读数(1)、上丝读数(2)、后视黑面中丝读数(3)、前尺下丝读数(4)、上丝读数(5)、前尺黑面中丝读数(6)、前尺红面中丝读数(7)、后视红面中丝读数(8)。

在记录原始读数的同时,应该进行如下计算:

后视距离:(15) = (1) － (2)

前视距离:(16) = (5) － (6)

前后视距差:(17) = (15) － (16)

累计视距差(18) = 前站(18) + (17)

前尺 K + 黑 － 红:(9) = (4) + K_2 － (7)

后尺 K + 黑 － 红:(10) = (3) + K_1 － (8)

黑面高差:(11) = (3) － (4)

红面高差:(12) = (8) － (7)

黑红面高差之差:(13) = (11) － (12) ±100

黑红高差中数:(14) = ((11) + (12) ±100)/2

附表 3-2　三、四等水准测量记录手簿

测自　　　至　　　　　　　天气：　　　　观测者：
20　年　月　日　　　　　成像：　　　　记簿者：
始：　时　分
终：　时　分

测站编号	后尺		前尺		方向及尺号	标尺读数		$K+$黑$-$红	高差中数	备注
		下丝		下丝						
		上丝		上丝						
	后距		前距			黑面	红面			
	视距差 d		累计视距差 $\sum d$							
1	(1)		(5)		后	(3)	(8)	(10)		
	(2)		(6)		前	(4)	(7)	(9)		
	(15)		(16)		后－前	(11)	(12)	(13)	(14)	
	(17)		(18)							
3										
4										
5										
6										
7										
$\sum$	$\sum(1)$		$\sum(5)$			$\sum(3)$	$\sum(8)$	$\sum(10)$		
	$\sum(2)$		$\sum(6)$			$\sum(4)$	$\sum(7)$	$\sum(9)$		
	$\sum(15)$		$\sum(16)$			$\sum(11)$	$\sum(12)$	$\sum(13)$	$\sum(14)$	
	$\sum(17)$		$\sum(18)$							

在计算测站各项数值时,应与附表 3-3 对照,如果超过附表 3-3 中的要求,应该进行相应部分的重测。当前后视距、视距差以及前后视距差超限时,应该调整水准尺或仪器的位置后重测;当基辅分划差或基辅读数高差之差超限时,应该重新进行读数。

附表 3-3

项目	视距 (m)	视距差 (m)	累计视距差 (m)	K + 黑 – 红 (mm)	高差之差 (mm)
三等水准	≤75	≤2	≤5	≤2	≤3
四等水准	≤100	≤3	≤10	≤3	≤5

2. 每测段或每条水准路线的记录计算内容

每条路线测完后应进行如下的校算:

(1)按照附表 3-1 的格式,计算该条路线中所有数据的和。

(2)前后视距及视距差的校核。

累计后视距离: $\sum(15) = \sum(1) - \sum(2)$

累计前视距离: $\sum(16) = \sum(5) - \sum(6)$

累计前后视距差: $\sum(17) = \sum(15) - \sum(16)$

累计视距差 $\sum(18) = \sum(16) - \sum(17)$

(3)高差部分的校核。

累计前尺 K + 黑 – 红: $\sum(9) = \sum(4) - \sum(7)$

累计后尺 K + 黑 – 红: $\sum(10) = \sum(3) - \sum(8)$

累计黑面高差: $\sum(11) = \sum(3) - \sum(4)$

累计红面高差: $\sum(12) = \sum(8) - \sum(7)$

累计黑红面高差之差: $\sum(13) = \sum(11) - \sum(12) = \sum(9) - \sum(10)$(偶数站)

累计黑红面高差之差: $\sum(13) = \sum(11) - \sum(12) \pm 100 = \sum(9) - \sum(10)$(奇数站)

累计黑红高差中数: $\sum(14) = (\sum(11) + \sum(12))/2$(偶数站)

累计黑红高差中数: $\sum(14) = (\sum(11) + \sum(12) \pm 100)/2$(奇数站)

当校核各等式不成立时说明计算有错误,应检查错误,直到所有等式均成立。

二、外业高差改正计算

(一)水准尺长度误差的改正

依据水准尺名义米长测定结果计算改正数,若在作业期间一对水准尺名义米长变化量不大于 0.08 mm,则取测前、测中、测后水准尺测定的中数进行改正;若超过 0.08 mm,应分别进行改正(特别是所测路线高差较大时);若其变化超过 0.15 mm,则应分析变化原因,决定是否重测或如何进行改正。

水准尺每米改正系数 f 计算式如下

$$f = I - 1\ 000 \tag{附 3-1}$$

式中: I 为水准尺名义米长测定中数,mm。

往（返）测高差的尺长改正数 δ 计算式如下

$$\delta = fh \tag{附 3-2}$$

式中：f 为水准尺改正系数，mm/m；h 为往测或返测高差值，m。

（二）正常水准面不平行的改正

测段高差的正常水准面不平行改正数 ε 计算式如下

$$\varepsilon = -AH\Delta\phi \tag{附 3-3}$$

式中：A 为常系数，以测段始、末点纬度平均值 ϕ 为引数在附表 3-4 中查取；H 为测段始、末点近似高程平均值，m；$\Delta\phi$ 为测段末点纬度减去始点纬度的差值，（′）。

附表 3-4　正常水准面不平行改正数的系数 A 表

$$A = 0.000\,001\,537\,1\sin2\phi$$

ϕ	0′	10′	20′	30′	40′	50′
（°）	10^{-9}	10^{-9}	10^{-9}	10^{-9}	10^{-9}	10^{-9}
0	0	9	0.18	27	36	45
1	54	63	72	80	89	98
2	107	116	125	134	143	152
3	161	170	178	187	196	205
4	214	223	232	240	249	258
5	267	276	285	293	302	311
6	320	328	337	346	354	363
7	372	381	389	398	406	415
8	424	432	441	449	458	466
9	475	483	492	500	509	517
10	526	534	542	551	559	567
11	576	584	592	601	609	617
12	625	633	641	650	658	666
13	674	682	690	698	706	714
14	722	729	737	745	753	761
15	769	776	784	792	799	807
16	815	822	830	837	845	852
17	860	867	874	882	889	896
18	903	911	918	925	932	939
19	946	953	960	967	974	981
20	988	995	1 002	1 008	1 015	1 022
21	1 029	1 035	1 042	1 048	1 055	1 061
22	1 068	1 074	1 081	1 087	1 093	1 099
23	1 105	1 112	1 118	1 124	1 130	1 136

φ (°)	0′ 10⁻⁹	10′ 10⁻⁹	20′ 10⁻⁹	30′ 10⁻⁹	40′ 10⁻⁹	50′ 10⁻⁹
24	1 142	1 148	1 154	1 160	1 166	1 172
25	1 177	1 183	1 189	1 195	1 200	1 206
26	1 211	1 217	1 222	1 228	1 233	1 238
27	1 244	1 249	1 254	1 259	1 264	1 269
28	1 274	1 279	1 284	1 289	1 294	1 299
29	1 304	1 308	1 313	1 318	1 322	1 327
30	1 331	1 336	1 340	1 344	1 349	1 353
31	1 357	1 361	1 365	1 370	1 374	1 378
32	1 382	1 385	1 389	1 393	1 397	1 401
33	1 404	1 408	1 411	1 415	1 418	1 422
34	1 425	1 429	1 432	1 435	1 438	1 441
35	1 444	1 447	1 450	1 453	1 456	1 459
36	1 462	1 465	1 467	1 470	1 473	1 475
37	1 478	1 480	1 482	1 485	1 487	1 489
38	1 491	1 494	1 496	1 498	1 500	1 502
39	1 504	1 505	1 507	1 509	1 511	1 512
40	1 514	1 515	1 517	1 518	1 520	1 521
41	1 522	1 523	1 525	1 526	1 527	1 528
42	1 529	1 530	1 530	1 531	1 532	1 533
43	1 533	1 534	1 534	1 535	1 535	1 536
44	1 536	1 536	1 537	1 537	1 537	1 537
45	1 537	1 537	1 537	1 537	1 537	1 536
46	1 536	1 536	1 535	1 535	1 534	1 534
47	1 533	1 533	1 532	1 531	1 530	1 530
48	1 529	1 528	1 527	1 526	1 525	1 523
49	1 522	1 521	1 520	1 518	1 517	1 515
50	1 514	1 512	1 511	1 509	1 507	1 505
51	1 504	1 502	1 500	1 498	1 496	1 494
52	1 491	1 489	1 487	1 485	1 482	1 480
53	1 478	1 475	1 473	1 470	1 467	1 465
54	1 462	1 459	1 456	1 453	1 450	1 447

计算示例见附表 3-5。

附表 3-5　正常水准面不平行改正数的计算

三等水准路线:自宜州至柳城　　　　　　　计算者:　　　　　　　　　　　　（单位:m）

水准点编号	纬度φ (° ′)	观测高差 h′	近似高程	平均高程 H	纬差 Δφ (′)	HΔφ	正常水准面不平行改正 ε = −AHΔφ (mm)	附记
Ⅱ杨宝35	24 28		425	435	−3	−1 305	+2	
		+20.345						
Ⅲ宜柳1	25		445	484	−3	−1 452	+2	
		+77.304						已知:
Ⅲ宜柳2	22		523	550	−3	−1 650	+2	Ⅱ杨宝35 高
		+55.577						程为:424.876
Ⅲ宜柳3	19		578	615	−3	−1 845	+2	m
		+73.451						Ⅱ汉南21 高程
Ⅲ宜柳4	16		652	660	−2	−1 320	+2	为:781.960 m
		+17.094						
Ⅲ宜柳5	14		669	686	−3	−2 058	+2	
		+32.772						
Ⅲ宜柳6	11		702	742	−2	−1 484	+2	
		+80.548						
Ⅱ汉南21	9		782					

(三)水准路(环)线闭合差改正

若所计算的水准路线自成独立环线,或闭合于两个已知高程的水准点之间的单一附合路线,则此路线的闭合差 W 须按测段的测站数成正比的比例配赋于各测段的高差中,按式(附3-4)计算每个测段的高差改正数 v

$$v = -\frac{R}{[R]}W \qquad (\text{附}3\text{-}4)$$

式中:W 为经过水准尺长度改正和正常水准面不平行改正后的路(环)线闭合差,mm;R 为每测段的测站数;[R] 为路线测站数。

三、外业高差与概略高程表

高差与概略高程表的示例见附表3-6。

单程双转点观测的右、左路线高差分别填入往、返测高差项中。

四、测量计算的基本要求

(1)各项观测记录、计算和整理成果的数值单位及取用位数,应按规定执行,无特殊原因不得擅自变动,也不得任意以"零"去补足精度位数的要求。关于有效数字的取舍,按以下方法确定:

①取有效数字时,不考虑统一小数位数,也就是说,同一张表内小数位数可不必一致,但在同一行内,小数点应尽量对齐。

②数字进位采取"四舍五入"法进舍,但不能连续进位,如起点距 8 388.47 m 应为 8 388 m,不能进为 8 389 m。

(2)各观测工作均以北京时间为准。

附表 3-6　高差与概略高程表

路线名称：Ⅲ宜州柳城　自宜州至柳城　　施测年份：1988 年

编算者：＿＿＿　检算者：＿＿＿　编算者：＿＿＿　校算者：＿＿＿

测段编号	标石类型/水准点编号	水准点位置（至重要地物的方向与距离）	测段距离 R(km)	距起算点距离(km)	往测方向	土质（土、砂、石松紧与植被等）	天气 往测/返测	施测月日 往测/返测	测站数 往测(上午/下午)	测站数 返测(上午/下午)	观测高差 水准尺长度改正δ 往测(m)	返测(m)	往返测高差不符值Δ(mm)	不符值积累(mm)	加δ后往返测高差中数 h'／正常水准面不平行改正 $\varepsilon\sum h'\sum\varepsilon V$／闭合差改正 V (mm)	概略高程 $l=H_0$ (mm)	备注
1	普通 Ⅱ杨宝35	宜州县第二中学院内	5.8	0.0	东南	坚实黏土	阴晴 / 阴	07-02 / 07-19	50 / 28	28 / 48	+20.344 4　−8	−20.346 3　+8	−1.9	0.0	+203 45　+2　−1	*24 876	仪器：Ni030 43024
2	普通 Ⅲ宜柳1	宜州县太平乡良川村 2号电线杆北20 m处	5.6	5.8	东南	坚实土	晴 / 阴	03 / 18	30 / 50	50 / 28	+77.304 2　−31	−77.302 8　+31	+1.3	−1.9	+773 00　+2　−1	45 222	水准尺：5015 5016
3	普通 Ⅲ宜柳2	宜州县太平乡春秀村 13号公里碑西50 m处	5.0	11.4	东南	坚实土	晴 / 阴	05 / 16	24 / 30	30 / 22	+55.576 1　−22	−55.577 6　+22	−1.6	−0.6	+555 75　+2　−1	52 523	$f=-0.04$ mm/m
4	普通 Ⅲ宜柳3	宜州县太平乡东河村 东北约200 m处	6.0	16.4	东南带沙	实土	阴晴 / 阴	06 / 15	48 / 30	28 / 48	+73.450 2　−29	−73.451 8　+29	−1.6	−2.2	+734 48　+2　−1	53 099	偶然中误差
5	普通 Ⅲ宜柳4	沂城县欧同乡新象村 小学北100 m处	5.4	22.4	南	坚实土	阴晴 / 晴	07 / 14	28 / 26	24 / 30	+17.094 7　−7	−17.094 1　+7	+0.6	−3.8	+170 94　+2　−1	61 548	$M_\Delta=\pm1.9$ mm
6	普通 Ⅲ宜柳5	沂城县欧同乡龙门村 西南55 m处	5.7	27.8	南	坚实土	晴 / 阴	10 / 13	32 / 30	30 / 30	+32.770 6　−13	−32.772 9　+13	−2.3	−3.2	+327 70　+2　−1	68 643	计算 路线 长度(km)
7	普通 Ⅲ宜柳6	沂城县欧同乡中学北 58 m处	5.9	33.5	东南	坚实土	阴晴 / 阴晴	11 / 12	46 / 28	28 / 44	+80.548 5　−32	−80.547 0　+32	+1.5	−5.5	+805 45　+2　−1	71 414	Ⅲ宜柳 1−14　39
	普通 Ⅱ汉南21	柳城县公安局院内		39.4			不定							−4.0		*81 960	Ⅲ柳宝 1−12　70

注："*"为已知高程，计算时应用红色填写。

· 291 ·

（3）每次测量或测验完毕，测站应召开总结会。总结内容包括：测验成果精度评价、发现的问题、解决问题或改进问题的方法、遗留的问题、今后意见、工作中的经验教训等。

（4）每断面两岸应各有一组牢固可靠、使用方便的四等水准点。一般每五年与高级点联测一次，此期间若发现有问题应随时与高级点联测。

（5）为了提供更多的辅助资料，便于了解测量过程中的现场情况和测取资料中存在的特殊问题，作为内业资料整理和分析研究时参考，某些观测项目还应填写"资料情况说明表"上报。

（6）外业记载表格均采用统一格式，平面控制和高程控制记录均采用国家测绘局统一制定的格式。

（7）所有野外观测数据均为原始记录，必须按规定记载于指定的表格内，禁止用零星片纸临时记录而后转抄于记载表簿内。

如必须分组同时在不同地点进行同一项目观测，允许分别记载于同样格式的记载表中，进行必要的整理（如测深点次的统一编号，测次页数的统一编号，接头处的校对，填注说明等）后，再合并装订在一起，成为一个完整的记录。

（8）各项记载簿均应按表格名称列成目录，并予以编号，以便保存和查考。

记载表的页数应在使用前编号，记载表可在一测次或某一时段后进行整理装订成册后统一编号，已编号的页数不得撕去。

（9）原始记载表簿必须用硬铅笔（3H、4H、5H）填写，不得使用软铅笔、变色铅笔、圆珠笔和红、蓝墨水笔填写。室内计算和考证可以用蓝墨水笔填写。

（10）原始记载表簿应保持整洁，不得在上面进行草算或随便乱写。

（11）原始记载表簿应由记录人员负责保管，不得丢失、损坏或残缺，否则认为是严重的失职行为。

（12）原始记载表簿中的数字或备注说明要求翔实准确，必须是观测人员在现场亲见的数字或现象，禁止将推测或揣想的数字和现象记入记载表簿中，也不得现场不记，事后凭记忆填写。此外，要求字体端正、清晰、易于辨认，不得潦草、模糊。如遇某一数码错误应用斜线将原来的整个数字全部划去，另用同样颜色的笔将改正后的整个数字写于原数字的上方。不得用橡皮擦掉重写、不得涂掉不管、不得挖补、不得就字改字。改正原因在备注栏内说明。

记载或计算时如有废去的数值，也照此方法处理。

（13）各种记载表簿和成果图表的每个项目均应严格遵照规范和有关填制说明认真填写，不得漏填缺项。

机关名称、站名、地名等一律填其全称，不得填写简称或其他符号；测量、记载、计算、绘图等项均实行本人签名制度，明确责任，以便日后查考。签名时应写全姓名，不得只写姓或名，也不得用代号。

（14）几个人组合进行观测工作时，观测人员与记录人员应紧密配和，保证测读和记录的正确无误。当观测人员报出测得的数字后，记录人员应随即回报一次，以免听错。只有在认为本站观测项目或目标均已测完，数字完全正确无误后方可转移到下一站。

（15）在进行观测和资料整理时，必须认真执行四随（随测、随算、随分析、随整理）、五保(保证项目齐全、方法正确、数字规格无误、图表整齐清晰、按时交出成果)制度。

(16)河道观测中的原始记录必须填写全部数字,不能省略。记录计算时如下一行数字与上一行数字或下一行文字说明与上一行文字说明完全相同亦应照填,不得打"〃"符号。

(17)记载表簿不论年终是否用完,下一年一律更换新的,不得跨年使用。

(18)在站整理工作是测站的基本工作之一。整理出的成果是分析研究时的根本依据,其质量的好坏直接关系到研究成果的正确与否,因此工作人员应予以高度重视,整理要求如下:

①检查各种表格和图上的每个项目是否填写齐全、整洁,规格是否符合要求,有无涂改、伪造和其他不合规定之处。

②计算方法和外业绘图规格是否正确和达到所要求的精度。

③在站整理中,各项图表都必须从外业原始记录到内业计算,按步骤进行逐项逐点的填算、初校和复校三遍手续。不得简化,不得只核表面数字,不得只抽核部分记录。最后各种报表应保证项目齐全,特征值和规格无误,一般数字错误率不超过1/2 000;除特征值以外的数字均为一般数字,在进行错误统计时,如一个错对其他数字有影响,则只算一个错误,影响错不作错误统计。

④未经签名的任何原始数据和图表,不得引用作为任何一个项目的计算依据。

⑤应指定专人负责各项图表的全面合理性检查,发现问题及时解决,必要时返工重做。

⑥在站整编的报表用铅笔或墨水笔填写。

⑦经计算、初校、复校以后,必须由负责该工序的人员亲自签其全名和日期,不得只写姓或名,也不得用代号。

⑧在站整理中发现的问题,凡属测站解决的应在测站解决。

⑨上报资料时应填写资料递送单一式三份,一份自存,两份随资料上报。

(19)资料集中审查一般由局组织,各站队派人参加,进行此项工作应注意以下几点:

①凡抽查部分资料的各项数据和图表也须从原始记录到内业计算成果按步骤逐项逐栏全部核算一遍,不得简化,应重点检查规格、精度、计算方法和数字的正误,核算后的成果应保证特征值无误,一般数字错误率不超过1/2 000。

②审查测站资料情况说明表中所提出的问题及其处理方法是否恰当。

③进行整个河段全部资料的合理性检查,如上下游水位变化过程的对照,河势图的拼接,水面和河底纵比降是否有反常现象等。

④审核中如发现一般性问题或个别数字错误可以解决的,由审核人员负责改正;如有重大问题必须返工的则将资料退回测站返工;不能返工者由审核人员提出处理意见,并在资料情况说明表中详细说明,随同资料一起上报。

(20)制图比例尺,在满足需要和足以表明问题的原则下,应尽可能采用较小的比例尺。

为便于点绘和应用,各种图幅的比例尺均应以 1:100、1:200、1:500、1:1 000、1:2 000、1:5 000、1:10 000、1:25 000、1:50 000、1:100 000、1:200 000、1:500 000 等为准,

不允许采用1:3、1:4等类的比例尺。

（21）各种成果图中所用线条的粗细以清晰醒目、均匀美观、便于分清主次为准，线条规格如附表3-7所示。

附表3-7　线条规格

线号	规格	适用范围
1	$1 \sim \dfrac{4}{3}$（mm）	图框的边线
2	0.8（mm）	纵横坐标轴，纵横断面线，图题框外框线
3	0.6（mm）	导线，主曲线，主流线，图题框内线，水面纵比降
4	1/3（mm）	间曲线，地类界线，注解线，辅助线，水边线，水面线

（22）所有图题或注记字体一律用仿宋字或正楷字，禁止用怪体字、斜体字、美术字等。

（23）各图幅的标准尺寸应符合附表3-8的规定，不得更改。

附表3-8　图幅的标准尺寸

类别	外框（mm）		内框（mm）		边宽（mm）	
	长	高	长	高	上、右、下	左
1	1 060	750	1 000	700	25	35
2	750	540	700	500	20	30
3	750	490	700	450	20	30
4	550	390	500	350	20	30
5	390	270	350	240	15	25
6	540	270	500	240	15	25
7	195	270	155	240	15	25

注：1. 各图均系左边装订。

2. 地形图、河势图或纵断面图的长度不受限制。

3. 同一种图，如须分绘数张，各张图幅应一致。

（24）图件装订采用195 mm×270 mm、390 mm×270 mm和550 mm×390 mm三种尺寸，并按以下规定装订：①所属河段按测次装订成册；②河势图、纵断面图、瞬时水面线图、河床质泥沙颗粒级配曲线等图按规定次序装订；③各册成果图均采用统一封面。

（25）全年资料复审和整编，要在每年年终或次年年初进行。对每个观测项目的原始资料和成果图表可抽核30%，如果发现本表有个别错误但不牵扯其他资料，则仅改正本表；如与其他资料有牵连，则该项目的全部成果应重新校核与修正，直至达到复审后的成果特征值和规格完全无误。

附录四　河道观测有关软件的使用

目前,用于河道观测的软件有河道测验及普通水准测量数据处理系统、河道数据库管理系统等。

一、河道测验及普通水准测量数据处理系统

河道测验及普通水准测量数据处理系统包括两部分:中文电子记载手簿软件与内业数据处理集成系统软件。

中文电子记载手簿软件是根据黄河河道测验的具体情况,依据河道规范、普通水准测量规范编写的,可以应用于河道测验与普通水准测量的外业记载中,使外业数据记载、内业资料处理更方便、更精确、更迅速。

该程序采用 Turbo C + +3.0 编写,使用本软件自带汉字库,窗口界面,弹出式菜单,汉字信息提示;可执行文件程序 160 多 K;在 DOS 环境下(PC80286 以上的计算机)运行,特别适合于内存较小、无中文操作系统的小型计算机(如 HP200)。

内业处理软件,采用 Borland Delphi5.0 编写,界面友好、操作方便。

(一)中文电子记载手簿

1. 操作界面

本测量软件可以应用于普通三、四等水准测量,河道(四)五等水准测量(含地形测量),GPS(全站仪)水道测验,六分仪水道测验等;在不同的操作中,界面及显示信息各不相同,在此只介绍相同部分,具体内容在分解中再作说明。

程序的主界面见附图 4-1。

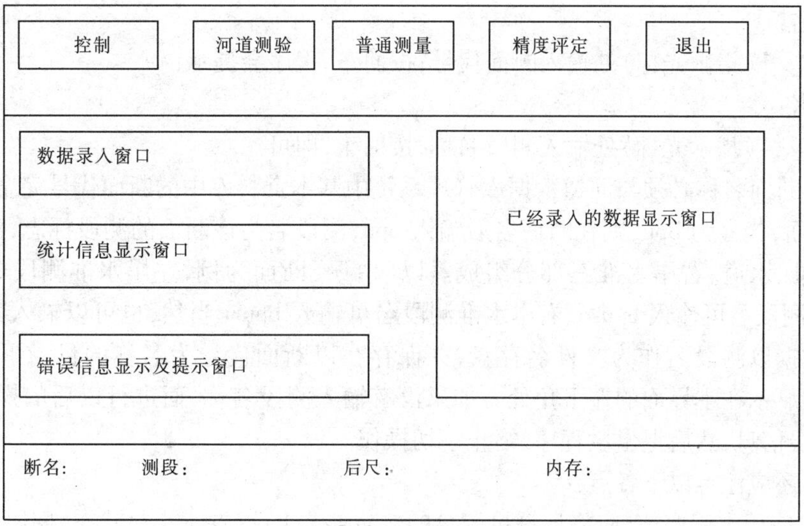

附图 4-1

在主操作界面中,"控制、河道测验、普通测量、精度评定、退出"五个部分为主菜单,且都为下拉式菜单。应用左右箭头"←、→"可以完成主菜单中各功能模块的切换;应用上下箭头"↑、↓"可以完成主菜单中各级子菜单间的切换。

2. 数据显示窗口说明

(1)数据录入窗口。所有的数据都由此处输入计算机,在不同的操作方式下,本窗口会显示不同的提示信息,以便录入相应的数据。

(2)统计信息显示窗口。该窗口显示各种统计数据,如测站号、测点号、累积视距差、地形点号等。

(3)错误信息显示及提示窗口。如果数据错误、操作错误或数据超限,本窗口将给出相应的说明信息;同时,本窗口也给出下一步操作的提示信息。

(4)已经录入的数据显示窗口。该处显示已输入的数据,如水准测量可以显示本测站的全部数据。

(5)在主界面的最下一行:①断名。在河道断面测验时,显示该断面的断面代号,并且程序会在系统程序运行的盘符下建立一个以该代号为名称的目录,并将该断面的所有实测数据保存于该目录中;在普通水准测量时,断名代表测区名,并用于保存该测区的数据。②测段。显示测段的测段名称。③后尺。显示该测段的第一站后尺尺常数,程序启动后默认为4687,并显示在界面上。④内存。显示当前未使用的数据段大小。

3. 控制(系统总控部分、主菜单)

该主菜单是各操作的共同操作部分,也是进行各项操作都首先要进行的一部分。它包括六部分:输入文件、仪器选择、视距控制、选择后尺、水准备注、水道备注。

用上下箭头"↑、↓"可以完成以上六个子菜单间的切换。

1)输入文件

按"↑"键或"↓"键调整白色背景块到该选项,按"Enter"键即进入该项功能(其他菜单的进入方式也是如此)。在数据录入窗口会首先显示:

断面名:____

在'____'(指示光标)处输入断面代号;按回车,程序会提示:

测段名:____

在'____'(指示光标)处输入测段名称;按回车,即可。

注意:断面名称必须与河道数据库管理系统中基本资料库中的断面代号完全一致,如"白堡"断面,代号为bpu,则在断面名后输入bpu;测段名为该断面的测段标志,河道测验由左岸水准、水道、右岸水准三部分组成。以"白堡"断面为例,左岸水准测段名可输入bpul、水道测段名可输入bpusd、右岸水准测段名可输入bpur(当然,也可以输入其他的名称;测段数据以测段名作为文件名存盘,并保存在以断面代号为名称的目录下)。输入后,测段名显示在主界面的左下角处。如果没有输入测段名称,而进行以后的操作,程序会给出错误信息,然后退出主程序,终止一切操作。

另外,还应注意以下各点:

(1)在应用本程序前,应将计算机键盘的"Caps Lock"键置于小写状态,即原始数据中录入的字母都是小写的,否则将无法向计算机中输入数据;但通常河道测验中的字母是大写的,因此后处理软件对原始数据处理后,会将小写字母转换成大写字母输出到成果数据中。

(2)在输入部分(外业记载时,进行的各种数据的输入)必须输入(除非在按"Enter"键之前按退出键"Esc",不保存数据返回主界面)一种类型的数据(字母或数字),否则程序将发出一声较长的报警音响,而且也无法进行以后其他各项操作;在输入正确数据后,按"Enter"键,程序发出一声较短的报警音响,以确认数据已经输入到计算机中。

(3)在按"Enter"键之前,输入的任何数据都可以用退格键"Backspace"进行修改。

2)仪器选择

本程序支持两种类型的仪器:DS$_1$、DS$_2$。DS$_1$型:四等测量视距长最大允许150 m,三等测量视距长最大允许100 m;DS$_2$型:四等测量视距长最大允许100 m,三等测量视距长最大允许75 m。按"↑"或"↓"键调整白色背景块选择其中一种,一旦选定,在测量中,程序会根据选择的仪器对输入的视距进行是否超限判断(注意:程序默认"自动控制")。

3)视距控制

河道测验中,由于测量地形的特殊情况,与视距有关的限差与水准测量规范不一致;如果选择"自动控制",程序在遇到与水准规范限差不一致的情况时,会自动返回重测;如果选择"人为控制",程序在遇到与水准规范限差不一致的情况时(也给出超限信息提示及声音报警),会让测量人员自己决定是否返回重测。该项仅对河道测验往二有效。

4)选择后尺

进入该项后,程序给出4687、4787两种尺常数供选择,按"↑"键或"↓"键可选择其中的一种。4687、4787都可以作为第一站的后尺,但是,一旦选定,以后各测站的尺类型就确定下来,不可随意置换。

5)水准备注

这部分是为输入水准测量时环境变量而设置的,使用阿拉伯数字或字母作为环境变量代号;但是在内业处理时,变量代号将被替换为汉字,并自动填入表头中。应注意的是:这部分功能仅对河道测验水准测量有效,对普通水准测量不起作用。具体说明如下:

(1)统测编号输入。输入信息提示为:输入测次(这时,输入统测号即可)。

注意:对于布设,统测号输入数值0;对于统测,输入统测号即可。

(2)输入测量仪器代号。输入信息提示为:输入仪器。

这里要求输入小写字母与阿拉伯数字的组合,中间不得有空格。

(3)天气状况输入。输入信息提示为:输入天气。

要求输入测量时天气代码,该代码必须与内业处理代码数据库中的代码一致,内业处理程序根据该代码提取代码数据库中所对应的天气状况。代码数据库是可以编辑的,不同的用户可根据具体情况设置,因此本应用软件对代码并没有作特殊规定。

在代码数据库中,有关天气的代码默认如下:TQ代表晴,TY代表阴,TD代表多云。

这些代码用户可修改,也可加入更多的相关内容;如果外业中输入其他代码数据库中没有的数据,内业处理程序以"?"代替,并填入表头中。

注意:代码数据库中的代号,必须全部为大写,这是程序处理时的特殊要求。

(4)风向输入。

输入信息提示为:输入风向。

在代码数据库中,有关风向的代码默认如下:FW 代表无风,FD 代表东,FX 代表西,FN 代表南,FB 代表北,FDN 代表东南,FDB 代表东北,FXN 代表西南,FXB 代表西北。若输入其他数值,内业处理程序以"?"代替,并填入表头中。

(5)风力输入。

输入信息提示为输入风力(要求输入阿拉伯数字,输入实际风力级数)。

(6)测量部位输入。

输入信息提示为:输入部位。

在代码数据库中,有关部位的代码默认如下:BL 代表左岸,BR 代表右岸。

若输入其他数值,内业处理程序以"?"代替,并填入表头中。

输入的以上数据,程序将以"测段名. TMP"为文件名保存在计算机中。

6)水道备注

这部分是为输入水道测量时环境变量而设置的,共有基端距、基线长、测向、测次、风向、风力、水面七项。特殊说明如下:①测向,即测量方向(1/ −1)(输入 1:表示水道中各测点的起点距大于基线起点距,输入 −1:表示水道中各测点的起点距小于基线起点距)。②水面,即输入水面情况,在代码数据库中,有关水面的代码默认如下:SP 代表平,SZ 代表涨,SL 代表落。

若输入其他数值,内业处理程序以"?"代替,并填入表头中。

输入的以上数据,程序将以"测段名. WHT"为文件名保存在计算机中。

4. 普通水准测量

在主界面中选择"普通测量"主菜单,按箭头"↓"打开下拉式菜单显示如下:

输入备注
四等往一
四等往二
三等测量

按"↑"键或"↓"键可选择其中的一种,按"Enter"键即进入该项功能。

1)输入备注

无论三、四等测量,都要先输入这一部分,包括两项:①天气,②成像。第 1 项不再说明;第 2 项,数据库中的默认值如下:CQ 代表清晰,CM 代表模糊。

2)四等往一

(1)进入该项功能后,统计信息窗口显示:

测站:1

表示首先输入第一站数据。

(2)数据录入窗口显示:

桩名:__

表示在第一站的后尺处首先应输入该立尺水准点的点名(默认)(按:"Esc"不保存数据返回主界面)。

(3)在输入完水准点名后,数据录入窗口显示:

后尺黑面:__

(4)要求输入后尺黑面数据。以后各项输入与此类似,程序会依次显示:输入后尺红面、前尺黑面、前尺红面。此后,程序会在信息提示窗口显示:

是否校测(? Y/N)

(5)若选择Y则重测该站,选择N则不校测。

最后程序会在信息提示窗口显示:

是否输入备注(? Y/N)

(6)若选择Y则可以输入前立尺点水准点的点名,选择N则不输入。如果输入Y与N以外的任何键,程序将不接受你的输入,并发出报警声。

(7)在进行以上各项输入的同时,输入的测量数据会在数据显示窗口中显示出来,以便下一步测量进行参考。

(8)在进行以上操作的同时,程序会对输入的数据进行检查,如果出现黑红面高差超限、前后尺黑红面高差之差超限等错误,程序均会发出报警声,并给出错误信息显示,要求重测该站。

(9)到此,普通四等水准测量往一第一站结束。在结束以前,程序会显示测段统计信息及本站的统计信息,然后给出是否对本站进行校测的信息,如果需要校测则重测本站,否则显示信息:

数据被保存到文件中

按"Enter"键,程序返回主菜单界面。

返回主菜单后,如果继续进行本测段(不管是往一,还是往二,因为它们都是同一测段)的测量,则不需要再输入测段名(否则,必须先输入测段名称,再进行操作),因为界面的左下角处仍是本测段的测段名称。

如果这时仍进行四等往一测量,统计信息窗口显示:

测站:2

表示开始第二站测量。

信息提示窗口显示:

是否输入备注(? Y/N)

若选择Y则输入后尺水准点名,选N则输入尺读数,以后各项操作都与第一站相同。以后各站的操作都与第二站相同。

3)四等往二

往二测量与往一测量相比较,增加了输入前后尺视距、对前后尺视距差及累积视距差的判断。统计信息窗口除显示测站号外,还显示累积视距差(注意:单位为分米(cm))。其他各项都相同。

注意:往一、往二可以交叉进行;也可以先测往一、再测往二,反之也可,但往一、往二测段名称必须完全一样,测向一致,内业程序按四等支线以起始点为引据点进行高程推算制表。若是附合水准或闭合水准,可选择往二,只测一个测段,内业程序按附合水准进行平差制表。

4)普通三等水准测量

对于三等测量,附合、闭合水准只需一个测段,内业按附合平差制表;对于三等支线,必须是两个测段,进行往返测量,不同的测段要输入不同的测段名,内业按往测始点为引据点进行高差高程推算制表。

三等测量与四等往一测量相比较,增加了输入前后尺上下丝四个数据及相应的错误信息判断,统计信息窗口除显示测站号外,还显示累积视距差(注意:单位为分米(cm))。其他各项都相同。

5)外业测量原始记载文件示例

普通四等测量会形成四个数据文件:

测段名.TW1:往一原始数据文本文件。

测段名.W1:往一原始数据统计文件。

测段名.TW2:往二原始数据文本文件。

测段名.W2:往二原始数据统计文件。

测段名.TMP:环境文件。

下面以测段DTL1为例对原始记载文件作说明。

(1)文件DTL1.TW1:往一原始。

```
2001   1   16
10   28   25
   2000r1
    1    1063    5750     0
    1    1625    6412     0
    1    -562    -662     0      -562
    2    1163    5950     0      r7
    2     884    5570     1
    2     279     380    -1      280      r7
    3    1476    6163     0
   2000r2
```

3	458	5245	0	
3	1018	918	0	1018

2000r2

4	1665	6452	0
4	2477	7164	0
4	−812	−712	0
5	410	5097	0
5	1263	6050	0
5	−853	−953	0

该文件共计 5 站,每一测站数据占 5 行,一些基本的计算已经完成。文件中,每一种数据都有固定的位置及数据长度。第 1 行为测量日期,第 2 行为测量开始时间,日期时间是由程序自动从计算机中读取的。对原始数据的任何更改都可能导致后处理程序无法读取原始数据文件(对以下的原始数据文件也如此)。详细的数据格式要求在此不作说明。

(2)文件 DTL1.W1。

14　　28.0　　0.0　　6119.000　　14.0　　14.0　　110335　　98099

10 34 10

该文件为统计部分,其中第 2 行为测量结束时间,是程序从计算机中自动读取的。

(3)文件 DTL1.TW2:往 2 原始。

2001　1　15

21　29　43

2000r1

1	1021	5708	0		
1	1567	6354	0		
1	−133.0	133.0	−546	−646	0

−546

1	0.0	0.0			
2	1175	5960	2		

r7

2	909	5596	0		
2	133.0	132.0	266	364	2

265

2	1.0	1.0
3	1372	6059	0

2000r2

−546
−853
-812

2000r2

所

```
3   353     5140       0
3  -20.0    20.0     1019    919      0    1019
3   0.0      1.0

2000r2
4  1573    6360       0
4  2381    7068       0
4  150.0   150.0    -808   -708     0    -808
4   0.0     1.0

5   410    5097       0
5  1283    6067       3
5  149.0   150.0    -873   -970    -3    -872
5  -1.0     0.0
```

该文件共计 14 站,每一测站数据占 6 行。文件中,第 1 行为测量日期,第 2 行为测量开始时间,详细的数据格式要求在此不作说明。

(4)文件 DTL1. W2:往二统计。

```
14    3251.0    1.0    6120.000    1626.0    1625.0    110439    98201
      9 36 34
```

该文件为统计部分,其中第 2 行为测量结束时间。

注意:如果是附合水准,则只有测段名. TW2 及测段名. W2 两个文件。

(5)普通三等水准测量原始记载文件示例。

如果一段水准采用往返测量,取两个测段名:GRLYW、GRLYF,则形成 6 个原始数据文件:GRLYW. TXT, GRLYW. 3D, GRLYF. TXT, GRLY. 3D, GRLYW. TMP:环境文件, GRLY. TMP。

具体文件示例如下:

①GRLYW. TXT:往测原始记载文件。

```
2000 12   9
 20  28  21

 1  2156    1717    1786    6572     1
 1  1416     972    1344    6031     0
 1   740     745     442     541     1    4415
 1    -5      -5
```

2 1853	1900	1483	6170	0	
2 1113	1159	1529	6316	0	
2 740	741	−46	−146	0	−460
2 −1	−6				
3 1867	1871	1497	6284	0	
3 1127	1130	1500	6187	0	
3 740	741	−3	97	0	−30
3 −1	−7				
4 1854	1788	1484	6172	−1	
4 1115	1048	1418	6205	0	
4 739	740	66	−33	−1	665
4 −1	−8				
5 1756	1931	1386	6172	1	
5 1016	1190	1561	6248	0	
5 740	741	−175	−76	1	−1755
5 −1	−9				

②GRLYW.3D:往测原始统计文件。

26	3096.9	−0.7	−10637.000	1548.1	1548.8	189504	210778
20 47 50							

③GRLYF.TXT:返测原始数据文件。

2000 12 9

20 58 03

1 2718	492	2624	7312	−1	
1 2531	298	395	5181	1	
1 187	194	2229	2131	−2	22300
1 −7	−7				
2 2635	667	2600	7387	0	
2 2565	597	633	5320	0	
2 70	70	1967	2067	0	19670

2	0	−7			
3	2697	476	2637	7325	−1
3	2579	358	417	5204	0
3	118	118	2220	2121	−1	22205
3	0	−7			
4	2734	446	2685	7472	0
4	2636	347	397	5083	1
4	98	99	2288	2389	−1	22885
4	−1	−8			
5	2293	928	2234	6921	0
5	2175	813	871	5657	1
5	118	115	1363	1264	−1	13635
5	3	−5			

④GRLYF.3D:返测原始统计文件。

26	3096.8	0.8	10635.000	1548.8	1548.0	211239	189969
22	10	50					

注意:如果是附合水准,将只有往测文件。

说明:外业记载手簿所生成的各种文件,除统计文件外,其他的文件中每一个数值皆占8位空间。在文件修改时应当注意,否则会导致错误。

5.河道统测水准测量

1)四等往一

该部分与普通水准测量四等往一完全一样。

2)四等往二

该部分与普通水准测量四等往二比较增加了地形点、桩高的输入,在视距输入(普通四等测量往二的前后尺视距都输入正值)上也稍有不同。

(1)视距输入。由于河道测验需根据视距推算地形点起点距,如果仪器位置不在断面线上,或立尺点不在断面线上,则这种视距就不能用来推算起点距。因此,程序对视距的输入作如下规定:

①如果仪器位置、立尺点都在断面线上,则前后尺视距都输入正值(如100),这种视距可用来推算起点距。

②如果仪器位置不在断面线上,或立尺点(包括间视点)不在断面线上,则这时后尺视距必须输入负值(如−100),以便程序在推算起点距时将这样的测站抛开;前尺视距仍然输入正值。

(2)地形点的输入。在后尺读数输入完成后,程序会提示:

> 是否输入地形点(？Y/N)

如按"Y"键,则进入地形点输入状态;按"N"键,则输入数前尺读数。按其他键,程序反复提示上述信息。

在地形点输入状态,依次显示:

①输入地形点高。

②距仪器点(距离):如果在后视部分取地形,应该输入负值(如-23);如取仪器点地形,该处应输入0;如果在前视部分取地形,应该输入正值(如27)。输入顺序应按照负、0、正的顺序,当然也可以全部输入正值,或全部输入负值,或只输入一个0(即只取仪器点地形)。

③输入备注(？Y/N):该处备注说明地形点的位置,程序中暂时规定了以下一些符号的意义(在代码数据库中,用户可更改):

DLHDJ:临河堤肩;

DBHDJ:背河堤肩;

DBHDP:背河堤坡;

DSCDD:生产堤顶;

DSCDBDJ:生产堤背堤脚;

DSCDLDJ:生产堤临堤脚;

DLCB:左村边;

DRCB:右村边;

LSB:左水边;

RSB:右水边;

DBG:坝根;

DBJ:坝肩。

即如果在备注中输入了上述拼音代号,在成果输出时,程序将根据数据库中的内容提取代号相应的汉字。

注意:"LSB:左水边,RSB:右水边"两个代码不得更改。

在上述三部分输入完成后,程序会提示是否输入下一地形点。

注意:河道测验中,对往二测段,在选择"人为控制"的情况下,如果视距超限或累积视距差超限,程序会给出报警及信息提示,但并不自动返回进行重测,重测与否取决于测量人员,如想重测,按"Esc"键,返回主菜单即可;如果选择"自动控制",情况与普通水准测量往二一样。

3)原始数据文件格式

与普通四等测量一样,河道统测水准测量形成四个数据文件:

(1)测段名.TW1:往一原始数据文本文件。

(2)测段名.W1:往一原始数据统计文件。

(3)测段名.TW2:往二原始数据文本文件。

(4)测段名.W2:往二原始数据统计文件。

（5）测段名.TMP：环境文件。

上述五个文件除"测段名.TW2"与普通四等水准不同外，其他四个文件都一样。

下面是 DTL1.TW2 的一个示例：

```
2001 1 15
21 29 43

2000r1        0.55
  1     1021    5708      0
                0.00
  1     1567    6354      0
  1    -133.0  -133.0   -546    -646     0    -546
  1     0.0     0.0
      0     1.60


END
  2     1175    5960      2
      r7    0.60
  2     909     5596      0
  2     133.0   132.0    266     364     2     265
  2     1.0     1.0
      0     1.60
END
              0.00
  3     1372    6059      0
2000r2        0.60
  3     353     5140      0
  3    -20.0    20.0    1019    919     0    1019
  3     0.0     1.0
      0     1.86   scdldj
END
2000r2        0.60
  4     1573    6360      0
              0.00
  4     2381    7068      0
```

4	150.0	150.0	−808	−708	0	−808
4	0.0	1.0				
−146	0.51	scdd				
−140	3.16	scdbdj				
0	1.50					

END

注意:在河道统测水准测量中,由于前一测站的前尺立尺水准点与下一测站的后尺立尺水准点为一个点,程序对这一水准点的两次备注取舍的原则如下:

(1)如果前站前尺输入了备注,下一站后尺没有输入备注,则以前站前尺输入的备注为准。

(2)如果两次都输入了备注,则以下一站后尺输入的备注为准,即前站前尺输入的备注作废。

(3)如果前站前尺没输入备注,下一站后尺输入了备注,则以下一站后尺输入的备注为准。

6. 河道统测水道测验

在"河道测验"下拉式菜单中,水道部分有两项:

| 四等往一 |
| 四等往二 |
| 普通水道 |
| GPS 水道 |

1)普通水道

该项用于在使用六分仪施测水道时的外业记载。进入该项功能后,程序首先在统计信息窗口显示测点号;同时,在数据录入窗口显示:

输入角度:___

在光标处输入角度即可。格式说明:角度由两部分组成,中间用点号"."分割;点号前是度,点号后是分(如 102.36,即为 $102°36'$)。输入角度后,程序会显示:

输入水深:___

输入水深,按"Enter"键确认后,即完成一个测点的输入,然后程序提示是否输入下一个测点,如果不再输入,数据存盘返回主菜单。

沙样号输入:在测点的水深输入完成后,程序给出信息显示:

是否输入下一水深点(? Y/N/S)

如按"Y"键,则输入下一水深测点;按"N"键,则退出;按"S"键,则输入沙样号,输入状态如下:

```
沙  号:__
```

原始数据存盘文件示例:以测段 PTSD 为例,生成两个文件。

(1)PTSD.SDB:记载角度与水深数据。

1	102.36	90	1.20	0
2	89.15	101	2.60	0
3	56.14	131	2.50	1
4	45.12	146	2.30	0

(2)PTSD.WHT:记载基线数据、环境变量、测量开始时间与结束时间。

45.00	100.00	1	
1	2	1	1
2002	4	8	
14	14	22	
14	51	54	

注意:在水道测量前,必须输入水道备注数据(含基线数据),这样,在测量时,输入角度可以实时显示测点起点距。

2)GPS 水道

该项用于在使用 GPS(或全站仪)施测水道起点距时的外业记载。进入该项功能后,程序首先在统计信息窗口显示测点号;同时,在数据录入窗口显示:

```
输入起点距:__
```

在光标处输入起点距即可,其他各项与普通水道相同。

7.精度评定

该主菜单下拉打开后共四项内容,即四等闭合、四等附合、三等闭合、三等附合。

1)四等闭合

进入该项后,程序首先要求输入测段名称,如输入 DTL1,如果当前路径下(注意:本程序输出的任何数据文件或读取的文件都要求在本测量程序所在路径下,输入的测段名不要加文件后缀)不存在该测段数据文件,程序会给出信息:

```
该测段文件不存在?
```

点击"Enter"键,程序退出。如果存在,程序会给出结果:

```
测段高差 1:6119(mm)
测段高差 2:6120(mm)
测线长:3251(m)
闭合差:1(mm)
```

点击"Enter"键,程序返回主菜单。

2)四等附合

输入测段名及测线两端点的高程即可给出结果。

3)三等闭合

由于同一测线往测与返测取了两个名称,程序会依次提示输入测段 1 名称、测段 2 名称,然后给出结果。

4)三等附合

与四等附合操作一样。

(二)河道测验及普通水准内业数据处理系统

本软件对河道测验及普通水准测量外业电子记载手簿记载的原始数据进行加工,得到各种数据成果。其主要包括河道统测、河道布设、普通水准三部分,另外具有附合及闭合平差、支线高差高程推算、结点平差等功能,还具备编辑、打印、数据库管理等功能。

主界面如附图 4-2 所示。

附图 4-2

1.系统主界面上的菜单及功能键说明

1)快捷功能键

(1):本系统是一数据处理集成系统,在任一子系统下,按此键可以复位到主系统。

(2):按此键可以进入河道统测子系统。

(3)![]:按此键可以进入河道布设子系统。

(4)![]:按此键可以进入普通水准测量子系统。

(5)![]:按此键可以进行打印机的设置。

(6)![]:按此键可以打开代码数据库,进行数据更新操作。

(7)![]:按此键可以打开河道断面水准点数据库,进行数据更新操作。

(8)![]:按此键可以打开河道断面代号数据库,进行数据更新操作。

2)菜单操作

(1)![系统(W)]:打开该菜单后出现下拉式菜单如下:

该菜单中共计四项,其功能分别对应着快捷功能键的前四项功能。

(2)![功能(X)]:打开该菜单后出现下拉式菜单如下:

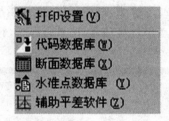

该菜单中共计五项,前四项功能分别对应着快捷功能键的后四项功能。

![辅助平差软件(Z)]:进入辅助平差软件,可以对不用"中文电子记载手簿"记载的普通水准测量数据进行平差制表。

(3)![退出(Z)]:退出数据处理系统,进入 Windows。

注:本系统的快捷功能键及菜单项是动态管理的,在不同的子系统下具有不同的菜单项和功能键。

2. 河道统测部分使用说明

主界面如附图 4-3 所示。

1)快捷键说明

该快捷按钮条前八项与管理平台上快捷键完全一致,后四项仅对河道统测子系统起作用,但前八项仍然有效。

(1)![]:作用为新建作业。

(2)![]:作用为打开统测文件。

(3)![]:作用为成果表制作及输出。

(4)![]:作用为将河道统测的左右岸水准数据、水道数据进行合并,得到断面成果数

·310·

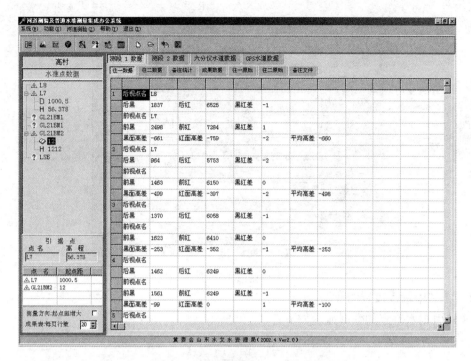

附图 4-3

据文件,该文件可以被河道数据库管理系统直接读取并加入数据库中。

2)菜单说明

该菜单项是在系统主菜单中加入了河道统测菜单项,其功能对应着上述四项快捷键。

a. 水准点数据说明

打开文件后,测量中记载的水准点会在界面左侧的水准点数据列表中显示出来,如附图 4-4 所示。

水准点列表是树状列表,可以缩放、折叠、打开(操作与 Windows 资源管理器一样)。程序在读取统测文件时,自动采集文件中的水准点名称,同时在河道断面水准点数据库中查找各水准点的数据,然后显示在树状列表中。

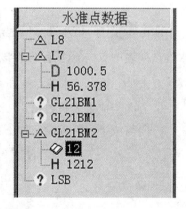

附图 4-4

(1)△:代表程序在水准点数据库检索到该水准点的数据。如果单击该图标,该水准点的起点距及高程会在二级列表中显示出来。

D:代表该水准点的起点距。

H:代表该水准点的高程。

如果双击△图标,程序会将该水准点的全部数据从数据库中提取显示,如附图 4-5 所示。

使用者,可以对以上各项数据进行修改并保存。

(2)?:代表该水准点在数据中无记录。双击该图标,可以打开水准点浏览窗口,用

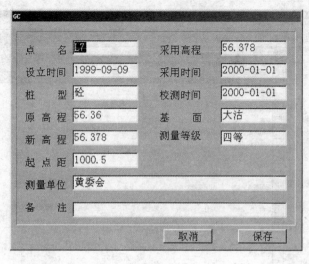

附图 4-5

户可以在其中输入该点的数据。

(3)引据水准点的数据显示如下:

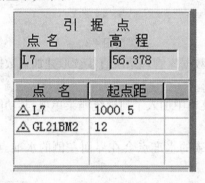

双击 **D** 图标,该水准点的起点距会加入起点距列表中,并在点名前加上 图标,在水准点列表中点击 图标可将该水准点数据删除。

双击 **H** 图标,该水准点的高程会加入到高程引据点中。

b. 方向与成果表行数设定

方向与成果表行数设定如下:

第 1 行:若检测框为对号,程序按起点距增大推算起点距,否则按起点距减小推算起点距。

第 2 行:设定成果表每页的行数,用户可以直接输入,也可用鼠标调整。

c. 原始数据和成果数据的显示与编辑

原始数据和成果数据的显示与编辑见附图 4-6。

测段 1 数据	测段 2 数据	六分仪水道数据	GPS水道数据
往一数据	往二数据	备注统计	成果数据	往一原始	往二原始	备注文件

	后视点名	L8			
1	后黑	1837	后红	6525	黑红差	-1

附图 4-6

该显示编辑窗口按多页模式设计,共分四部分:测段 1 数据、测段 2 数据、六分仪水道数据、GPS 水道数据,其中每一部分又分为原始数据、成果数据等子部分,用户可用鼠标点击相应部分进行查看。

该部分中原始数据和成果数据用户可以编辑,程序提供了弹出式菜单可以对这些数据进行保存和打印,如下所示:

保存(Y)

打印(Z)

注意:原始数据仅修改水准点名和备注,其他数据不得修改,也无须修改,因为仅有点名和备注在外业时有可能输出,而其他数据外业程序已对其判断不会有错误数据。另外,点名和备注都占 8 位,修改时必须注意。数据修改后进行保存,打开文件进行处理即可。

3)数据处理操作步骤示例

(1)首先建立一个新作业,按 [图标],打开一输入窗口如下:

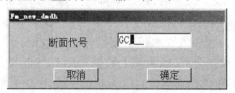

Fm_new_dmdh

断面代号   GC

取消   确定

输入作业名称,点击"确定"即可。注意,作业名称必须是断面代号,并且所有的成果数据都以作业名称为文件名保存。如果输入的数据在数据库中找不到,程序会给出提示,并要求重新输入。示例如下:

系统提示   ×

⚠   数据库不存在该断面资料! GCT

关 闭

(2)点击 [图标]打开作业文件。

①首先程序显示测段选择对话框(见附图 4-7)。

选择好要打开的测段(统测数据由左、右岸水准数据及水道数据三部分组成,即可分解为三个测段,GPS 数据另作处理),按确定即可。

②测段选好后,程序显示文件打开对话框见附图 4-8。

从附图 4-8 中选择要打开的测段文件,按"确定"即可。

③文件打开后,从水准点列表中,选择引据点的起点距、高程、设置方向及每页行数。注意:在打开过程中,程序会读取数据库将原始文件中的代号翻译为汉字,如果为非法代码,程序会给出提示以供修改;同时,程序会对两往的水准点进行对照,若不一致,程序会给出提示以供修改。

④点击 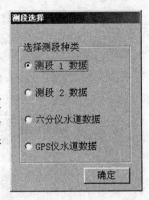 程序处理数据,并制作报表。

完成上述四步后,一个测段的数据即处理完成,所有原始数据、成果数据都可以在浏览窗口中显示。

附图 4-7

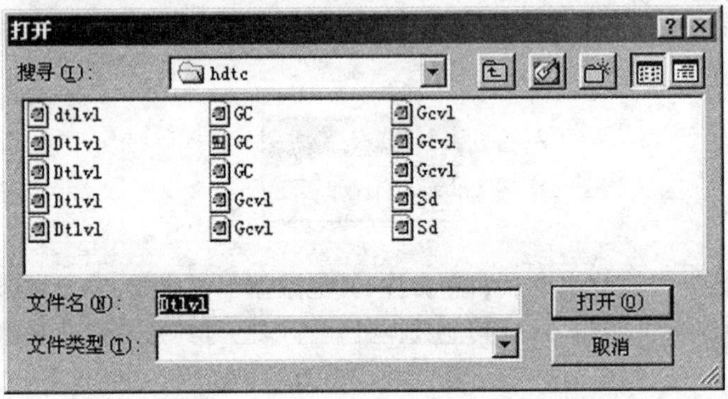

附图 4-8

用同样的方法处理测段 2 及水道,点击 Σ 即可生成断面统测成果文件。

需要说明以下几点:第一,首先处理左右岸水准,左右岸水准的处理顺序不限制;其次处理六分仪水道数据(因为程序需要水位数据推算水道数据)。第二,GPS 水道数据是单独处理的,它无法与水准数据合并,因为岸上数据是用 GPS 测量的。第三,文件说明:"作业名.TXT"为断面成果文件,"作业名.CG1"为测段 1 成果表文件,"作业名.CG2"为测段 2 成果表文件,"作业名.CGW"为水道成果表文件,"作业名.SDT"为水道断面成果文件。对于 GPS 施测的水道数据,必须在河道数据库中修改,将 *.SDT 加入到数据库中即可。第四,所有成果文件都保存在原始文件的目录下。

3.普通水准部分使用说明

普通水准部分可以处理普通三、四等附合、闭合水准以及支线的数据,并能完成成果表、高差高程表的制作。

1)程序界面

程序界面见附图 4-9。

该界面与河道测验操作界面基本一致,下面着重说明以下几点。

(1) Σ :作用是制作高程高差表。注意在此前,必须输入始测点的高程,若是闭合水准或附合水准还必须输入终点的高程;否则,程序不给计算并给出输入提示。

(2)水准点列表:该部分与河道测验不同,仅是列表,无二级列表;程序中对普通水准

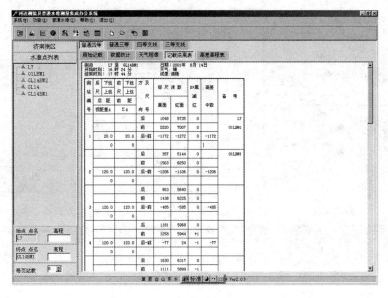

附图 4-9

点没有建立数据库,因此在程序设计上,这部分要简单,操作也不复杂。

(3)起终点的高程输入及成果表每页的行数设置,界面如下:

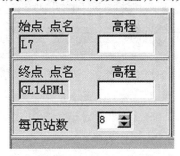

在处理闭合或附合水准时,要输入起终点的高程(闭合水准时,起终点高程相同,因为是同一测点;支线时,仅输入起点高程即可)。每页行数,程序默认为 8 站,根据需要,用户可进行调整。

2)数据处理示例

a.普通三等水准的附合水准

(1)按 🗋,建立一新作业,程序显示如附图 4-10 所示。

在附图 4-10 所示的窗口中输入作业名称,选择好测量等级及测量类型,按"确定"。

(2)按 🗁 打开作业文件,程序显示如附图 4-11 所示。

选择好要处理的文件,按"打开"即可。

(3)按 🔚 程序处理数据,并制作报表。

上述三步完成后,原始数据处理及记载成果表制作完成,所有数据都显示在浏览窗口中。

(4)若进行平差制表,在输入起终点高程后,按 ∑ 即可制作高程高差表。完成后程序显示如附图 4-12 所示。

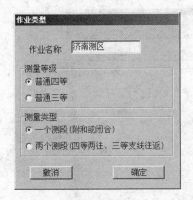

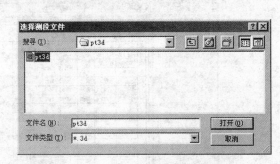

附图 4-10　　　　　　　　　　　　　附图 4-11

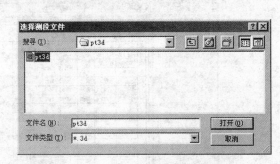

水准测量 平差高差高程表

施测等级：三等　　　　　　　　　　　　　　　第 1 页

编号	点名	测站数	测段长(km)	累积测段长(km)	实测测段高差(m)	高差改正数(m)	测段高差(m)	高程(m)	备注
1	NAM1			0				30.000	
2	NAME2	2	2.966	2.966	0.396	0.1089	0.5044	30.504	
3	NAM3	5	7.405	10.371	-0.221	0.2719	0.0509	30.555	
4	NAME4	1	1.482	11.853	-0.040	0.0544	0.0149	30.570	
5	NAME34	14	18.160	30.013	-2.063	0.6667	-1.3963	29.174	
6	NAME5	3	0.574	30.587	-6.500	0.0211	-6.4794	22.694	
7	NAME6	1	0.382	30.969	-2.208	0.0140	-2.1945	20.500	
	合　计	26	30.969		-10.637	1.137	-9.500		

制表：　　　初校：　　　　复校：

年　月　日　　　　年　月　日　　　　年　月　日

附图 4-12

b. 四等支线水准的数据处理

按规范，普通四等支线水准有引据点始测两往(外业中为往一、往二，测段名相同，测向相同)，程序在处理时会对两往的水准点名称核对，如不一致程序会给出提示，须进行更改；否则以往测为准。在制作高程高差表时，仅输入始点高程即可，其他与普通三等水准的附合水准的相同。

c. 三等支线水准的数据处理

按规范，三等支线必须往返测量，在外业中为两个不同的测段；内业处理时，打开文件操作后，程序先弹出一个对话框(见附图 4-13)。

在其中选择往测文件，按"打开"，然后，程序还会弹出一个对话框要求选择返测文件(见附图 4-14)。

打开文件后，程序以往测文件为准，并将往测的始点作为引据点，同时程序自动调整返测文件数据使其与往测数据一致，核对水准点，显示相应信息。其他操作与四等支线相同。

附图 4-13

附图 4-14

4. 数据库部分使用说明

本软件中共建立了三个数据库:备注代码数据库、断面代号数据库、水准点数据库。

1) 备注代码数据库

按 ▣,程序给出备注代码数据库编辑浏览窗口(见附图 4-15)。

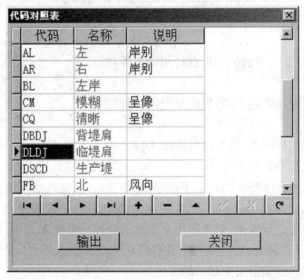

附图 4-15

该数据库中的所有代码都是可编辑的,在外业中输入的代码,内业处理时程序会翻译为名称一栏对应的汉字,用户可根据需要加入容易记忆的代码。

注意:代码必须全部为大写,这是程序处理的需要。

备注代码数据库编辑工具:使用 [|◀ ◀ ▷ ▷| + − △ ✓ ✗ ↻] 中的各个功能键,能够完成数据的滚动、插入、删除、编辑等功能。

该数据库中内容可以打印输入,按 [输出],程序出现报表制作工具如附图 4-16 所示。

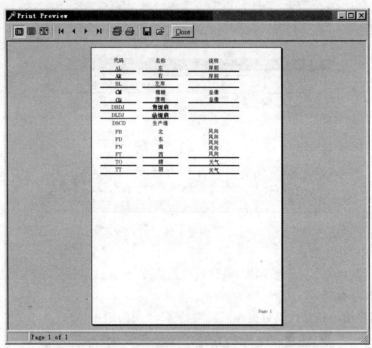

附图 4-16

利用该工具,能够完成数据库数据打印输出等功能。

2)断面代号数据库

断面代号数据库操作同上,其界面见附图 4-17。

3)水准点数据库

水准点数据库操作同上,其界面见附图 4-18。

5. 普通水准数据平差软件

该软件是本系统程序外挂的一个子程序,可单独运行,也可由系统程序工具菜单项进入。其位置在"安装目录\Program"下,文件名为:Szpc. exe。在普通水准测量中,如果不用中文电子记载手簿记载数据,就不能用系统软件处理平差制表,但可以整理为平差原始文件,用 Szpc. exe 平差制表,而且该程序具有结点平差的功能。

该软件的操作界面如附图 4-19 所示。

1)工具栏说明

[▷ Σ 匡] 分别为打开文件、附合平差、结点平差。

断面代号	断面编号	断面名称	基线编号
GC	41000	高村	
LJ3	42000	利津3	
NXD	41001	南小堤	
SSZ	41002	苏泗庄	

附图 4-17

断面代号	水准点名	设立时间	桩型	原高程	新高程	采用高程	起点距	采用时间
GC	GL1	2000-01-01	dsf	25.236	25.365	25.666	234	2000-0
GC	GL21BM2	1998-02-02	12	12	12	1212	12	1000-0
GC	GL28	2000-01-01	jkl	12.452	45.255	45.897	213	2000-0
GC	L5	1000-01-01	45	12.36	1221	12.36	123	2000-1
GC	L6	2000-01-01	sf	23.23	23.456	56.32	456	2001-0
GC	L7	1999-09-09	砼	56.36	56.378	56.378	1000.5	2000-0
GC	L8	2000-01-01	砼	23.233	23.456	23.564	565.5	2000-0

附图 4-18

编号	点名	测站数	测段长 (Km)	累积测段长 (Km)	实测测段高差 (m)	高差改正数 (m)	测段高差 (m)	高程 (m)	备注
1	GR28			0				49.683	
		4	1.584		-8.7240	-0.0011	-8.7251		
2	铁山头			1.584				40.958	
		4	1.959		4.7690	-0.0013	4.7677		
3	杨闸			3.543				45.726	
		4	2.359		-3.0010	-0.0016	-3.0026		
4	簸箕王			5.902				42.723	
		4	2.354		-0.1980	-0.0016	-0.1996		
5	张山寨			8.256				42.523	
		4	1.184		0.8990	-0.0008	0.8982		
6	大洪口			9.440				43.422	
		4	4.336		2.4620	-0.0029	2.4591		
7	肖庄			13.776				45.881	
		4	2.360		-0.2540	-0.0016	-0.2556		
8	战屯			16.136				45.625	
		4	1.972		-3.0680	-0.0013	-3.0693		
9	马山头			18.108				42.556	
		4	0.788		0.3030	-0.0005	0.3025		
10	南刘庄			18.896				42.858	
		4	1.178		-0.9900	-0.0008	-0.9908		
11	耿山口			20.074				41.866	
		4	1.572		4.3470	-0.0011	4.3459		
12	丁庄			21.646				46.213	
		4	2.760		1.2510	-0.0019	1.2491		

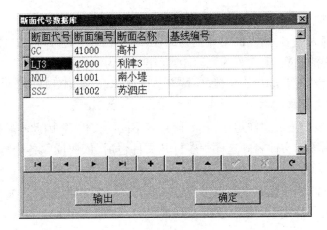

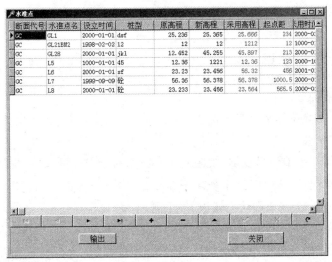

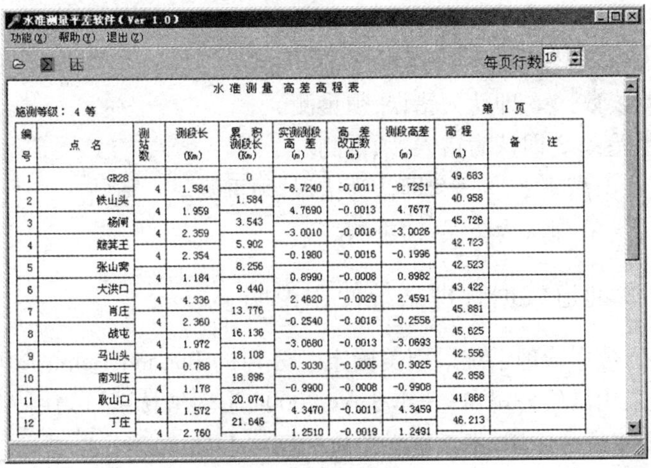

附图 4-19

2)文件格式说明

说明:第 1 列为点名,始点的第 2 列为高程,终点的第 4 列为高程;中间数据的第 1 列为点名,第 2 列为测站数,第 3 列为测段距离,第 4 列为测段高差。

必须注意每个数值皆占 10 位,程序按字节严格读取,否则处理时会出现错误。

3)结点平差文件格式说明

结点平差由多个测段文件组成,各测段具有不同的文件名,因此本软件建立了一个文件包,内容是各测段的文件名。这样程序打开文件包后,依次读取各个测段文件数据,进行平差制表。

数据格式:各测段的最后水准点不要输入高程(该点就是结点)。文件包中的文件名必须包括路径、主文件名,否则程序找不到该文件(注意:测段文件必须以. TXT 为扩展名)。示例如下:

包文件名:Jdpc. txt

内容如下:

e:\lsfile\pcfile\hwj – pz

e:\lsfile\pcfile\102 – pz

e:\lsfile\pcfile\xxz – pz

6. 中文电子记载手簿主要限差说明

1)三等水准测量

视距限差:①对于 DS_1 型仪器,视距 <100 m;②对于 DS_2 型仪器,视距 <75 m。

上、中、下丝读数限差:如果(上丝 + 下丝)/2 – 中丝 >3 即认为错误,须重测。

黑、红面高差读数: >2 即认为错误,须重测。

前、后尺视距差: >2 即认为错误,须重测。

前、后尺黑、红面高差之差: >3 即认为错误,须重测。

累积视距差: >5 即认为错误,须重测。

2)四等水准测量

视距限差:①对于 DS_1 型仪器,视距 <150 m;②对于 DS_2 型仪器,视距 <100 m。

黑、红面高差读数: >3 即认为错误,须重测。

前、后尺视距差: >3 即认为错误,须重测。

前、后尺黑、红面高差之差: >5 即认为错误,须重测。

累积视距差: >10 即认为错误,须重测。

二、黄河下游河道数据管理系统使用说明

黄河下游河道数据管理系统采用美国宝兰公司的 Borland Delphi7. 0 作为开发平台,数据库管理系统采用微软公司 MS SQL Server2000 ,资料链接引擎采用 ADO 与ODBC相结合的方式,为方便系统的使用,本系统在单机和网络上都可运行。

该系统由四个应用程序组成,其中网络连接部分功能较单一,且为其他三个应用程序共享,运行于 Windows2000 操作系统以上的版本下。

(一)软件的安装方法

1. SQL Server2000 数据库管理系统安装

(1)打开 SQL Server2000 光盘,运行 AutoRun 程序,出现如附图 4-20 所示的界面。

附图 4-20

(2)选择第一项"安装 SQL Server2000 组件",出现如下界面(见附图 4-21)。

附图 4-21

(3)选择第一项"安装数据库服务器",界面如附图 4-22 所示。

(4)按"下一步",出现如附图 4-23 所示的界面。

(5)选择"本地计算机"后,按"下一步"(见附图 4-24)。

(6)选择第一项"创建新的 SQL Server 实例",按"下一步"(见附图 4-25)。

(7)输入用户信息,按"下一步"(见附图 4-26)。

(8)选择"是"(见附图 4-27)。

(9)选择第 2 项"服务器和客户端工具",按"下一步"(见附图 4-28)。

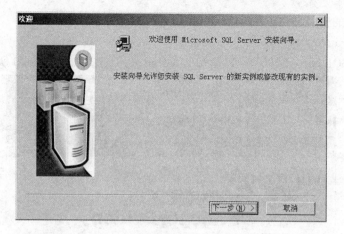

附图 4-22

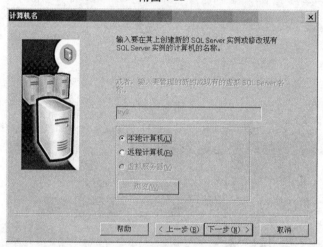

附图 4-23

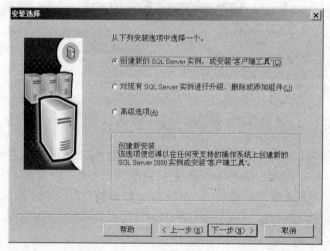

附图 4-24

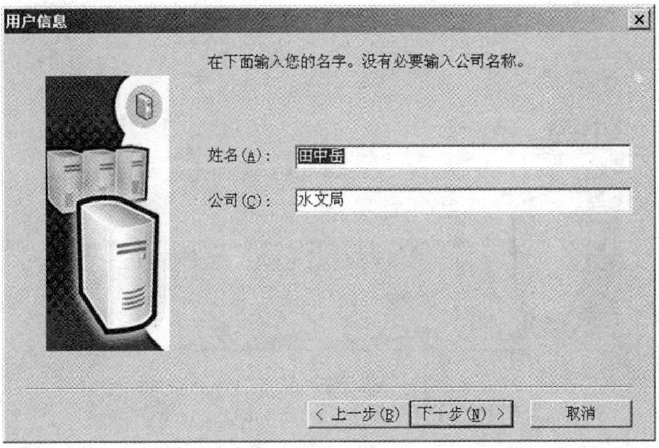

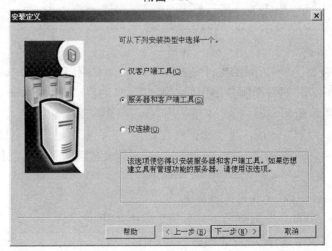

附图 4-25

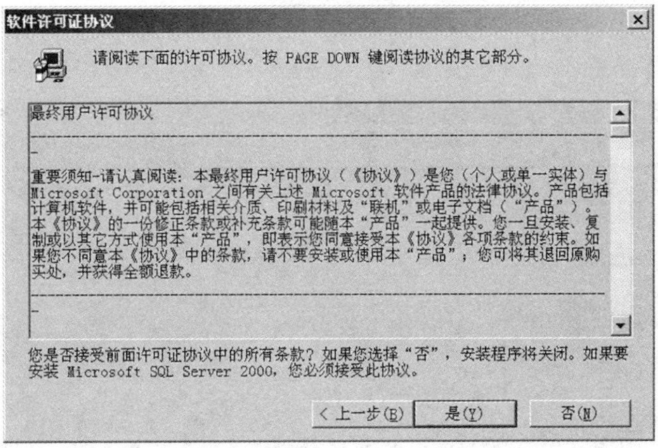

附图 4-26

附图 4-27

（10）输入实例名（注：如果是在本机上第一次安装，程序会自动生成默认实例，不需输入实例名，只有在本机上已经存在 SQL Server2000 后，才可以输入实例名），按"下一

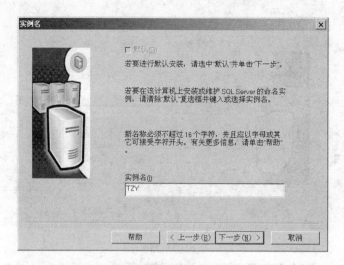

附图 4-28

步"(见附图 4-29)。

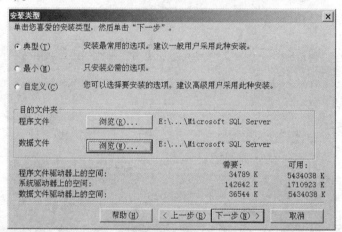

附图 4-29

(11)选择"典型"并确定目的文件夹,按"下一步"(见附图 4-30)。

(12)选择第一项"对每个服务使用同一账户",自动启动 SQL Server2000;服务设置:选择第一项"使用本地系统账户",按"下一步"(见附图 4-31)。

(13)选择第一项"Windows 身份验证模式",按"下一步"(见附图 4-32)。

(14)按"下一步",开始进行文件安装进程。安装完成后,重新启动计算机。至此,安装完毕。

2. 用 SQL Server2000 建立河道数据库

用 SQL Server2000 建立河道数据库界面见附图 4-33。

(1)在程序菜单中选择"企业管理器"(见附图 4-34)。

(2)在左部控制台目录中,打开"数据库";在右部按鼠标右键选择"新建数据库"界面如附图 4-35 所示。

在名称中输入:RiverDB,按"确定"即可。

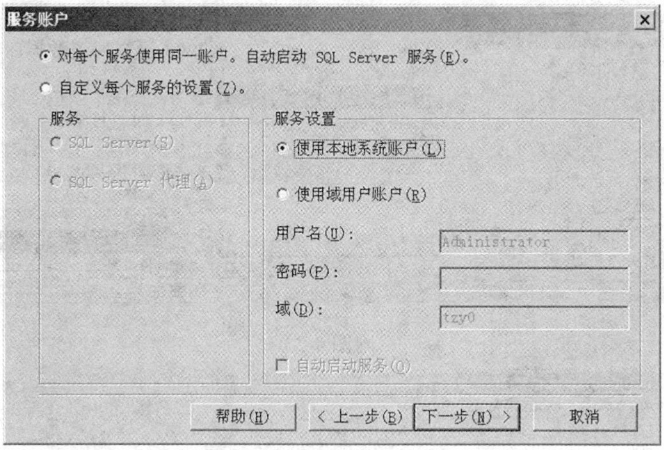

附图 4-30

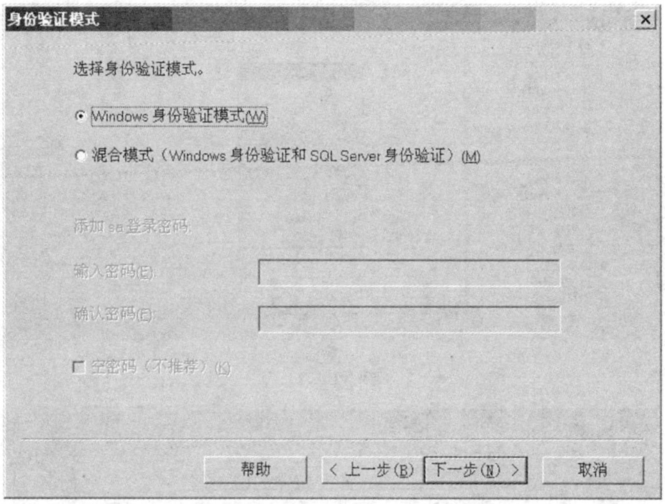

附图 4-31

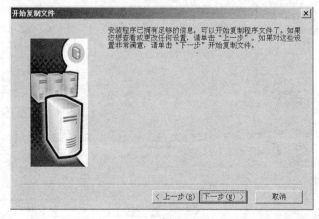

附图 4-32

2000 建立河道数据库。

附图 4-33

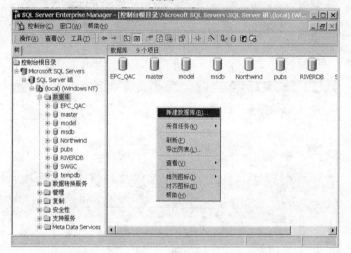

附图 4-34

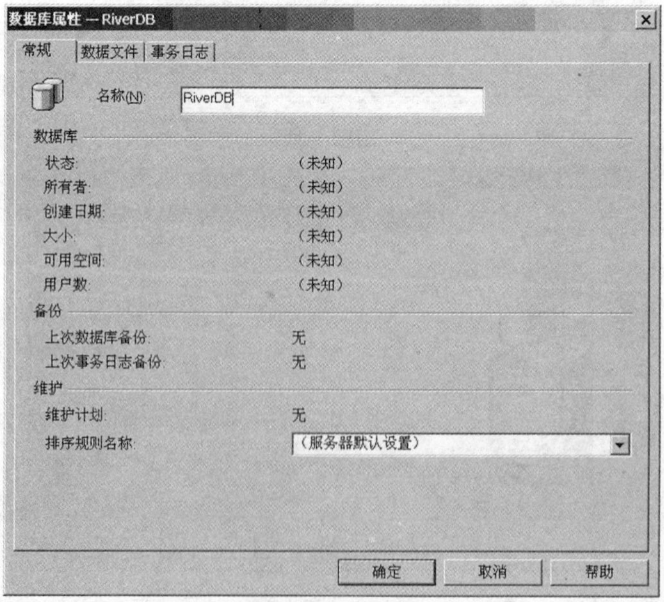

附图 4-35

3.安装河道数据处理系统

(1)打开光盘,如附图4-36所示。运行 Setup。

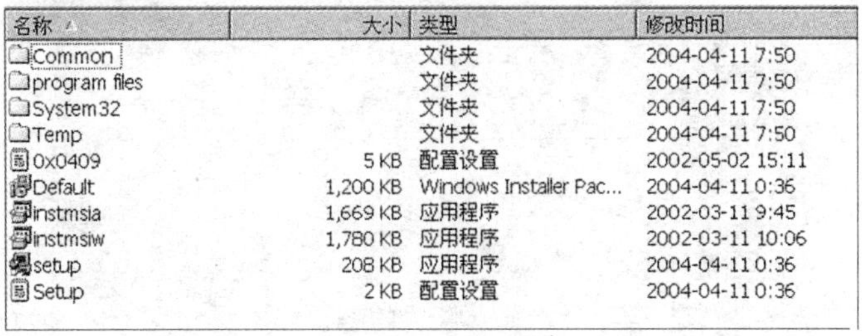

名称 △	大小	类型	修改时间
Common		文件夹	2004-04-11 7:50
program files		文件夹	2004-04-11 7:50
System32		文件夹	2004-04-11 7:50
Temp		文件夹	2004-04-11 7:50
0x0409	5 KB	配置设置	2002-05-02 15:11
Default	1,200 KB	Windows Installer Pac...	2004-04-11 0:36
Instmsia	1,669 KB	应用程序	2002-03-11 9:45
Instmsiw	1,780 KB	应用程序	2002-03-11 10:06
setup	208 KB	应用程序	2004-04-11 0:36
Setup	2 KB	配置设置	2004-04-11 0:36

附图 4-36

(2)在附图4-37所示的界面中,选择"Next"。

附图 4-37

(3)在附图4-38所示的界面中,选择第一项"I accept…",按"Next"。

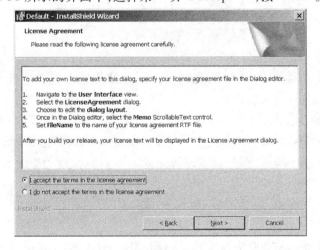

附图 4-38

(4)在附图4-39所示的界面中输入信息,选第一项,按"Next"。

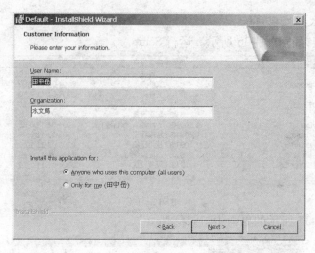

附图 4-39

（5）在附图 4-40 所示的界面中，选择安装文件夹，按"Next"。

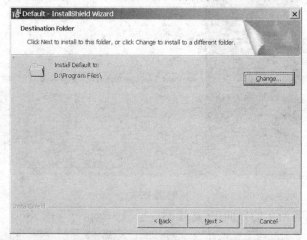

附图 4-40

（6）在附图 4-41 所示的界面中，选择第一项，按"Next"。

（7）在附图 4-42 所示的界面中，选择"Install"，即可进入安装进程。安装完成后，选择"Finish"，安装完毕（见附图 4-43）。

4. 数据库复制

用河道数据处理系统安装的数据库覆盖掉 SQL Server2000 企业管理器建立的数据库。

（1）在程序菜单中选择"服务管理器"（见附图 4-44），出现的界面如附图 4-45 所示。点击"停止"键。

（2）进入资源管理器，选择"河道数据处理系统"安装文件夹中 db 目录下的两个文件，并复制（见附图 4-46）。

（3）进入 SQL Server2000 安装文件夹，打开 Data 文件夹，粘贴刚才复制的两个文件，出现界面见附图 4-47。

（4）进入服务管理器，选择"开始"（见附图 4-48）。

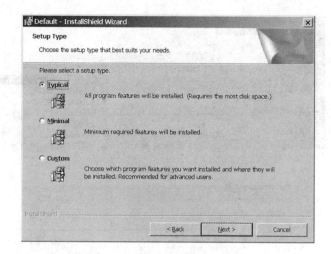

附图 4-41

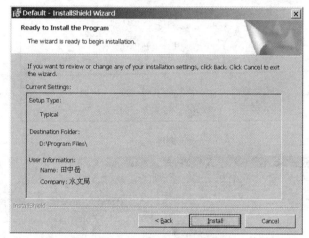

附图 4-42

附图 4-43

附图 4-44

附图 4-45

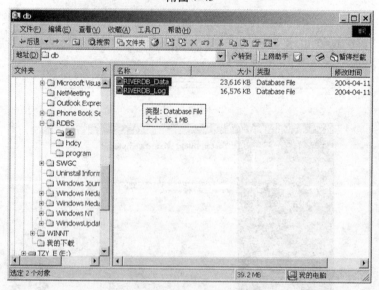

附图 4-46

（5）在 {箭头图标} 8:16 中的箭头变绿后，所有程序安装完毕。

5. 网络设置

进入程序菜单，选择"NETSET"（见附图 4-49），出现的界面见附图 4-50。

· 330 ·

附图 4-47

附图 4-48

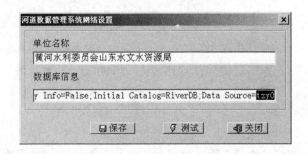

附图 4-49   附图 4-50

将"Data Source ="后的计算机名称换成服务管理器中服务器的名字(见附图4-51)。

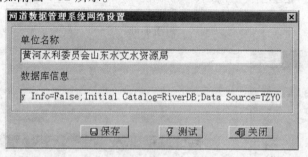

附图4-51

按"测试",如果成功即可运行。

基础档案管理系统:RDBBDM。

内业数据处理系统:RDBNDP。

外业数据处理系统:RDBWDP。

(二)黄河下游河道数据管理系统的使用

1.服务器连接配置

本系统采用 C/S 结构,客户端与服务器运行在不同机器上,客户端程序与服务器进行通信,必须在客户端配置服务器信息。因此,在系统正确安装后,首先运行配置程序,正确设置服务器的名称和数据库信息。

配置操作界面如附图4-52 所示。

附图4-52

配置程序启动后,首先检查注册表信息,如果本系统是初次运行,程序将调用默认信息进行配置,如附图4-52 所示;否则,程序将调用注册表中的信息进行配置。具体使用方法如下。

1)单位名称

该信息栏填入程序使用单位名称。系统中的各子程序在制作图表时,需要在图表中标明制作单位,为减少操作人员信息输入量,程序从注册表中调用该信息。

2）数据库信息

程序安装时，已经对计算机操作系统进行了初始配置。操作人员只需要做一项工作，即更改数据源。初始配置时，程序默认 Data Source = TZYO，操作人员将 TZYO 改为正确的数据源即可，其他信息不要更改。另外，数据源也可以输入服务器的 IP 地址。

3）信息保存

正确配置后，按"保存"键将新配置的信息保存到注册表中。

4）配置信息正确性测试

在确保配置信息保存后，按"测试"键，以检查配置信息的正确性。如果信息配置正确，程序将提示"信息配置正确"，如附图 4-53 所示；如果错误，提示信息如附图 4-54 所示。

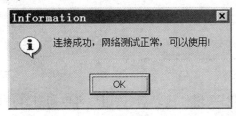

附图 4-53   附图 4-54

5）注意事项

只有在配置信息保存后，才能进行测试，因为测试时，程序读取的是注册表数据，而非信息栏数据。配置只需一次，其他子系统启动时自动调取注册表数据，进行服务器连接。

2. 用户管理

本系统由四个应用程序组成，除服务器配置程序不需要登录外，其他三个应用程序的使用都需要用户正确输入用户名及密码才能进入。在第一次使用本系统时，程序给出默认用户及密码，使用人员进入系统后应立即修改默认用户及密码，并对用户进行配置。

1）登录界面

系统登录界面如附图 4-55 所示。

附图 4-55

2）用户配置

第一次登录系统后，系统管理员需要进行用户配置，即给允许进入本系统数据库的用户建立账号。步骤如下：

(1)用户管理。进入系统,打开用户配置程序,界面如附图4-56所示。程序提供三种操作:增加、修改、删除。

界面组成说明:左边显示的是当前的注册用户(即有权限登录测站数据库管理系统的用户),用鼠标选择一个用户在右边可显示该用户的基本信息:用户名、密码、基本权限。

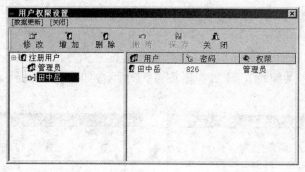

附图4-56

(2) 增加:向系统用户数据库中增加一个新用户,增加成功后,该用户可以通过客户端访问河道数据库管理系统,操作界面如附图4-57所示。

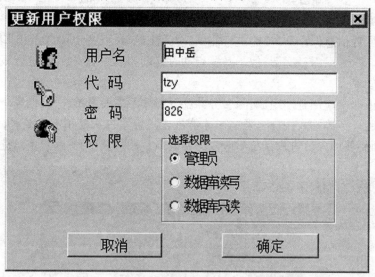

附图4-57

在操作界面中,输入要增加的用户信息,按"确定"即将当前信息保存到数据库中。

(3) 修改:修改用户信息,在程序主界面上,选择一个用户,按"修改",首先程序会提取该用户的原有信息显示在用户更新界面上,修改完成后,按"确认"即可。

(4) 删除:从用户数据库中删除一个用户,即取消该用户对数据库的访问权限。从用户数中选择一个,按"删除"即可。

3.技术档案及泥沙数据管理

技术档案及泥沙数据管理主要由河道断面考证、河道断面测验泥沙颗分资料、断面

GPS 信息（断面 GPS 基准点及参数等）、下游河道水准点数据管理等子程序组成。

程序主界面如附图 4-58 所示。

附图 4-58

系统主菜单包括断面基础资料、断面水准点、GPS 数据、断面图形、河道水准点、泥沙数据六项。

1）断面基础资料数据管理

本部分包括：断面基本情况、断面基本属性、断面端点管理、断面基线管理、断面代码修改五项内容。

a.断面基本情况

断面基本情况用来管理河道淤积测验断面的文档内容，主要是断面沿革。程序提供了数据更新、撤消、保存、导出、退出等操作。操作界面如附图 4-59 所示，界面分左右两部分，左部为以树状目录形式展开的断面树，右部为指定断面的详细资料。

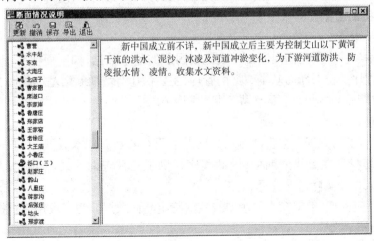

附图 4-59

程序启动后,自动检索数据库中的断面信息,将断面以树状目录形式显示;操作人员在断面树中用鼠标单击要选择的断面,程序会自动从数据库中调入该断面的文档资料。具体操作步骤如下:

(1) 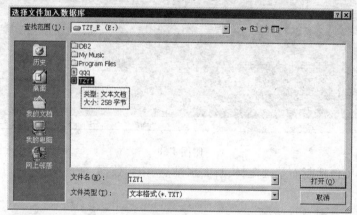更新:对断面资料进行更新。本系统提供两种更新方式:一是可以在文档界面中直接修改内容;二是操作人员可以从其他存储设备中调入文本文件或 Word 文件,Word 文件要求是 RTF 格式,将调入文件直接保存到数据库中并替换掉原文档资料。

点击"更新",程序创建一打开文件对话窗,操作人员选择一文件,按"确定"即可将该文件复制到程序文档界面中,如附图 4-60 所示。

附图 4-60

(2) 撤消:撤消操作人员对资料的修改。

(3) 保存:将修改后的资料保存到数据库中。

(4) 导出:将数据库资料导出。

资料导出时,程序打开一保存文件对话窗,操作人员指定一保存路径输入文件名,按"确定"即可将数据库资料保存。

b. 断面基本属性

断面基本属性主要是指与断面相关比较固定的基本数据,如断面代码、滩槽界、标准水位等。本程序提供对断面基本数据的管理,主要操作有增加断面基本数据、删除断面基本数据、修改断面基本数据。操作界面见附图 4-61。

(1) 查询方式。

程序在启动后,数据窗会自动显示数据库中所有的断面基本数据,由于数据量太大,操作人员不易找到要查找的断面,因此程序提供了三种查询方式(见附图 4-61 左上部分),由操作人员按实际情况选择。

① 查找特定断面:数据窗只显示要查找的特定断面数据。为实现快速查找,系统提供了断面快速定位机制。

快速定位操作:在附图 4-62 中的断面代码栏中输入断面代码(注意:输入的代码越多,返回的资料越少,定位越精确),程序自动查找数据库,并调出最匹配的断面索引以列

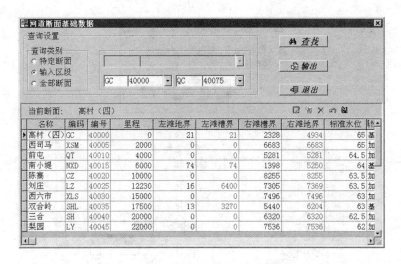

附图 4-61

表的形式显示。操作人员从列表中选择所需断面即可。

具体操作：首先在查询类别中选择"特定断面"，快速定位要查询的断面，再按"查找"（见附图 4-61 中的 **查找**）即可显示要查找的断面基本数据。

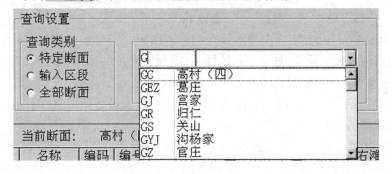

附图 4-62

②分区段查询：查询某一河段内的断面基本数据。

操作方法：选择"输入区段"，用快速定位方式输入起始断面代码和截止断面代码，再按"查找"即可。

③显示全部断面：选择"全部断面"，程序即调取数据库内全部断面基本数据。该选项不需要按"查找"。

（2）数据更新方式。

①新增：向数据库添加一个新断面，如附图 4-63 所示，在信息输入栏中输入或选择正确信息后，按"确认"即可。

注意事项：

第一，输入的信息除基线外（某些新设断面由于采用 GPS 测量，不需要基线），其他项必须输入完整，否则程序不予处理，并提示如下信息：

附图 4-63

第二，附图 4-63 中，红字断面冲淤计算标示本断面是否参加河段冲淤计算。为方便分析人员进行河段冲淤计算，如果选择该标示，则断面参加河段冲淤计算，否则不参加冲淤计算，程序读取河段数据时也不读取该断面数据。

第三，按"确定"返回主界面(见附图 4-61)后，操作人员必须按 🖫 保存后才能更新数据库；否则，添加的数据无效。

程序设计图数据窗为一存储在客户机上的临时数据集，而非服务器数据库中的数据，因此操作人员必须按"保存"键将临时数据集回写到服务器，对数据库进行更新。

②修改：在数据窗中，选择要修改的断面(断面名称前有▶标示)按 🖫 即可弹出与附图 4-63 相同的界面，只是信息栏中存在数据，供操作人员修改。

注意：本程序禁止修改断面代码，由于断面代码是系统数据库的关键索引，对其修改会涉及其他大量表的修改，因此程序对其进行了屏蔽，但是程序对其提供了专门程序。

③删除：在数据窗中，选择要修改的断面，按 ✕ 即可从数据窗中删除该断面数据。在删除前，程序提示确认信息如附图 4-64 所示，供操作人员确认。

在附图 4-64 选择确认后，程序会提示信息，如附图 4-65 所示，让操作人员再次确认删除该断面所有数据。

注意：断面基本属性删除后，在数据库中与该断面相关的所有资料将一并删除。

④ ↩ 撤消：数据修改后，在没有按 🖫 保存数据前，按 ↩ 则可将数据恢复到修改以前的

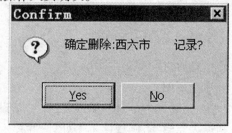

附图 4-64

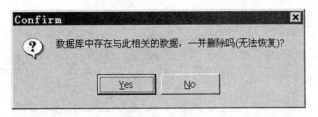

附图4-65

状态。

注意：撤消对删除无效，因为在删除时，程序自动完成了对服务器数据库的更新，而修改则没有。

⑤保存：数据修改完成后，按 💾 完成对数据库的更新。

c.断面端点管理

端点坐标为断面基本数据，在对GPS外业测验数据处理时需要调用该数据对地形点起点距进行计算。在数据库中，端点坐标与断面基本属性中涉及的数据存储在同一个表中，考虑到数据简洁和管理的针对性，单独设计程序对断面端点进行管理。程序界面见附图4-66。

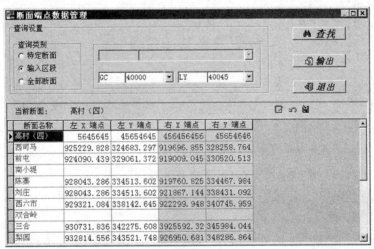

附图4-66

由于任何断面都有端点，一旦确立断面，其坐标就随之确立，因此这里不提供增加和删除操作，其他方面的使用方法与断面基本属性相同，端点坐标修改界面如附图4-67所示。

d.断面基线管理

断面基线是断面考证的一个重要组成部分，本程序主要是对断面的基线历史数据提供管理，完成基线数据的增加、修改和删除操作。本表数据只作为考证，无其他用途。操作界面如附图4-68所示。

本程序界面与附图4-59相同。操作方式如下：

📝修改：在断面树中选择目标断面，按"修改"后，在数据窗中直接对数据进行修改。

✂修改：从基线表中删除一条基线。

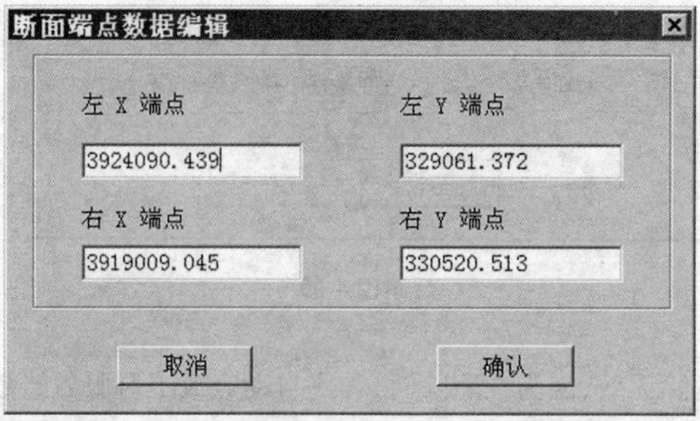

附图 4-67

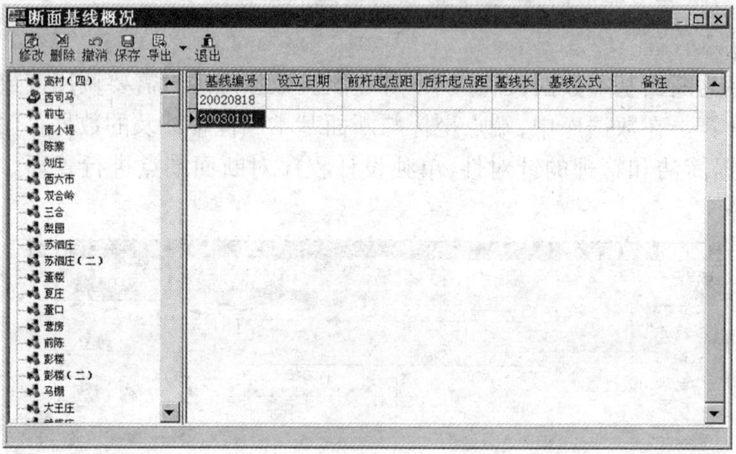

附图 4-68

↶撤消:在数据未保存前,返回修改前的状态。

🖫保存:对修改后数据进行保存,否则修改无效。

注意:目标断面更换后,数据是只读的,只有按"修改"后,才能修改。

e. 断面代码修改

断面代码为系统数据库的关键索引,其修改涉及到数据库中一系列表的更新。本程序提供数据库的整体更新机制。操作方式如下:

第一,选择修改断面代码,程序提示输入要修改的目标断面代码,如附图 4-69 所示。

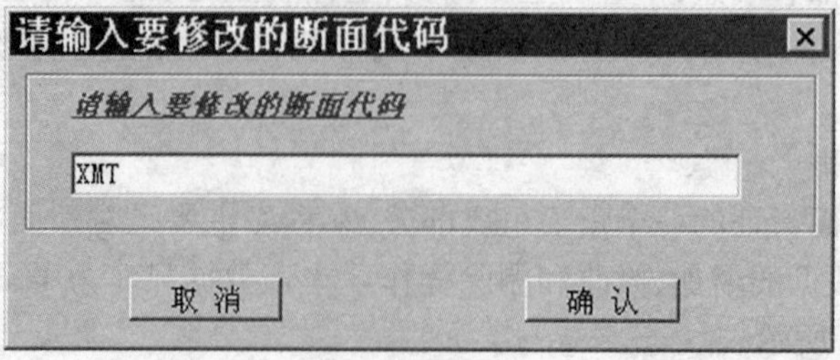

附图 4-69

第二,在附图 4-69 中输入原代码后,程序会判断该代码是否存在,如果不存在,程序提示信息如附图 4-70 所示并要求重输，否则提示输入新代码，界面同附图 4-69。

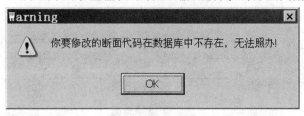

附图 4-70

新代码输入后按"确认"，程序对数据库整体更新。

2）断面水准点数据管理

断面水准点数据管理包括三部分内容：普通水准点、水准点校核记录、引据水准点、桩型编辑器。

a. 普通水准点

普通水准点指断面上滩地桩、断面端点。断面端点也是水准点，与断面基本属性不同，这里不存放坐标数据。普通水准点即作为断面考证，同时在对外业数据进行处理时也要使用，需要用其高程、起点距来推算地形点的高程起点距。

另外，每个普通水准点都关联一个校测记录表，存放其历史数据，作为水准点考证。

本程序的操作分查询和数据更新两部分，主操作界面如附图 4-71 所示。

附图 4-71

（1）数据查询：附图 4-71 中时间区段用于限制返回数据的范围。随断面使用时间的延长，水准点数量越来越多，如果数据一次性返回，数据量太多，程序用水准点的设立日期限制返回的数据量。系统对水准点设立两种属性，操作人员可以分别查询。

（2）数据更新：程序提供水准点的新增、删除、修改、撤消、保存等功能。具体操作如下。

① 新增：向当前断面增加一个水准点。断面水准点在数据库中都有一个唯一标示符（点号），在输入点号时，必须保证其正确。在保存数据时，程序会自动进行合理性检查，如果点号已存在，则不予保存。另外，数据必须保持完整，否则程序也不予保存。操作

界面如附图 4-72 所示,信息提示如附图 4-73 所示。

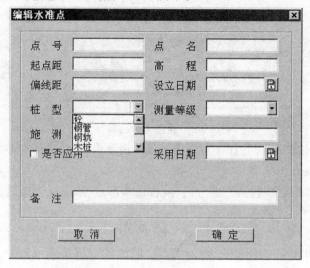

附图 4-72

②🖼删除:从数据窗(客户端临时数据集)删除水准点记录。

③🖼修改:修改水准点数据,修改界面同附图 4-72。

④↩撤消:数据修改后,在未保存前恢复到修改前的状态。

⑤🖫保存:将更新后的临时数据集回写到数据库。

b. 水准点校核记录

在附图 4-71 的数据窗中,按鼠标右键,弹出子菜单 ⚓ 校核水准点管理器(Z)　　　,单击该菜单,程序显示水准点校核记录数据窗,如附图 4-74 所示。

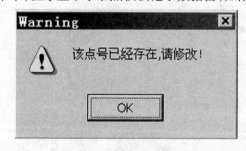

附图 4-73

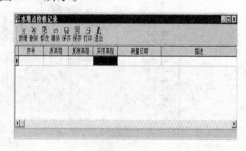

附图 4-74

水准校核记录数据操作与普通水准点的操作相同,只是界面不同,其数据新增及修改界面如附图 4-75 所示。

c. 引据水准点

下游河道断面的水准点高程是由沿黄二、三等水准点(引据水准点)引测而得的。本程序提供对沿黄二、三等水准点的管理。

系统对沿黄水准点的管理提供了两种方式:一种是以断面为索引进行管理,即本节介绍的一种;另一种是以水准测线方式进行管理。

管理界面如附图 4-76 所示,数据更新界面如附图 4-77 所示。具体操作与以上程序基

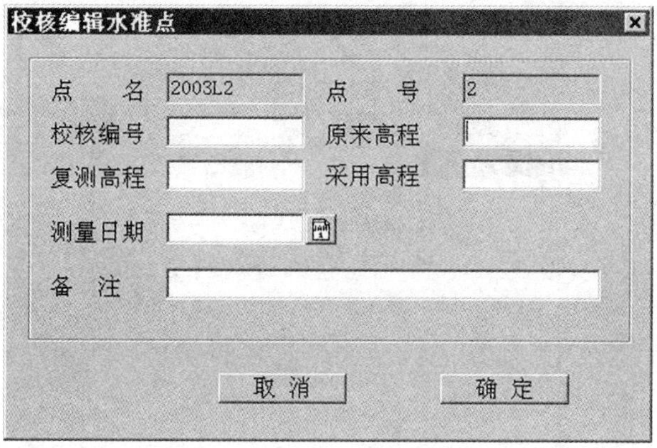

附图 4-75

本相同,这里不再介绍。

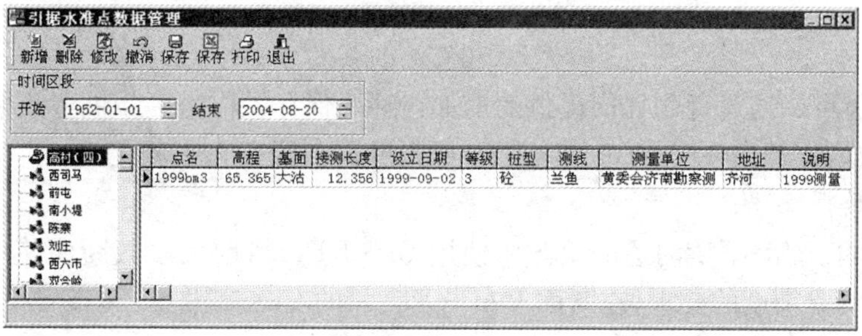

附图 4-76

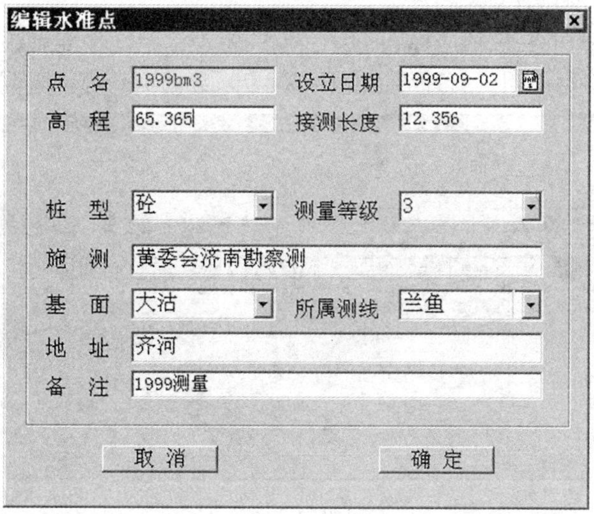

附图 4-77

d. 桩型编辑器

在水准点数据输入时,需要选择水准点桩型,如附图 4-72 所示。由于水准点的桩型是变化的,很难一次确定,因此系统允许使用人员增加及修改桩型。管理界面如附图 4-78 所示。

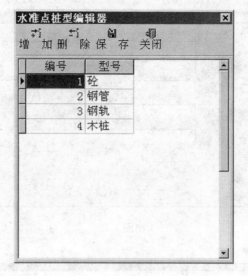

附图 4-78

使用人员可以通过管理界面提供的增加、删除、保存操作来更新桩型数据。

注意:数据更新在数据窗中直接进行,更新后,按"保存",否则无效。

3)GPS 数据管理

自 1998 年开始,下游河道测验开始使用 GPS RTK,目前大多数断面使用 GPS 测量,为满足 GPS 测验精度的要求,在断面上布设了大量的 GPS 基准点。GPS 数据管理主要包括断面 GPS 基准点管理、断面 GPS 参数管理两方面内容。

a. 断面 GPS 基准点管理

GPS 基准点数据主要包括坐标、起点距、偏线距等。GPS 基准点数据管理操作与普通水准点相同,这里不再说明。管理界面见附图 4-79,数据更新界面见附图 4-80。

附图 4-79

b. 断面 GPS 参数管理

GPS 参数是 84 坐标转换为本地坐标的必需数据。用 GPS 测量的数据为 84 经纬度坐标,而断面成果一般为北京坐标,因此需要用 GPS 参数进行坐标转换。本程序即用来管理这些转换参数。管理界面如附图 4-81 所示,数据更新界面如附图 4-82 所示。本程序的使用方法同断面基本情况,这里不再说明。

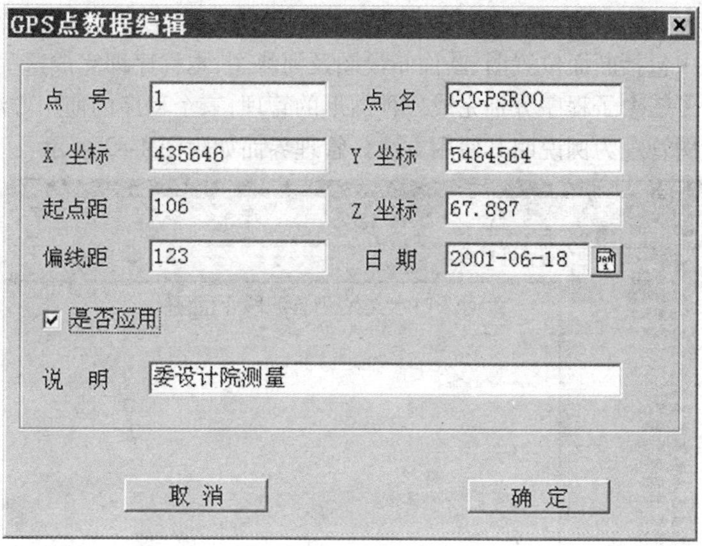
GPS点数据编辑
点　号
1
点　名
GCGPSR00
X 坐标
435646
Y 坐标
5464564
起点距
106
Z 坐标
67.897
偏线距
123
日　期
2001-06-18
是否应用
说　明
委设计院测量
取 消
确 定

附图 4-80

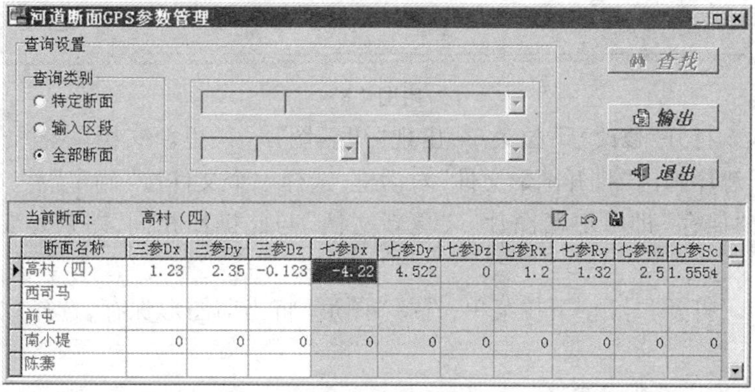
河道断面GPS参数管理
查询设置
查询类别
特定断面
输入区段
全部断面
查找
输出
退出
当前断面：
高村（四）
断面名称
三参Dx
三参Dy
三参Dz
七参Dx
七参Dy
七参Dz
七参Rx
七参Ry
七参Rz
七参Sc
高村（四） 1.23 2.35 -0.123 -4.22 4.522 0 1.2 1.32 2.5 1.5554
西司马
前屯
南小堤 0 0 0 0 0 0 0 0 0 0
陈寨

附图 4-81

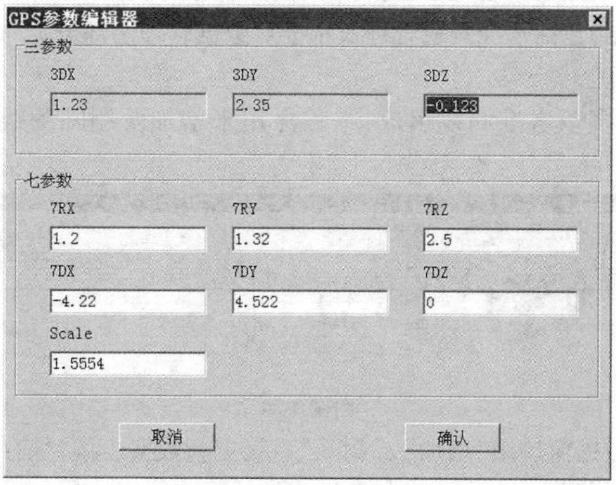
GPS参数编辑器
三参数
3DX
1.23
3DY
2.35
3DZ
-0.123
七参数
7RX
1.2
7RY
1.32
7RZ
2.5
7DX
-4.22
7DY
4.522
7DZ
0
Scale
1.5554
取消
确认

附图 4-82

4)断面图形档案管理

断面考证中包括断面位置图、断面布设图及河势图,本程序即完成这些图形文档的管理。系统设计了三个子程序分别完成三种图形的管理,三个程序的使用方法完全相同,下面以断面位置图管理为例说明其使用方法。管理界面如附图4-83所示。

附图 4-83

(1)导入。打开"修改"下拉菜单,出现"更新图片"、"更新文档"两个子菜单。选择"更新图片",程序弹出"打开图形文件"对话框,选择一个文件按"确定"将文件调入图形视窗显示,按"保存"即可更新图片。"更新文档"与此操作相同,差别是要求选择一个Word文档。

(2)导出。打开"导出"下拉菜单,选择"图形"将当前图形保存,选择"文档"将说明保存。

5)河道水准点数据管理

内容与断面水准点数据管理中的引据水准点相同,只是以测线为索引管理下游河道二、三等水准点数据,包括水准测线管理及水准点数据管理两部分。

a.水准测线管理

下游水准网由多条水准测线组成,本程序用来增加及删除测线记录,管理界面如附图4-84所示。

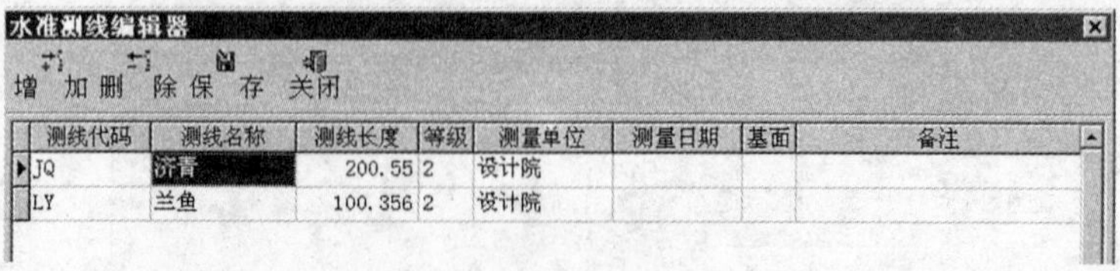

附图 4-84

使用方法:在数据窗口用"增加"、"删除"直接更新数据。按"保存"回写数据库。

b.水准点数据管理

每条测线都包括多个水准点,本程序对指定测线进行增加、修改、删除水准点的操作,使用方法同断面水准点数据管理中的引据水准点。界面如附图 4-85 所示。

附图 4-85

6）泥沙数据管理

本系统仅提供下游河道统一性测验河床质颗粒级配的数据管理，主要包括颗分数据录入、查询制表、数据修改等功能。

a. 数据录入

数据录入界面如附图 4-86 所示。

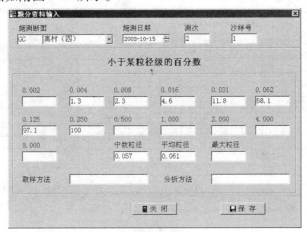

附图 4-86

使用方法如下：

（1）首先在 GC 高村（四） 中确定资料所属断面。

（2）确定施测日期、测次及沙样号。

（3）输入沙样的颗分数据，按 保存 即可。

数据保存后，程序自动清空旧数据，然后可以继续输入新数据。

b. 数据查询及制表

首先确定检索方式，然后将检索到的数据输出到浏览界面，在浏览界面可以进行制表和输出。

（1）查询条件：程序提供两种查询方式，如附图 4-87 所示。

按断面：即查询某一个断面指定时间范围内的颗分数据。使用方法为首先确定断面，然后确定起止时间即可。

按测次：即查询某河段指定年份和测次的颗分数据。使用方法为首先确定起止断

附图 4-87

面,然后确定施测年份和测次即可。

(2)制表输出。将查询的颗分数据制作成成果表并输出。在附图 4-87 中按"确认"即进入制表界面,如附图 4-88 所示。

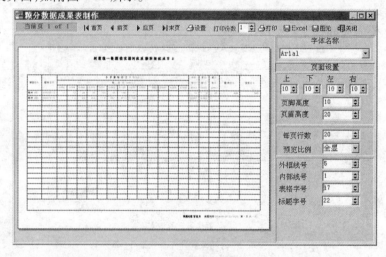

附图 4-88

⏮首页 ◀前页 ▶后页 ⏭末页:调整显示数据(按页)。

打印份数 1 ⬆:设置打印份数。

🖨打印:打印成果表;

🖫图元:将成果表保存为电子文档,EMF 格式。

c.数据修改

数据修改包括对错误的数据进行修改及删除错误数据两种功能。首先确定要删除的沙样标示,程序进行数据检索,对数据进行修改或删除。

(1)条件确定。确定断面、年份、测次及沙样号,按"确认"即可,如附图 4-89 所示。

(2)修改。

颗分数据修改界面见附图 4-90。

修改:对数据进行修改后,按 🖫 保存 即可将旧数据覆盖。

删除:直接按 ⬅ 删 除即可将当前数据删除。

查找:👉 查 找按即可以重新选择新的数据进行修改或删除。

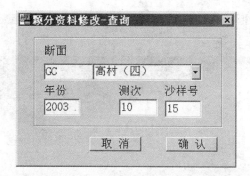

附图 4-89

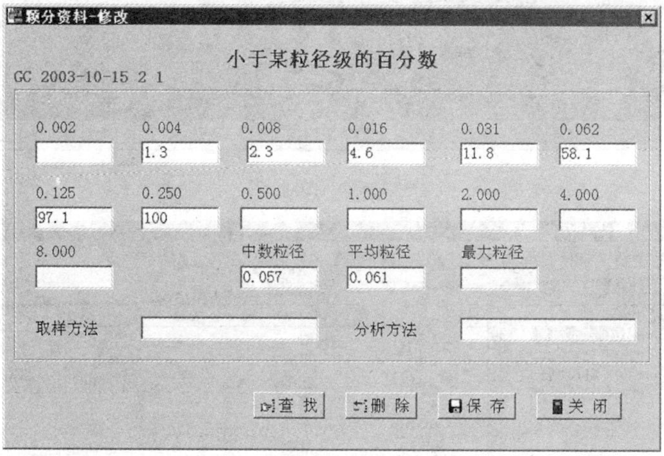

附图 4-90

4. 河道外业数据处理

河道外业数据处理系统主要完成河道测验及普通水准测量中文电子记载手簿记载的外业测验数据、GPS 地形数据、全站仪地形测验数据等外业资料的数据处理及成果表制作。

其主要功能如下所述：

(1)河道测验。水道数据处理、四五等水准地形处理、GPS 数据处理、全站仪数据处理及河道测验大断面数据修改及录入等功能。

(2)普通水准。三、四等水准测量闭合、附合、支线数据处理。

(3)其他。主要完成测验代码、测验人员代码的管理等功能。

程序主界面见附图 4-91。

1)外业测验代码管理

本系统将测验代码分为四种类型：水准测量、全站仪地形、GPS 地形、水道测验。每一类型都有其特有代码，不同测验人员对代码命名方式也不同，因此系统对代码的管理是动态的，不同单位可以根据需要制定自己的代码规定，一旦制定，尽可能不要变动。代码管理界面如附图 4-92 所示。

界面组成说明：窗体左部为代码类别区，系统采用树状结构对代码类别进行管理。窗体右部为制定类别的代码明晰记录。

附图 4-91

附图 4-92

代码组成:代码由序号、代号、名称、属性四部分组成。对于特定类别,代码序号是唯一的。代号为大写拼音代码(注:也可以是阿拉伯数字),外业测验时输入的就是代号。名称为汉字,处理外业测验数据时,程序一旦发现数据中有代号,就重新从数据库中提取其汉字名称对代号进行替换,如果数据库中无对应代号,则用?取代。属性有0、1两种,如果为1,在数据处理时取该代码对应测点地形,否则不取;代码属性为0时也可以不取为空,意义相同。

使用方法:首先在类别树中选择代码类别,然后用程序提供的增加、修改、删除等功能对代码明晰记录进行更新,最后按"保存"将新数据回写到数据库。

2)测验人员代码管理

程序对外业测验数据进行处理时,需要在测验记载表中输入测验人员、记载人员等信息,为节省内业处理人员的工作量,避免数据重复输入,将人员信息预置到数据库中,本程序即管理这些信息。管理界面如附图4-93所示,操作同桩型编辑器。

附图4-93

3）四、五等水准测量数据处理

采用四、五等水准测量进行河道测验是传统的测量方式,由于其操作简单、限制条件少仍被广泛使用。本系统根据山东测区的测验方法进行程序编写和数据处理。四、五等水准测量主要用于河道断面布设和地形测验。断面布设主要是进行四等水准测量,地形测验包括大断面测验和统测嫩滩地形测验。程序界面如附图4-94所示。

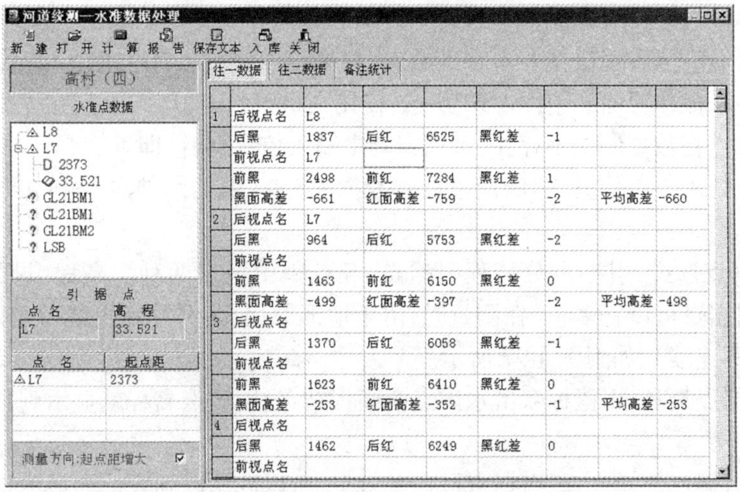

附图4-94

注意：▲代表程序在水准点数据库检索到该水准点的数据。D代表该水准点的起点距。H代表该水准点的高程。

使用方法：

（1）新建建立一作业,作业名称必须为当前数据的断面代码,选择"新建",程序显示一输入信息窗体如附图4-95所示,在其中输入断面代码,按"确认"后,程序将检测该代码是否在数据库中存在,如果不存在程序提示信息如附图4-95所示,则返回主界面,否则程序将在附图4-94的断面名称栏显示当前断面名称。

附图4-95

(2)打开:即打开要处理的数据文件。首先程序显示一个打开文件对话窗口,选择要处理的外业记载文件,按"确认",程序则读取测验数据。

在读取数据时,程序会自动校对两网水准点名是否一致,如果不一致程序会提示存在问题的信息(见附图4-96)。

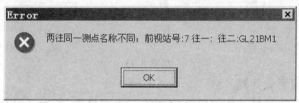

附图4-96

数据读取完毕后,程序将测线水准点以树状结构显示(以往二为准,见附图4-95),并依次读取每个水准点的起点距和高程作为叶子结点挂在水准点树上。如果树中的结点在数据库中无记录,则该水准点以 **?** 标示。原始测验数据显示在数据窗口中。

水准点信息更新:用鼠标双击水准结点,如果结点在数据库中存在,程序会读取该点详细信息显示,操作界面如附图4-72所示,使用人员可以对信息进行更正,按"确定"保存即可;如果结点在数据库中不存在,可以在其中输入信息,保存即可。

注意:此处水准点数据与"断面水准点数据库"中"引据水准点"相同,即从同一个表中读取数据。

(3)引据点选择:引据点分高程引据点、起点距引据点两种。高程引据点只能有一个,起点距引据点可以有多个(在测量时,由于地形原因,某些测点可能偏离断面,从而造成起点距的不连续),如附图4-97所示。

高程引据点选择:用鼠标双击水准点的高程结点,则该点高程就显示到高程引据点数据栏中。

起点距引据点选择:由于引据点可存在多个,所以数据以列表形式显示。

增加引据点:用鼠标双击水准点的起点距结点,则该点点名、起点距就显示到起点距引据点数据列表中。

删除引据点:如果选择了错误的引据点,用鼠标单击列表中的该点,即可删除。

(4)起点距推算方向确定:由于在测量时,有两种前进方向,可能向起点距增大方向进行,也可能向起点距减小方向进行。在处理数据时,用 测量方向:起点距增大 ☑ 调整推算方向。

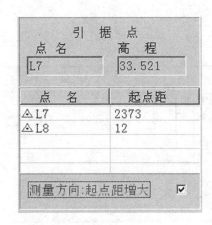

附图 4-97

（5）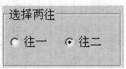：在引据点、推算方向确定后，进行两往测点起点距、高程推算。

在推算过程中，如果某些水准点的起点距和高程无法推算，程序则显示如附图 4-98 所示的信息。该信息是由这些水准点找不到起点距推算点造成的。

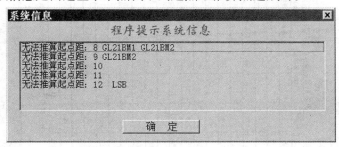

附图 4-98

（6）报告：在高程、起点距推算完成后，制作报表。报表格式按照《下游河道观测试行技术规定》设计，如附图 4-99 ~ 附图 4-101 所示。

（7）成果表显示转换方法。

本部分成果表分两部分：往一成果表、往二成果表，其中往二成果表包括原始记载成果与统计成果（往二最后一页），见附图 4-99 ~ 附图 4-101。

成果表转换通过如下界面进行：

页显示转换：通过调整 |◀ 首页　◀ 前页　▶ 后页　▶| 末页 四个按键转换。当前页码显示由 当前页 3 of 3 实现。

页面设置：包括页眉、页脚、页边距、字体、表格线、每页行数量、列宽等内容。使用人员可以通过程序提供的调整工具进行可视化设置，见附图 4-99（页脚设置）、附图 4-100（页眉设置）、附图 4-101。

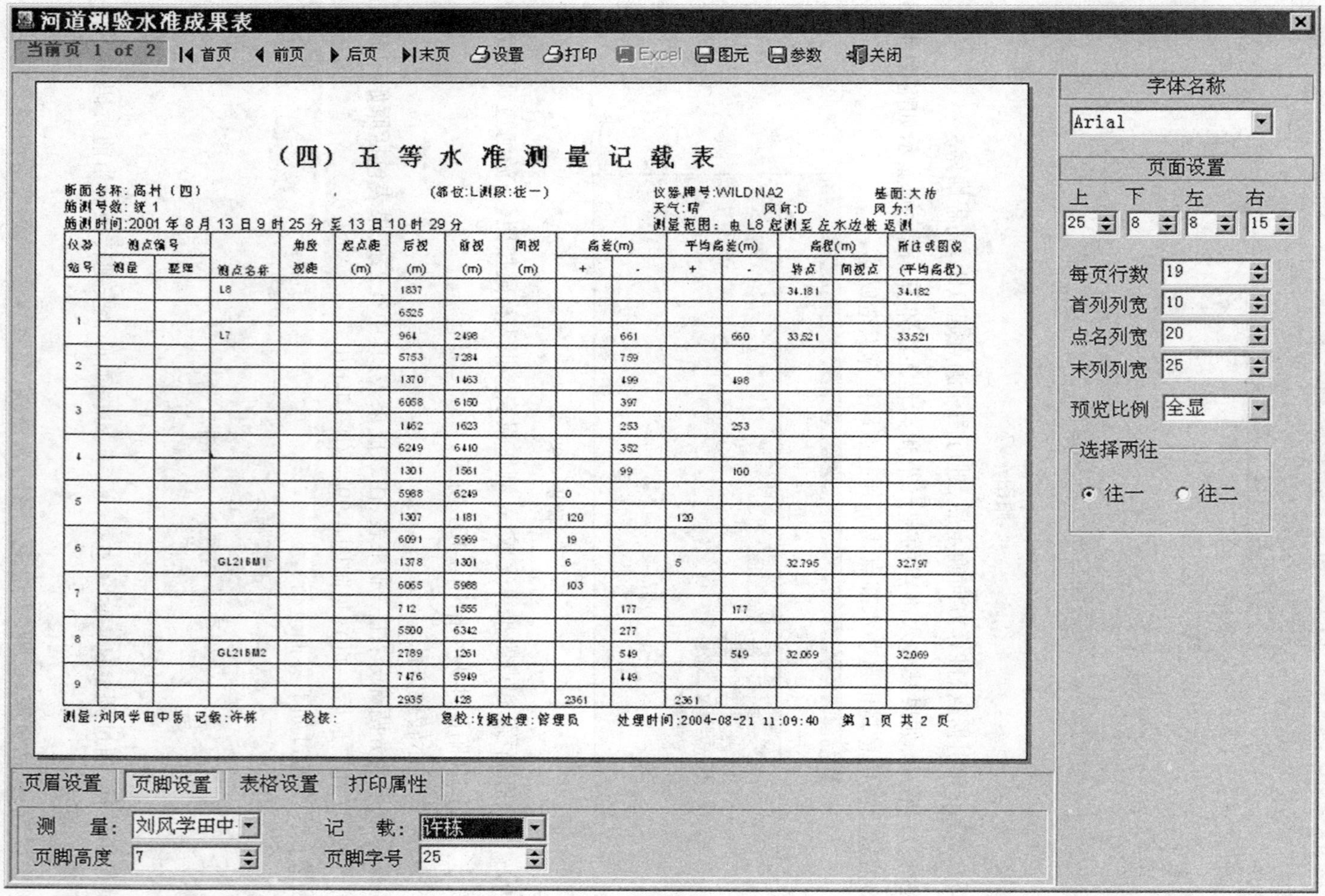

（四）五等水准测量记载表

（部位：L村段：老一）

断面名称：高村（四）　　　　　　　　　　　仪器牌号：WILDNA2　　　　基面：大沽
角测号数：线1　　　　　　　　　　　　　　天气：晴　　　　　　　　　　风力：1
角测时间：2001年8月13日9时25分至13日10时29分　测量范围：由L8起测至由L8起测至水准点（基测）

测次号	测回号	整理	测点编号 测点名称	角度 起点处 测点处(m)	起点处(m)	后视(m)	间视(m)	前视(m) +	前视(m) -	高差(m) +	高差(m) -	平均高差(m) +	平均高差(m) -	高程(m) 转点	间视点	附注或图收 (平均高低)
1			L8		1837									34.181		34.182
					6525											
2			L7		964		2498	661		660			33.521		33.521
					5753		7284	799		498					
3					1370		1463	499		397		253			
					6058		6150								
4					1462		1623	253		382					
					6249		6410								
5					1301		1561	0	99			100			
					5988		6249	120							
6			G121BM1		1307		1181	19				120				32.97
					6091		5969						32.795		
7					1378		1301	6		5					
					6065		5968	103							
8			G121BM2		712		1555		177		177			32.069		32.069
					5900		6342		277		549				
9					2789		1251								
					7476		5949								
					2935		428	2361		2361					

测量：刘凤孕田中罗　　记录：冷林　　校核：

处理时间：2004-08-21 11:09:40　　第 1 页 共 2 页

页眉设置	页脚设置	表格设置	打印属性

测　量：刘凤孕田中　　记　录：详标
页脚高度 7　　页脚字号 25

字体名称
Arial

页面设置
上 25　下 8　左 8　右 15
每页行数 19
首列列宽 10
点名列宽 20
末列列宽 25
预览比例 全显

选择两往：⊙往一　○往二

附图 4-99

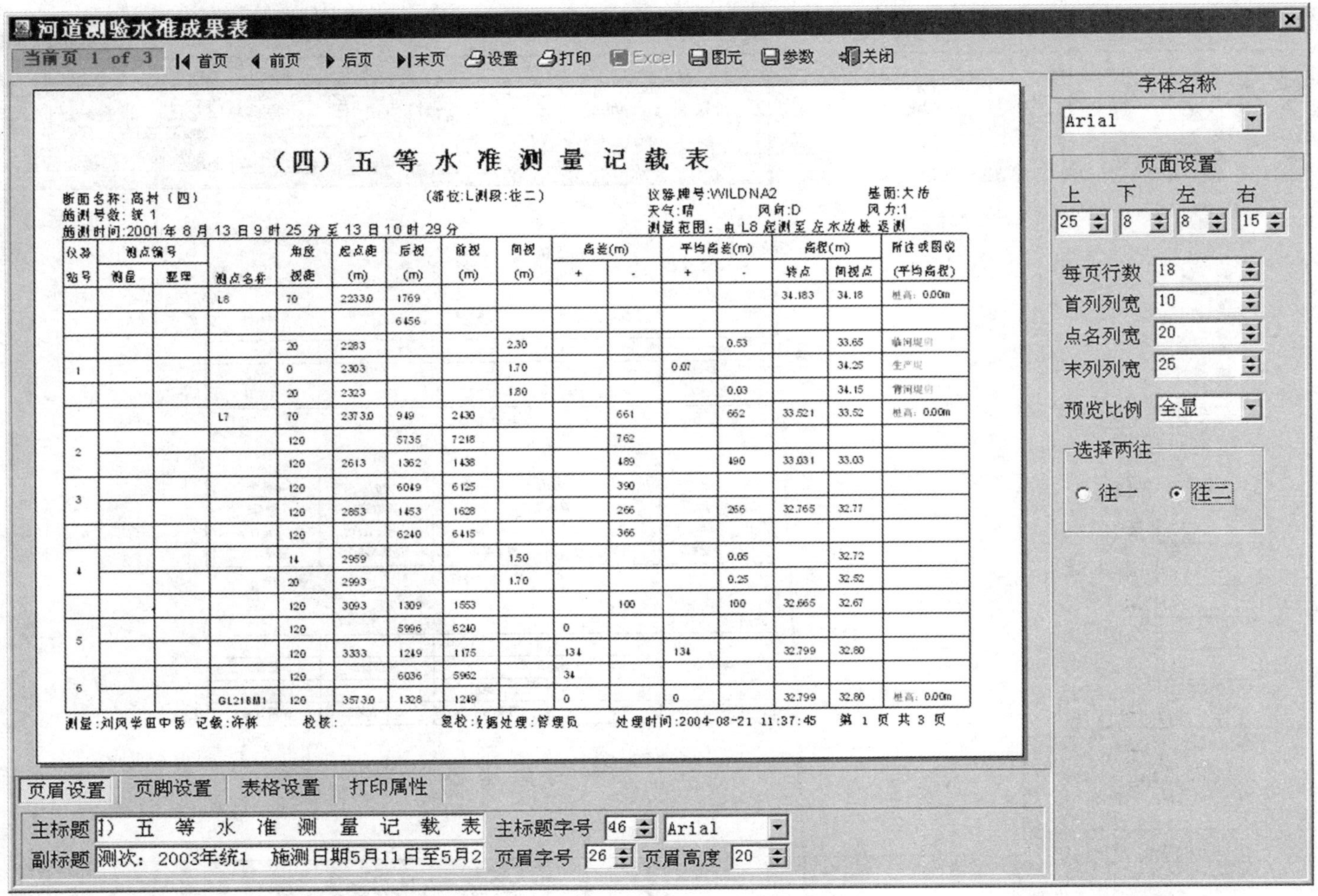

字体名称
Arial

页面设置
上 25 下 8 左 8 右 15
每页行数 18
首列列宽 10
点名列宽 20
末列列宽 25
预览比例 全显

选择两往
○往一 ◉往二

☑设置 ☐打印 ☑Excel ☑图元 ☐参数 ☑关闭

（四）五 等 水 准 测 量 记 载 表

（都段:L测段:往二）

断面名称:高村（四）
施测号数:往 1
施测时间:2001 年 8 月 13 日 9 时 25 分 至 13 日 10 时 29 分

仪器牌号:WILDNA2
天气:阴 风向:D
测量配图：由 L8 起测至反水边处 返测
墙面:大坊 风力:1

仪器号	测站名称	里程 测点编号	角度 板度	距离 起点距 (m)	后视 (m)	前视 (m)	间视 (m)	高差 +	高差 -	平均高差(m) +	平均高差(m) -	特点	角改点	测点高程(m)	附注或图说 (平均高程)
L8			70	2233.0	1769							34.183	34.18		坝高: 0.00m
				2456	6456										
	1		20	2283			2.30			0.53			33.65		临河堤明
			0	2303			1.70			0.07			34.25		生产坝
			20	2323			1.80			0.03			34.15		背河堤坡
L7			70	2373.0	949	2430		661	661		662	33.521	33.52		坝高: 0.00m
	2		120	2613	5735	7218		762			490	33.031	33.03		
			120		1362	1438		489							
	3		120	2683	6049	6125		390			266	32.765	32.17		
			120		1453	1628		266							
			120		6240	6415		366							
	4		14	2959			1.50			0.05			32.72		
			20	2993			1.70			0.25			32.52		
	5		120	3093	1309	1553		100	0	100		32.665	32.67		
			120		5996	6240									
			120	3333	1249	1175		134	134	134		32.799	32.80		
	6		120		6036	5962		34							
GL21	EM1		120	3573.0	1328	1249		0		0		32.799	32.80		坝高: 0.00m

测量:刘风 半田 中芳 记录:冲林
急校:刘锡 改章 崔 度员
校核:
处理时间:2004-08-21 11:37:45
第 1 页 共 3 页

页脚设置 页眉设置 表格设置 打印属性

主标题 1) 五 等 水 准 测 量 记 载 表
副标题 测次: 2003年统1 施测日期5月11日至5月2

主标题字号 46 Arial
页眉字号 26 页眉高度 20

附图 4-100

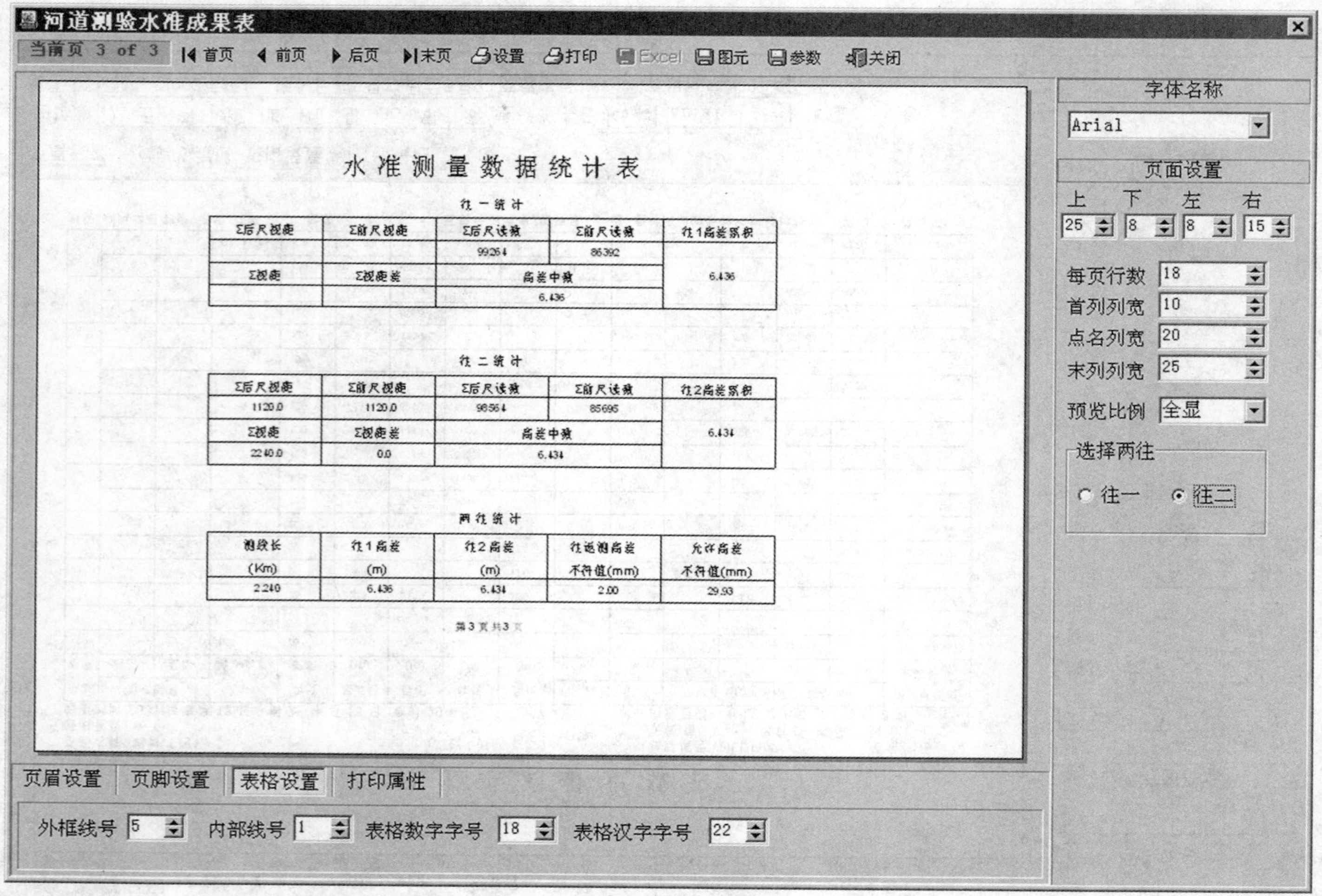
河道测验水准成果表
当前页 3 of 3
首页
前页
后页
末页
设置
打印
Excel
图元
参数
关闭
水准测量数据统计表
往一统计
Σ后尺视距
Σ前尺视距
Σ后尺读数
Σ前尺读数
往1高差累积
99264
86392
Σ视距
Σ视距差
高差中数
6.436
6.436
往二统计
Σ后尺视距
Σ前尺视距
Σ后尺读数
Σ前尺读数
往2高差累积
1120.0
1120.0
98564
85695
Σ视距
Σ视距差
高差中数
6.434
2240.0
0.0
6.434
两往统计
测段长
(Km)
往1高差
(m)
往2高差
(m)
往返测高差
不符值(mm)
允许高差
不符值(mm)
2.240
6.436
6.434
2.00
29.93
第3页共3页
字体名称
Arial
页面设置
上
下
左
右
25
8
8
15
每页行数
18
首列列宽
10
点名列宽
20
末列列宽
25
预览比例
全显
选择两往
往一
往二
页眉设置
页脚设置
表格设置
打印属性
外框线号
5
内部线号
1
表格数字字号
18
表格汉字字号
22

附图 4-101

预览比例:通过调整比例选项设置,如附图 4-102 所示。

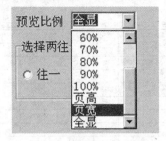

附图 4-102

设置:包括打印机设置、打印份数、起止页数等内容,见附图 4-103(通过属性调整)、附图 4-104。正确设置后,按 打印 即可输出。

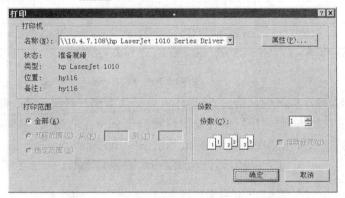

附图 4-103

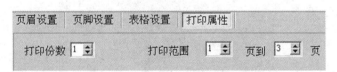

附图 4-104

图元:程序以增强图元文件格式保存成果表。增强图元文件为矢量图形,可以 Word 打开,即成果表可以保存为电子文档,通过 Word 进行打印。

按 图元,程序显示一保存对话窗,输入存盘文件名,即可保存。用 Word 打开时的效果图如附图 4-105 所示。

参数:将页面设置信息保存到数据库中。由于不同用户的计算机、打印设备、字体驱动不同,即使同样的设置,成果表显示也可能不同,程序设计此项功能能避免用户重复进行页面设置,减少工作量,提高工作效率。

由于最佳的设置信息保存到数据库中,下一次程序启动时,程序自动调入最近设置信息,避免用户再次设置。

保存文本:数据处理完成后,程序自动完成断面地形的摘录,摘录数据以文本形式保存,保存的文件可直接被内业数据处理系统读取加入数据库中(文件名格式: * .DHF)。

（四）五等水准测量记载表

断面名称：高村（四）　　　　　　　　（部位：L测段·往一）　　　　仪器牌号：WILDNA2　　　基面：大沽
施测号数：统1　　　　　　　　　　　　　　　　　　　　　　　天气：晴　　　风向：D　　　风力：1
施测时间：2001年8月13日9时25分至13日10时29分　　测量范围：由L8起测至 左水边桩 返测

仪器站号	测量	整理	测点名称	角度视距（m）	起点距（m）	后视（m）	前视（m）	间视（m）	高差（m）+	高差（m）−	平均高差（m）+	平均高差（m）−	高程（m）转点	间视点	附注或图说（平均高程）
			L8		1837								34.181		34.182
1						6525									
			L7		964		2498		661		660		33.521		33.521
2						5753	7284		759						
						1370	1463		499		498				
3						6058	6150		397						
						1462	1623		253		253				
4						6249	6410		352						
						1301	1561		99		100				
5						5988	6249		0						
						1307	1181		120		120				
6						6091	5969		19						
			GL21BM1			1378	1301		6		5		32.795		32.797
7						6065	5988		103						
						712	1555		177		177				

测量：刘凤学田中岳 记载：许栋　　校核：　　复校：（数据处理：管理员）　处理时间：2004-08-21 11:51:19　第1页 共2页

附图 4-105

　　进行保存时，程序提示确认信息，让操作人员确认本次数据属于哪一测次数据。如果本次数据是第一次加入，则程序默认外业记载测验信息所在的测次，如果不正确，可手工改动，如果非第一次，可从测次列表中选择，如附图 4-106 所示。

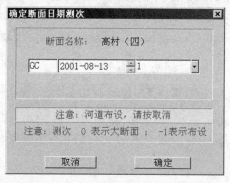

确定断面日期测次

断面名称：　高村（四）

GC　　2001-08-13　　1

注意：河道布设，请按取消

注意：测次 0 表示大断面 ；　−1表示布设

取消　　　　　确定

附图 4-106

　　注意：系统对文件处理程序模块功能非常完善，推荐使用本方法。附图 4-106 已注明：测次为 0 表示大断面数据，−1 为布设数据，这两种数据不参与内业数据处理，大断面数据供下次测验使用，不再使用时，应从数据库删除；布设数据不要加入数据库。

　　入库：在数据处理完成后，直接将数据加入数据库，即由外业系统完成入库工作。除非对系统非常熟悉，否则不要用此法。

　　在附图 4-100 的备注栏中，地形点信息即来自水准代码表，如果属性为 0 或空，将不产生地形数据（即保存文件时该点不在其中）。

　　4）普通水道数据处理

　　普通水道数据指采用六分仪测得的水道数据，操作界面如附图 4-107 所示。首先选择新建输入断面代码，然后打开水道数据即可。在打开数据时，程序会从数据库中提取本次测验的水位数据,因此必须先处理岸上地形数据后才可以处理水道数据,否则提取的信息都为0(因为数据库中不存在)。如果提取的数据不正确,处理人员可以更正,如附图4-108所示。

附图 4-107

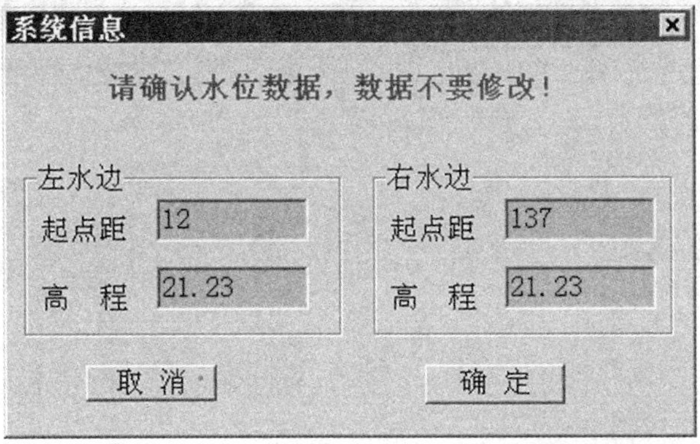

附图 4-108

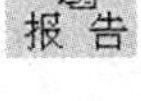

报告:显示水道测验记载成果表,如附图4-109所示。

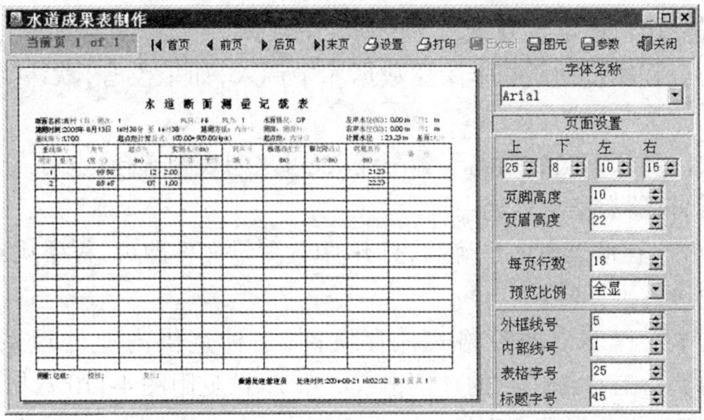

附图 4-109

:摘录地形数据,以 * .DHF 文件格式保存,供内业数据处理系统加入数据库中(建议采用)。

入库:将地形数据直接加入数据库中(建议不采用)。

说明:内业数据处理系统加入文本数据时,对数据库数据及文本数据进行综合处理,而外业直接入库,则不进行综合处理,因此建议内业入库方式。

水道测验记载成果表的处理与四、五等水准测量数据处理相同,请参阅该部分内容。

5)GPS 测验水道数据处理

处理用 GPS 定位测验的水道数据,处理方法同四、五等水准测量数据处理。

注意:必须先处理地形数据,如果地形数据也采用 GPS 测量,必须在大断面数据修改程序中加入岸边信息,以便程序可以找到水位信息来推算水道地形点水深。

6)GPS 测验地形数据处理

处理用 GPS 定位测验的地形数据。GPS 测验所得的数据为坐标形式,而数据应用格式为起点距、高程形式,因此对 GPS 数据处理,首先进行坐标转换,将三维坐标转换为断面坐标,再将断面坐标加入数据库或以文本格式保存。处理界面如附图 4-110 所示。

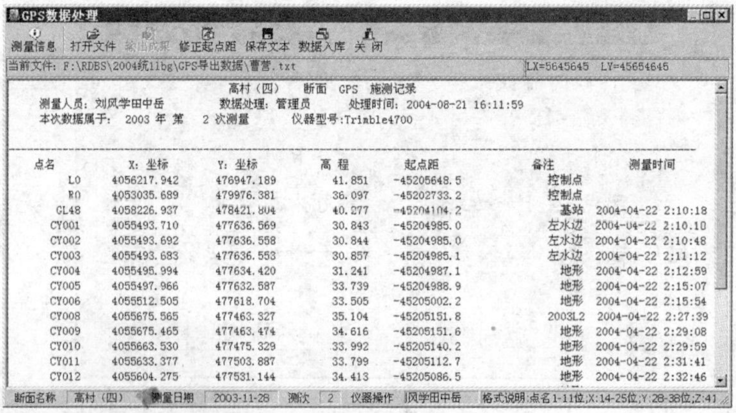

附图 4-110

(1)测量信息:输入本次测量的信息,如附图 4-111 所示。在这里需要确认以下几项:

①断面代码。用快速定位方式从下拉列表中选择。

②基面差值。程序自动从基本属性数据库中调入,如果没有,默认为 0,处理人员可人工更正。

③时间测次。确认本次数据属于哪一测次,可从列表中选择,也可人工输入。

④测量人员、仪器类型从列表中选择。

(2)打开文件。在信息输入正确后,打开 GPS 测量文件即可,程序从断面端点数据库中读取数据自动进行坐标转换。

(3)保存文本。程序以两种格式保存文件,一种是供内业处理系统载入的格式(* .DHF),一种是含有详细信息的存档格式(* .TXT,见附图 4-110 数据区)。

(4)数据入库。将地形数据直接加入数据库中。

附图 4-111

7) 全站仪测验地形数据处理

处理用全站仪测量的地形数据。用全站仪测量时,PC卡中记录了每个测点的详细信息,如测站高、棱镜高、水平角、测点高、平距等资料,而本程序即将这些数据进行整理并求出断面坐标,保存到数据库或文件中。操作界面如附图 4-112 所示。

全站仪数据处理							
打开文件 高程修正 测量信息 输出文件 保存文本 数据入库 关闭							

当前文件:F:\RDBS\FILE10.GSI

高村(四) 断面 全站仪 施测记录

测量人员:刘风学田中岳　　数据处理:管理员　　处理时间:2004-08-21 16:38:56
本次数据属于:2003 年 第 2 次测量　　仪器型号:TC1700

测量时间:2004 年 05 月 09 日
测 站 点:　　高程=37.771　　起点距=0.2　　仪器高=1.51

点号	水平角	指向	平距	起点距	垂直角	棱镜高	高程	属性	时间
0000SS05	0	-	49.63	-49.43	89.433	1.6	37.92	2003R1校测	10:47
0000SS06	359.3216	-	42.493	-42.293	89.401	1.6	37.926	水坑边	10:47
0000SS07	359.3013	-	35.723	-35.523	89.356	1.6	37.931	水坑边	10:47
0000SS08	359.3559	-	29.479	-29.279	89.314	1.6	37.924	水坑边	10:48
0000SS09	358.52	-	22.868	-22.668	89.195	1.6	37.948	水坑边	10:48
0000SS10	357.5737	-	16.102	-15.902	89.293	1.6	37.824	R0校测	10:48
0000SS11	357.3721	-	10.269	-10.069	89.213	1.6	37.796	水坑边	10:48
0000SS12	356.3349	-	4.853	-4.653	88.586	1.6	37.767	水坑边	10:49

测量时间:2004 年 　 月 　 日
测 站 点:　　高程=33.222　　起点距=1697.7　　仪器高=1.409

点号	水平角	指向	平距	起点距	垂直角	棱镜高	高程	属性	时间
0WJLH001	180.0636	+	22.115	1719.815	84.404	2.6	34.091		:
0WJLH002	179.5039	+	17.32	1715.02	82.215	1.6	35.353		:
0WJLH003	5.4211	-	7.012	1690.688	72.391	1.6	35.221		:
0WJLH004	5.4211	-	10.29	1687.41	89.321	1.6	33.114		:

断面名称 高村(四)　测量日期 2003-11-28　测次 2　高程修正值 无　仪器操作

附图 4-112

在测量时,一个记录文件中包括多站数据,如附图 4-112 所示,程序自动对测量数据按测站分开。

打开文件:指定要处理原始记载文件(∗.GSI 格式)。

测量信息:同 GPS 地形处理(见附图 4-111),输入测量信息。

高程修正:如果外业测验,测站点高程输入错误,可以在这里进行修正。

其他方面操作同 GPS 测验地形数据处理。

8）全站仪测验水道数据处理

用于处理用全站仪测量记载的水道数据,处理方法
与 GPS 水道基本相同。其主要差别在于需要进行起点
距修正。GPS 定位时,不需要修正起点距,而全站仪记
载的是平距,因此必须用测站点起点距进行修正。具体
操作如下:在附图 4-113 中输入测站点起点距及起点距
推算方向即可,其他同 GPS 测验水道数据处理。

9）三、四等水准测量数据处理

普通三、四等水准测量数据处理是本系统的一个外
挂程序,因为它与数据库没有建立关系,但下游河道存

附图 4-113

在大量的普通水准测量工作,数据量巨大,设计者在该系统中增加了这一功能,以减轻测
量人员的工作量,提高工作效率。

本程序处理的数据来源于普通三、四等水准测量中文电子记载手簿,处理的数据格式
按《三、四等水准测量规范》(GB/T 12898—2009)设计。程序可以处理附合、闭合、支线等
测量数据,兼具高程推算和平差制表等功能。程序操作界面如附图 4-114 所示。

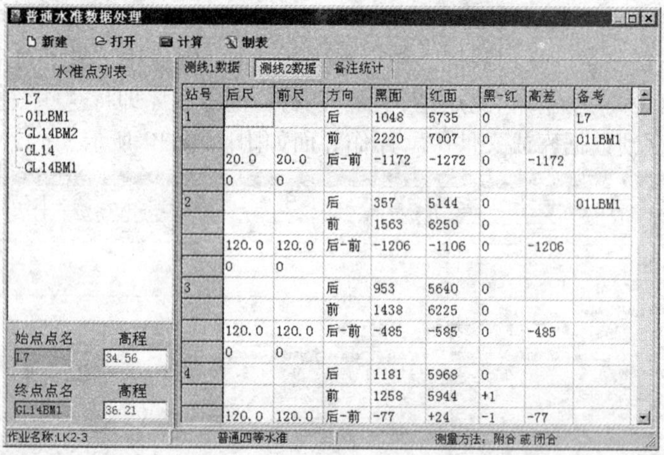

附图 4-114

新建:即建立作业,确定测量等级及类型。在附图 4-115 中输入作业名称、确定测量
等级及类型。

打开:确定要处理的原始数据,通过打开文件对话框实现。

计算:在计算以前,如果是附合或闭合,请输入起点、终点高程;如果是支线,只输入
起点高程。

制表:计算完成后,制作并输出成果表,成果表输出提供打印和电子文档两种形式。
成果表格式严格按规范规定设计,如附图 4-116 所示。

使用方法:成果表的各种设置通过附图 4-116 右部设置窗口设置,程序提供可视化
设置。

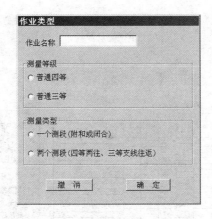

附图 4-115

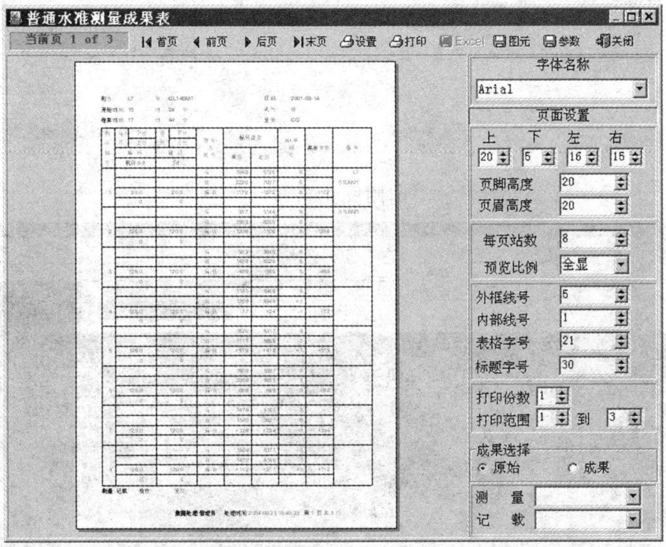

附图 4-116

工具栏 |◀ 首页　◀ 前页　▶ 后页　▶| 末页　🖨设置　🖨打印　Excel Excel　📇图元　📇参数 的使用方法同四、五等水准测量数据处理。测量、记载人员通过下拉列表实现,列表的数据源为人员代码表,制表种类通过成果选择(含原始、成果)实现。成果表的显示见附图 4-117(即高差高程表)。

10)断面数据录入

在实际测验中,有些断面可能采用手工记载方式,纸介质数据无法用程序直接处理。断面测验数据录入程序即提供将纸介质数据录入到数据库中,然后用计算机进行数据处理。

录入程序主要功能:数据合理性检查、断面图形绘制、数据入库。程序操作界面如附图 4-118 所示。

(1)界面由基本信息、断面图形、地形数据、水道信息四部分组成。

①基本信息:输入该次数据所属断面、实测时间、测次及左右岸水位。

②断面图形:显示断面图形,供输入人员进行数据检查参考。

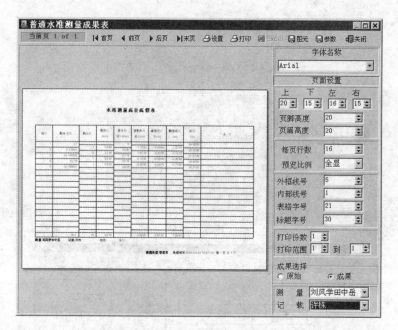

附图 4-117

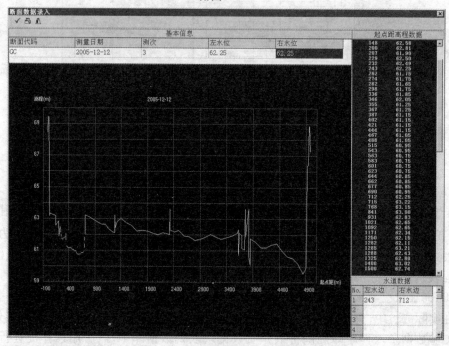

附图 4-118

③地形数据:在此处输入地形点实测数据,一行一个测点,起点距、高程用空格分开。

④水道信息:依次输入每条水道左右水边的起点距。程序对断面的水道数量没有限制,本系统可以对多条水道数据进行处理。

(2)程序提供两种工具,即数据检查和数据入库。

① 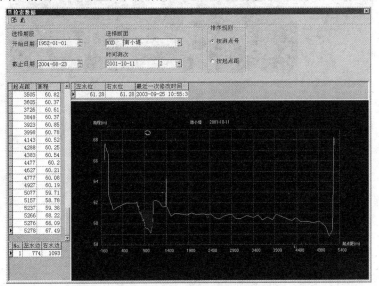 数据检查:程序对实测地形数据、水边起点距、左右岸水位、地形点顺序各方面进行综合检查,如有错误,将给出提示,并在图形区绘制当前的断面图形。

② 数据入库:将当前数据保存到河道数据库中。如果数据检查不通过,程序不予保存。

11)断面数据修改

本程序提供断面数据的修改功能。修改包含两方面意义:一是数据确实有错误,需要进行修改;二是数据没有错误,但不完整需要补全(注:河道测验时,通常只对过水部分进行测量,数据处理时则要求完整断面数据)。

操作界面如附图4-119(主界面)、附图4-120所示(修改界面)。

附图 4-119

使用方法:主界面为数据浏览,若进行数据修改需进入修改界面。具体方法如下:

期段范围:限制数据库查询返回的数据量。返回数据仅限于期段范围内。

断面测次:用快速定位方式定位断面,程序自动从数据库中检索期段范围内的测次。

排序方式:在外业数据入库时,程序提供两种方式,一是保存为文本文件内业入库,二是直接入库。排序方式用于直接入库,对于内业入库,程序对数据排序后自动入库;直接入库,程序不对测点(起点距、高程)排序,这时,断面图可能存在乱序现象,如果选择按起点距排序,程序自动更新数据,然后进入图修改功能,程序自动矫正错误,保存数据到数据库。

图数据修改:在附图4-119中按图进入修改功能界面,如附图4-120所示,程序提供五种操作,使用方法如下:

(1)检查:对数据窗的数据进行合理性检查。

(2)借用:如果本次资料不完整,用此功能借用以前大断面数据补齐,资料借用如附图4-121所示。

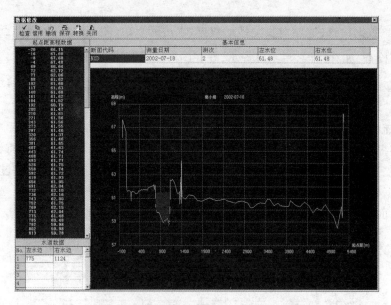

附图 4-120

附图 4-121

在附图 4-121 中,指定借用的测次,按"借用"即可。在正常情况下,向前借用资料,但程序允许后借,因为不排除补测的可能。按"确定"后,程序将借用资料加入到本次资料中,并用不同的颜色标示。

(3) 撤消:数据修改后,如果未按 保存,可以恢复到修改前状态。

(4) 保存:将修改数据回写到数据库。

(5) 转换:对断面高程进行系统改正,主要是弥补外业测验时存在的错误,如 GPS 基准站高程输入错误导致的系统错误。在高程修正对话框中输入差值,按"确定",程序对断面地形点高程自动更正。

12)断面数据删除

从数据库中删除数据,操作界面如附图 4-122 所示。程序提供三种删除方式,具体处理方式如下:

(1)按测次。删除指定河段内某一测次的数据。首先确定起止断面,再确定要删除的年份测次。

(2)按断面。删除指定断面某一时间范围内的数据。首先确定断面,再确定删除的区间范围。

（3）单测次。删除指定断面某一具体测次的数据。首先确定断面，再确定测次。

附图 4-122

指定删除条件后，按 ╳原 始删除原始及成果，按 ╳成 果仅删除成果，但不删除原始。

注意：删除原始数据时，程序自动删除该原始对应的分级高程面积数据。

5. 内业数据处理及分析

1）导入数据

导入的数据仅限于河道地形测验数据，分删除式导入和条件式导入两种。

a. 删除式导入

删除式导入用于大断面数据的导入，在导入数据时程序自动删除数据库相同标示（断面代码、年份、测次皆相同）的数据。操作界面如附图 4-123 所示。

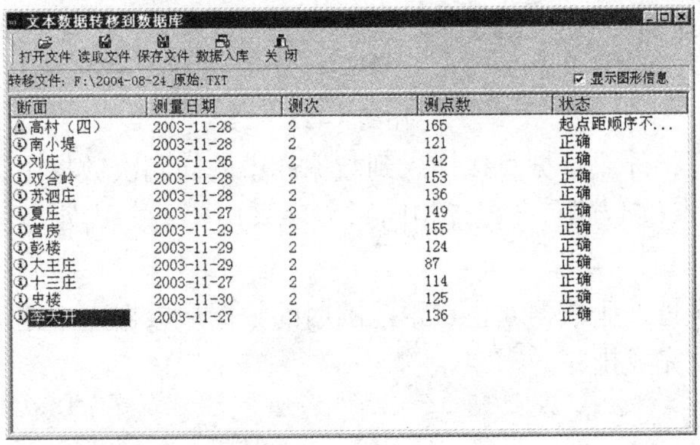

附图 4-123

📂：选择要导入数据的文件。

💾：将文件数据读入数据储存结构，并对数据进行合理性检查，同时以图形形式显示数据，见附图 4-124，供操作人员校核。附图 4-123 中有显示图形标志，如果操作人员不想查看图形信息，可以将其关闭，以加快读取速度。

💾：在读取数据时，图形显示界面中的水位数据可以修改，操作可以将更新后的数据以文件形式保存。

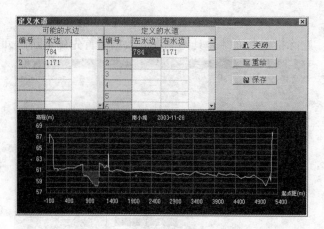

附图 4-124

![printer icon]:确保数据正确后,将数据保存到数据库中。在数据入库时,程序自动对数据进行检测,如果发现数据库中存在相同标示的数据,将对该次数据进行覆盖处理。

注意:有问题的断面数据,程序拒绝保存。数据保存后,程序在状态栏给出保存标志。

b. 条件式导入

该程序主要用来处理外业测验数据处理系统处理后的河道数据文件,将外业测验地形数据导入河道数据库中。在数据导入时,程序提示导入选项:单值覆盖插入、范围覆盖插入,如附图 4-125 所示。本程序的主界面同附图 4-123。

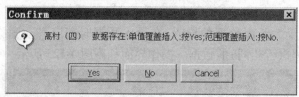

附图 4-125

直接插入:程序将外业数据直接插入到数据库中的同测次数据中,并自动完成排序功能。对于同一个测点(起点距、高程皆相同),程序采用覆盖方式处理,即程序不允许同次数据中存在两个相同的测点。

范围覆盖:程序将外业数据起止点距范围内的数据从数据库中删除,并将外业数据插入到数据库中,自动完成排序。

2)数据处理

数据处理包括对大断面数据进行计算,生成分级高程面积数据,并保存到数据库中。程序提供按测次、按断面、单测次三种数据选择方式,查询条件确定后,读取数据,再进行资料计算,最后将成果保存到数据库中即可。操作界面见附图 4-126,具体操作步骤如下。

(1)查询条件。

⊙ 按测次:确定计算的河段范围,即指定起止断面,然后确定要计算的测次。计算的断面次数量无限制。

○ 按断面:首先确定要计算的断面,然后确定时间范围,即计算哪个时间段的数据。计算的断面次数量无限制。

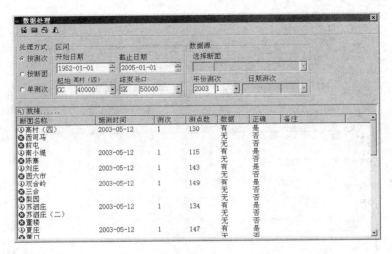

附图 4-126

○ **单测次**:确定要计算的断面、年份及测次。一次只能计算一个断面次数据。

(2) ![icon]:查询条件确定后,从数据库中读取符合条件的断面数据。在读取数据后,程序自动对断面数据进行合理性检查,如果数据不存在或有问题,程序会在断面名称前标上 ⊗ 标志。

(3) ![icon]:对正确的断面数据进行计算,生成分级高程面积数据及各种成果要素。

(4) ![icon]:将各种成果保存到成果数据库中。应注意的是,在保存成果数据时,程序自动检测数据库冲突数据,数据库中与现有成果具有相同标示的旧成果数据均被新成果数据替换。

3) 导出数据

导出数据库中的原始数据及成果数据,以文本文件或 Excel 文件保存,供其他程序共享。导出的原始数据可以被系统导入功能导入数据库中。

a. 导出大断面原始数据

将原始数据导出。本功能主要是考虑数据共享及数据安全性而设计,一旦计算机系统崩溃或数据损坏,可以用导出的数据立即恢复。程序操作界面如附图 4-127 所示。

本程序的查询读取操作与"数据处理"完全相同。程序提供三种导出格式,其中两种为文本格式,一种为 Excel 格式,在保存时,程序提示保存文件对话框,指定保存文件夹,输入文件名即可。

![icon]:该格式是本系统的专用格式,可以再次导入数据库中。

![icon]:该格式是为其他软件的数据读取提供的,目前有些河道数据处理程序需要该格式数据文件。

![icon]:导入 Excel 文件中的数据为表格数据,即大断面成果表。程序向 Excel 写入数据时,自动按照规范要求制表,大大节省了应用单位的工作量。Excel 格式如附图 4-128 所示。

b. 导出分级面积高程成果数据

本程序提供断面分级高程面积数据的导出功能,数据导出到 Excel 文件中,在向Excel

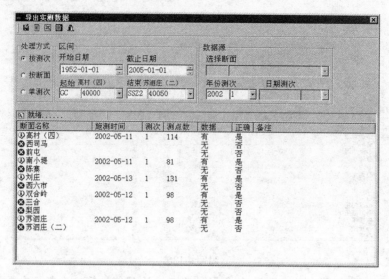

附图 4-127

起点距(m)	高程(m)	起点距(m)	高程(m)	起点距(m)	高程(m)	起点距(m)	高程(m)	起点距(m)	高程(m)	起点距(m)	高程(m)
-20	66.15	779	61.2	965	59.8	1388	61.65	2760	60.79	4383	60.54
-16	67.6	700	61.02	977	59.7	1396	64.31	2905	60.89	4477	60.2
-8	67.68	816	61.3▼	993	59.6	1404	61.7	3005	60.49	4627	60.21
-4	67.48	832	60.8	1010	59.5	1504	60.74	3105	60.49	4777	60.08
69	66.64	836	60.5	1020	59.5	1604	60.98	3255	60.77	4927	60.19
72	62.72	846	60.4	1040	59.3	1746	60.94	3405	60.57	5077	59.71
181	61.34	863	60.1	1062	59.5	1886	60.84	3505	60.82	5157	58.78
290	61.64	876	59.9	1079	59.5	1986	61.05	3605	60.37	5237	59.38
490	62.01	888	59.9	1089	60	2086	60.87	3726	60.61	5266	68.22
690	62	897	59.8	1095	61.3▲	2219	60.94	3848	60.37	5276	68.09
732	62.1	910	59.8	1120	62.28	2351	60.91	3923	60.85	5278	67.49
737	62.08	921	59.8	1177	62.28	2415	60.93	3998	60.78		
744	61.64	937	59.8	1225	62.11	2515	60.58	4143	60.52		
772	61.69	950	59.8	1313	61.63	2615	60.46	4288	60.25		

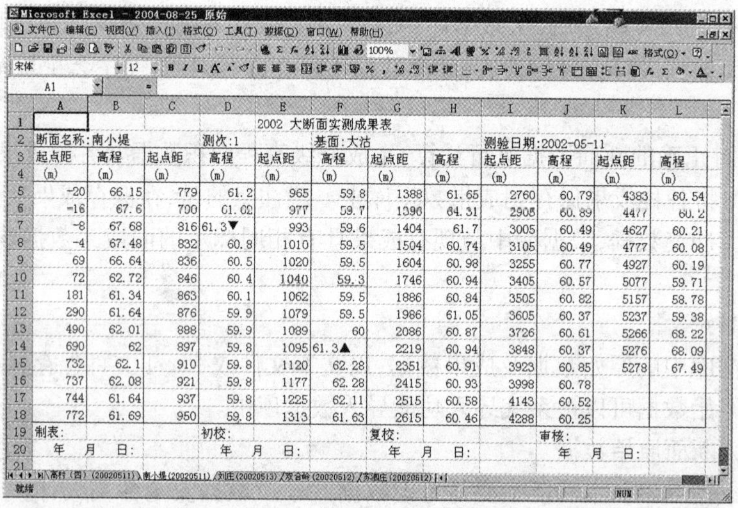

附图 4-128

写入数据时，程序自动完成在 Excel 中的表格绘制，无须操作人员手工绘制分级高程面积成果表。

本程序的操作与“导出大断面原始数据”完全相同，只是内部数据源不同，使用方法参照该部分。

4）数据查询

数据查询包括原始数据查询及成果数据查询两种。

a. 原始数据查询

每次只能查询一个断面次数据，首先确定断面代码（可用快速定位方式获取），然后确定时间测次即可。查询结果包括大断面数据和断面图。该程序的操作同“断面数据修改”，查询界面如附图 4-129 所示。

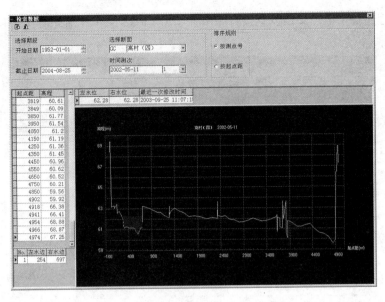

附图 4-129

b. 成果数据查询

查询断面分级高程面积数据,一次查询一个断面次,查询界面如附图4-130所示。

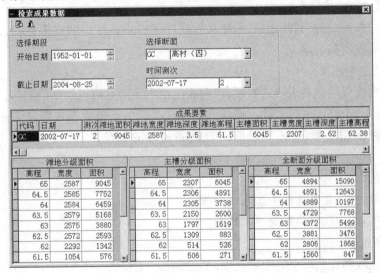

附图 4-130

查询数据分四部分:成果要素、滩地分级面积、主槽分级面积、全断面分级面积。

5)数据删除

该程序与前文断面数据删除是同一个子程序,为避免操作人员切换程序,在外业测验及内业处理系统中都加入了数据删除程序。

6)图形绘制

a. 横断图绘制

程序提供可视化配置,使用人员可灵活调整成果图中的各项设置。成果图可以彩色样式输出,程序提供电子文档及直接打印两种输出格式。操作界面如附图 4-131 所示,具体操作步骤如下所述。

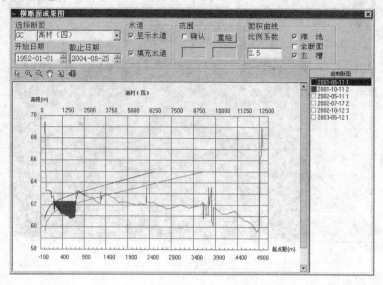

附图 4-131

（1）确定查询条件。

首先确定断面,在断面确定后,程序从数据库中检索该断面的成果数据,并将数据输出到可绘制的测次列表中。

（2）选择绘制测次。

可绘制测次以检测列表形式提供,该列表中给出了所有可以绘制的测次,通常只从其中选择两个或三个测次进行套绘。操作人员可在列表中点击要参加绘制的测次,这时程序自动给该测次加上颜色,该颜色同时也是断面线的颜色,因此该表同时具有图例的功能。

（3）水道选项。

显示水道:程序在断面线中加入水面线。

填充水道:用图例颜色填充过水断面。

（4）范围选项。

用起点距限制在图形中的绘制范围,如绘制起点距 500 ~ 2 500 的断面图,可以填入 500、2 500。

（5）面积曲线。

在成果图中加入面积曲线,可以根据需要加入主槽、滩地、全断面三种面积曲线。

（6）工具栏。

🔍 🔍 调节图形的大小。在绘图条件配置正确后,按 🔍 进入大断面成果图制作界面,如附图 4-132 所示。

（7）成果图绘制。

为使成果图美观、实用、操作方便,程序中加入了大量配置选项。具体配置方法如下。

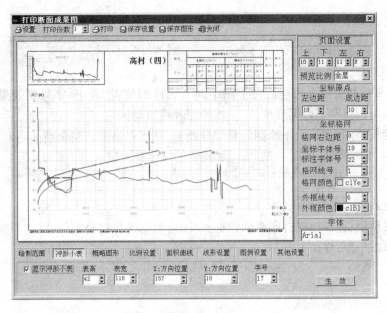

附图 4-132

页边距设置:通过调整  实现。

预览比例:通过调整 预览比例 全显 ▼ 实现。

在坐标格网配置窗口中设置:格网右边距即格网最右边一条线到右边框的距离,通过 格网右边距 0 ▲ 调整。

坐标字体号:通过 坐标字体号 18 ▲ 设置坐标的字号大小。

标注字体号:图形中滩槽界、主槽、滩地等标注的字号,通过 标注字体号 22 ▲ 设置。

格网线号:即网格线的粗细,通过 格网线号 1 ▲ 设置。

格网颜色:即网格线的颜色,通过 格网颜色 □ clYe ▼ 设置。

外框线号:设置图形外边框线的粗细,通过调整 外框线号 6 ▲ 实现,通过 外框颜色 ■ clBl ▼ 调整外边框的颜色。

字体:通过 Arial ▼ 设置成果图中字体的类型。

(8)绘制范围。其界面如下:

☑ 启用范围设置

起始起点距 [0]　　起始起点距 [4500]　　确 定

如果在成果图中绘制某一范围内的图形,选择 ☑ 启用范围设置,并在上图中输入起始起点距,最后按"确定"即可。

注意:有些断面很宽,由于受图纸限制,如果绘制全断面图形,重点则不突出,因此程序提供该功能绘制关键部位,而全断面图形可以在断面概略图中绘制,这样既可综观全局又重点突出。

断面冲淤简表:在成果图中加入断面冲淤简表更能突出成果表的效果,界面如下:

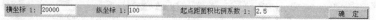

选择"显示冲淤简表",然后在上图中调节表格的位置、大小、字号到效果最佳为止。该设置参数可以保存到数据库中,下一次绘图程序自动调用。

大断面概略图:如果主图绘制的是部分断面,则用概略图绘制全断面图形,界面如下:

设置方式同面积曲线。

比例尺设置:程序根据打印驱动数据,对图形数据进行精确定位,默认为规范要求,但操作人员可以干预,界面如下:

横坐标 1: 20000   纵坐标 1: 100   起点距面积比例系数 1: 2.5   确 定

(9)分级高程面积曲线。

可以在成果图中加入主槽、滩地、全断面三种面积曲线,通过在如下界面中设置实现。在成果图中同时绘制主槽、滩地分级高程面积曲线如下。

☑ 主槽面积　　　□ 全断面面积　　　☑ 滩地面积

线形设置:成果图中可以存在多条断面线(本程序可以套绘任意多个断面),操作人员可以对每条线的颜色和线号进行设置,具体如下:

设置步骤:首先确定测次,其次选择线形、线号及颜色,最后按"确定"即可。

图例设置:用来设置成果图的各种标注。通过图中的选项调整图例的位置和字号,以及是否打印比例尺和基面,内容如下:

图 例
☑ 打印图例　　字号 15　　□ 打印比例尺
X:方向 280　Y:方向 50　　☑ 打印基面

其他设置:设置标题的字号、字型、位置以及滩槽界标注格式。页脚标注为制图单位,操作人员可以根据需要选择是否输出,内容如下:

(10)工具栏使用方法。

设置:设置打印机,包括方向、纸张等。

打印:将当前成果图打印输出。

保存设置:将当前的设置参数保存到数据库中。应注意的是,每个断面在数据库横断图设置表中都有一条记录,因此各断面的设置参数可以互不相同。

保存图形:将当前成果图保存为电子文档,文件以增强图元文件格式保存(＊.EMF),可以用 Word 打开。

另外,横断图网格的坐标原点(左下角)可移动,通过调整左边距、底边距来实现,在坐标原点移动时,正图皆随之移动。坐标原点的界面如下:

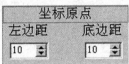

b.纵断图绘制

绘制指定河段的纵断图,绘制内容包括主槽平均河底高程、水道平均河底高程、断面平均河底高程、深鸿点、水面线五种。使用方法如下。

(1)条件选择。

确定要绘制河段及测次。操作界面如附图 4-133 所示。首先在断面区间用快速定位方式确定起终断面,然后从可选系列中选择绘图系列。

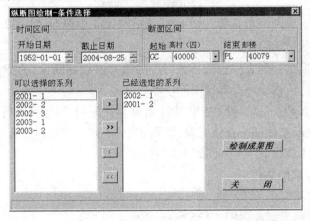

附图 4-133

>:从可选系列中选择一个或多个系列,必须用鼠标先进行选择。

>>:从可选系列中选择所有系列,不用选择。

<:从被选系列中删除一个或多个系列,必须用鼠标先进行选择。

<<:从被选系列中删除所有系列,不用选择。

条件确定后,按 **绘制成果图** 进入绘图预备界面。

(2)图形制作预备界面。

纵断图绘制界面见附图 4-134。

Q Q:调整图形的大小。

类型选择:确定成果图中包括哪些内容。在内容前的☑中打勾,则该内容加入到成果图中,否则取消。附图 4-134 相应如下界面绘制了主槽、水道、深鸿点三项内容。

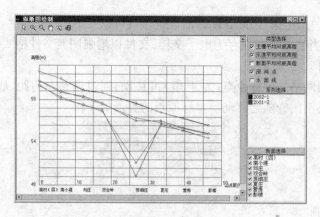

附图 4-134

☑ 主槽平均河底高程

☑ 水道平均河底高程

☐ 断面平均河底高程

☑ 深 鸿 点

☐ 水 面 线

系列选择：确定纵断图包括哪几个系列，附图 4-134 中绘制了 2002 – 1、2002 – 2 两个系列，程序对系列数量无限制。

断面选择：断面选择列表中包括指定河段的所有可绘制断面，为方便分析，操作人员可以点击检测标志，使该断面不参加图形绘制。

注意：有些断面虽在指定河段内，但由于数据存在问题，程序自动将其从列表中删除，使用人员可能发现新增断面虽在该河段，但列表中并不存在，原因是新增断面没有实测数据（严格说没有成果数据，绘图数据源于成果数据库）。

点击 🔲 进入成果图制作。

c. 成果图制作

纵断成果图绘制界面如附图 4-135 所示。

纵断图的页面、坐标原点、坐标格网、字体设置等方面与"横断面图绘制"设置基本相同，这里不再重复。

注意：①每设置一个线形，都要按"确定"。②纵断图设置参数在数据库中只有一条记录。③只有"线形标注"选定后，程序才给纵断面线加上标注。④ 🔲数据 将绘图数据保存到 Excel 中，当本程序的绘图功能不能满足需要时，操作人员可以在 Excel 中分析制图。

7）分析工具

a. 断面面积计算

该程序可以对断面进行任意分割，并对各块的面积进行计算，因此程序提供的功能在断面分析时非常有用。操作界面如附图 4-136 所示。

首先确定要计算的断面，在 GC 高村（四） ▼ 快速定位（参照前面介绍）断面，然后在 2002-05-11 1 ▼ 确定测次（注：开始及截止日期主要是限制返回的数据量）。

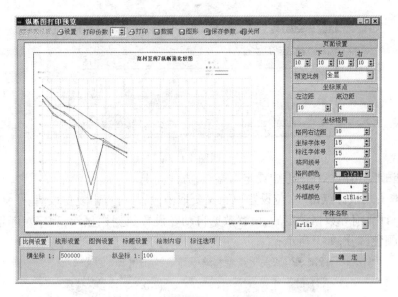

附图 4-135

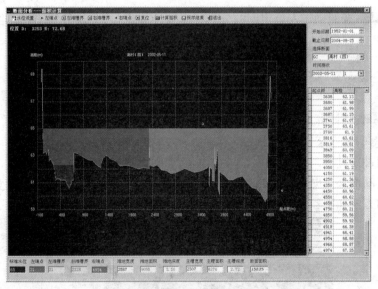

附图 4-136

查询条件确定后,程序自动将该断面次数据调入数据窗。程序默认断面基本属性为初始参数,如果不能满足要求,则由本人制定。

工具栏界面如下:

水位设置:选择后,程序提示输入计算水位,如附图 4-137 所示。

左端点:选择后,用鼠标在断面图形界面中移到设定位置,按左键即可。

注意:鼠标在图形中移动时,程序实时扑获该点的断面坐标,并显示在图形左上角位置栏**位置 D: 3906 H: 55.87**(D 表示起点距,H 表示高程)。

左滩槽界:用鼠标在图形中设定左滩槽界,方法同上。

右滩槽界:用鼠标在图形中设定右滩槽界,方法同上。

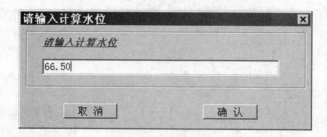

附图 4-137

◀ **右端点**：用鼠标在图形中设定右端点，方法同上。

回 复位：用鼠标点击"水位设置"后，又要取消设置，可点击复位取消。

注意：计算前导数据设定后，设置数据自动在设置数据栏显示，程序对滩槽及过水断面用不同颜色区分，如下所示：

标准水位	左端点	左滩槽界	右滩槽界	右端点
65	21	21	2328	4934

回 计算面积：按照操作人员定制的分界标志及计算水位，分块计算面积，并显示在如下界面中：

滩地宽度	滩地面积	滩地深度	主槽宽度	主槽面积	主槽深度	断面面积
2587	9055	3.50	2307	6270	2.72	15325

回 保存结果：将计算成果保存到文本文件中。程序提示文件保存对话框，操作人员指定保存文件夹，输入文件名即可。

b. 固定冲淤计算

对指定断面某一时间范围内相邻测次间的冲淤面积进行计算，操作界面如附图 4-138 所示。使用方法如下：

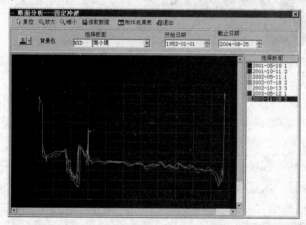

附图 4-138

（1）首先在 `NXD 南小堤 ▼` 中确定计算断面。

（2）再按 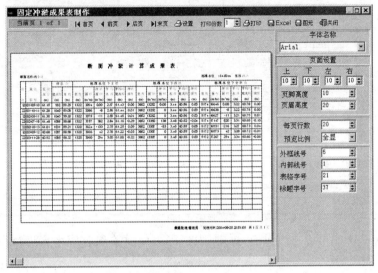读取数据读取断面地形数据。数据读取后,程序在图形窗对所用断面进行套绘,断面线采用默认颜色,与按断面列表中检测框颜色相同。

（3）凡是在图形窗显示的断面皆参加冲淤计算,如果要删除某一测次,可在"选择断面"列表中单击检测框。本程序对测次数量没有限制。

（4）按■制作成果表进行冲淤计算,并制作成果表,如附图 4-139 所示。

附图 4-139

冲淤成果表可用 Excel 和图元文件两种方式保存。按 ■Excel 保存为 Excel 文件,按 ■图元保存为图元文件。在保存为 Excel 文件时,程序自动完成 Excel 的制表工作。

c. 河段冲淤计算

对指定河段进行冲淤计算,并制作河段冲淤计算成果表。首先确定河段范围,再确定测次,读取数据后进行计算制表。

（1）条件确定。操作界面如附图 4-140 所示。

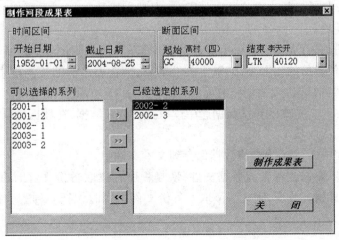

附图 4-140

该界面的操作同纵断面图绘制。

（2）在附图 4-140 中按**制作成果表**进入成果计算界面，如附图 4-141 所示。

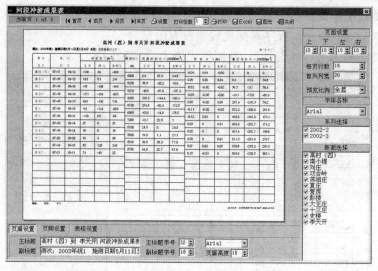

附图 4-141

在附图 4-141 中可以通过页眉、页脚、表格等页面设置项对成果表进行设置，使之达到最佳效果。

考虑到数据分析，可对指定河段内参加计算的断面进行调整，调整通过"断面选择"列表中改变断面名称前的检测框状态实现，如果检测框为空，则该断面不参加计算，否则参加计算。检测框状态改变后，成果表会随之更新。

（3）数据输出：程序提供直接打印、图形文件、Excel 文件三种方式。

8）系统数据备份及恢复

对河道地形数据以外的数据库数据进行备份与恢复。

a. 数据备份

将数据库文件转换为文本格式文件保存，在数据库数据损坏需要恢复或向其他计算机导入数据时使用。

在数据备份前，首先确定备份哪些表数据，操作界面如附图 4-142 所示。目前，程序提供了 20 个可供备份的数据表，如果要备份某表，则在表名前的检测框中打上标记。备份表选定后，按"确认"进入数据读取界面，如附图 4-143 所示。

在附图 4-143 中，按 **读取** 从数据库中读取选择的表数据，在数据读取的同时，程序以状态条显示数据读取状态。

数据读取完成后，按 **保存** 将数据保存到文本文件中。

注意：切记不要修改备份的数据文件，恢复程序在读取备份文件时有严格的数据要求，一旦备份文件格式改变，则无法读取。备份文件中同时包括多种表数据，格式互不相同，表的格式定义在程序中。

b. 数据恢复

将备份数据转移到数据库中。操作界面如附图 4-144 所示。首先按 **确定要恢复的**

附图 4-142

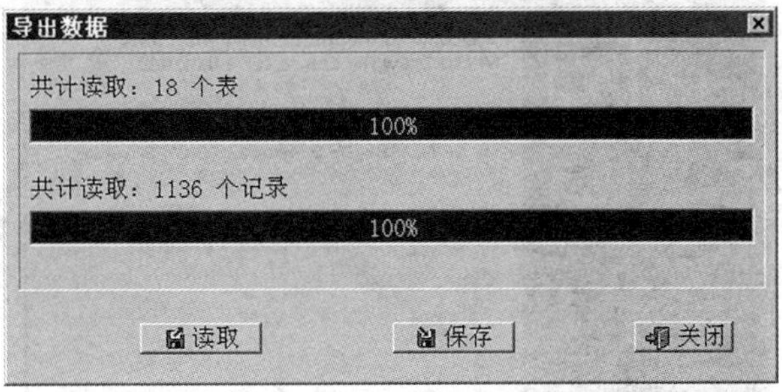

附图 4-143

数据文件,然后按🖫读取数据,程序在读取数据的同时会将数据显示在数据窗中。

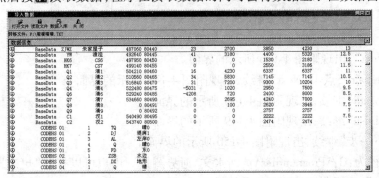

附图 4-144

按 🖶 将数据转移到数据库中。

注意:凡是数据库中有冲突的数据皆被新恢复的数据覆盖。

三、黄河河口河势图测绘软件使用说明

(一)软件的安装

黄河河口河势测绘软件的运行环境如下所述。

1.硬件环境

(1)CPU:Pentlum133 以上。

(2)内存:64 MB 的 RAM。

(3)硬盘存储空间:至少 130 MB 的硬盘存储空间,至少 64 MB 的剩余空间。

(4)显示驱动:至少 256 色、800×600 的分辨率,支持 Windows 的显示适配器。

(5)鼠标或其他指点设备。

2.软件环境

操作系统:Windows NT4.0,Windows XP 或 Windows Me。

(二)黄河河口河势测绘软件的安装

1.安装过程

运行安装程序河势测量 Setup.exe,安装开始,经过几个画面后,停止在附图 4-145 所示的界面。

附图 4-145

单击"Next",出现附图 4-146 所示的界面。

选择"Repair",点击"Next"继续,出现附图 4-147 所示的界面。

点击"Install"继续,出现附图 4-148 所示的界面。

点击"Finish"继续,出现附图 4-149 所示的界面。

点击"下一步"继续,出现附图 4-150 所示的界面。

默认路径为:C:\Programfiles\黄河水文\河势测量\,用户可以打开"更改"改变路径,点击"下一步",出现附图 4-151 所示的界面。

点击"安装",程序开始安装,安装过程中出现附图 4-152 所示的界面。

点击"确定"后继续(见附图 4-153),在 E 盘上自动生成 gdiplus.dll 文件。点击"完成",结束安装(见附图 4-154)。

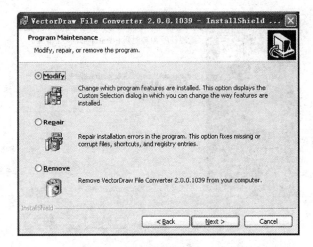

附图 4-146

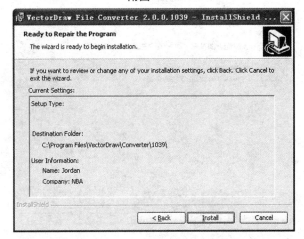

附图 4-147

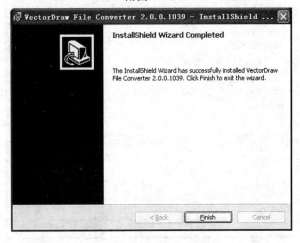

附图 4-148

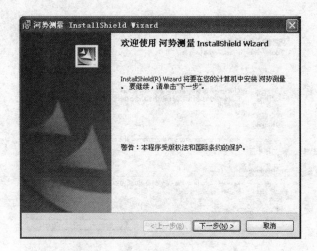

附图 4-149

附图 4-150

附图 4-151

安装完成后,"河势测量"图标会出现在 Windows 桌面上。

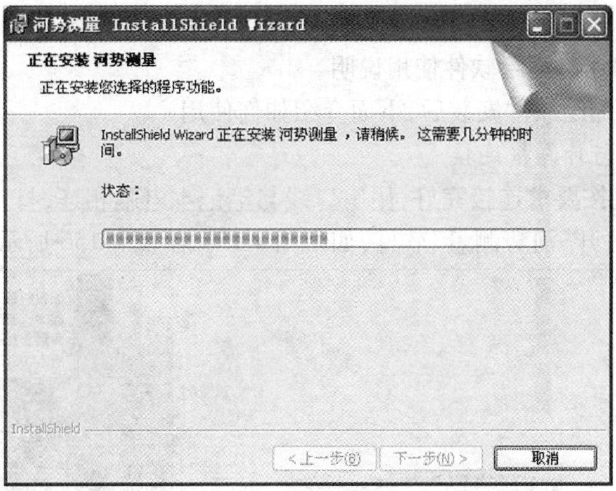

附图 4-152

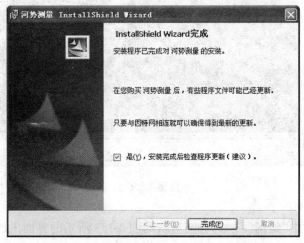

附图 4-153

附图 4-154

2.使用注意事项

"河势测量"软件运行在 C:\Programfiles\黄河水文\河势测量\路径下;其中的文件为本系统程序运行所必需的文件,因此必须防止病毒对这些程序感染,也不能用其他应用程序(如 Excel、dbase、foxpro 等软件)打开这些文件,以防对系统文件造成破坏,导致软件无法运行。

（三）黄河河口河势测绘软件使用说明

黄河河口河势测绘软件安装后，下面介绍如何使用。

1. GPS 信标机与计算机连接

将 GPS 信标机按要求连接完好，用串口线与笔记本电脑相连，打开信标机电源，待信标机工作正常后，打开"河势测量"软件，如附图 4-155、附图 4-156 所示。

附图 4-155

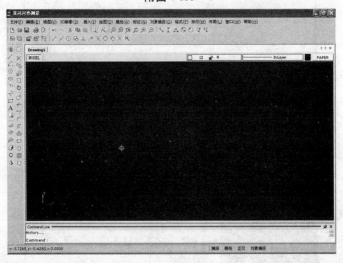

附图 4-156

2. 软件设置

依次打开菜单中"绘图"→"河势测量"，附图 4-157 所示的界面出现在屏幕上。

点开"高级"按钮，出现附图 4-158 所示的界面。

通信设置：通信端口"1"，波特率"4800"或"9600"，总之要与信标机设置保持一致；数据位"8"，奇偶校检"n"，停止位"1"，R 阀值、S 阀值、输入长度分别输入"100、50、120"或其附近数值。

坐标设置：中央子午线为"117"，东西偏移、南北偏移分别按照所用信标机经试验求

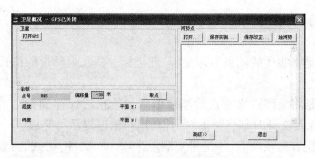

附图 4-157

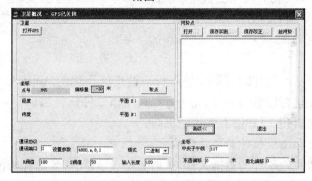

附图 4-158

得的固定偏差改正值填入。

打开底图：在"文件"菜单下"打开"，打开原有的河势底图，准备进行河势测绘。

3. 开始测量

点"打开 GPS"按钮，出现附图 4-159 所示的界面，GPS 信标机开始与计算机通信，并通过测绘软件接收由 GPS 信标机发来的原始数据。这时，左上角的"卫星"显示区出现原始数据读入情况、目前接收卫星数量、PDOP 等值显示，河势测绘对话框左下部的坐标显示区内经过软件转换的 1954 北京坐标系随着原始数据读入软件的速度而变化。河势测绘时，测船到达需要施测的点位，测定船上 GPS 信标机天线距岸边距离后在"偏移量"框内输入，然后点击"取点"，该点的一组数据即出现在右边的"河势点"显示区，"坐标"区内的点号可以修改，并依据修改后的点号依次增加。

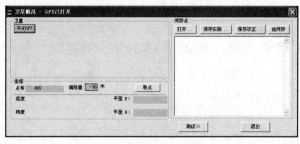

附图 4-159

点击河势点的"绘河势"，则测点显示在河势底图上。

4. 导入、导出数据以及绘图

"河势点"区上部有四个按钮。其中，"打开"按钮是打开计算机中原有的格式为点号、东坐标、北坐标、高程、偏移量的河势图测量原始文件(＊.dat 文件),以便直接在本软件上展绘河势。

"保存实测"是将实测的测点以东坐标、北坐标、高程、偏移量的格式(＊.dat 文件)保存到计算机硬盘。

"保存改正"是将实测点坐标自动经过偏移量改正后保存到指定的文件。以上三个按钮打开文件或保存文件时都会弹出对话框,用户依据提示可完成。

"绘河势"按钮有两项功能:一是将实测点(＊.dat 文件,格式为:点号、东坐标、北坐标、高程、偏移量)现场展绘在图上,以便与上次河势套绘、对比,发现问题及时复测和改正;二是可以应用导入的河势图测绘文件(＊.dat 文件,格式为:点号、东坐标、北坐标、高程、偏移量)绘制河势图。

5.图形编辑

由于黄河河口测绘软件的图形文件与目前被广泛运用的 AutoCAD 和南方测绘软件 CASS 兼容,因此在进行图形编辑时,完全可以运用该软件进行编辑,AutoCAD 和 CASS 软件的使用在此不再赘述,可参阅有关说明书。

6.黄河河口河势测绘软件的文件结构

黄河河口河势测绘软件的数据文件,扩展名是"DAT",GPS 信标机传输到计算机经软件处理后,都生成一个坐标数据文件,其格式为:

1 点编号,1 点 Y(东)坐标,1 点 X(北)坐标,1 点高程,1 点偏移量;
$$\vdots$$
N 点编号,N 点 Y(东)坐标,N 点 X(北)坐标,N 点高程,N 点偏移量。

说明:①文件内除第一行是总点数外,每一行代表一个点;

②每个点 Y 坐标、X 坐标、高程的单位是米;

③编码内不能含有逗号,即使编码为空,其后的逗号也不能省略;

④所有的逗号不能在全角方式下输入。

导出的数据,有两种格式:

(1)同上;

(2)经过偏移量改正后的点正确坐标,格式为:

1 点编号,1 点 Y(东)坐标,1 点 X(北)坐标,1 点高程;
$$\vdots$$
N 点编号,N 点 Y(东)坐标,N 点 X(北)坐标,N 点高程。

附录五　业务管理的规定

一、黄河下游河道观测工作质量管理办法

第一章　总　则

第一条　为保证河道河口测验、资料报送、资料整理整编的质量,使河道河口工作更好地为黄河防汛及黄河的治理开发服务,特制定本办法。

第二条　河道测验资料是研究河道演变,进行河道整治的基础性资料,是防洪决策的重要依据之一,项目承担单位和管理部门要牢固树立质量第一的思想,加大质量管理力度,认真严格地执行有关国家规范、行业规范及有关技术要求。

第三条　河道测验、资料报送、资料整理整编质量的管理实行分级负责,水文水资源局及所属有关单位成立质量管理小组,配备质量管理人员,明确职责和权利,各负其责,以保证河道测验质量管理工作健康运行。

第四条　质量控制与评定以汛前准备、业务管理、外业测验、资料整理及报送、资料整编和数据库管理六项业务工作为基础,编制具有可操作性的质量评定标准,采取本单位自查与水文水资源局复查相结合的办法进行检查评比,对资料优秀的单位和做出突出贡献的个人予以奖励,对测报整不合格的单位和违反操作规程造成错误的个人予以处罚。

河道业务质量是年终目标管理考评的重要依据,测报整质量达不到良好水平,不能评选年度目标管理先进单位。

第五条　汛前准备、业务管理、外业测验、资料整理及报送、资料整编和数据库管理按照相应的考评细则分别考评,按百分计,其中汛前准备占总分值的15%,业务管理占总分值的5%,外业测验占总分值的30%,资料整理及报送占总分值的20%,资料整编占总分值的20%,数据库管理占总分值的10%。

第二章　质量管理机构和职责

第六条　质量管理机构的设置

(1)项目管理单位设立河道质量管理领导小组,管理小组的日常业务由该单位的技术管理部门负责。

(2)项目实施单位设立相应质量管理小组,管理小组日常业务由勘测队技术部门负责。各级质量管理机构接受同级行政管理机构的领导。

第七条　质量管理领导小组职责

(1)贯彻执行黄河水利委员会质量管理办法、质量评定标准及有关规章制度;依据质量管理办法和质量评定标准,可结合实际制定本测区质量管理办法和质量评定实施细则。

(2)负责所属河段河道测验、资料报送、资料整编质量管理工作的领导,指导和督促检查水文水资源局属有关单位的质量管理工作,处理各有关单位质量管理工作中的重大问题。

（3）审查批准所属各勘测局、队质量管理规定及有关材料。

（4）对项目实施单位的业务工作质量进行复查考评。

（5）向水文水资源局推荐质量检查员，审批各勘测局、队质量检查员，积极为质量检查员创造必要的工作条件和工作环境，支持其按照职责权利开展工作，对各有关单位质量检查员的工作业绩进行考核，并根据考核情况向单位提交对各有关单位质量检查员的奖惩建议。

（6）定期（每年一次）总结、交流本测区质量管理工作经验，不断促进和提高河道测报整质量管理的整体水平。

各单位要提交本单位质量管理方面的经验交流材料。

第八条 基层队局质量管理小组职责

（1）按照质量管理办法和质量考评细则开展本单位的质量管理工作。

（2）制定本单位测报整管理规章制度，制定并落实控制测报整各生产环节质量措施，发现问题及时解决。

（3）依据有关的国家规范、行业规范、补充规定以及本单位制定的质量评定细则对本单位的各项业务工作分期进行自查评定。

（4）项目实施单位质量检查小组于每年6月底和11月底分两次对本单位测报整质量进行总结，对存在的质量问题要分析其产生的原因，提出解决措施及对今后质量管理的建议和思路，质量管理检查总结要及时报局。

第三章 质量管理人员的选配、职责和权利

第九条 管理单位质量检查员

1. 任职条件

熟悉河道测验、河道资料整编规范，熟悉任务书及有关技术要求，掌握测区概况和河道断面基本特性，掌握河道各项业务工作的技术环节、步骤，具有一定的计算机应用水平，具有发现和解决水文专业技术问题的独立工作能力，事业心强，作风正派，办事公道，年富力强。水文水资源局质量检查员由水文水资源局任命。

2. 职责

按照现行各有关行业规范和本单位的有关技术规定，依据河道观测研究任务书及河道业务工作相应质量考评细则，采用现场过程跟踪检查、抽查和资料对比分析等方法，在各队局质量检查小组自我检查的基础上对各队局河道测验、资料报送、资料整编及资料管理等项业务进行复查，并予以评定，对检查中发现的各类质量问题及时提出处理意见，并将阶段情况总结报水文水资源局，年终提交正式质量检查报告。

3. 有权检查、监督、指导各队勘测局测验、资料报送、整编工作；对检查中发现的一般质量和技术问题有直接处理权，对测报整方面的质量事故有处理权和处理建议权。对做出的处理决定须有记录，存档备查。

第十条 项目实施单位质量检查员

1. 任职条件

熟悉河道测报整业务工作的步骤、方法及相关技术规定，具有良好的职业道德和责任心，由基层队局选定并报上级质量检查组备案。

2.职责

负责本单位各项业务工作的质量监督检查工作,指导并及时纠正外业操作中的违规违章现象,依据局相关的业务工作质量检查考评细则,经常性地对各相应的业务工作进行自查,自查结果定期向本单位质量管理小组汇报或提示本单位质量管理小组召开有关测报质量讨论会。

3.参与本单位测报整技术质量问题研究。

第四章　汛前准备工作及其检查考评

第十一条　做好汛前准备工作是完成各项测报任务的基础和保证,各单位必须立足实际,全面做好汛前准备的各项工作,以保证全年各项测报工作的顺利进行。

第十二条　汛前准备按分级管理原则进行工作。

1.水文水资源局负责对全测区汛前准备工作的安排,检查指导各单位的汛前准备工作,及时解决各单位在汛前准备工作中不能解决的问题。

各单位要按水文水资源局制定的汛前准备工作检查考评标准和有关要求,结合本单位实际,尽早尽快尽好地进行汛前准备工作,4月底前完成各项任务。各单位质量检查小组应及时进行自查,对本单位不能解决的问题应及时报水文水资源局。各单位要向局提交本单位的汛前准备工作总结(总结包括工作时间、工作量、工作日、先进经验、存在问题及解决措施,用A4纸打印)和汛前准备工作情况统计表。

2.河道的汛前准备工作主要是河道口设施整顿、测验仪器检校等。

第十三条　汛前准备工作的检查评定

每年的5月上旬,水文水资源局组织汛前准备工作检查考评小组对局属各单位的汛前准备情况依据"汛前准备工作检查考评标准"进行认真全面的检查,对检查出的各单位的问题,需经各单位领导签字确认,根据检查情况对各单位的汛前准备工作予以评定。

汛前准备工作评定按百分制计分,其得分乘15%作为该项工作在年度业务工作考评中的实际分数。

各单位对汛前检查中发现的问题要列出整改时间表,在规定的时间内完成整改,并将完成情况及时报局。

第五章　河道统测、资料汇总报送

第十四条　有关行业规范、标准及配套的补充规定是河道河口工作的行业标准;观测研究任务书是各单位所承担的测报任务的基本要求,各单位必须严格按照任务书要求开展各项业务工作。

第十五条　河道测验

1.河道统测

河道统测是河道工作的中心任务,各单位应严格执行有关的规范、规定及工作要求,河道统测要周密布置,做到"测得到、测得准、报得出"。

统测期间水文水资源局将不定期进行检查,检查结果作为考评的一项依据,对检查出的问题水文水资源局将进行通报。

2.统测资料汇总报送

河道统测资料是黄河防汛和洪水预报的基础依据,资料按时报送是水文水资源局的一项重要任务,各单位必须认真对待。严格按照规范和水文水资源局的有关技术要求进行资料的整理,最大限度地减少误差来源。资料报送必须经过合理性检查,各单位领导及质量检查人员必须严格把关,报送的资料有关单位主管领导必须签字。

第六章 资料整编

第十六条 河道测验资料整编是对测验资料按照规范要求进行系统分析、推算并整理成规范化成果的一项重要工作。主要环节有在站整编、集中整编、成果审查验收三个阶段。

整编成果要达到项目完整、图表齐全、考证清楚、定线合理、资料可靠、方法正确、说明完备、规格统一、数字准确、符号无误。

第十七条 局负责河道水文资料集中整编、成果验收工作的安排、组织、管理工作。局属各整编单位要按照局统一要求安排整编人员携带相关资料,按时参加局组织的各阶段的整编工作。

第十八条 整编人员的选配。整编人员要熟悉河道要素测取的各个技术环节、步骤及相关的技术要求,具有二年以上外业主测经历,具有一定的计算机操作水平,能独立完成在站整编及电算整编数据加工表的制作工作,具有良好的政治素质、职业道德和责任心,整编人员由有关单位选配,一经选定,本次不得任意更换。

第七章 质量检查办法

第十九条 质量检查依据为《河道勘测工作质量管理细则(试行)》、《河道资料数据库管理规定(试行)》、《河道汛前准备工作检查考评标准》、有关的国家规范、行业规范、补充规定以及《河道业务工作质量评定标准》以及本单位的质量管理办法等。

第二十条 质量检查形式为自查复查

1.自查为本单位根据以上标准对年度内本单位的业务工作定期分项进行检查,并按要求计算出每一项的分数和扣分的根据,同时,对发现的问题列出整改时间表,在规定的时间内完成整改,并将完成情况及时报局。

单位自查每半年(7月10日前)提交一次自查总结(包括自查时间、方法、结果、存在的问题及解决措施),年终(11月30日前)提交全年业务工作质量自查报告。

2.复查为局质量检查组对有关队局不同时期的测报整资料的质量进行不定期检查,复查时发现基层自查未发现的问题,由各单位领导或有关技术人员签字确认,其检查项目的扣分值在原扣分值的基础上加扣0.5分。

3.计分在每年11月30日之前统计出全年检查结果,当复查结果与自查结果一致时,以自查结果为准累计计算扣分数(包括前一年资料集中审查情况),当复查结果与自查结果差别较大时,以复查结果为准,并执行加扣分数。

4.局质量检查组对年度各有关单位河道河口测报资料的质量检查情况要及时向局汇报,并将测区河道测报质量总结上报黄河水利委员会水文局。

第八章 质量管理评定与奖惩

第二十一条 局质量管理领导小组对各有关单位的河道测验、资料报送、资料整编及汛前准备工作检查考评后,根据其结果进行相应的奖励和处罚。

1.奖励:局设立"河道业务工作优秀奖",在年度河道河口业务工作中经检查考评获得第一名且总分在 95 分以上者予以奖励,向获奖单位颁发奖状及人均 100 元奖金。

奖金要按对河道河口业务工作贡献的大小进行分配,严禁平均主义。

2. 处罚:凡年度业务工作检查考评总分在 80 分以下或因玩忽职守、操作粗放,造成大的质量事故的单位予以通报批评,取消年度评先资格,视具体情节,对有关责任人进行通报批评,处以 300 元以上的罚金。

二、河道河口勘测工作质量管理细则

河道测验资料是研究河道河口演变,进行河道整治的基础性资料,是防洪决策的重要依据之一。为了提高河道勘测工作的质量,保证该项工作的顺利进行,向上级有关部门提供高质量的测验资料成果,特制定本细则。

(一)适用范围

本细则适用于水文水资源局所属河段的河道测量所有内外业工作和有关资料的存档和报送。

(二)基本规定

(1)单位一把手是业务工作质量的第一责任人,主管业务的领导是业务工作质量的主要责任人。

(2)各基层单位主管领导应当对上报的全部资料成果或对关键部分进行检查并签字,以明确责任。

(3)河道河口的外业测量记录方式方法和内业资料整理计算方式方法不能随意变更,测量和资料计算方法在确需改进变更时,勘测单位必须报上级并经批准后方可更改、使用。

(4)各项外业测量工作和内业资料整理工作的基本依据是各种相关的规范、规定、上级下发的任务书及有关技术要求。

(5)各单位应成立测验质量管理机构,负责对测验质量的监督、检查。

(三)外业工作

(1)外业测验的组织者也是外业工作的业务技术责任者(明确该次工作业务负责人的除外),应对该次资料外业质量负总责。

(2)外业测验工作是获取河道资料的重要途径,《规范》和有关规定是外业测量工作的依据,参加外业工作人员,应认真学习《规范》,对重点章节应重点学习。

(3)外业工作出工之前必须依据有关的《规范》、《规定》、工作任务及有关技术要求制定详细的工作计划,工作计划应明确任务、技术要求、进度、完成任务的措施等;工作计划作为外业测验的一部分,是做好外业测验工作的前提,在进行资料审查验收时,同时对外业工作计划进行审查。

(4)外业测量出发前,应对本次测量所用仪器按照《规范》的有关规定进行检校,这是保证外业测验资料质量的一项重要措施,仪器检校应有记录,并按要求存档。

(5)外业操作中,一定要严格按照《规范》和有关规定的要求,严格按操作规程操作,严禁外业操作粗放,杜绝违章操作。

(6)外业工作人员应恪守职业道德,本着实事求是的精神,认真记录实际观测到的每一组数据,坚决杜绝伪造资料的现象,对伪造资料的现象,一经发现,将按照有关规定严肃处理,直至开除公职。

(7)外业测量期间,必须完成外业资料初作、校核、复核三遍手续,发现问题现场解决,避免外业问题内业改动,特别注意不要未弄清情况就任意改动外业资料,手续不全的外业资料不得进行内业整理计算。

(8)在校核或复核中发现错误,应当通知曾经手该资料的人员,确认错误属实后,再进行改动。

(9)每次外业工作结束后,应写出外业工作报告或填报河道测验情况表见附表5-1,对外业测量资料情况以及有关问题进行说明,工作报告或河道测验情况表作为外业资料的一部分,和测验成果一并上报,整编时和外业资料一并归档。

附表 5-1　20　　年第　　次河道测验情况表

施测单位:

一、设施整顿	
整顿时间	年　月　日至　年　月　日
整顿组织	参加人员:工程师　名,助工　名,技术工人　名,其他人员　名 投入设备:车辆　辆,测船　艘 测量仪器:GPS　台,全站仪　架,经纬仪　架,水准仪　架 其他测量仪器:
整顿情况	新设水准点　座,校测四等水准点　座,施测四等水准　km,埋设断面杆　根,断面　个,测设基线　条,埋设基线杆　根,标志杆刷漆　根,水准点整顿　座,GPS基准点整顿　座,其他设施整顿情况:
整顿中需要说明的情况(包括断面情况、断面设施情况的补充说明和整顿建议等)	

二、河道统测情况	
施测日期	年 月 日 至 年 月 日
水文情况	测验期间高村水文站流量 m³/s 至 m³/s 泺口水文站流量 m³/s 至 m³/s 利津水文站流量 m³/s 至 m³/s
测验情况	参加人员:工程师 名,助工 名,技术工人 名,其他人员 名 投入设备:车辆 辆,测船 艘 测量仪器:GPS 台,全站仪 架,经纬仪 架,水准仪 架 其他测量仪器:
测验情况	测验断面 个,施测水道总宽度 km,引测水位 个,施测四等水准 km,取河床质 个,测验方式:
资料整理情况	参加资料整理 人,计算校核数据 组,断面成果图 张,其他图表 张,资料整理中发现的重要问题: 资料整理需要说明的问题:
对今后河道测验的建议及测验需要解决的问题	
三、河道冲淤情况	
所属河段共冲淤 m³,冲刷最大为 断面,冲刷量 m³,冲刷深度 m,淤积最大为 断面,淤积量 m³,淤积厚度为 m	
河段冲淤特点分析:	

制表: 校核: 局(队)负责人:

　年　月　日　　　　年　月　日　　　　年　月　日

（四）内业工作

内业资料整理计算是保证资料成果质量的重要步骤,各有关单位必须重视。内业资料整理也必须严格按照《规范》和有关规定的要求进行。

(1)进行内业资料整理工作必须由参加该项工作外业或业务熟练的人员担任,参加内业资料整理的人员必须按照规范的有关规定和程序进行,禁止为图省事颠倒计算程序或减少计算步骤、过程的现象,同时,在资料整理过程中,要认真进行每一步骤的操作,认真校算每一组数据,保证校算后数据的正确。

(2)各单位应当建立资料校核记录制度,对每位同志的资料校算情况进行记录,并制定相应的标准,达不到标准返工重做,同时,将每位同志资料校核情况作为年终考评的依据之一。

(3)随着计算机技术的广泛应用,参加内业资料整理的人员必须熟悉计算机的操作和相关软件的使用,并严格按照有关操作程序操作,同时,利用计算机输出的资料和成果必须进行合理性检查,杜绝系统错误的出现。

(4)计算机入录数据的校核,必须在打印数据上进行校核,不得在显示器屏幕上校核,也不得由一人在资料上念、一人在键盘上敲或一人在屏幕上读、一人在资料上对而作为一遍手续。

(5)对校核出的资料错误,不得轻易改正,必须与曾经处理过该份资料的人员一道分析,经确定无误后,方可改正。资料改正一定要彻底,资料改正后应填写资料审校改正登记表,所有当事人均应签名。

(6)各项资料在上级主管部门审查前,必须先进行在站整编。资料在站整编是作为本站测量成果报送前的最后一遍手续,应当由本单位业务负责或业务熟练,并参加外业测验的同志承担。

(7)参加在站整编的同志应当从资料的外业、考证开始,对资料测量、整理的全过程进行全面的审查,并对资料的合理性、合规性进行检查,在进行资料审查时,有关数据要直接从原始上核算,不得使用成果草表、高程成果表等非正式资料进行校核;资料在站整编后所发生的资料错误,资料在站整编人员应当负主要责任。

(8)各项资料经过在站整编后,应达到《规范》、有关技术规定和任务书的要求。

（五）技术档案

(1)技术档案的建立和健全,是保证测量工作完整的重要一环,同时也是资料成果使用与安全的关键所在,各单位一定要切实抓好。

(2)技术档案包括仪器档案、断面考证、有关的 GPS 基准点、引据水准点、基本水准点、校核水准点考证和技术资料档案等内容。

(3)断面考证、有关的 GPS 基准点、引据水准点、基本水准点、校核水准点考证是河道测量和滨海区测量最基本的资料之一,各单位一定要重视,并按照规范规定的格式填写,河道断面每断面一本考证,滨海区测深断面可以多个断面一本考证,但项目必须齐全,滨海区沿海岸的 GPS 基准点、引据水准点、基本水准点、校核水准点等也必须建立规范的考证。

(4)考证和技术资料档案等要每年填写,在考证填写过程中,既要填写各水准点的补设、校测复测情况,还要填写 GPS 基准点整顿、断面标志整顿情况,填写测量方式的变化、施测范围的变化情况、滩槽变化情况及 GPS 基准点和水准点变化采用情况,填写资料整理方式的变化情况以及断面沿革等情况。考证填制必须经过三遍手续。

(5)建立健全仪器档案是建立技术档案的重要内容,对贵重仪器应当单独设立档案,对一般性测验仪器可以合并设立档案,但每一架仪器必须单独设立专页,按规定格式逐一进行填写。

(6)各单位技术资料要统一管理,建立技术资料档案,并将技术资料存放在专门的资料档案室内,断面考证、测量成果和测量资料等有关资料按照规定都要存入档案室,并建立完善的技术资料档案。

(7)各技术资料档案要配备必要的设备,并由专人管理,要建立齐全的管理制度,对资料的入档、借阅以及资料安全作出规定,并严格执行。

(六)仪器管理

(1)测验仪器的好坏直接关系到测量资料的质量,特别是河道河口工作外业条件恶劣对测量仪器的损坏会更大,因此进行测验仪器的维护和管理是非常必要的。

(2)测验仪器应有专门的仪器存放室并由专人管理,仪器室应当配备一定的设备,并有专门的安全措施、防潮措施,仪器管理人员应当选择责任心强、懂得仪器的保养维护知识的人担任。

(3)测验仪器应当定期进行保养,特别是一些电子仪器应当按规定进行充电等项目的保养,仪器保养情况均应填写到仪器档案中。

(4)测验仪器应当按照要求进行法定鉴定并在每次使用前进行常规检校,法定鉴定和常规检校情况均应填入仪器档案中。

(5)仪器室应有健全的管理制度,齐全的仪器借用归还手续;每次仪器使用归还时,仪器管理人员应对仪器进行检查,并将仪器使用和检查情况填入仪器档案中。

(七)业务学习

(1)测验人员测量知识的多少和测量技术水平的高低直接关系到测量资料和成果的质量,因此加强业务学习是提高测验资料质量的基础。业务学习内容应包括规范、新技术和仪器操作等。

(2)进行规范学习和技能培训,既可以提高业务人员的技术水平,又能提高大家执行规范的自觉性,各单位应每年抽出一定的时间特别是在汛前进行规范学习和技能培训,并进行必要的考试,学习考试要有记录,考试结果要和本人的年终目标考核挂钩。

(3)在科技飞速发展的今天,每位业务人员都应当加强新技术的学习,努力提高自身的业务素质,各单位要利用各种机会组织职工学习新技术,鼓励职工积极自学。

(4)技能操作包括外业仪器操作和内业数据处理,进行操作技能的培训是提高业务工作质量和速度最有效的方法,各单位一定要抓好,尽快培养出一批业务骨干。

三、河道河口资料数据库管理规定(试行)

河道数据库管理系统是对河道河口资料进行处理、存放的重要工具,它的运行正常与否,直接关系到水文资料的安全和提供资料成果的可靠性,必须引起大家的高度重视。河道、滨海测验资料每年有几十万组到几百万组数据需要计算机处理。目前,已经实现了全部内业数据处理的计算机自动化,部分外业资料也已由计算机自动采集,随着时间的推移这部分资料也越来越多,为保证河道、滨海区资料数据库的正常运行,避免错误和混乱,特制定本规定。

(一)数据库的建立

1. 河道数据库分类

河道数据库分为基本数据库、原始数据库和成果数据库。

1)基本数据库

基本数据库主要存放不经常变化的测验断面的基本情况。河道资料基本数据库主要存放河道测验断面的基本情况,如端点坐标、GPS 基准点坐标、各断面引据点情况、断面宽度、滩槽划分、断面间距、标准水位、设施情况等,一部分资料可以借用河道数据库管理系统中的基本数据库资料。滨海资料基本数据库主要存放测深断面的端点坐标、潮位站位置、沿海区 GPS 基准点情况、高程控制点情况等。

2)原始数据库

原始数据库主要存放每测次测得的测量原始资料。河道原始资料库主要存放平面测量原始资料和高程控制原始资料以及断面测量原始资料,包括 GPS 测量的原始数据、全站仪的测量原始数据、由程序处理的水准仪测量原始资料、水道测量原始资料和河势测量资料等。滨海原始数据库主要存放平面及高程控制测量原始资料、断面测量原始资料、其他项目的测量资料和由程序处理的潮位资料。

3)成果数据库

成果数据库主要存放测量成果和数据处理后的各种成果。河道原始数据库存放大断面实测成果表、固定冲淤计算成果表、河段冲淤成果表、河道断面分级水位水面宽面积关系表、河势图等成果;滨海区成果数据库主要存放经过潮位改正的断面测量成果表、水深图资料、经过平差计算的平面及高程控制点成果、固定断面冲淤计算成果表、其他项目的测量和分析成果资料。

2. 数据库的建立

(1)入库资料必须手续齐全,符合规范要求并经水文水资源局审查确认正确后方可入库。

(2)资料入库时,不管是手工入录还是自动转入,必须经过三遍手续以上,如果是资料拷贝,其拷贝资料必须确定为审查过的正确资料,方能按照一定的格式拷贝到特定位置。

(3)资料入库要履行签名手续,格式见附表5-2。该表格由数据库管理员以纸质保存,以备查验。年底资料整编时与其他资料一并存档。

附表5-2　河道资料入库登记表

资料名称	入库日期	入录人	检查人1	检查人2	备注

（4）资料的入库格式有较成熟的数据库系统的,以该系统的格式入库,没有成熟数据库系统的或数据库系统不包括的项目,以现应用的格式入库。

（5）资料入库以后,要建立备份,经汇编或整编后一般不再更改的资料成果,其备份用光盘刻录,未经整编或整编未经汇编的资料以软盘的形式备份,备份资料由数据库管理员保管。严格禁止个人拥有备份资料。

（二）数据库的修改

（1）数据库不得随便修改,必须进行数据库修改时,要经有关部门有关领导批准后,由数据库管理员或在数据库管理员的监督下修改,禁止任何单位和个人私自修改数据库。

（2）修改数据库必须进行登记,登记表由数据库管理员保管,登记表格式如附表5-3所示。

附表 5-3　河道数据库修改登记表

资料名称		批准人		修改日期	
修改原因					
修改内容:(可以打印粘贴)					
修改人		检查人 1		检查人 2	

（3）数据库修改要彻底。在进行数据库修改时,一定要将需要修改的数据,包括系统影响错误数据一并修改完毕,同时,一并修改所有备份的微机、光盘、磁盘。避免由于数据库修改不彻底导致资料成果错误。

（三）数据库的管理和使用

（1）数据库实行专人专机管理,数据库管理人员应当有计算机知识和基本的数据库知识,有计算机操作的经验。

（2）数据库应当定期维护和检查,发现问题及时处理,同时详细记录数据库维护和问题处理情况。

（3）进行数据库数据输入、输出和数据处理的盘片、数据和软件,必须进行病毒检查并进行杀毒处理,避免将病毒带进数据库。

（4）数据库的使用。除数据库管理人员外,其他人员不得使用运行数据库,只能拷出所需资料和成果;内部人员使用数据库数据需经有关业务负责人批准,外部人员使用数据库数据需经水文水资源局领导批准。

（5）任何水文水资源局属单位和个人无权对外提供数据库资料;否则,将按有关规定严肃处理。

（6）数据库使用要进行登记,登记表格式如附表5-4所示。

附表5-4　　数据库使用登记表

日期	使用人	资料内容	批准人	管理员	备注

四、测绘仪器管理使用办法

随着测绘技术的发展,测绘仪器品种越来越多,精度越来越高,对仪器使用和保养的规范性要求也越来越高,为了保证测绘仪器的正常使用,延长仪器使用寿命,特制定本办法。

(一)测绘仪器的管理

（1）测绘仪器由各基层单位分别管理。

（2）测绘仪器管理实行分级负责制,管理单位主要领导负领导责任,分管领导负主要责任,仪器使用者为直接责任者。

(二)测绘仪器的购置、配备和验收

（1）测绘仪器由上级按照各单位任务情况和有关规定统一配备或由局统一购置,在进行仪器购置时,应根据工作需要,详细了解所购仪器的性能和精度,以及适用范围,并按照国家的有关规定进行购置。

（2）在进行新购置测绘仪器验收时应当做到以下几点:

①按照仪器购置合同检查仪器型号、仪器标称精度及仪器数量是否符合合同要求,仪器各配件是否符合合同要求。

②按照仪器装箱单检查仪器配件、仪器鉴定证书、保修证等是否齐全,鉴定证书是否有效。

③对仪器进行表面检查,看仪器是否有划痕、摔痕、不应有的松动等其他证明仪器有损伤的现象,并按照仪器说明书检查仪器运转是否正常,仪器使用软件是否符合合同、规范和说明书的要求。

④仪器验收合格后,按照有关规定办理仪器接收手续。

(三)购置或配备仪器的入库

（1）新购置仪器入库应办理固定资产手续,按照规定入固定资产账后再入库。

（2）新购置仪器入库应按照仪器配备或购置清单依次入库并建立仪器档案,仪器档案主要包括:仪器的规格、型号、产地、性能、精度,仪器维护情况,仪器使用情况,鉴定记录,校测记录,充电记录,通电测试记录及仪器损伤维修记录,使用移交记录以及报废情况等内容;仪器库管理人员应检查各仪器及配件的情况,并将仪器情况记录档案。

(四)仪器的保养

1.仪器管理人员的基本要求

(1)仪器管理人员应当热爱本职工作并具有较强的责任心。

(2)仪器管理人员应了解仪器性能,掌握仪器保养知识,对测绘仪器做到"四了解"(了解结构、了解原理、了解性能、了解用途)、"三掌握"(掌握各种仪器的一般检测维护项目和检测维护方法,掌握对仪器检视和检查的基本要领,掌握仪器保管室的防潮通风要求和操作方法)和"四随时"(仪器入库随时建立仪器档案,仪器借用归还随时检查验收,仪器检测维护随时记录档案,仪器报废随时填写报废单)。

(3)仪器保管人员必须做到工作认真细致,一丝不苟。.

2.仪器库房的基本要求

(1)测绘仪器要专库存放,库内应清洁、干燥、明亮、通风良好。

(2)库房温度不能有剧烈变化,最好保持室温在 12~16 ℃,冬季仪器不能放在暖气设备附近和太阳直射的地方,避免温度过高或暖气片漏水损坏仪器。

(3)库房内应有专门的仪器放置架,能够保证仪器按照类别分类放置。

(4)库房应有足够的消防设备。

3.仪器的放置

(1)测绘仪器应当按照类别存放在指定的仪器存放架上,仪器配件应当按顺序排放好,做到整齐有序。

(2)在仪器存放架的明显位置粘贴标签,表明仪器名称和型号,并将仪器标签拴在仪器上。

(3)仪器箱内应放置"干燥剂"吸潮,同时定期对库房进行通风和卫生清扫。

4.仪器的检查养护

(1)库存仪器要定期检查防霉、防雾和防锈,仪器的转动部分应定期清洁和加油,电子仪器应定期对电池、电缆检查,每 1~2 个月对电池进行一次充、放电。

(2)仓库湿度在 70% 以上,会使仪器发霉、生锈。对仪器库房的相对湿度要求在 60% 以下,梅雨季节应采取专门的防潮措施,以控制湿度和温度,定期对库房进行通风和卫生清扫。

(3)测绘仪器要按照要求定期送国家规定的鉴定检测中心进行监测评定,由国家技术监督计量授权单位盖章备案。

(4)以上所有仪器维护均应记录在仪器档案。

5.仪器领用和归还

1)仪器的领用

测绘仪器是单位的贵重财产,一般不得进行租借,特殊情况一定要租借时,经领导批准后要派人跟随仪器,避免使用不当损坏仪器。

借用仪器应当填写仪器、测具借用清单,经单位主管领导批准后方可办理出库手续,借用人和仪器管理人员要按照仪器、测具借用清单当面对仪器进行清点和检查,并在仪器、测具借用清单上签字。

2)仪器归还

仪器归还前应当对仪器进行擦洗、上油等保养工作。

仪器归还时管理人员应当对归还入库的仪器对照借用清单逐一查对,同时检查仪器是否清洗、各部件运转是否正常,电子仪器要进行充电和通电测试,检查合格后在仪器、测具借用清单上签署意见。

仪器使用情况应当记录到仪器档案,仪器、测具借用清单保留到仪器管理总档案中。

(五)仪器的运输安全与使用安全

1.仪器的运输安全

1)长途搬运仪器安全

长途运输仪器,应将仪器装入专门的运输箱内,标明"光学仪器"、"电子仪器"、"小心轻放"、"严禁倒置"、"防潮"、"防压"等字样。

在测验工作的长途运输中,仪器不得随意放在车厢内,应当固定好,并采取必要的防震、防尘措施。

2)短途搬运仪器安全

短途搬运仪器,一般仪器可不装入运输箱内,但一定要专人背送,防止仪器震动。

不论长途或短途运送仪器,均要防止日晒、雨淋,放置仪器设备的地方要安全、稳定、清洁、干燥。

2.仪器的使用安全

(1)仪器从仪器箱取出时,要用双手握住仪器支架或基座部分,慢慢取出,并仔细观察仪器各部分在箱中所处的位置,作业完毕后,应将所有微动螺旋旋置中央位置,然后慢慢放入箱中回归原位,紧固制动螺旋,严禁强行关闭箱盖损坏仪器。

(2)架设仪器时,首先将三脚架支稳并大致对中,放上仪器后立即拧紧中心连接螺旋。

特别注意:一些仪器在脚架上装有压紧弹簧,在紧固中心连接螺旋时,要认准拧入竖轴底端的连接螺母内,避免误认压紧弹簧手轮为连接螺旋手轮,但仪器根本没有连接在三角脚架上,造成仪器摔地发生事故。

(3)外业测量工作时,仪器要明确责任,专人操作使用,确保仪器使用安全,避免发生和造成重大经济损失。

(4)仪器在搬站时,可视搬站的远近、道路情况以及周围环境等决定仪器是否要装箱。在库区内及地形测量时,搬站一般要装箱,路遇河沟不允许单人携带仪器跳跃,以免发生仪器震坏或摔坏等事故。

搬运过程中仪器脚架必须竖直拿稳,不得横扛在肩上。

(5)仪器野外作业时,必须使用遮阳伞,避免影响仪器精度。

(6)仪器望远镜的物镜和目镜表面,应避免灰沙、雨水的侵袭。当物镜和目镜需清洁时,应先用干净的软毛刷轻轻拂试,然后用擦镜纸擦拭,严禁用手绢或布纸等物擦拭。

(7)仪器上的螺旋若不润滑,不能强行旋转,必须检查原因及时排除。

(8)仪器发生故障,不能勉强使用,要立即检修;否则将会使仪器损坏程度加剧。

(9)凡是仪器外露部分,表面不能留存油渍,以免积累灰沙。

(10)非专业人员不得随意拆装仪器,以免影响测量精度。

(11)电子仪器一般不得随意改变设置,特别是带有警告标示的设置项绝对禁止非专业人员进行设置。

(12)GPS应当在连接正确后再开机通电,严禁先通电或连接不完全通电,避免烧坏仪器。

3.仪器在作业过程中的维护

(1)仪器使用人员必须详细阅读仪器使用说明书,特别是对较复杂的GPS、全站仪等电子仪器,作业人员必须认真学习仪器操作说明,了解仪器结构和原理,熟悉仪器检测和维护,掌握仪器的操作规程。

(2)仪器外业工作必须由专人负责管理与维护,在条件许可的情况下,使每一台仪器都固定到使用者和维护者,并明确责任。

(3)仪器用完后,应用软毛刷刷掉仪器表面的灰尘,有水珠则需用软布抹干,放在通风的地方晾干后装入清洁、干燥的仪器箱内;对于有电缆连接的测绘仪器应当将电缆擦洗干净,按照顺序放在仪器箱内。

(4)GPS接收机和全站仪等电子仪器的接头和联结器应保持清洁,联结外电源时,应检查电压是否正确,电源正负极严禁接反。天线电缆不应扭转,不得在硬物的表面或粗糙面上拖拽。

(5)GPS接收机不使用时,应存放在有软垫的仪器箱内,仪器箱应放置在通风条件良好的阴冷处,防潮、防霉。当防潮剂呈现粉红色时,应及时更换。

(6)严禁任意拆卸GPS接收机的各部件,如发生故障,应详细记录并交专业人员维修或更换部件。

(六)仪器修理报废

(1)一般仪器不能使用或超过使用年限时要及时填写报废单,按照有关规定审批后报废,并及时销账。

(2)贵重仪器不能使用或超过使用年限要报废时,要经过有关部门的鉴定,鉴定确认不能使用后填写报废单申请报废,一旦报废批复,及时报废销账。

参考文献

［1］黄河下游河道观测试行技术规定［R］.黄河水利委员会,1964.

［2］中华人民共和国国家质量监督检验疫总局,中国国家标准化管理委员会.GB/T 12898—2009 国家三、四等水准测量规范［S］.北京:中国标准出版社,2009.

［3］国家质量技术监督局.GB/T 18314—2001 全球定位系统(GPS)测量规范［S］.北京:中国标准出版社,2001.

［4］李斯.测绘技术应用及规范选编实用手册［M］.北京:金版电子出版公司,2002.

［5］黄河河口河势图测绘软件的研究［R］.山东水文水资源局,2006.

［6］GPS、全站仪河道测量操作规程研究外业比测实验报告［R］.山东水文水资源局,2003.

［7］GPS、全站仪河道测量操作规程［R］.山东水文水资源局,2004.